U0792216

全国应用型高等院校土建类“十二五”规划教材

土力学与地基基础

（第2版）

主　编　徐云博
副主编　杜　静　马福荣　杜兴亮
主　审　孙彦飞

中国水利水电出版社
www.waterpub.com.cn

内 容 提 要

本教材结合土木工程专业高等教育的培养目标、以现行规范为主要依据，注重理论和概念的准确性和完整性，注重充实性和新颖性有利于拓宽学生的知识面。本书主要讲述了土的物理性质与工程分类、地基中的应力计算、土的压缩性与地基沉降计算、土的抗剪强度与地基承载力、土压力与土坡稳定、工程地质勘察与验槽、天然地基上浅基础设计、桩基础及其他深基础、地基处理、区域性地基、岩土工程、土工试验等。

本教材既可作为应用型本科院校、高职高专建筑工程及相关专业的教材使用，也可作为广大自学者及工程技术人员的参考书。

图书在版编目（CIP）数据

土力学与地基基础/徐云博主编．—2版．—北京：中国水利水电出版社，2012.2（2015.7重印）
全国应用型高等院校土建类“十二五”规划教材
ISBN 978-7-5084-9443-2

Ⅰ．①土…　Ⅱ．①徐…　Ⅲ．①土力学-高等学校-教材②地基-基础（工程）-高等学校-教材　Ⅳ．①TU4

中国版本图书馆CIP数据核字（2012）第016314号

书　　名	全国应用型高等院校土建类“十二五”规划教材 **土力学与地基基础（第2版）**
作　　者	主　编　徐云博 副主编　杜　静　马福荣　杜兴亮 主　审　孙彦飞
出版发行	中国水利水电出版社 （北京市海淀区玉渊潭南路1号D座　100038） 网址：www.waterpub.com.cn E-mail：sales@waterpub.com.cn 电话：(010) 68367658（发行部）
经　　售	北京科水图书销售中心（零售） 电话：(010) 88383994、63202643、68545874 全国各地新华书店和相关出版物销售网点
排　　版	中国水利水电出版社微机排版中心
印　　刷	北京市北中印刷厂
规　　格	184mm×260mm　16开本　18印张　427千字
版　　次	2009年11月第1版　2009年11月第1次印刷 2012年2月第2版　2015年7月第4次印刷
印　　数	9001—13000册
定　　价	**32.00**元

序

随着我国建设行业的快速发展，建筑行业对专业人才的需求也呈现出多层面的变化，从而对院校人才培养提出了更细致、更实效的要求。因此我国大力发展职业技术教育，大量培养高素质的技能型、应用型人才，教育部也就此提出了实施要求和教改方案。快速发展起来的高等职业教育和应用型本科教育是直接为地方或行业经济发展服务的，是我国高等教育的重要组成部分，应该以就业为导向，培养目标应突出职业性、行业性的特点，从而为社会输送生产、建设、管理、服务第一线需要的专门人才。

在上述背景下，作为院校三大基本建设之一的高等职业及应用型本科教育的教材改革和建设必须予以足够的重视。目前，技术型、应用型教育的办学主体多种多样，各种办学主体对培养目标也各有理解，使用的教材也复杂多样，但总体来讲，相关教材建设还处于探索阶段。

中国水利水电出版社在"全国应用型高等院校土建类'十一五'规划教材"的基础上，结合当前高职教育和应用型本科教育的发展特点，按照教育部相关最新要求，组织出版"全国应用型高等院校土建类'十二五'规划教材"。

本套教材从培养技术应用型人才的总目标出发予以编写，具有以下特点：

(1) 教材结合当前院校生源和就业特点，以培养"有大学文化水平的能工巧匠"为教学目标来编写。

(2) 教材编写者均经过院校推荐、编委会资格审定筛选而来，均为院校一线骨干教师，具有丰富的教学和实践经验。

(3) 教材结合新知识、新技术、新工艺、新材料、新法规、新案例，对基本理论的讲授以应用为目的，教学内容以"必需、够用"为度；在教材的编写中加强实践性教学环节，融入足够的实训内容，以保证对学生实践能力的培养。

(4) 教材编写力求周期短、更新快，在原有教材的基础上予以改版修订，力求延续性与时代性兼顾，从而紧跟行业发展步伐，体现高等技术应用性人才的培养要求。

本套教材图文并茂、深入浅出、简繁得当，可作为高职高专院校、应用型本科院校土建类建筑工程、工程造价、建设监理等专业教材，其中小部分教材根据其内容特点明确了适用的细分专业；该套教材亦可为工程技术人员的参考借鉴，还可作为成人、函授、网络教育、自学考试等参考用书使用。

“全国应用型高等院校土建类‘十二五’规划教材”的出版是对高职高专、应用型本科教材建设的一次有益探索。限于编者的水平和经验，书中难免有不妥之处，恳请广大读者和同行专家批评指正。

编委会

2012年1月

前　言

全国应用型高等院校土建类“十二五”规划教材，是中国水利水电出版社组织全国几十所院校研讨土建类专业教学现状、特点和发展，继而编写与出版的一系列教材。本系列教材结合新知识、新技术、新工艺，力求更新快，紧跟时代与行业的步伐。

作为该系列教材之一的《土力学与地基基础》第1版出版后受到多所高校的支持与采用。使用与关心本书的广大师生对如何发挥本书的特点、弥补不足提出了宝贵的建议与意见，这使编者更有荣誉感与使命感为继续提高本书的质量而努力。

同时，随着编者在教学、生产实践中进一步积累经验，对实施中的新规范以及后续课程教学内容的深入了解，也发现了第1版书中的缺点与问题。本次修订再版对书中的内容作了相应的修改，对正文、插图、例题、附表中发现的错误与不妥之处作了订正。

在本次修订中，编写人员分工作了相应的调整。由河南工程学院的徐云博担任主编，负责统稿、修改定稿；广西交通职业技术学院的杜静、广西经济管理干部学院的马福荣、河南财政税务高等专科学校的杜兴亮担任副主编；由河南工程学院的孙彦飞担任主审；济南铁道职业技术学院的王博、河南工程学院的魏利敏参与了编写。具体编写分工如下：徐云博（第1、9章），杜静（第2、3、4章），马福荣（第5、6章），杜兴亮（第7章），王博（第8章），魏利敏（第10、12章），孙彦飞（第11章）。

我们力求编一本内容系统、体系合理、适用教学的教材，对于书中的缺点与错误，恳请读者提出宝贵意见。

借此，向使用本书的老师和同学们致意！

编者

2012年1月

目　录

序

前言

绪论 …… 1

0.1　土力学、地基与基础等基本概念 …… 1

0.2　本课程的特点、内容和要求 …… 2

0.3　采用实例说明本学科的重要性 …… 3

0.4　土力学与地基基础发展概况 …… 4

复习思考题 …… 5

第 1 章　土的物理性质与工程分类 …… 6

1.1　土的三相组成及土的结构 …… 6

1.2　土的物理性质指标 …… 11

1.3　土的物理状态指标 …… 16

1.4　土的工程分类 …… 20

本章小结 …… 24

复习思考题 …… 24

习题 …… 24

第 2 章　地基中的应力计算 …… 26

2.1　概述 …… 26

2.2　土中自重应力计算 …… 27

2.3　基底压力 …… 29

2.4　地基中的附加压力 …… 32

2.5　非均质地基中的附加应力 …… 43

本章小结 …… 44

复习思考题 …… 45

习题 …… 45

第 3 章　土的压缩性与地基沉降计算 …… 47

3.1　土的压缩性 …… 47

3.2　地基最终沉降量的计算 …… 50

3.3　地基变形与时间的关系 …… 59

3.4　建筑物的沉降观测与地基容许变形值 …… 64

本章小结 …… 66

本章小结…………………………………………………………………………………………………… 267
复习思考题……………………………………………………………………………………………… 267
第12章 土工试验 ……………………………………………………………………………………… 268
试验一 密度试验………………………………………………………………………………………… 268
试验二 土的含水量试验………………………………………………………………………………… 269
试验三 土的液塑限联合测定仪法试验……………………………………………………………… 270
试验四 土的压缩试验…………………………………………………………………………………… 272
试验五 直接剪切试验…………………………………………………………………………………… 273
参考文献 ……………………………………………………………………………………………… 277

绪 论

0.1 土力学、地基与基础等基本概念

土是岩石风化的产物，是由地球表面的岩石经风化、搬运、沉积而形成的各种矿物颗粒的堆积体。颗粒包括互不联结、完全松散的无黏性土和颗粒间虽有联结但联结强度远小于颗粒本身强度的黏性土。由于土的形成年代、生成环境及成分的不同，土具有很强的区域性特征。此外，土还体现出多孔隙性和散粒性等特征。因此，在工程建设前必须充分了解场地的工程地质情况，对土体做出正确评价。

土力学是利用力学基本原理和土工测试技术，研究土的应力、应变、强度、稳定和渗透性等特性及其随时间变化规律的学科。土力学是力学的一个分支，但由于土的复杂地质成因和工程特性，尚不能像其他力学学科一样具备系统的理论和严密的数学公式，必须借助于工程经验、原位测试、室内试验，并辅以理论计算。因此，土力学是一门强烈依赖于实践的学科。

建筑物一般建造在土层上（见图 0-1），土层受到建筑物荷载作用后，其内部原有的应力状态会发生改变，工程上把直接承受建筑物荷载作用且应力应变不能忽略的那部分土层称为地基。天然土层可以作为建筑物地基的称为天然地基，需人工加固处理后才能作为建筑物地基的称为人工地基。当地基由两层以上土层组成时，通常将直接与基础接触的土层称为持力层，其下土层称为下卧层。

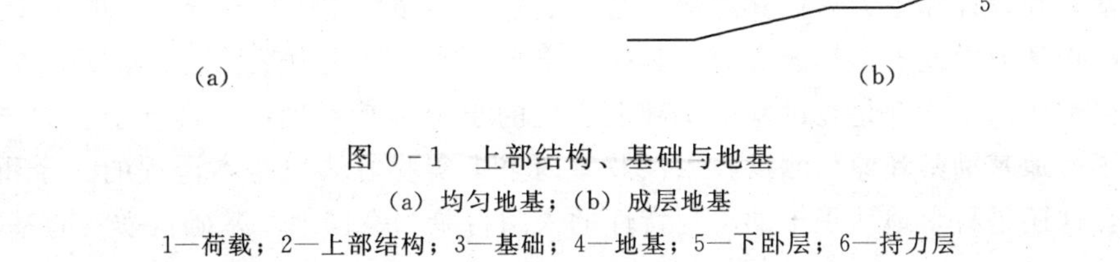

图 0-1 上部结构、基础与地基
(a) 均匀地基；(b) 成层地基
1—荷载；2—上部结构；3—基础；4—地基；5—下卧层；6—持力层

建筑物下部通常要埋入地下一定深度，一般将±0.000 以下向地基传递荷载的下部结构称为基础。基础将上部结构的荷载传递到较好土层上，基础的型式很多，通常把相对埋

深（基础埋深与基础宽度之比）不大，采用一般方法与设备施工的基础称为浅基础，如独立基础、条形基础、片筏基础、箱形基础、壳体基础等。而把基础埋深超过某一值，且需借助于特殊的施工方法才能将建筑物荷载传递到地表以下较深土（岩）层的基础称为深基础，如桩基础、墩基础、沉井基础及地下连续墙等。

地基基础设计需满足两个条件：①强度条件，即要求作用于地基上的荷载不超过地基承载能力，以保证地基在防止整体失稳方面有足够的安全储备；②变形条件，即控制基础沉降使之不超过容许值。为了研究地基的变形和强度，必须掌握土的物理、力学性质，因此，土力学是地基基础工程的理论基础。

同时，地基基础设计还需要考虑上部结构、地基、基础之间的相互作用，考虑静力平衡和变形协调。但因为研究水平与实用设计仍有一定差距，所以现阶段设计方法仍是将上部结构、地基、基础3部分分开，按照静力平衡条件计算。此外，同一建筑物满足设计要求的地基基础方案往往不止一个，故需经过技术、经济比较，选择安全可靠、经济合理、技术先进、施工方便的方案。

0.2 本课程的特点、内容和要求

本课程涉及工程地质学、钢筋混凝土、建筑施工等课程领域，因此内容广泛、综合性强，学习时应突出重点，兼顾全面。学习本门课程，首先应重视工程地质的基本知识，培养阅读和使用工程地质勘察报告的能力，其次必须牢固掌握土的应力、应变、强度和地基计算等土力学基本原理，进而能够应用这些基本概念和原理，结合其他课程的理论知识，分析和解决土力学、地基基础方面的问题。

土是岩石风化的产物或再经各种地质作用搬运、沉积而成。土粒之间的孔隙为水和气体所填充，所以土是一种由固态、液态和气态物质组成的三相体系。与各种连续体（弹性体、塑性体、流体等）相比，天然土体具有一系列复杂的物理力学性质，而且容易受环境条件（温度、湿度、地下水等）变动的影响。现有的土力学理论还难于模拟、概括天然土层在建筑物作用下所表现的各种力学性状的全貌。因此，土力学虽是指导我们从事地基基础工程实践的重要理论基础，但还应通过实验、测试并紧密结合实践经验进行合理分析，才能求得实际问题的妥善解决。而且，也只有在反复联系工程实践的基础上，才能逐步提高、丰富对理论的认识，不断增强处理地基基础问题的能力。

天然地层的性质和分布，不但因地而异，而且在较小范围内也可能有很大的变化。在进行地基基础设计和土力学计算之前，必须通过勘察和测试取得充分可靠的关于土层分布以及土的物理力学性质指标的资料。其中，土工试验还是土力学发展的重要条件，摩尔—库仑定律和达西定律都是在试验的基础上建立的土力学基本理论，推动了土力学的发展。因此，了解地基勘察和原位测试技术以及室内土工实验方法也是本课程的一个重要内容。实际上，这还是科学地认识土的工程特性的入门台阶和掌握地基基础科学实验基本手段的必由之路。

在我国，由于地域辽阔，各地的自然地理环境不尽相同，分布着多种多样的土类。某些土类（湿陷性黄土、软土、膨胀土、红黏土和多年冻土等）还具有不同于一般土类的特殊性质。作为地基，必须针对其特性采取恰当的工程措施。此外，中华人民共和国成立以来，由于大量建设工程进入山区，还出现了许多山区常见的地基问题。因此，地基基础问题的产生和解决带有明显的区域性特征。这种带有区域性特征的土类称为区域性土。区域性土中的特殊土的工程问题，历来是岩土工程的一个重要领域，也各有相应的技术标准来评价和处理，一般来说，技术已经十分成熟了。从问题内涵的性质以及与人类工程活动的关系来看，这类工程问题显然并不属于地质灾害评估的范畴，而是区域性地基或特殊土地基的建设问题。比如软土是一种特殊土，软土地区的施工会造成土体的扰动，如打桩对相邻工程的影响、基坑开挖对环境的影响、工程降水对环境的影响等，这些工程活动都引起了土体的沉降和位移，给工程结构带来危害，但这是人类工程活动对环境的影响，并不是什么地质灾害，应区别对待。

0.3 采用实例说明本学科的重要性

地基与基础是工程的重要组成部分，其勘察、设计、施工直接影响到工程的安全与成败。一旦发生质量问题，很难补救。许多工程事故都与地基基础有关，例如，举世闻名的意大利比萨斜塔、我国的虎丘塔，都发生了严重的塔身倾斜，原因都是地基的不均匀沉降。

加拿大特朗斯康谷仓则是地基发生强度破坏引起整体失稳破坏的典型（见图 0-2）。该建筑物于 1913 年建造，由 65 个圆柱形筒仓组成，其下为筏板基础，由于事前不了解基础下埋藏了很厚的软黏土层（16m），建成后初次储存谷物，就使基底平均压力超过了地基的极限承载力。结果谷仓突然西侧下陷，东侧抬高，仓身倾斜。事后虽经技术处理仍能使用，但其高度却比原来降低了。

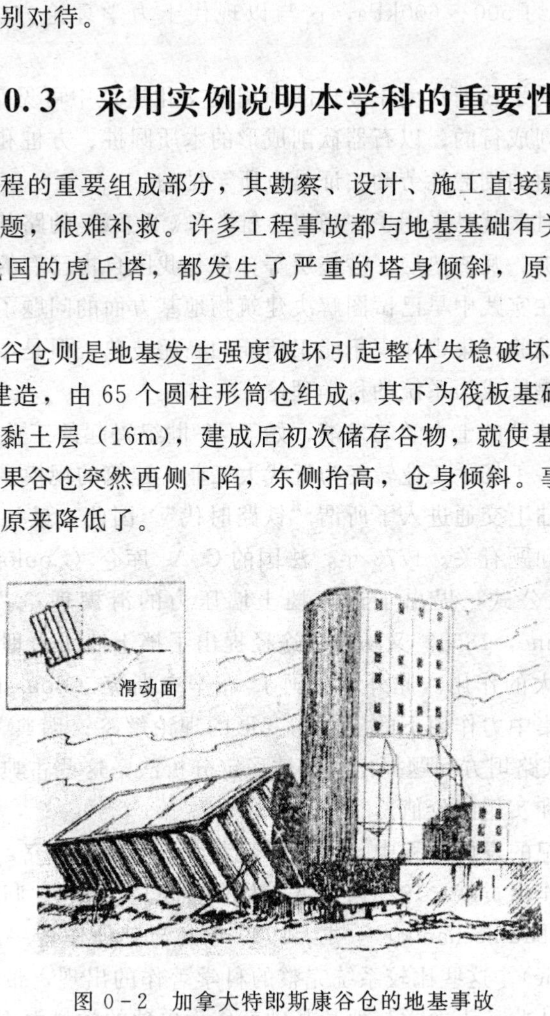

图 0-2 加拿大特郎斯康谷仓的地基事故

地基与基础位于地下或水下，施工难度大，造价、工期和劳动消耗量在工程中所占比重也较大。

随着建筑业的发展和土地资源有限性的突显，充分利用各种不良地基、少占或不占耕地、最大限度地提高土地利用率的需要，已使地基基础工程在社会发展中占有越来越重要的地位，并对之提出越来越高的要求。

0.4 土力学与地基基础发展概况

土是人类最早接触的物质，也是人类最早使用的建筑材料之一。土力学与地基基础既是一项古老的工程技术，又是一门年轻的应用科学。土力学与地基基础来源于实践，古代劳动人民在修建的无数建筑物中出色地体现了地基基础方面的高超水平。

隋朝修建的赵州石拱桥，不仅因其建筑和结构设计的成就而著称于世，就论其地基基础的处理也是颇为合理的。桥台砌置于密实粗砂层上，1300多年来估计沉降仅几厘米。现在验算其基底压力约500～600kPa，这与以现代土力学理论方法给出的承载力值很接近。

在20世纪70年代于钱塘江南岸发现的河姆渡文化遗址中可见7000年前打入沼泽地带木构建筑下土中排列成行的、以石器砍削成形的木质圆桩、方桩和板桩。这个新石器时代人类远祖在桩基方面的创造性劳动实证是世所罕见的。

秦代在修筑驰道时，就已采用了“隐以金椎”（《汉书》）的路基压实方法。至今还采用的灰土垫层、石灰桩、瓦渣垫层、砂垫层等，都是我国自古已有的传统地基处理方法。

由此可见，古人在实践中早已试图解决建筑物地基方面的问题了。封建时代劳动人民的无数基础工程实践经验，集中体现于能工巧匠的高超技艺，但是，由于当时生产力发展水平的限制，还未能提炼成为系统的科学理论。

作为本学科理论基础的土力学的发端，始于18世纪兴起的工业革命的欧洲。随着资本主义工业化的发展，工场手工业转变为近代大工业，建筑的规模扩大了。为了满足向国外扩张市场的需要，陆上交通进入了所谓“铁路时代”。因此，最初有关土力学的个别理论多与解决铁路路基问题有关。1773年，法国的C. A. 库仑（Coulomb）根据试验创立了著名的砂土抗剪强度公式，提出了计算挡土墙压力的滑楔理论。90余年后，英国的W. J. M. 朗肯（Rankine，1869）又从另一途径提出了挡土墙压力理论。这对后来土体强度理论的发展起了很大的作用。此外，法国J. 布辛奈斯克（Boussinesq，1885）求得了弹性半空间体在竖向集中力作用下的应力和变形的理论解答；瑞典W. 费兰纽斯（Fellenius，1922）为解决铁路坍方问题提出了土坡稳定分析法。这些古典的理论和方法，直到今天，仍不失其理论和实用的价值。

在长达一个多世纪的发展过程中，许多研究者继承前人的研究，总结了实践经验，为孕育本学科的雏形而作出贡献。1925年，K. 太沙基（Terzaghi）归纳了以往的成就，发表了《土力学》（Erdbaumechanik）一书，1929年又与其他作者一起发表了《工程地质学》(Ingenieurgeologie)。这些比较系统完整的科学著作的出现，带动了各国学者对本学科各个方面的探索。从此，土力学与地基基础就作为单独的学科而不断取得进展。

时至今日，土建、水利、桥隧、道路、海口、海洋等有关工程中，以岩土体的利用、改造与整治问题为研究对象的科技领域，因其区别于结构工程的特殊性和各专业岩土问题的共同性，已融合为一个自成体系的新专业——岩土工程（Geotechnical Engineering）。我国的土力学与地基基础科学技术，作为岩土工程的一个重要组成部分，已经也必将继续遵循现代岩土工程的工作方法和研究方法，从而取得更多、更高的成就，为我国的现代化建设作出更大的贡献。

复习思考题

1. 土力学的研究内容是什么？什么是地基？什么是基础？
2. 什么是天然地基？什么是人工地基？
3. 什么是持力层？什么是下卧层？

第1章 土的物理性质与工程分类

本章要点

- 掌握土的三相组成及土的结构。
- 掌握土的物理性质指标的概念，能够利用绘制土的三相草图，进行指标换算。
- 掌握土的物理状态指标（包括无黏性土的密实度及黏性土的物理性质）。
- 熟悉国内外通用的表示土类名称的文字代号。
- 掌握常用规范关于土的分类方法。

1.1 土的三相组成及土的结构

地壳表层的岩石长期受自然界的风化作用，大块岩体不断破碎及发生成分变化，再经搬运、沉积而成为大小、形状和成分都不相同的松散颗粒集合体——土。因而，土是固体颗粒、水和空气所组成的三相体系。固体颗粒（固相）构成了土的骨架，水和气体为粒间孔隙的充填物。土中孔隙全部被水充满时，称为饱和土；孔隙全部被气体充满时，称为干土；土中孔隙同时有水和空气存在时，称为非饱和土。各相属性及三相关系对土的工程性质有重要的影响。

1.1.1 土的固体颗粒

固体颗粒构成土的骨架，其大小和形状、矿物成分及组成情况是决定土的物理力学性质的重要因素。

1.1.1.1 土的矿物成分

土颗粒的矿物成分取决于成土母岩的成分和风化作用的类型。土中矿物颗粒的成分根据形成条件可分为原生矿物和次生矿物，其矿物具体成分及特征见表1-1。

表1-1 土中矿物颗粒的成分

名称	成因	矿物成分	特征
原生矿物	在岩浆冷凝过程中形成	石英、长石、云母、角闪石、辉石等	母岩物理风化的产物，矿物成分与母岩相同，如漂石、卵石、圆砾等，颗粒较粗，性质稳定，吸水能力很弱，无塑性
次生矿物	原生矿物进一步经氧化、水化、水解及溶解等化学风化作用后形成	高岭石、绿泥石、方解石、石膏等	颗粒极细，种类很多，以晶体矿物为主。如黏土矿物的基本构成单元为硅氧晶片和铝氢氧晶片。黏土矿物具有颗粒小，呈片状，比表面积大，吸水能力强，具塑性，性质活泼等特点

1.1.1.2 土的颗粒级配

1. 粒组划分

天然土由无数大小不一、形状各异且变化悬殊的土粒组成。各种不同粒径的土粒在土中的比例，直接影响着土的性质。工程上将各种不同的土粒按其粒径范围划分为若干组，这种组别称为粒组，划分粒组的分界粒径称为界限粒径，表 1-2 表示国内常用的土粒粒组界限划分标准及各粒组的主要特征。表中根据界限粒径 200mm、20mm、2mm、0.075mm、0.005mm 把土粒划分为六大粒组：漂石（块石）、卵石（碎石）、圆砾（角砾）、砂粒、粉粒、黏粒。

表 1-2　土粒粒组的划分

粒组统称	粒组名称		粒径范围（mm）	一般特征
巨粒土	漂石或块石颗粒		>200	透水性很大，无黏性，无毛细水
	卵石或碎石颗粒		20～200	
粗粒土	圆砾或角砾颗粒	粗	10～20	透水性大，无黏性，毛细水上升高度不超过粒径大小
		中	5～10	
		细	2～5	
	砂粒	粗	0.5～2	易透水，当混入云母等杂质时透水性减小，而压缩性增加；无黏粒，遇水不膨胀，干燥时松散；毛细水上升高度不大，随粒径变小而增大
		中	0.25～0.5	
		细	0.075～0.25	
细粒土	粉粒		0.005～0.075	透水性小，湿时稍有黏性，遇水膨胀小，干时稍有收缩；毛细水上升高度较大较快，极易出现冻胀现象
	黏粒		≤0.005	透水性很小，湿时有黏性，可塑性，遇水膨胀大，干时收缩显著；毛细水上升高度较大，但速度较慢

2. 土的级配

天然土体中包含大小不同的颗粒，为了表示土粒的大小及组成情况，通常以土中各个粒组的相对含量（即各粒组占土粒总量的百分数）来表示，称为土的颗粒级配。粒组的相对含量是通过颗粒分析试验测定的，土的颗粒分析试验主要有筛分法和比重计法。

筛分法适用于粒径不大于 60mm，大于 0.075mm 的粗粒土，试验时取一定量的风干、分散土样放在一套标准筛（孔径为 2.0mm、1.0mm、0.5mm、0.25mm、0.15mm、0.075mm）上振荡一定时间后，称出留在各筛孔上土的质量，即可算得各个粒组的相对含量。比重计法适用于粒径小于 0.075mm 的试样质量占试样总质量的 10%以上的土。此法根据球状的细颗粒在水中下沉速度与颗粒直径的平方成正比的原理，把颗粒按其在水中的下沉速度进行粗细分组。在实验室内具体操作时，利用比重计测定不同时间土粒和水混合悬液的密度，据此计算出某一粒径土粒占总土粒质量的百分数。

根据颗粒分析试验结果，可以绘制出如图 1-1 所示的级配曲线。其横坐标表示土粒的粒径，以毫米表示。因为土体中土粒粒径相差甚大，用普通坐标难以表示，且细粒土的含量对土的性质影响很大，必须表示清楚，因此，将粒径的坐标取为对数坐标。纵坐标表示小于某粒径土粒含量百分比。

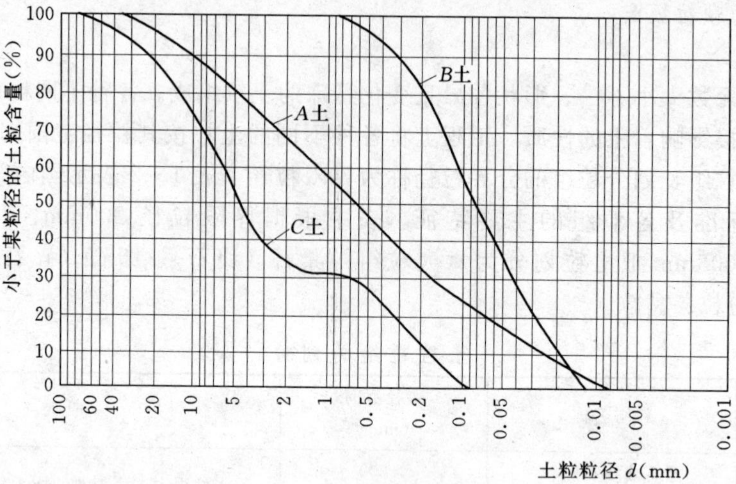

图 1-1 土的级配曲线

土的级配曲线有两种用途：①评价土的级配好坏并借此选择土料，如曲线平缓，表示土粒大小均有，即级配良好，如曲线较陡，则表示颗粒粒径相差不大，粒径较均匀，即级配不良；②利用级配曲线对粗粒土进行分类。

为了定量反映土的不均匀性，工程上常用不均匀系数 C_u 来描述颗粒级配的不均匀程度。

$$C_u=\frac{d_{60}}{d_{10}} \tag{1-1}$$

式中 d_{10}、d_{60}——土中小于某粒径的土的质量占土的总质量的 10%、60%时相应的粒径，mm。工程上，将 d_{10} 称为有效粒径，d_{60} 称为限制粒径。

C_u 值愈大，表示级配曲线愈平缓，土粒粒径分布范围愈广，土粒愈不均匀，土愈易于压实；C_u 值愈小，级配曲线愈陡峻，土粒粒径分布范围愈狭窄，土粒愈均匀，土愈不易压实。工程上把 $C_u<5$ 的土视为级配不良的土；$C_u>10$ 的土视为级配良好的土。

通常情况下，不均匀系数可以反映土的级配好坏，但无法反映土粒粒径的连续状况，如土中缺乏中间粒径，在级配曲线表现为台阶状（见图 1-1 中 c 线），这时仅用不均匀系数来反映是不够的，要同时考虑级配曲线的整体形状。所以，需参考曲率系数 C_c 值。

$$C_c=\frac{d_{30}^2}{d_{60}\times d_{10}} \tag{1-2}$$

式中 d_{30}——土中小于某粒径的土的质量占土的总质量的 30%时相应的粒径，mm。

一般认为，砂类土或砾类土同时满足 $C_u\geqslant5$ 和 $C_c=1\sim3$ 两个条件时，则定名为级配良好的砂或级配良好的砾。级配良好的土，较粗颗粒间的孔隙被较细的颗粒所充填，因而用作填土用料，可得到较高的密实度。不能同时满足上述条件的土，称为级配不良的土。

1.1.2 土中水和气

2.1.2.1 土中水

土中水即为土的液相，其含量及性质明显地影响土的性质（尤其是黏性土）。土中水的可以处于液态、固态和气态。当土中温度在零度以下时，土中水冻结成冰，形成冻土，其强度增大。但冻土融化后，强度急剧降低。土中气态水对土的性质影响不大。土中水除了一部分以结晶水的形式紧紧吸附于固体颗粒的晶格内部外，还存在结合水和自由水两大类。

1. 结合水

黏土颗粒表面通常带负电荷，在土粒电场范围内，极性分子的水和水溶液中的阳离子，在静电引力作用下，被牢牢吸附在土颗粒周围，形成一层不能自由移动的水膜，这种水称为结合水。在土粒形成的电场范围内，随着距离土颗粒表面的远近不同，水分子和水化离子的活动状态及表现性质也不相同。根据水分子受到静电引力作用的大小，结合水分为强结合水和弱结合水。

结合水在土中的含量主要取决于土的比表面的大小。要理解土与水的相互作用关系，才能掌握土的工程性质。如：黏土矿物的颗粒细，比表面大，能大量吸附结合水。结合水使粒间透水的孔隙大为缩小，甚至充满，导致黏性土透水性差。另外，存在的结合水使颗粒互不接触，便具有滑移的可能。同时相邻土粒间的结合水因受颗粒引力的吸附，使粒间具有一定的联结强度，所以黏性土又具有黏性和可塑性。

2. 自由水

自由水是指存在于土粒形成的电场范围以外能自由移动的水。和普通水相同，有溶解能力，能传递静水压力。按自由水移动时所受作用力的不同，自由水可分为重力水和毛细水。

(1) 重力水。重力水是指在重力或压力差作用下，能在土中自由流动的自由水。一般指地下水位以下的透水土层中的地下水，它对土粒有浮力作用。重力水直接影响土的应力状态，因此施工中应注意建筑物的防渗要求和基坑（槽）开挖时采取降（排）水措施。

(2) 毛细水。毛细水是指受到水与空气交界面处表面张力作用的自由水，存在于地下水位以上的透水层中。毛细水上升高度对建筑物底层的防潮有重要影响。

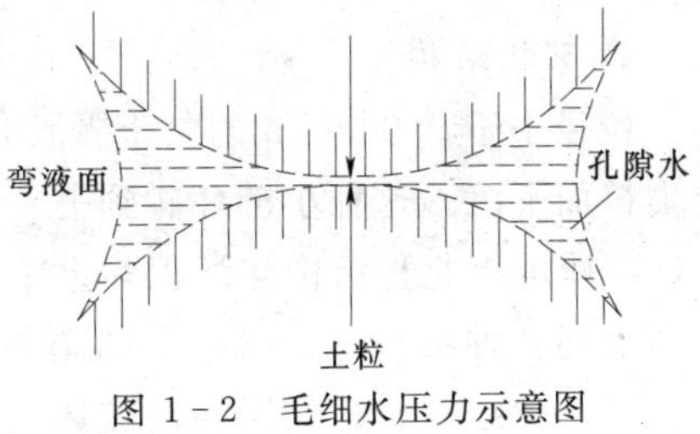

图 1-2　毛细水压力示意图

当土孔隙中局部存在毛细水时，土粒由于毛细压力互相靠近而压紧（见图 1-2），土会因此表现出微弱的凝聚力，称为毛细凝聚力。这种凝聚力的存在，使潮湿砂土能开挖一定的高度，但干燥以后，就会松散坍塌。

1.1.2.2　土中的气体

土中气体即为土的气相，存在于土孔隙中未被水占据的空间。在粗粒的沉积物中常见到与大气相联通的空气，在土受压时可较快逸出，它对土的力学性质影响不大。在细粒中则常存在与大气隔绝的封闭气泡，在受到外来作用时，随着压力的增大，这种气泡可能压缩或溶解于水中；压力减少时，气泡会恢复原状或重新游离出来，使土在外力作用下的弹性变形增加，透水性降低。可见，封闭气体对土的工程性质影响较大。

1.1.3　土的结构和构造

1.1.3.1　土的结构

土的结构是指土粒的空间排列及其联结形式，与组成土的颗粒大小、颗粒形状、矿物成分和沉积条件相关。一般可归纳为单粒结构、蜂窝结构和絮状结构 3 种基本类型（见图

1－3)。

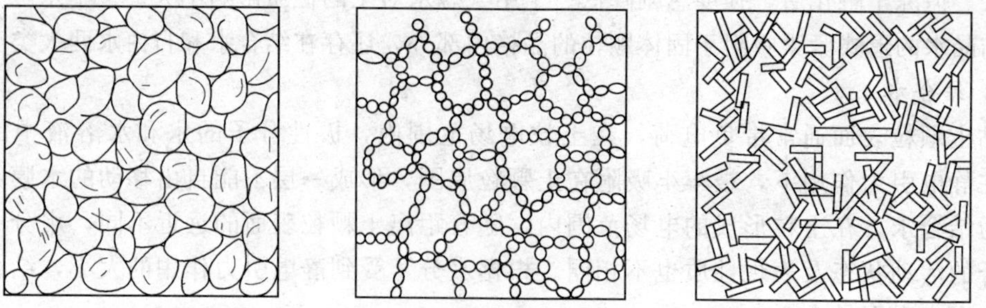

(a)　　(b)　　(c)

图 1－3　土的结构

(a) 单粒结构；(b) 蜂窝结构；(c) 絮状结构

1. 单粒结构

较粗矿物颗粒在水或空气中在自重作用下沉落形成的单粒结构，如图 1－3 (a) 所示。单粒结构为砂土和碎石土的主要结构形式，其特点是土粒间存在点与点的接触。疏松的单粒结构稳定性能差，当受到振动及外力作用时，土粒易发生移动，土中孔隙减小，引起土的较大变形。密实的单粒结构则较稳定，力学性能好，是良好的天然地基。

2. 蜂窝结构

较细的颗粒在水中单独下沉时，碰到已沉积的土粒，因土粒间的分子引力大于土粒自重，则下沉的土粒被吸引不再下沉，依次一粒粒被吸引，最终形成具有很大孔隙的蜂窝状结构，如图 1－3 (b) 所示。

3. 絮状结构

粒径小于 0.005mm 的黏土颗粒，在水中长期悬浮并在水中运动时，形成小链环状的土集粒而下沉。这种小链环碰到另一小链环被吸引，形成大链环状的絮状结构，如图 1－3 (c) 所示。此种结构在海积黏土中常见。

上述 3 种结构中，以密实的单粒结构土的工程性质最好，蜂窝状其次，絮状结构最差。后两种结构土，如因振动破坏天然结构，则强度低、压缩性大，不可用作天然地基。

1.1.3.2　土的构造

同一土层中的物质成分和颗粒大小等相近的各部分之间的相互关系特征称为土的构造。其各类构造特征及工程性质见表 1－3。

表 1－3　　土的构造类型

名称	特征	工程性质
层理构造	土在形成过程中，由于不同阶段所形成的沉积物在矿物成分、粒度成分、颜色等方面的差异表现出成层的特性	土的主要构造特征是层理构造
裂隙构造	裂隙性，如黄土中的垂直裂隙，某些坚硬或硬塑黏土(如长江下游的下蜀黏土)中有不连续小裂隙	裂隙的存在，破坏了土的整体性，增大了透水性，对工程建设往往不利
其他	构造上还有一些特征，如某些土中含有结核(礓石)和天然土洞等	使得土质不均匀，对工程建设往往不利

1.2 土的物理性质指标

土的物理性质指标是反映土的工程性质的特征指标。土是由固体矿物颗粒、水、气体3部分组成。这3部分本身的性质、之间的比例关系和相互作用决定了土的物理性质。土的各组成部分的质量和体积之间的比例关系，用土的三项比例指标表示，能直接反映土的状态和物理力学性质，间接反映土的工程性质。土的物理性质指标中，一种是可以通过试验直接测定的，称为实测指标（试验指标），一种是可通过实测指标进行推算的，称为换算指标，包括孔隙比、孔隙率、饱和度、饱和密度、有效密度和干密度等。

1.2.1 土的三相图

土中三相之间相互比例不同，土的工程性质也不同。现在需要定量研究三相之间的比例关系，即土的物理性质指标的物理意义和数值大小。工程实际中常用三相图来表示，把自然界中土的三相混合分布的情况分别集中起来：固相集中于下部，液相居中部，气相集中于上部，如图1-4所示。在三相图左侧，表示三相组成的质量，三相图的右侧，表示三相组成的体积。

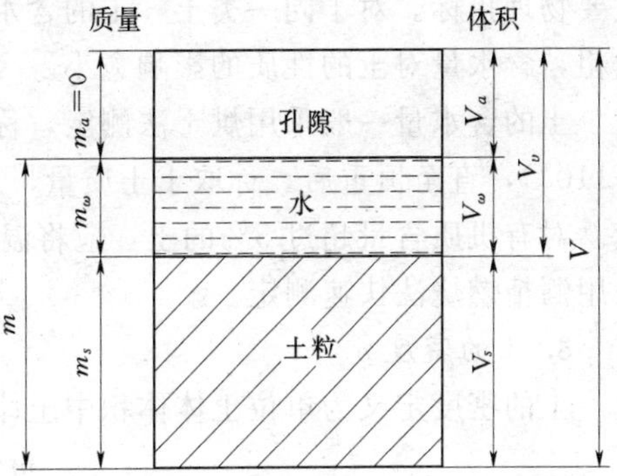

图1-4 土的三相图

图中，V为土的总体积，V_v为土的孔隙体积，V_s为土粒的体积，V_ω为水的体积，V_a为气体的体积，m为土的总质量，m_s为土粒的质量，m_ω为水的质量，m_a为气体的质量。

1.2.2 指标的定义

1.2.2.1 试验指标

土的物理性质指标中有3个基本指标可直接通过土工试验测定，亦称直接测定指标。

1. 土粒相对密度（土粒比重）G_s

土粒相对密度定义为土粒质量与同体积4℃时纯蒸馏水的质量的比值。

$$G_s=\frac{m_s}{V_s\rho_\omega}=\frac{\rho_s}{\rho_\omega} \tag{1-3}$$

式中 ρ_s——土粒的密度，即单位体积土粒的质量；

ρ_ω——4℃时纯蒸馏水的密度。

实际上由于$\rho_\omega=1.0\text{g/cm}^3$，故土粒相对密度在数值上等于土粒的密度，但无量纲。

土粒的相对密度常用比重瓶法测定，土粒质量用天平测出，土粒的体积就是土粒排开水的体积。由于天然土的颗粒是由不同的矿物组成的，它们的相对密度一般并不相同。试验测得的是土粒的相对密度的平均值。

土粒相对密度的变化范围较小，砂土一般在2.65左右，细粒土（黏性土）一般在2.75左右。若土中的有机质含量增加，则土的相对密度将减小。常见土粒相对密度可参考表 1-4 取值。

表 1-4　　常见土粒相对密度

土的名称	砂土	粉土	黏性土		有机质体	泥炭
			粉质黏土	黏土		
土粒相对密度	2.65～2.69	2.70～2.71	2.72～2.73	2.74～2.76	2.4～2.5	1.5～1.8

2. 土的含水量 ω

土中水的质量与土粒质量的比值，称为土的含水量，以百分数表示。

$$\omega=\frac{m_\omega}{m_s}\times 100\%=\frac{m-m_s}{m_s}\times 100\% \tag{1-4}$$

天然土层的含水量变化范围很大，砂土从 0 到 40%左右，黏土可达 100%以上。含水量大小与土的类型、埋藏条件及所处的自然环境有关。含水量 ω 是标志土的湿度的一个重要物理指标。对于同一类土，土的含水量愈高说明土愈湿，一般说来也就愈软。土颗粒愈粗，含水量对土的性质的影响愈小。

土的含水量一般采用烘干法测定，称取一定质量的试样，放入烘箱内，保持恒温 105～110℃，直至恒重后，称取干土质量，从而求出水和干土的质量，两者的比值即为含水量。对有机质含量超过 5%的土，应将温度控制在 65～70℃的恒温下烘至恒重。亦可近似采用酒精燃烧法快速测定。

3. 土的密度 ρ

土的密度定义为单位土体体积中土体的质量。土的密度，也称为天然密度。

$$\rho=\frac{m}{V}=\frac{m_s+m_\omega}{V_s+V_\omega+V_a} \tag{1-5}$$

土的密度可用环刀法测定，将一质量和体积都已知的环刀垂直切入土中，取出后，削平土样两端，测定土样的质量，即可求出土的密度。天然状态下土的密度变化范围较大，其参考值一般黏性土为 1.8～2.0g/cm³；砂土为 1.6～2.0g/cm³。

工程中常用重度 γ 来表示单位体积土的重力，它与密度 ρ 的关系如下。

$$\gamma=\rho g \tag{1-6}$$

式中　g——重力加速度，近似取 $g=10\text{m/s}^2$。

1.2.2.2　换算指标

测出上述 3 个基本试验指标后，就可根据图 1-5 所示的三相图，计算出三相组成各自体积上和质量上的含量，并由此确定其他的物理性质指标，即换算指标。

1. 不同状态下土的密度与重度

由于土所处的环境和状态不同，表示土单位体积质量的指标除天然密度 ρ 外，还有干密度 ρ_d 与饱和密度 ρ_{sat}。

(1) 干密度 ρ_d。干密度 ρ_d 为单位土体体积中土粒的质量。

$$\rho_d=\frac{m_s}{V} \tag{1-7}$$

干密度的大小能反映土体的密实程度，工程中常用干密度作为填土夯实的质量控制指标，干密度常见数值为 1.3～1.8g/cm³。

（2）饱和密度 ρ_{sat}。饱和密度 ρ_{sat} 为土体中孔隙完全被水充满时的土的密度。

$$\rho_{sat}=\frac{m_s+V_v\rho_\omega}{V} \tag{1-8}$$

饱和密度常见数值为 1.8～2.2g/cm³。

非饱和土的密度 ρ 介于上述两者之间，即

$$\rho_{sat}>\rho>\rho_d$$

除上述几种密度外，工程上还常用饱和重度 γ_{sat} 和干重度 γ_d 表示相应含水状态下单位体积土的重量，其数值等于上述相应的密度乘以重力加速度 g，即：$\gamma_{sat}=\rho_{sat}g$，$\gamma_d=\rho_d g$。

对受浮力作用的土体，粒间传递的力应是土粒重力扣除浮力后的数值，故引入有效重度 γ' 表示扣除浮力后的饱和土体的单位体积的重量。γ' 又称为浮重度。

$$\gamma'=\frac{m_s g-V_s\gamma_\omega}{V} \tag{1-9}$$

$$\gamma'=\gamma_{sat}-\gamma_\omega \quad (\gamma_\omega=10\text{kN/m}^3)$$

同样条件下，上述几种重度在数值上有如下关系

$$\gamma_{sat}>\gamma>\gamma_d>\gamma'$$

2. 土的孔隙比与孔隙率

工程上常用孔隙比 e 和孔隙率 n 表示土中孔隙的含量。

（1）孔隙比。孔隙比为土体中孔隙体积与土颗粒体积的比值。

$$e=\frac{V_v}{V_s} \tag{1-10}$$

孔隙比是反映土颗粒间紧密程度的指标之一，其数值愈小，说明土粒之间连结愈紧密；反之，则愈疏松。一般情况下，$e<0.60$ 的土是密实的，压缩性小；$e>1.0$ 的土是松散的，压缩性大。

（2）孔隙率。孔隙率为土中孔隙的体积与土体总体积的比值，即单位体积的土体中孔隙所占的体积，常以百分数表示。

$$n=\frac{V_v}{V}\times100\% \tag{1-11}$$

孔隙率亦可用来表示同一种土的松密程度，其值随土形成过程中所受的压力、粒径级配和颗粒排列的状况而变化。一般粗粒土的孔隙率小，细粒土的孔隙率大。例如砂类土的孔隙率一般是 28%～35%；黏性土的孔隙率有时可高达 60%～70%。

3. 土的饱和度

土的饱和度是土体中所含水分的体积与孔隙体积之比，常以百分数表示。

$$S_r=\frac{V_\omega}{V_v}\times100\% \tag{1-12}$$

饱和度 S_r 可用来描述土体中孔隙被水充满的程度。很显然，干土的饱和度 $S_r=0$，饱和土的饱和度 $S_r=100\%$。砂土根据饱和度可划分为 3 种湿润状态：

$S_r\leqslant 50\%$，稍湿；

$50\%<S_r\leqslant 80\%$，很湿；

$S_r > 80\%$，饱和。

1.2.3 指标的换算

各物理性质指标都是量的相互比例关系。因此，就可以通过一些指标间相互比例关系进行计算，得到另一些指标。

图 1－5 是常用的土的三相比例指标换算图。可按下述步骤填绘。

设 $V_s=1$，则根据孔隙比定义得

$$V_v = V_s e = e$$

所以

$$V=1+e$$

根据相对密度定义

$$m_s = G_s\rho_\omega V_s = G_s\rho_\omega$$

根据含水量定义

$$m_\omega = \omega m_s = \omega G_s\rho_\omega$$

所以

$$m = m_s + m_\omega = G_s\rho_\omega(1+w)$$

根据体积和质量关系

$$V_\omega = \frac{m_\omega}{\rho_\omega} = \omega G_s$$

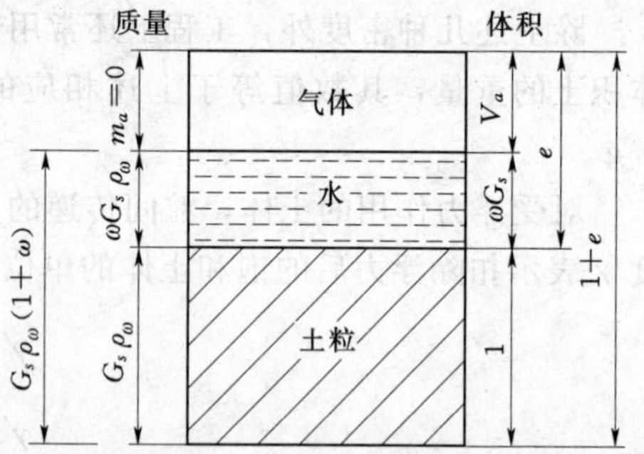

图 1－5 三相指标换算图

根据图 1－5，可由指标的定义得到下述计算公式。

$$\rho = \frac{m}{V} = \frac{G_s(1+\omega)}{1+e}\rho_\omega$$

$$e = \frac{V_v}{V_s} = \frac{V-V_s}{V_s} = \frac{G_s(1+\omega)\rho_\omega}{\rho} - 1$$

$$\rho_d = \frac{m_s}{V} = \frac{G_s\rho_\omega}{1+e} = \frac{\rho}{1+\omega}$$

$$\rho_{sat} = \frac{m_s + V_v\rho_\omega}{V} = \frac{(G_s+e)\rho_\omega}{1+e}$$

$$\gamma' = \frac{m_s - V_s\rho_\omega}{V}g = \frac{(G_s-1)\gamma_\omega}{1+e} = \gamma_{sat} - \gamma_\omega$$

$$n = \frac{V_v}{V} = \frac{e}{1+e}$$

$$S_r = \frac{V_\omega}{V_v} = \frac{\omega d_s}{e}$$

表 1－5 列出了常用的土的三相比例指标换算公式。

表 1－5　　土的三相指标常用换算公式

名称	符号	三相比例表达式	常用换算公式	单 位	常用的数值范围
土粒的相对密度	G_s	$G_s = \frac{m_s}{V_s\rho_\omega}$	$G_s = \frac{S_r e}{\omega}$		黏性土：2.72～2.76； 粉　土：2.70～2.71； 砂　土：2.65～2.69

续表

名称	符号	三相比例表达式	常用换算公式	单位	常用的数值范围
含水量	ω	$\omega=\frac{m_\omega}{m_s}\times100\%$	$\omega=\frac{S_r e}{G_s}$ $\omega=\frac{\rho}{\rho_d}-1$		
密度	ρ	$\rho=\frac{m}{V}$	$\rho=\frac{G_s(1+\omega)}{1+e}\rho_\omega$ $\rho=(1+\omega)\rho_d$	g/cm³	1.6～2.0
干密度	ρ_d	$\rho_d=\frac{m_s}{V}$	$\rho_d=\frac{\rho}{1+\omega}$ $\rho_d=\frac{G_s\rho_\omega}{1+e}$	g/cm³	1.3～1.8
饱和密度	ρ_{sat}	$\rho_{sat}=\frac{m_s+V_v\rho_\omega}{V}$	$\rho_{sat}=\frac{(G_s+e)\rho_\omega}{1+e}$	g/cm³	1.8～2.3
重度	γ	$\gamma=\rho g$	$\gamma=\frac{G_s(1+\omega)}{1+e}\gamma_\omega$	kN/m³	16～20
干重度	γ_d	$\gamma_d=\frac{m_s g}{V}=\rho_d g$	$\gamma_d=\frac{G_s\gamma_\omega}{1+e}$	kN/m³	13～18
饱和重度	γ_{sat}	$\gamma_{sat}=\frac{m_s g+V_s\gamma_\omega}{V}$	$\gamma_{sat}=\frac{(G_s+e)\gamma_\omega}{1+e}$	kN/m³	18～23
有效重度	γ'	$\gamma'=\frac{m_s g-V_s\gamma_\omega}{V}$	$\gamma'=\frac{(G_s-1)\gamma_\omega}{1+e}$	kN/m³	8～13
孔隙比	e	$e=\frac{V_v}{V_s}$	$e=\frac{G_s(1+\omega)\rho_\omega}{\rho}-1$ $e=\frac{G_s\rho_\omega}{\rho_d}-1$		黏性土和粉土：0.40～1.20； 砂土：0.30～0.90
孔隙率	n	$n=\frac{V_v}{V}\times100\%$	$n=\frac{e}{1+e}$ $n=1-\frac{\rho_d}{G_s\rho_\omega}$		黏性土和粉土：30%～60%； 砂土：25%～45%
饱和度	S_r	$S_r=\frac{V_\omega}{V_v}\times100\%$	$S_r=\frac{\omega G_s}{e}$ $S_r=\frac{\omega\rho_d}{n\rho_\omega}$		0～100%

【例 1-1】 某原状土样由室内实验测得土的体积为 $1.0\times10^{-4}\,m^3$，湿土的质量为 0.186kg，烘干后的质量为 0.147kg，土粒的相对密度为 2.70。试求该土样的含水量 ω，密度 ρ，干密度 ρ_d，孔隙比 e，饱和重度 γ_{sat}，有效重度 γ' 及饱和度 S_r。

【解】 (1) 土的含水量。

$$\omega=\frac{m-m_s}{m_s}\times100\%=\frac{0.186-0.147}{0.147}\times100\%=26.53\%$$

(2) 土的密度。

$$\rho=\frac{m}{V}=\frac{0.186}{1\times10^{-4}}=\frac{0.186\times10^3}{1\times10^2}=1.86(g/cm^3)$$

(3) 干密度。

$$\rho_d=\frac{\rho}{1+\omega}=\frac{1.86}{1+0.2653}=1.47(\mathrm{g/cm^3})$$

(4) 土的孔隙比。

$$e=\frac{G_s(1+\omega)\rho_\omega}{\rho}-1=\frac{2.70\times(1+0.2653)\times1}{1.86}-1=0.84$$

(5) 土的饱和重度。

$$\gamma_{sat}=\frac{(G_s+e)\gamma_\omega}{1+e}=\frac{(2.70+0.84)\times10}{1+0.84}=19.24(\mathrm{kN/m^3})$$

(6) 有效重度。

$$\gamma'=\gamma_{sat}-\gamma_\omega=19.24-10=9.24(\mathrm{kN/m^3})$$

(7) 土的饱和度。

$$S_r=\frac{\omega G_s}{e}=\frac{0.2653\times2.70}{0.84}=0.85\times100\%=85\%$$

1.3 土的物理状态指标

土的物理状态，对于无黏性土是指土的密实程度，对于黏性土则是指土的软硬程度，也称为黏性土的稠度。

1.3.1 无黏性土密实度

无黏性土主要指砂土和碎石类土。无黏性土颗粒较粗，土粒之间无黏结力，呈散粒状态。它们的性质与其密实程度有关，土的密实度通常指单位体积土中固体颗粒的含量。根据土颗粒含量的多少，天然状态下的砂、碎石等处于从紧密到松散的不同物理状态。呈密实状态时，强度较大，可作为良好的天然地基；呈松散状态时，则是不良地基。因此，无黏性土的密实度与其工程性质有着密切关系。

1.3.1.1 砂土的密实度

描述砂土密实状态的指标可采用下述几种。

1. 孔隙比 e

砂土的密实度可用天然孔隙比 e 衡量。对于同一种土，当孔隙比小于某一限度时，处于密实状态。孔隙比愈大，则土愈松散。砂土的这种特性是由它所具有的单粒结构所决定的。这种用孔隙含量表示密实度的方法虽然简便却有其明显的缺陷，没有考虑到颗粒级配这一重要因素对砂土密实状态的影响。另外，由于取原状砂样和测定孔隙比存在实际困难，故在实用上也存在问题。

2. 相对密度 D_r

相对密度 D_r 考虑了颗粒形状、大小和级配等影响因素。其表达式为

$$D_r=\frac{e_{\max}-e}{e_{\max}-e_{\min}} \tag{1-13}$$

式中 e——砂土在天然状态下或某种控制状态下的孔隙比；

$e_{\max}$——砂土在最疏松状态下的孔隙比，即最大孔隙比；

e_{min}——砂土在最密实状态下的孔隙比，即最小孔隙比。

将式（1-13）中的孔隙比用干密度替换，可得到用干密度表示的相对密度表达式

$$D_r=\frac{(\rho_d-\rho_{d\min})\rho_{d\max}}{(\rho_{d\max}-\rho_{d\min})\rho_d} \tag{1-14}$$

式中 ρ_d——砂土的天然干密度；

$\rho_{d\max}$——砂土的最大干密度；

$\rho_{d\min}$——砂土的最小干密度。

当 $D_r=0$ 时，$e=e_{max}$，说明土处于最松散状态，可用漏斗法和量筒法测定。

当 $D_r=1$ 时，$e=e_{min}$，说明土处于最密实状态，可用振动锤击法测定。

根据 D_r 值可把土的密实度状态分为 3 种：

$1\geqslant D_r>0.67$，密实；

$0.67\geqslant D_r>0.33$，中密；

$0.33\geqslant D_r>0$，松散。

虽然相对密实度从理论上能反映颗粒级配、颗粒形状等因素。但由于对砂土很难采取原状土样，故天然孔隙比不易测准，目前虽已制定出一套测定最大、最小孔隙比的试验方法，但要准确测定却比较困难。因此，相对密实度这一指标在理论上虽然能够更合理的确定土的密实状态，但由于以上原因，通常多用于填方工程的质量控制中，对于天然土尚且难以应用。

3. 按动触探确定无黏性土的密实度

天然砂土的密实度，可按原位标准贯入试验的锤击数进行评定。《建筑地基基础设计规范》（GB 50007—2002）给出了判别标准，见表 1-6。

表 1-6　　砂土的密实度

砂土密实度	松散	稍密	中密	密实
N	$\leqslant 10$	$10<N\leqslant 15$	$15<N\leqslant 30$	>30

注　标准贯入试验是用规定的锤重（63.5kg）和落距（76cm）把标准贯入器打入土层中，记录每贯入 30cm 深度所用的锤击数 N 的一种原位测试方法。

1.3.1.2　碎石土的密实度

碎石土的密实度可以根据重型圆锥动力触探锤击数 $N_{63.5}$ 和野外鉴别方法划分。其划分见表 1-7 和表 1-8。

表 1-7　　碎石土的密实度

重型圆锥动力触探锤击数 $N_{63.5}$	$N_{63.5}\leqslant 5$	$5<N_{63.5}\leqslant 10$	$10<N_{63.5}\leqslant 20$	$N_{63.5}>20$
密实度	松散	稍密	中密	密实

注　用于评定碎石土密实度 $N_{63.5}$ 为经综合修正后的平均值。本表适用于平均粒径等于 50mm 且最大粒径不超过 100mm 的卵石、碎石、圆砾、角砾。对于平均粒径大于 50mm 或最大粒径大于 100mm 的碎石土，可由野外鉴别方法划分其密实度（见表 1-8）。

表 1-8　　碎石土密实度野外鉴别方法

密实度	骨架颗粒含量和排列	可挖性	可钻性
密实	骨架颗粒含量大于总重的70%，呈交错排列，连续接触	锹镐挖掘困难，用撬棍方能松动，井壁一般较稳定	钻进极困难，冲击钻探时，钻杆、吊锤跳动剧烈，孔壁较稳定
中密	骨架颗粒含量等于总重的60%～70%，呈交错排列，大部分接触	锹镐可挖掘，井壁有掉块现象，从井壁取出大颗粒处，能保持颗粒凹面形状	钻进极困难，冲击钻探时，钻杆、吊锤跳动不剧烈，孔壁有坍塌现象
稍密	骨架颗粒含量等于总重的55%～60%，排列混乱，大部分不接触	锹镐可以挖掘，井壁易坍塌，从井壁取出大颗粒后，砂土立即坍落	钻进较容易，冲击钻探时，钻杆稍有跳动，孔壁易坍落
松密	骨架颗粒含量小于总重的55%，排列十分混乱，绝大部分不接触	锹镐易挖掘，井壁极易坍塌	钻进很容易，冲击钻探时，钻杆无跳动，孔壁极易坍塌

1.3.2　黏性土的稠度

1.3.2.1　黏性土的稠度状态

黏性土最主要的特征是它的稠度。稠度是指黏性土在某一含水量时的软硬程度和土体对外力引起的变形或破坏的抵抗能力。当土中含水量很低时，水被土颗粒表面的电荷吸附于颗粒表面，土中水为强结合水，土呈固态或半固态。当土中含水量增加，吸附在颗粒周围的水膜加厚，土粒周围除强结合水外还有弱结合水。弱结合水不能自由流动，但受力时可以变形，此时土体受外力作用可以被捏成任意形状，外力取消后仍保持改变后的形状，这种状态称为塑态。当土中含水量继续增加，土中除结合水外已有相当数量的水处于电场引力范围外，这时，土体呈现流动状态。实质上，土的稠度反映的是土体的含水量。

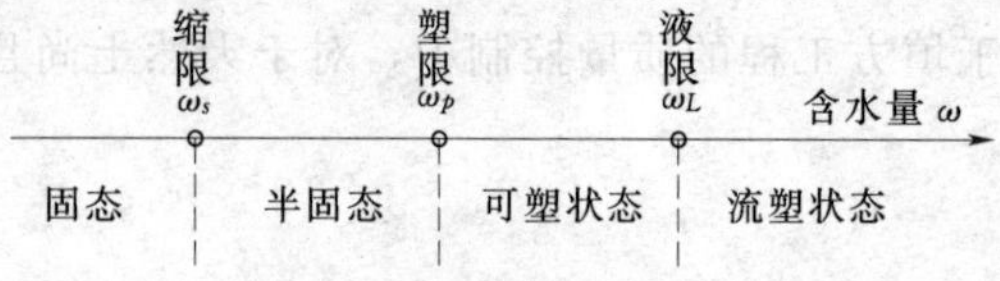

图 1-6　黏性土物理状态与含水量关系

土从一种状态转变成另一种状态的界限含水量，称为稠度界限。工程上常用的稠度界限有液限和塑限。液限为土由流塑状态变成可塑状态的界限含水量，塑限为土由可塑状态变成半固体状态的界限含水量，如图1-6所示。

液塑限的测定方法可用液塑限联合测定法［《土工试验方法标准》(GBJ 123—99)］。试验时取代表性试样，加入不同数量的纯水，调成3种不同稠度的试样，用电磁落锥法分别测定圆锥在自重下沉入试样5s时的下沉深度。以含水量为横坐标，圆锥下沉深度为纵坐标，在双曲线坐标纸上绘制关系曲线（见图1-7）。在含水量与圆锥下沉深度的关系图上查得下沉深度为17mm所对应的含水量为液限，查得下沉深度为10mm所对应的含水量为10mm液限，查得下沉深度为2mm所对应的含水量为塑限，以百分数表

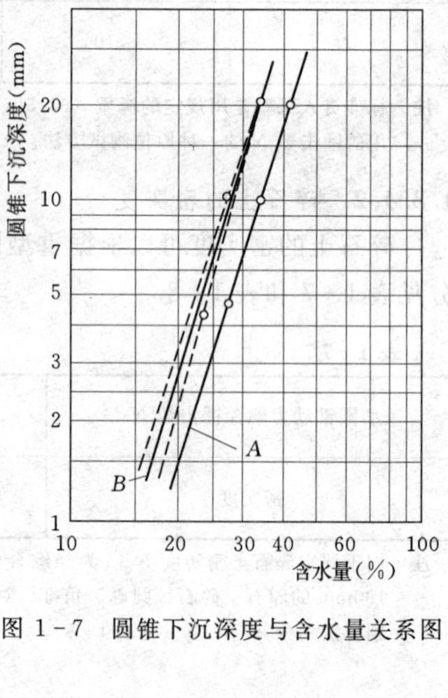

图 1-7　圆锥下沉深度与含水量关系图

示，准确至 0.1%。

1.3.2.2　黏性土的塑性指数和液性指数

1. 塑性指数

塑性指数为液限与塑限的差，用 I_P 表示，习惯上略去百分号，即

$$I_P = \omega_L - \omega_P \tag{1-15}$$

它表示黏性土处于可塑状态时含水量的变化范围，塑性指数愈大，土颗粒愈细，黏粒含量愈多，比表面和结合水含量愈高。塑性指数的大小还与土粒的矿物成分有关，当黏粒中主要成分为蒙脱石时，塑性指数较高；当黏粒中主要成分为高岭石时，塑性指数相对较低。土的塑性指数是土的固有属性，塑性指数值可视为常数，与土的天然含水量无关。因此，工程上常用塑性指数对黏性土进行分类。

2. 液性指数

液性指数指黏性土的天然含水量和塑限的差值与塑性指数比值，用 I_L 表示，即

$$I_L = \frac{\omega - \omega_P}{\omega_L - \omega_P} \tag{1-16}$$

液性指数是表征黏性土软硬状态的指标，I_L 以小数表示。由式（1-16）可知，当土的天然含水量 $\omega < \omega_P$ 时，$I_L < 0$，土处于坚硬状态；当 $\omega = \omega_P$ 时，$I_L = 0$，土从半固态进入可塑状态；当 $\omega > \omega_L$，$I_L > 1.0$，土处于流动状态；当 $\omega = \omega_L$ 时，$I_L = 1.0$，土由可塑态进入液态；当 $\omega_P < \omega < \omega_L$ 时，$0 < I_L < 1.0$，土处于可塑状态。因此，I_L 值愈大，土质愈软，I_L 值愈小，土质愈硬。《建筑地基基础设计规范》（GB 50007—2002）给出了划分标准，见表 1-9。

表 1-9　　黏性土状态的划分

稠度状态	坚硬	硬塑	可塑	软塑	流塑
液性指数 I_L	$I_L \leqslant 0$	$0 < I_L \leqslant 0.25$	$0.25 < I_L \leqslant 0.75$	$0.75 < I_L \leqslant 1.0$	$I_L > 1.0$

注　当用静力触探探头阻力或标贯试验锤击数评定黏性土的状态时，可根据当地经验确定。

1.3.3　黏性土的灵敏度和触变性

1.3.3.1　黏性土的灵敏度

由技术钻孔取出的黏性土样，如能保持天然状态下土的结构和含水量不变，则称为原状土样。如土样的结构、构造受到外来因素扰动，则称为扰动土样。土经扰动后，土粒间的胶结物质以及土粒、离子、水分子所组成的平衡体系受到破坏，即土的天然结构受到破坏，导致土的强度降低和压缩性增大。土的这种结构性对其强度的影响，一般用灵敏度 S_t 来表示。

$$S_t = \frac{q_u}{q_u'} \tag{1-17}$$

式中　q_u——原状土的无侧限抗压强度或十字板抗剪强度；

q_u'——具有与原状土相同含水量并彻底破坏其结构的重塑土的无侧限抗压强度或十字板抗剪强度。

按灵敏度的大小，黏性土可分为：$S_t \leqslant 2$，不灵敏；$2 < S_t \leqslant 4$，中等灵敏；$4 < S_t \leqslant 8$，灵敏；$S_t > 8$，极灵敏。土的灵敏度越高，其结构性越强，受扰动后土的强度降低就越

多。所以在基础施工中应注意保护槽（坑）底土，尽量减少对土的扰动。

1.3.3.2 黏性土的触变性

饱和黏性土的结构受到扰动，导致强度降低，但当扰动停止后，土的一部分强度又随时间变化而逐渐增长。这是土粒、离子和水分子体系随时间变化而逐渐形成新的平衡状态的缘故。黏性土这种胶体化学性质称为土的触变性。在黏性土中打桩时，桩侧上的结构受到破坏导致强度降低，但在停止打桩以后，土的一部分强度渐渐恢复，桩的承载力将增加。

1.4 土的工程分类

自然界中土的种类不同，其工程性质也必不相同。从直观上，可以粗略的把土分成两大类，一类是土体中肉眼可见松散颗粒，颗粒间连结弱，这就是前面提到的无黏性土（粗粒土）；另一类是颗粒非常细微，颗粒间联结力强，这就是前面提到的黏土。实际工程中，这种粗略的分类远远不能满足工程的要求，还必须用更能反映土的工程特性的指标来系统分类。前面已介绍过，影响土的工程性质的主要因素是土的三相组成和土的物理状态，其中最主要的因素是三相组成中土的固体颗粒，如颗粒的粗细、颗粒的级配等。目前，国内外土的工程分类法并不统一。即使同一国家的各个行业、各个部门，土的分类体系也都是结合本专业的特点而制定的。本节主要介绍我国现行的水利部《土工试验规程》（SL 237—1999）及《建筑地基基础设计规范》（GB 50007—2002）中土的分类。

1.4.1 《土工试验规程》(SL 237—1999) 分类法

按照该体系分类时，首先应判别天然土属有机土还是无机土。

有机质含量大于10%的土为有机土。有机土没有固定粒径，由分解的或部分分解的动植物残骸和无定形物质所组成，呈黑色、青黑色或暗色，有臭味，手触有弹性和海绵感。典型的有机土如泥炭等。

有机质含量在5%和10%之间时，为有机质土。有机质含量小于5%就属无机土。工程上遇到的土绝大部分属无机土。

1. 土类基本代号

漂石、块石（B）；卵石、碎石（Cb）；砾、角砾（G）；砂（S）；粉土（M）；黏土（C）；细粒土（黏土、粉土合称，F）；混合土（粗、细土合称，SI）；有机质土（O）；黄土（Y）；膨胀土（E）；红黏土（R）；盐渍土（St）；级配良好（W）；级配不良（P）；高液限（H）；低液限（L）。

2. 代号构成

（1）1个代号表示土的名称，如：C——黏土；M——粉土。

（2）2个代号构成时，第一个代号表示土的主要成分，第二个代号表示土的特性指标（土的液限或级配）。如：ML——低液限粉土；SW——级配良好砂。

（3）由3个代号构成时，第一个代号表示土的主成分，第二个代号表示土的特性指标（土的液限或级配），第三个代号表示土中所含次要成分。如：CLG——含砾低液限黏土。

3. 粗粒土的分类

定义：粗粒土是试样中粗粒组含量大于总质量50%的土。

性质：粗粒土没有黏性，常称为无黏性土，其性质由土粒级配控制。粗粒土透水性强，易于压实，基本不受含水状态的影响。

分类：粗粒土的分类见表 1-10。

表 1-10　　粗粒土的分类

土类	定名	粒组含量		土代号	土名称
砾类土（砾粒组含量大于总质量50%）	砾	细粒组含量＜5%	级配：$C_u \geqslant 5$ 且 $C_c = 1 \sim 3$	GW	级配良好砾
			级配：不能同时满足 $C_u \geqslant 5$ 和 $C_c = 1 \sim 3$	GP	级配不良砾
	含细粒土砾	细粒组含量为 5%～15%		GF	含细粒土砾
	细粒土质砾	15%＜细粒组含量≤50%	细粒为黏土	GC	黏土质砾
			细粒为粉土	GM	粉土质砾
砂类土（砾粒组含量不大于总质量50%）	砂	细粒含量＜5%	级配：$C_u \geqslant 5$ 且 $C_c = 1 \sim 5$	SW	级配良好砂
			级配：不能同时满足 $C_u \geqslant 5$ 和 $C_c = 1 \sim 5$	SP	级配不良砾
	含细粒土砾	细粒组含量为 5%～15%		SF	含细粒土砾
	细粒土质砾	15%＜细粒组含量≤50%	细粒为黏土	SC	黏土质砂
			细粒为粉土	SM	粉土质砾

4. 细粒土的分类

定义：细粒土是指试样中细粒组含量大于等于总质量 50%的土。

细粒类土划分的规定：①细粒类土中，当粗粒组含量小于 25%时，土体中的粗粒是分散填充在细粒土内，对土的性质影响不大，称为细粒土；②当粗粒组含量大于 25%时，粗粒在土体中已起骨架作用，对土的性质有相当的影响，称为含粗粒的细粒土；③试样中含部分有机质的土称为有机质土。

分类：细粒土根据塑性图进行分类。根据塑性图分类后，细粒土共分成 8 类，其代号分别为：CH、CL、CHO、CLO、MH、ML、MHO、MLO。

1.4.2 《建筑地基基础设计规范》（GB 50007—2002）分类法

根据《建筑地基基础设计规范》（GB 50007—2002），作为建筑物地基的土类有岩石、碎石土、砂土、粉土、黏性土、人工填土及特殊土等，下面主要讨论碎石土、砂土、粉土、黏性土、人工填土等土的分类。

1. 碎石土

粒径大于 2mm 的颗粒含量超过全重 50%的土称为碎石土。根据粒组含量及颗粒形状分类见表 1-11。

表 1-11　　碎石土的分类

土的名称	颗粒形状	粒组含量
漂石	圆形及亚圆形为主	粒径大于 200mm 的颗粒超过全重 50%
块石	棱角形为主	
卵石	圆形及亚圆形为主	粒径大于 20mm 的颗粒超过全重 50%
碎石	棱角形为主	
圆砾	圆形及亚圆形为主	粒径大于 2mm 的颗粒超过全重 50%
角砾	棱角形为主	

注　分类时应根据粒组含量栏从上到下以最先符合者确定。

2. 砂土

粒径大于 2mm 的颗粒含量不超过全重的 50%、粒径大于 0.075mm 的颗粒超过全重 50%的土称为砂土。砂土可分为砾砂、粗砂、中砂、细砂和粉砂，见表 1-12。

表 1-12　　砂土的分类

土的名称	颗粒含量	土的名称	颗粒含量
砾　砂	粒径大于 2mm 的颗粒超过全重 25%～50%	细　砂	粒径大于 0.075mm 的颗粒超过全重 85%
粗　砂	粒径大于 0.5mm 的颗粒超过全重 50%	粉　砂	粒径大于 0.075mm 的颗粒超过全重 50%
中　砂	粒径大于 0.25mm 的颗粒超过全重 50%		

注　分类时应根据粒组含量栏从上到下以最先符合者确定。

3. 黏性土

凡塑性指数 $I_P>10$ 的土定名为黏性土。根据塑性指数的大小，黏性土又分为黏土和粉质黏土，即：$I_P>17$ 的土为黏土；$10<I_P\leqslant17$ 的土为粉质黏土。

黏性土中有两个亚类（淤泥和淤泥质土、红黏土）与工程建筑关系极为密切。

(1) 淤泥和淤泥质土。淤泥是在静水或缓慢的流水环境中沉积，并经生物化学作用形成的，天然含水量大于液限、天然孔隙比不小于 1.5 的黏性土。当天然孔隙比小于 1.5 但不小于 1.0 时称为淤泥质土。

(2) 红黏土。红黏土是指碳酸盐系的岩石（石灰岩及白云岩等）经红土化作用形成的高塑性黏土，其液限一般大于 50%。经再搬移后仍保留红黏土基本特征，液限大于 45%的土定为次生红黏土。

4. 粉土

粉土为介于砂土与黏性土之间，塑性指数 $I_P\leqslant10$ 且粒径大于 0.075mm 的颗粒含量不超过全重 50%的土。

5. 人工填土

根据组成和成因，人工填土可分为素填土、压实填土、杂填土、冲填土。

(1) 素填土为由碎石土、砂土、粉土、黏性土等组成的填土；经压实或夯实的素填土为压实填土。

(2) 杂填土为含有建筑垃圾、工业废料、生活垃圾等杂物的填土。

(3) 冲填土为由水力冲填泥沙形成的填土。

1.4.3 《铁路桥涵地基和基础设计规范》(TB 10002.5—2005) 分类法

1. 土的颗粒分类

土的颗粒分类见表 1-13。

表 1-13　　土的颗粒分类

颗粒分类	粒径 d (mm)	
漂石（浑圆、圆棱）或块石（尖棱）	大	$d>800$
	中	$400<d\leqslant800$
	小	$200<d\leqslant400$

续表

颗粒分类		粒径 d (mm)
卵石（浑圆、圆棱）或碎石（尖棱）	大	$100<d\leqslant 200$
	小	$60<d\leqslant 100$
粗圆砾（浑圆、圆棱）或角砾（尖棱）	大	$40<d\leqslant 60$
	小	$20<d\leqslant 40$
细圆砾（浑圆、圆棱）或粗角砾	大	$10<d\leqslant 20$
	中	$5<d\leqslant 10$
	小	$2<d\leqslant 5$
砂粒	粗	$0.5<d\leqslant 2$
	中	$0.25<d\leqslant 0.5$
	细	$0.075<d\leqslant 0.25$
粉粒		$0.005\leqslant d\leqslant 0.075$
黏粒		$d<0.005$

2. 碎石类土分类

碎石类土分类见表 1－14。

表 1－14　碎石类土的分类

土的名称	颗粒形状	土的颗粒级配
漂石土	浑圆或圆棱状为主	粒径大于 200mm 的颗粒超过全重 50％
块石土	尖棱状为主	
卵石土	浑圆或圆棱状为主	粒径大于 60mm 的颗粒超过全重 50％
碎石土	尖棱状为主	
粗圆砾土	浑圆或圆棱状为主	粒径大于 20mm 的颗粒超过全重 50％
粗角砾土	尖棱状为主	
细圆砾土	浑圆或圆棱状为主	粒径大于 2mm 的颗粒超过全重 50％
细角砾土	尖棱状为主	

3. 砂类土的分类

砂类土的分类见表 1－15。

表 1－15　砂类土分类

土　名	土的颗粒级配	土　名	土的颗粒级配
砾砂	粒径大于 2mm 的颗粒的质量占总质量的 25％～50％	细砂	粒径大于 0.075mm 的颗粒的质量超过总质量的 85％
粗砾	粒径大于 0.5mm 的颗粒的质量超过总质量的 50％	粉砂	粒径大于 0.075mm 的颗粒的质量超过总质量的 50％
中砂	粒径大于 0.25mm 的颗粒的质量超过总质量的 50％		

注　碎石土定名时应根据粒径分组，由大到小以最先符合者确定；砂类土定名时应根据颗粒级配，由大到小，以最先符合者确定。

4. 粉土、黏性土分类

粉土、黏性土分类见表 1－16。

表 1-16　　黏性土分类

土的名称	塑性指数 I_P
粉　土	$I_P \leqslant 10$
粉质黏土	$10 < I_P \leqslant 17$
黏　土	$I_P > 17$

本章小结

土为三相体系，由固体颗粒（固相）、水（液相）和空气（气相）组成。

土中固体颗粒的大小、矿物成分、土粒形状对土的物理性质有显著影响，可以通过级配曲线，判别土体级配的好坏。土中水包括结合水和自由水。

土的结构有单粒结构、蜂窝结构、絮状结构 3 种。

土的三相组成比例关系的指标，统称为土的三相比例指标。其中土的密度、相对密度和含水量为实测指标（亦称试验指标）；由实测指标可计算得到换算指标，如孔隙比、孔隙率、饱和度、饱和密度、干密度、有效重度。利用土的三相图，可进行指标之间的换算。

无黏性土的密实度可通过标准贯入锤击数、孔隙比和相对密度来判定。

黏性土稠度是指土的软硬程度或土受外力作用所引起变形或破坏的抵抗能力。

塑限（ω_P）是土从塑性状态转变为半固体状态时的分界含水量。

液限（ω_L）是土从液性状态转变为塑性状态时的分界含水量。

塑性指数是黏性土分类的重要标志之一，它表示土处在可塑状态的含水量变化范围，其值的大小取决于土颗粒吸附结合水的能力，亦即与土中黏粒含量有关，黏粒含量越多，土的比表面积越大，塑性指数就越高。

液性指数是判定黏性土软硬程度的重要指标。

土有多种工程分类方法。

复习思考题

1. 何谓土粒粒组？土粒六大粒组划分标准是什么？
2. 在土的三相比例指标中，哪些指标是直接测定的？其余指标如何导出？
3. 什么是黏性土的界限含水量？
4. 土中结合水可分为哪两种，它们各有什么特点？
5. 什么是塑性指数，其工程用途是什么？
6. 判断砂土松密程度有哪些方法？
7. 地基土分几大类？各类土的划分依据是什么？

习题

1. 从干土样中称取 1000g 的试样，经标准筛充分过筛后称得各级筛上留下来的土粒质量见表1-17。试求土中各粒组的质量的百分含量与小于各级筛孔径的质量累积百分含量。

表1-17　　　　筛分析试验结果

筛孔径（mm）	2.0	1.0	0.5	0.25	0.075	底盘
各级筛上的土粒质量（g）	100	100	250	350	100	100

2. 某砂土的颗粒级配曲线，$d_{10}=0.07$mm，$d_{30}=0.2$mm，$d_{60}=0.45$mm，求不均匀系数和曲率系数，并进行土的级配判别。

3. 用体积为72cm^{3}的环刀取得某原状土样重132g，烘干后土重122g，$G_s=2.72$，试计算该土样的ω、e、S_r、γ、γ_{sat}、γ'、γ_d，并比较各重度的大小。

4. 某完全饱和的土样，经测得其含水量$\omega=30\%$，土粒比重$G_s=2.72$。试求该土的孔隙比e、密度ρ和干密度ρ_d。

5. 某黏土的含水量$\omega=36.4\%$，液限$\omega_L=48\%$、塑限$\omega_P=25.4\%$，要求：

(1) 计算该土的塑性指数I_P。

(2) 确定该土的名称。

(3) 计算该土的液性指标I_L。

(4) 按液性指数确定土的状态。

6. 从甲、乙两地土层中各取出土样进行试验，液限$\omega_L=40\%$，塑限$\omega_P=25\%$，但甲地的天然含水量$\omega=45\%$，而乙地的$\omega=20\%$，试求甲、乙两地的地基土的液性指数I_L各是多少？判断其状态，哪一个地基的土较好？

7. 某砂土土样的天然密度为1.77g/cm^3，天然含水量为9.8%，土粒相对密度为2.67，烘干后测定最小孔隙比为0.461，最大孔隙比为0.943，试求天然孔隙比e和相对密度D_r，并评定该砂土的密实度。

8. 某无黏性土样，标准贯入试验锤击数$N=20$，饱和度$S_r=85\%$，土样颗粒分析结果见表1-18，试确定该土的名称和状态。

表1-18　　　　习题8土样颗粒分析结果

粒径（mm）	0.5～2	0.25～0.5	0.075～0.25	0.05～0.075	0.01～0.05	<0.01
粒组含量（%）	5.6	17.5	27.4	24.0	15.5	10.0

第 2 章　地基中的应力计算

本章要点

- 认识土中应力，了解其产生原因和作用效果。
- 理解刚性基础底面压应力分布现象，掌握基底压力的计算方法。
- 掌握自重应力的计算方法及分布规律。
- 掌握附加应力的计算方法，包括集中力和分布荷载作用下土中应力计算，矩形基础角点下应力计算及角点法计算任意点应力。
- 了解非均质地基中的附加应力分布。

2.1　概　　述

2.1.1　土中应力计算的目的及方法

建筑物、构筑物、车辆等的荷载，要通过基础或路基传递到土体上，在这些荷载及其他作用力（如渗透力、地震力）的作用下，土中产生应力。土中应力的增加将引起土的变形，使建筑物发生下沉、倾斜以及水平位移。土的变形过大时，往往会影响建筑物的安全和正常使用。此外，土中应力过大时，也会引起土体的剪切破坏，使土体发生剪切滑动而失去稳定性。为了使所设计的建筑物、构筑物既安全可靠又经济合理，就必须研究土体的变形、强度、地基承载力、稳定性等问题，而不论研究上述何种问题，都必须首先了解土中的应力分布状况。只有掌握了土中应力的计算方法和土中应力的分布规律，才能正确运用土力学的基本原理和方法解决地基变形、土体稳定等问题。因此，研究土中应力分布及计算方法是土力学的重要内容之一。

目前计算土中应力的方法，主要是采用弹性理论公式，也就是把地基土视为均匀的、各向同性的半无限弹性体。这虽然同土体的实际情况有差别，但其计算结果还是能满足实际工程要求的。

2.1.2　土中应力分类

土中应力按照其产生原因和作用效果的不同，分为自重应力和附加应力两种。自重应力是由土体本身有效重力产生的应力。一般而言，土体在自重作用下，在漫长的地质历史上已压缩稳定，不再引起土的变形（新沉积土或近期人工填土除外）。

附加应力是建筑物及其外荷载引起的应力增量。它是使地基失去稳定和产生变形的主要原因。

地基应力中影响最大的是竖向应力。下面主要介绍竖向应力的计算。

2.2 土中自重应力计算

自重应力是由于地基土体本身的有效重力而产生的。研究地基的自重应力是为了确定地基土体的应力状态。

2.2.1 均匀地基土的自重应力

计算地基中的自重应力时，一般将地基作为半无限弹性体来考虑，地基中的自重应力状态属于侧限应力状态，其内部任一水平面和垂直面上，均只有正应力而无剪应力。如图2-1所示。在地面下深度z处，任取一单元体，其上的自重应力分量为：竖向自重应力σ_{cz}；水平自重应力$\sigma_{cx}=\sigma_{cy}$；不存在着剪应力。当地基是均质土体时，在深度z处土的竖向自重应力为

$$\sigma_{cz}=\gamma z \tag{2-1}$$

式中　γ——土的天然重度，kN/m^3。

由式（2-1）可见，自重应力随深度z线形增加，呈三角形分布，如图2-1所示。

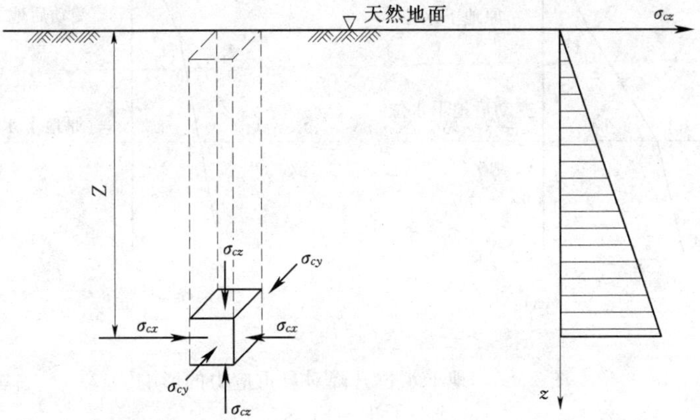

图2-1　均质土中自重应力

2.2.2 多层地基土的自重应力

若地基是由不同性质的成层土组成，则在地面以下任意深度Z处的自重应力为

$$\sigma_{cz}=\gamma_1 h_1+\gamma_2 h_2+\cdots=\sum_{i=1}^{n}\gamma_i h_i \tag{2-2}$$

式中　n——深度z范围内的土层总数；

h_i——第i层土层厚；

γ_i——第i层土的重度，kN/m^3，地下水位以上的土层一般取天然重度，地下水位以下的土层取有效重度γ'，对毛细饱和带的土层取饱和重度。

由式（2-2）可知，多层土中自重应力沿着深度成折线分布，转折点位于γ值发生变化的界面，如图2-2所示。

在地下水位以下，如埋藏有不透水层（例如连续分布的坚硬黏性土层），由于不透水

层中不存在水的浮力，所以层面及层面以下的自重应力应按上覆土层的水土总重计算，如图 2-2 所示。

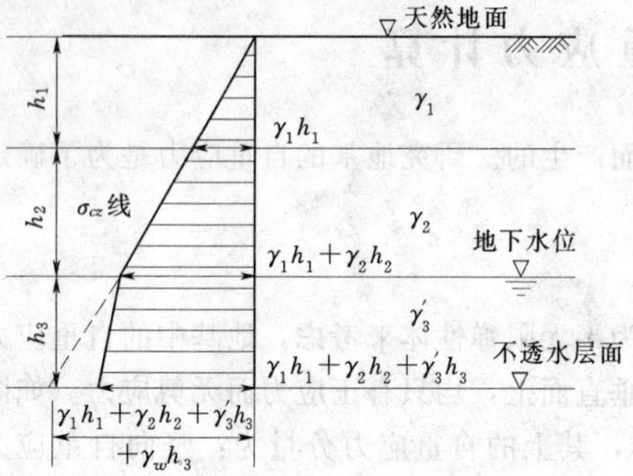

图 2-2　成层土中自重应力分布

此外，地下水位的升降会引起土中自重应力的变化。如在某些软土地区，由于大量抽取地下水等原因，造成地下水位大幅度下降。这将使地基中原水位以下土体中的有效自重应力增加［见图 2-3（a）］，从而造成地表大面积下沉的严重后果。至于地下水位上升的情况［见图 2-3（b）］，一般发生在人工抬高蓄水水位的地区（如筑坝蓄水）或工业用水大量渗入地下的地区。如果该地区土层具有遇水后土性发生变化的特性，则必须引起注意。

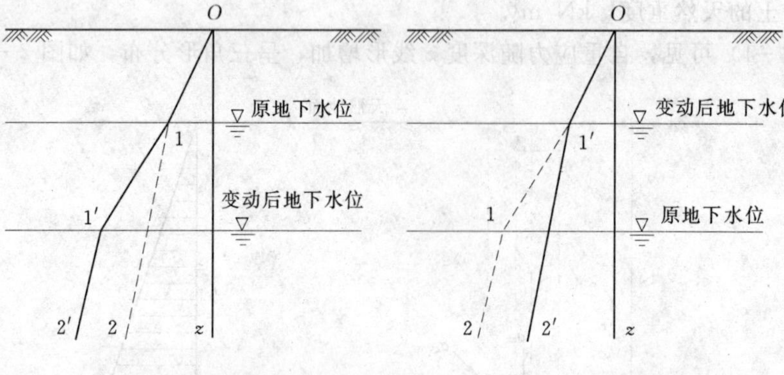

图 2-3　地下水位升降对自重应力的影响

(a) 水位上升；(b) 水位下降

【例 2-1】　试计算图 2-4 所示土层的自重应力及作用在基岩顶面的土自重应力和静水压力之和，并绘制自重应力分布图。

【解】

$\sigma_{cz1}=\gamma_1 h_1=19\times2.0=38$（kPa）

$\sigma_{cz2}=\gamma_1 h_1+\gamma_1' h_2=38+(19.4-10)\times2.5$

$=61.5$（kPa）

$\sigma_{cz3}=\gamma_1 h_1+\gamma_2' h_2+\gamma_3' h_3$

$=61.5+(17.4-10)\times4.5$

$=94.8$（kPa）

$\sigma_w=\gamma_w(h_2+h_3)=10\times7.0=70$（kPa）

作用在基岩顶面土的自重应力为 94.8kPa，静水压力为 70 kPa，总应力为：94.8+70=164.8（kPa）。

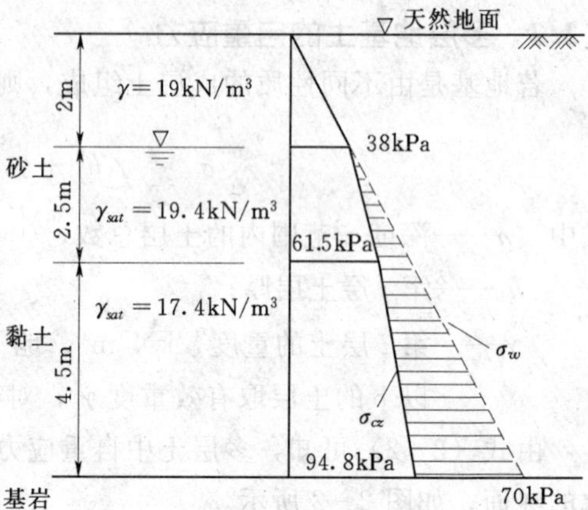

图 2-4　［例 2-1］图

2.3 基 底 压 力

作用在地基表面的各种分布荷载，都是通过建筑物的基础传到地基中的。基础底面传递给地基表面的压力称为基底压力。由于基底压力作用于基础与地基的接触面上，故也称之为接触压力。其反作用力即地基对基础的作用力，称为地基反力。

试验和理论都证明，基底压力的分布与多种因素有关，如荷载的大小和分布、基础的埋深、基础的刚度以及土的性质等。在理论分析中要综合顾及这么多的因素是困难的，目前在弹性理论中主要研究不同刚度的基础与弹性半空间体表面间的接触压力分布问题。

2.3.1 基底压力的实际分布规律

1. 柔性基础

若一个基础作用着均布荷载，并假设基础是由许多小块组成，如图 2-5（a）所示，各小块之间光滑而无摩擦力，则这种基础即为理想柔性基础（即基础的抗弯刚度 $EI\to 0$），基础上的荷载通过小块直接传递到地基土上，基础随着地基一起变形，基底压力均匀分布，但基础底面的沉降则各处不同，中央大而边缘小。对于路基、坝基及薄板基础等柔性基础，其刚度很小，可近似地看成是理想柔性基础。

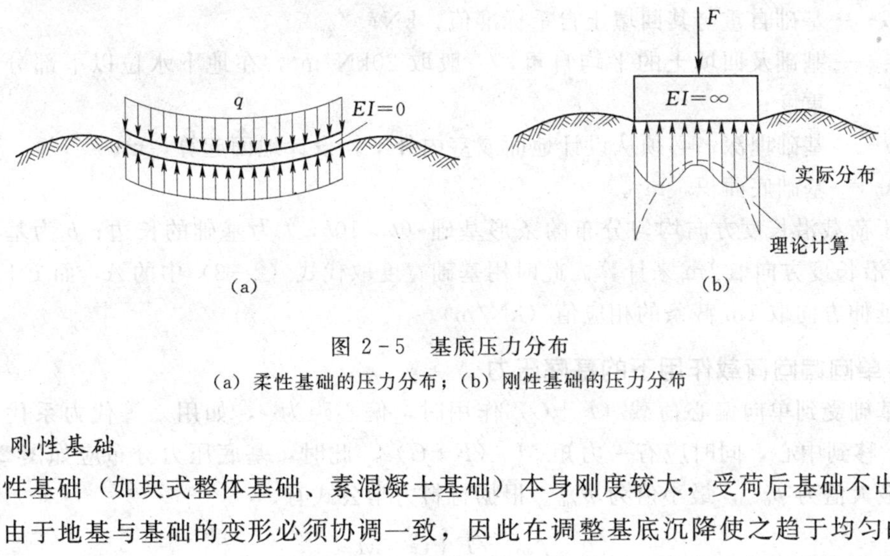

图 2-5 基底压力分布

(a) 柔性基础的压力分布；(b) 刚性基础的压力分布

2. 刚性基础

刚性基础（如块式整体基础、素混凝土基础）本身刚度较大，受荷后基础不出现挠曲变形。由于地基与基础的变形必须协调一致，因此在调整基底沉降使之趋于均匀的同时，基底压力发生了转移。理论与实测证明，通常在中心荷载下，基底压力为马鞍形分布，中间小而边缘大，如图 2-6（a）所示。当上部荷载加大，基础边缘由于压力很大，使基础边缘土中产生塑性变形区，边缘应力不再增大，而使中央部分继续增大，基底压力重新分布而呈抛物线形，如图 2-6（b）所示。当荷载继续增加接近地基的破坏荷载时，应力图形又变成中部突出的钟形，如图 2-6（c）所示。

从上面的分析可以看出，对于柔性基础在中心荷载作用下，基底压力一般均匀分布。而对于刚性基础，基底压力一般不是均匀分布，但为便于计算，一般也简化成均匀分布考

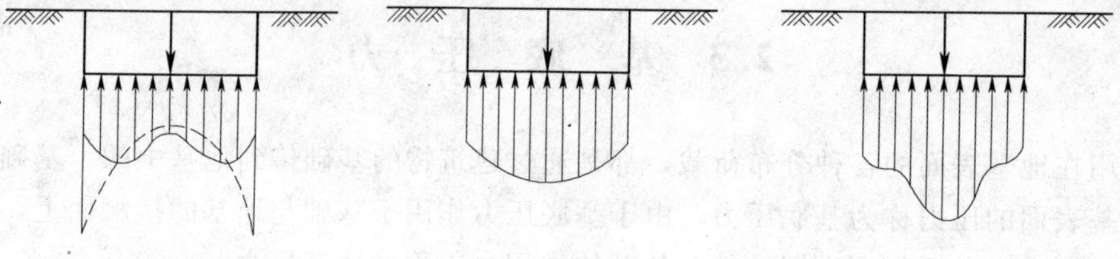

图 2-6 刚性基础基底压力分布图

(a) 马鞍形分布；(b) 抛物线形分布；(c) 钟形分布

虑。虽然不够精确，但这种误差也是工程所允许的。

2.3.2 中心荷载作用下的基底压力

对于中心荷载作用下的矩形基础，假定此时基底压力均匀分布，按材料力学公式，有

$$\left.\begin{aligned} p &= \frac{F+G}{A} \\ G &= \gamma_G A d \end{aligned}\right\} \tag{2-3}$$

式中 p——基底（平均）压力，kPa；

F——上部结构传至基础顶面的垂直荷载，kN；

G——基础自重与其回填土自重标准值，kN；

γ_G——基础及回填土的平均自重，一般取 20kN/m^3，在地下水位以下部分用有效重度；

d——基础埋深，必须从设计地面或室内外平均设计地面起算，m；

A——基础底面积，m^2。

对于荷载沿长度方向均匀分布的条形基础（$l>10b$，l 为基础的长边；b 为基础的短边），则沿长度方向取 1m 来计算。此时用基础宽度取代式（2-3）中的 A，而 $F+G$ 则为沿基础延伸方向取 1m 截条的相应值（kN/m）。

2.3.3 单向偏向荷载作用下的基底压力

当基础受到单向偏心荷载（$F+G$）作用时，偏心距为 e，如用一等代力系代替，将（$F+G$）移到中心，同时应有一力矩 $M=(F+G)e$。此时，基底压力分布应如图 2-7 所示，其最大值为 $p_{\max}$，最小值为 $p_{\min}$。根据材料力学公式有

$$\left.\begin{matrix} p_{\max} \\ p_{\min} \end{matrix}\right. = \frac{F+G}{A} \pm \frac{M}{W} \tag{2-4}$$

式中 $p_{\max}$、$p_{\min}$——基础底面边缘的最大、最小压力设计值；

A——基底面积，m^2；

M——相应于荷载效应标准组合时，作用于基础底面形心的力矩值；

W——基础底面的抵抗矩，m^3，对于矩形截面，$W=\frac{lb^2}{6}$。

对于矩形基础，在竖直偏心荷载作用下，基底两侧的最大和最小压力的计算公式为

$$p_{\max} \atop p_{\min} = \frac{F+G}{bl}\left(1 \pm \frac{6e}{b}\right) \qquad (2-5)$$

对于条形基础，基底两侧最大和最小压力为

$$p_{\max} \atop p_{\min} = \frac{F+G}{b}\left(1 \pm \frac{6e}{l}\right) \qquad (2-6)$$

由式（2-5）可见：

（1）当 $e=0$ 时，基底压力为矩形式分布。

（2）当合力偏力矩 $0<e<\frac{b}{6}$时，基底压力呈梯形分布。

（3）当合力偏力矩 $e=\frac{b}{6}$时，$p_{\min}=0$，基底压力呈三角形分布。

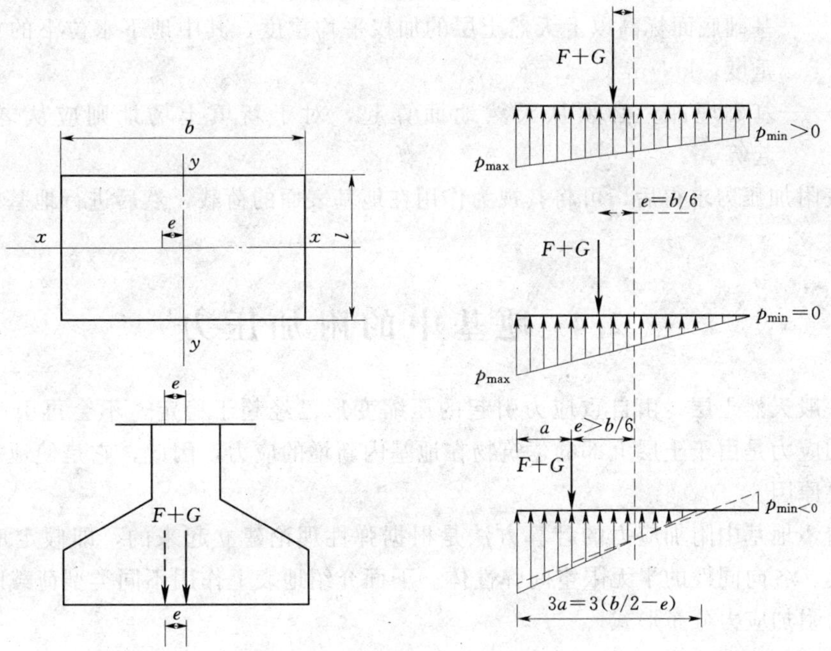

图 2-7　偏心荷载作用下基底压力图

（4）当 $e>\frac{b}{6}$时，则 $p_{\min}<0$，意味着基底一侧出现拉应力。但基础与地基之间不能受拉，故该侧将出现基础与地基的脱离，接触面积有所减少，而出现应力重分布现象。此时不能再按叠加原理求最大应力值。其最大应力值为

$$p_{\max} = \frac{2(F+G)}{3la} \qquad (2-7)$$

式中　a——单向偏心竖向荷载作用点至基底最大压力边缘的距离，m，$a=\frac{b}{2}-e$；

l——垂直于力矩作用方向的基础底面边长；

b——平行于力矩作用方向的基础边长。

2.3.4 基底附加压力

建筑物建造前，土中早已存在着自重应力。如果基础砌置在天然地面上，则全部基底压力即是新增加于地基表面的基底附加压力。一般天然土层在自重作用下的变形早已结束，因此只有基底附加压力才能引起地基的附加应力和变形。

实际上，一般浅基础总是埋置在天然地面下一定深度处，该处原有的自重应力由于开挖基坑而卸除。因此，由建筑物建造后的基底压力中扣除基底标高处原有的土中自重应力后，才是基底平面处新增加于地基的基底附加压力。基底平均附加压力设计值 p_0 按式(2-8)计算。

$$p_0 = p - \sigma_{cz} = p - \gamma_0 d \tag{2-8}$$

式中 p——基底平均压力设计值，kPa；

σ_{cz}——土中自重应力标准值，基底处 $\sigma_{cz}=\gamma_0 d$，kPa；

γ_0——基础底面标高以上天然土层的加权平均重度，其中地下水位下的重度取有效重度，kN/m^3；

d——基础埋深，必须从天然地面算起，对于新填土场地则应从老天然地面起算。

基底附加压力求得后，可将其视为作用在地基表面的荷载，然后进行地基中的附加应力计算。

2.4 地基中的附加压力

对一般天然土层，由自重应力引起的压缩变形已经趋于稳定，不会再引起地基的沉降。附加应力是由于土层上部的建筑物在地基内新增的应力，因此，它是使地基变形、沉降的主要原因。

目前，地基中附加应力的计算方法是根据弹性理论建立起来的，即假定地基土是均匀、连续、各向同性的半无限空间弹性体。下面介绍地表上作用不同类型荷载时，在地基内引起的附加应力分布形式。

2.4.1 竖直集中力作用下的附加应力——布辛涅斯克（Boussinesq）解答

1885 年由法国 J. 布辛涅斯克（Boussinesq）用弹性理论推出在半空间弹性体表面上作用一个竖向集中力时，在弹性体内任意点 M 所引起的应力的解析解。若以 P 作用点为原点，以 P 的作用线为 Z 轴，建立三轴坐标系，则 M 点的坐标为（x，y，z），如图 2-8 所示，M' 点为 M 点在半空间表面的投影。

布辛涅斯克曾得出 M 点的 σ 与 τ 的 6 个应力分量表达式，其中对沉降计算意义最大的是竖向应力分量 σ_z，下面将主要介绍 σ_z 的公式及其含义。

σ_z 的表达式为

$$\left.\begin{aligned} \sigma_z &= \frac{3p}{2\pi}\frac{z^3}{R^5} \\ R &= \sqrt{x^2+y^2+z^2} = \sqrt{r^2+z^2} \end{aligned}\right\} \tag{2-9}$$

式中　p——作用于坐标原点 O 的竖向集中力，kN；

R——M 点至坐标原点 O 的距离；

r——M' 点与集中力作用点的水平距离。

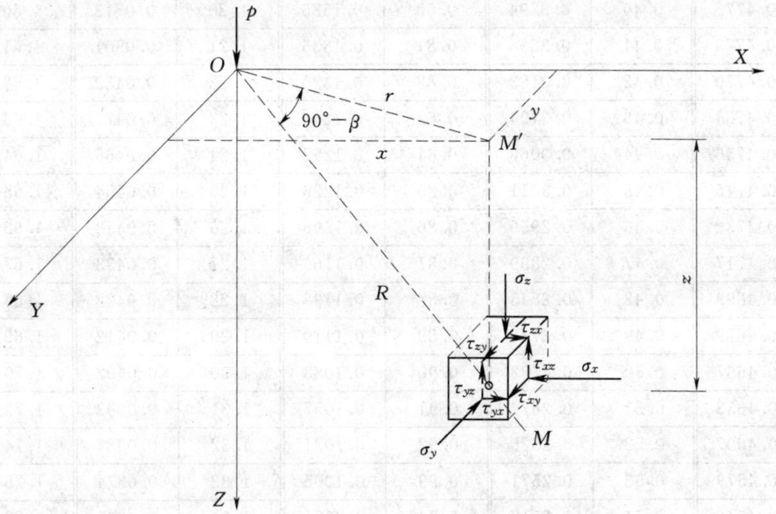

图 2-8　集中力作用下的应力

利用图 2-8 中的几何关系 $R^2=r^2+z^2$，式（2-9）可改写为

$$\sigma_z=\frac{3p}{2\pi}\frac{z^3}{R^5}=\frac{3p}{2\pi z^2}\frac{1}{\left[1+\left(\frac{r}{z}\right)^2\right]^{5/2}}=\alpha\frac{p}{z^2} \tag{2-10}$$

式中　α——竖直集中力作用下的竖向附加应力系数，$\alpha=\frac{3}{2\pi}\times\frac{1}{\left[1+\left(\frac{r}{z}\right)^2\right]^{5/2}}$，它是 $\frac{r}{z}$ 的函数，可由表 2-1 查得。

【例 2-2】　在地面作用一集中荷载 $p=200$kN，试确定：

（1）求地基中 $z=2$m 的水平面上，水平距离 $r=1$m、2m、3m、4m 各点的竖向附加应力 σ_z 值，并绘出分布图。

（2）求地基中 $r=0$ 的竖直线上距地面 $z=0$m、1m、2m、3m、4m 处各点的 σ_z 值，并绘分布图。

（3）取 $\sigma_z=20$kN/m²、10kN/m²、4kN/m² 和 2kN/m²，反算在地基中 $z=2$m 的水平面上的 r 值和在 $r=0$ 的竖直线上的 z 值，并绘出相应于该 4 个应力值的 σ_z 等值线图。

【解】

（1）在地基中 $z=2$m 的水平面上各点的附加应力 σ_z 的计算见表 2-2；σ_z 的分布图见图 2-9。

（2）在地基中 $r=0$ 的竖直线上，指定点的附加应力 σ_z 的计算见表 2-3；σ_z 分布图见图 2-10。

表 2-1　　集中力作用下的竖向附加应力分布系数 α

$\frac{r}{z}$	α	$\frac{r}{z}$	α	$\frac{r}{z}$	α	$\frac{r}{z}$	α	$\frac{r}{z}$	α
0.00	0.4775	0.40	0.3294	0.80	0.1386	1.20	0.0513	1.60	0.0200
0.01	0.4773	0.41	0.3238	0.81	0.1353	1.21	0.0501	1.61	0.0195
0.02	0.4770	0.42	0.3183	0.82	0.1320	1.22	0.0489	1.62	0.0191
0.03	0.4764	0.43	0.3124	0.83	0.1288	1.23	0.0477	1.63	0.0187
0.04	0.4756	0.44	0.3068	0.84	0.1257	1.24	0.0466	1.64	0.0183
0.05	0.4745	0.45	0.3011	0.85	0.1226	1.25	0.0454	1.65	0.0179
0.06	0.4732	0.46	0.2955	0.86	0.1196	1.26	0.0443	1.66	0.0175
0.07	0.4717	0.47	0.2899	0.87	0.1166	1.27	0.0433	1.67	0.0171
0.08	0.4699	0.48	0.2843	0.88	0.1138	1.28	0.0422	1.68	0.0167
0.09	0.4679	0.49	0.2788	0.89	0.1110	1.29	0.0412	1.69	0.0163
0.10	0.4657	0.50	0.2733	0.90	0.1083	1.30	0.0402	1.70	0.0160
0.11	0.4633	0.51	0.2679	0.91	0.1057	1.31	0.0393	1.72	0.0153
0.12	0.4607	0.52	0.2625	0.92	0.1031	1.32	0.0384	1.74	0.0147
0.13	0.4579	0.53	0.2571	0.93	0.1005	1.33	0.0374	1.76	0.0141
0.14	0.4548	0.54	0.2518	0.94	0.0981	1.34	0.0365	1.78	0.0135
0.15	0.4516	0.55	0.2466	0.95	0.0956	1.35	0.0357	1.80	0.0129
0.16	0.4482	0.56	0.2414	0.96	0.0933	1.36	0.0348	1.82	0.0124
0.17	0.4446	0.57	0.2363	0.97	0.0910	1.37	0.0340	1.84	0.0119
0.18	0.4409	0.58	0.2313	0.98	0.0887	1.38	0.0332	1.86	0.0114
0.19	0.4370	0.59	0.2263	0.99	0.0865	1.39	0.0324	1.88	0.0109
0.20	0.4329	0.60	0.2214	1.00	0.0844	1.40	0.0317	1.90	0.0105
0.21	0.4286	0.61	0.2165	1.01	0.0823	1.41	0.0309	1.92	0.0101
0.22	0.4242	0.62	0.2117	1.02	0.0803	1.42	0.0302	1.94	0.0097
0.23	0.4197	0.63	0.2070	1.03	0.0783	1.43	0.0295	1.96	0.0093
0.24	0.4151	0.64	0.2024	1.04	0.0764	1.44	0.0288	1.98	0.0089
0.25	0.4103	0.65	0.1998	1.05	0.0744	1.45	0.0282	2.00	0.0085
0.26	0.4054	0.66	0.1934	1.06	0.0727	1.46	0.0275	2.10	0.0070
0.27	0.4004	0.67	0.1889	1.07	0.0709	1.47	0.0269	2.20	0.0058
0.28	0.3954	0.68	0.1846	1.08	0.0691	1.48	0.0263	2.30	0.0048
0.29	0.3902	0.69	0.1804	1.09	0.0674	1.49	0.0257	2.40	0.0040
0.30	0.3849	0.70	0.1762	1.10	0.0658	1.50	0.0251	2.50	0.0034
0.31	0.3796	0.71	0.1721	1.11	0.0641	1.51	0.0245	2.60	0.0029
0.32	0.3742	0.72	0.1681	1.12	0.0626	1.52	0.0240	2.70	0.0024
0.33	0.3687	0.73	0.1641	1.13	0.0610	1.53	0.0234	2.80	0.0021
0.34	0.3632	0.74	0.1603	1.14	0.0595	1.54	0.0229	2.90	0.0017
0.35	0.3577	0.75	0.1565	1.15	0.0581	1.55	0.0224	3.00	0.0015
0.36	0.3521	0.76	0.1527	1.16	0.0567	1.56	0.0219	3.50	0.0007
0.37	0.3465	0.77	0.1491	1.17	0.0553	1.57	0.0214	4.00	0.0004
0.38	0.3408	0.78	0.1455	1.18	0.0359	1.58	0.0209	4.50	0.0002
0.39	0.3351	0.79	0.1420	1.19	0.0526	1.59	0.0204	5.00	0.0001

表 2-2

z (m)	r (m)	$\frac{r}{z}$	α (查表 2-1)	$\sigma_z=\alpha\frac{P}{z^2}$ (kN/m²)
2	0	0	0.4775	23.9
2	1	0.5	0.2733	13.7
2	2	1.0	0.0844	4.2
2	3	1.5	0.0251	1.3
2	4	2.0	0.0085	0.4

表 2-3

z (m)	r (m)	$\frac{r}{z}$	α (查表 2-1)	$\sigma_z=\alpha\frac{P}{z^2}$ (kN/m²)
0	0	0	0.4775	
1	0	0	0.4775	95.5
2	0	0	0.4775	23.9
3	0	0	0.4775	10.6
4	0	0	0.4775	6.0

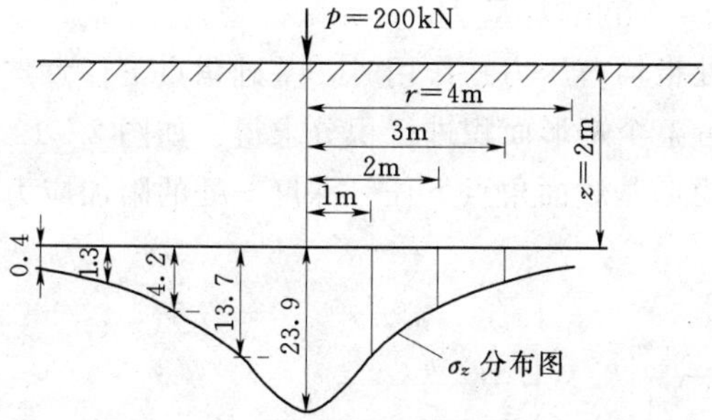

图 2-9　$z=2$m 处附加应力分布

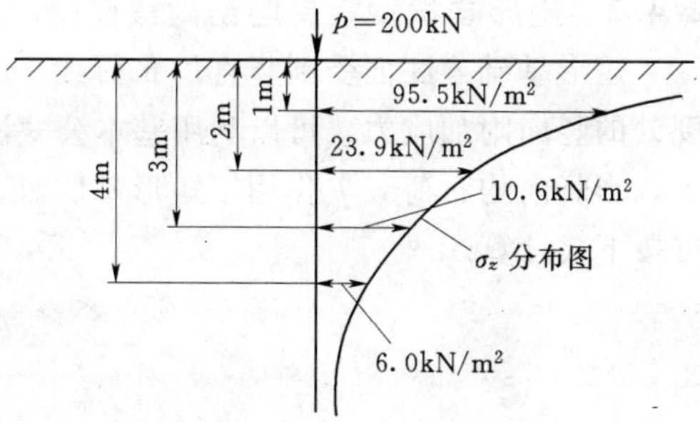

图 2-10　$\gamma=0$ 处沿深度附加应力分布

(3) 当指定附加应力 σ_z 时，反算 $z=2$m 的水平面上的 r 值和在 $r=0$ 的竖直线上的 z 值的计算数据，见表 2-4；附加应力 σ_z 的等值线绘于图 2-11。

表 2-4

σ_z (kN/m²)	z (m)	$\alpha=\frac{\sigma_z z^2}{p}$	$\frac{r}{z}$ (查表)	r (m)
20	2	0.4000	0.27	0.54
10	2	0.2000	0.65	1.30
4	2	0.0800	1.02	2.04
2	2	0.0400	1.30	2.60
σ_z (kN/m²)	r (m)	$\frac{r}{z}$	α (查表)	$z=\frac{\alpha p}{\sigma_z}$
20	0	0	0.4775	2.19
10	0	0	0.4775	3.09
4	0	0	0.4775	4.88
2	0	0	0.4775	6.91

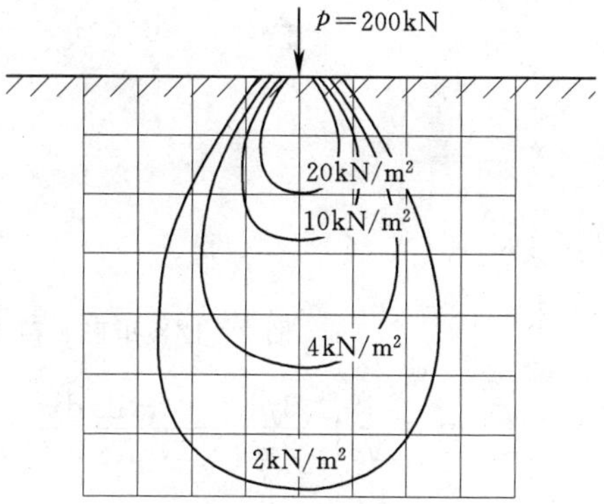

图 2-11　附加应力等值线

由本例计算结果和公式 (2-10) 可归纳出集中力作用下地基中附加应力的分布规律如下。

(1) 在集中力 p 作用线上，随着深度 z 的增加，σ_z 逐渐减少。

(2) 当离集中力作用线某一距离 r 时，在地表处的附加应力 $\sigma_z=0$，随着深度的增加，σ_z 逐渐递增，但到一定深度后，σ_z 又随着深度 z 的增加而减小。

(3) 当 z 一定时，即在同一水平面上，附加应力 σ_z 随着 r 的增大而减小。如果在空间将 σ_z 相同的点连接起来形成曲面，就可以得到如图 2-11 所示的等值线，其空间曲面的形状如泡状，所以也称为应力泡。

由上述分析可知，集中力 p 在地基中引起的附加应力向深部、向四周无限传播，在传播过程中，应力强度不断降低，这种现象称为应力扩散。

当地基表面作用有几个集中力时，可以分别算出各集中力在地基中引起的附加应力，然后根据弹性体应力叠加原理求出地基的附加应力的总和。

在实际工程应用中，当基础底面形状不规则或荷载分布较复杂时，可将基底划分为若干个小面积，把小面积上的荷载当成集中力，然后利用上述公式计算附加应力。

2.4.2 矩形面积受竖直均布荷载作用时角点下的附加应力

矩形基础当底面受到竖直均布荷载（此处指均布压力）作用时，基础角点下任意点深度处的竖向附加应力，可以利用基本公式沿着整个矩形面积进行积分求得。如图 2-12 所示，当竖向均布荷载 p 作用于矩形基底时，矩形基底面角点下任一深度 z 处的附加应力 σ_z 可按下式计算。

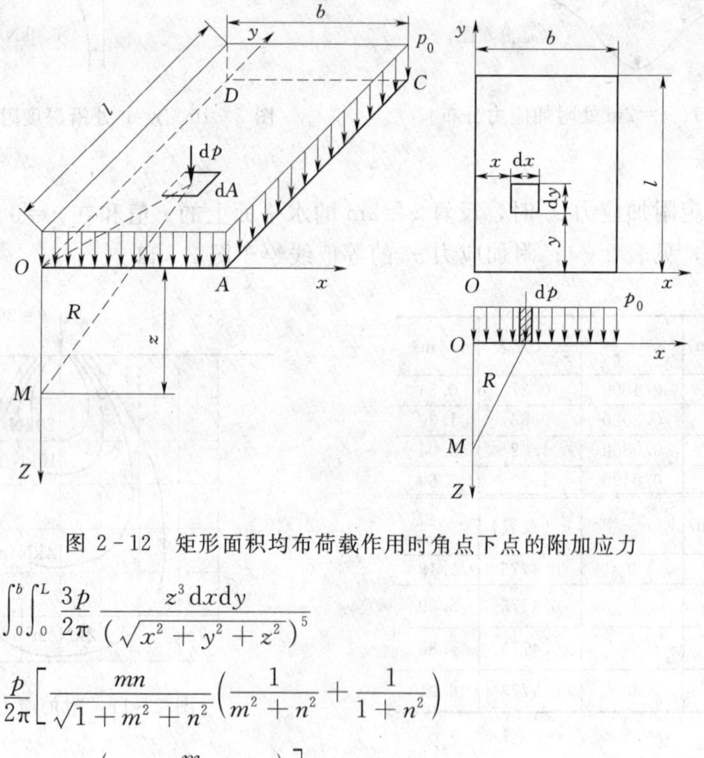

图 2-12 矩形面积均布荷载作用时角点下点的附加应力

$$\sigma_z = \int_0^b\int_0^L \frac{3p}{2\pi}\frac{z^3\mathrm{d}x\mathrm{d}y}{(\sqrt{x^2+y^2+z^2})^5}$$

$$= \frac{p}{2\pi}\left[\frac{mn}{\sqrt{1+m^2+n^2}}\left(\frac{1}{m^2+n^2}+\frac{1}{1+n^2}\right)\right.$$

$$\left.+\arctan\left(\frac{m}{\sqrt{1+m^2+n^2}}\right)\right] = \alpha_c p \qquad (2-11)$$

式中 α_c——垂直均布荷载下矩形基底角点下的竖向附加应力系数，无量纲，$\alpha_c = f(m, n)$，$m=\dfrac{l}{b}$，$n=\dfrac{z}{b}$可由表 2-5 查得；

l——基础长边；

b——基础短边；

z——从基底面起算的深度。

对于在基底范围以内或以外任意点下的竖向附加应力，可利用式（2－11）并按叠加原理进行计算，这种方法称之为“角点法”。如图 2－13 所示。

表 2－5　　　　矩形面积受竖直均布荷载作用时角点下的应力系数 α_c

$m=l/b$ $n=z/b$	1.0	1.2	1.4	1.6	1.8	2.0	3.0	4.0	5.0	6.0	10.0
0.0	0.2500	0.2500	0.2500	0.2500	0.2500	0.2500	0.2500	0.2500	0.2500	0.2500	0.2500
0.2	0.2486	0.2489	0.2490	0.2491	0.2491	0.2491	0.2492	0.2492	0.2492	0.2492	0.2492
0.4	0.2401	0.2420	0.2429	0.2434	0.2437	0.2439	0.2442	0.2443	0.2443	0.2443	0.2443
0.6	0.2229	0.2275	0.2300	0.2351	0.2324	0.2329	0.2339	0.2341	0.2342	0.2342	0.2342
0.8	0.1999	0.2075	0.2120	0.2147	0.2165	0.2176	0.2196	0.2200	0.2202	0.2202	0.2202
1.0	0.1752	0.1851	0.1911	0.1955	0.1981	0.1999	0.2034	0.2042	0.2044	0.2045	0.2046
1.2	0.1516	0.1626	0.1705	0.1758	0.1793	0.1818	0.1870	0.1882	0.1885	0.1887	0.1888
1.4	0.1308	0.1423	0.1508	0.1569	0.1613	0.1644	0.1712	0.1730	0.1735	0.1738	0.1740
1.6	0.1123	0.1241	0.1329	0.1436	0.1445	0.1482	0.1567	0.1590	0.1598	0.1601	0.1604
1.8	0.0969	0.1083	0.1172	0.1241	0.1294	0.1334	0.1434	0.1463	0.1474	0.1478	0.1482
2.0	0.0840	0.0947	0.1034	0.1103	0.1158	0.1202	0.1314	0.1350	0.1363	0.1368	0.1374
2.2	0.0732	0.0832	0.0917	0.0984	0.1039	0.1084	0.1205	0.1248	0.1264	0.1271	0.1277
2.4	0.0642	0.0734	0.0812	0.0879	0.0934	0.0979	0.1108	0.1156	0.1175	0.1184	0.1192
2.6	0.0566	0.0651	0.0725	0.0788	0.0842	0.0887	0.1020	0.1073	0.1095	0.1106	0.1116
2.8	0.0502	0.0580	0.0649	0.0709	0.0761	0.0805	0.0942	0.0999	0.1024	0.1036	0.1048
3.0	0.0447	0.0519	0.0583	0.0640	0.0690	0.0732	0.0870	0.0931	0.0959	0.0973	0.0987
3.2	0.0401	0.0467	0.0526	0.0580	0.0627	0.0668	0.0806	0.0870	0.0900	0.0916	0.0933
3.4	0.0361	0.0421	0.0477	0.0527	0.0571	0.0611	0.0747	0.0814	0.0847	0.0864	0.0882
3.6	0.0326	0.0382	0.0433	0.0480	0.0523	0.0561	0.0694	0.0763	0.0799	0.0816	0.0837
3.8	0.0296	0.0348	0.0395	0.0439	0.0479	0.0516	0.0645	0.0717	0.0753	0.0773	0.0796
4.0	0.0270	0.0318	0.0362	0.0403	0.0441	0.0474	0.0603	0.0674	0.0712	0.0733	0.0758
4.2	0.0247	0.0291	0.0333	0.0371	0.0407	0.0439	0.0563	0.0634	0.0674	0.0696	0.0724
4.4	0.0227	0.0268	0.0306	0.0343	0.0376	0.0407	0.0527	0.0597	0.0639	0.0662	0.0696
4.6	0.0209	0.0247	0.0283	0.0317	0.0348	0.0378	0.0493	0.0564	0.0606	0.0630	0.0663
4.8	0.0193	0.0229	0.0262	0.0294	0.0324	0.0352	0.0463	0.0533	0.0576	0.0601	0.0635
5.0	0.0179	0.0212	0.0243	0.0274	0.0302	0.0328	0.0435	0.0504	0.0547	0.0573	0.0610
6.0	0.0127	0.0151	0.0174	0.0196	0.0218	0.0233	0.0325	0.0388	0.0431	0.0460	0.0506
7.0	0.0094	0.0112	0.0130	0.0147	0.0164	0.0180	0.0251	0.0306	0.0346	0.0376	0.0428
8.0	0.0073	0.0087	0.0101	0.0114	0.0127	0.0140	0.0198	0.0246	0.0283	0.0311	0.0367
9.0	0.0058	0.0069	0.0080	0.0091	0.0102	0.0112	0.0161	0.0202	0.0235	0.0262	0.0319
10.0	0.0047	0.0056	0.0065	0.0074	0.0083	0.0092	0.0132	0.0167	0.0198	0.0222	0.0280

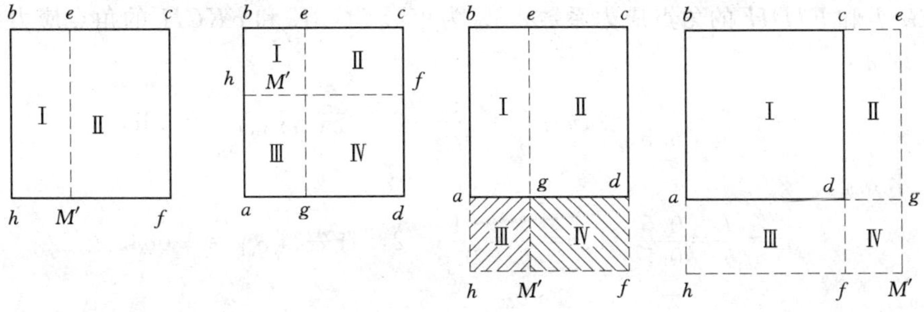

(a)　　(b)　　(c)　　(d)

图 2－13　角点法应力

（1）计算矩形荷载面边缘任一点 M' 之下的附加应力时

$$\sigma_c=(\alpha_{c\,\mathrm{I}}+\alpha_{c\,\mathrm{II}})p$$

（2）计算矩形荷载面内任一点 M' 之下的附加应力时

$$\sigma_c=(\alpha_{c\,\mathrm{I}}+\alpha_{c\,\mathrm{II}}+\alpha_{c\,\mathrm{III}}+\alpha_{c\,\mathrm{IV}})p$$

（3）计算矩形荷载面边缘外任一点 M' 之下的附加应力时

$$\sigma_c=(\alpha_{c\,\mathrm{I}}+\alpha_{c\,\mathrm{II}}-\alpha_{c\,\mathrm{III}}-\alpha_{c\,\mathrm{IV}})p$$

（4）计算矩形荷载面角点外侧任一点 M' 之下的附加应力时

$$\sigma_c=(\alpha_{c\,\mathrm{I}}-\alpha_{c\,\mathrm{II}}-\alpha_{c\,\mathrm{III}}+\alpha_{c\,\mathrm{IV}})p$$

以上各式中 $\alpha_{c\,\mathrm{I}}$、$\alpha_{c\,\mathrm{II}}$、$\alpha_{c\,\mathrm{III}}$、$\alpha_{c\,\mathrm{IV}}$ 分别为矩形 $M'hbe$、$M'fce$、$M'hag$、$M'fdg$ 的角点应力分布系数，p 为荷载强度。

【例 2-3】 均布荷载 $p=100\text{kN/m}^2$，荷载面积为 2m×1m，如图 2-14 所示，求荷载面积上角点 A、边点 E、中心点 O 以及荷载面积外 F 点和 G 点等各点下 $z=1$m 深度处的附加应力，并利用计算结果说明附加应力的扩散规律。

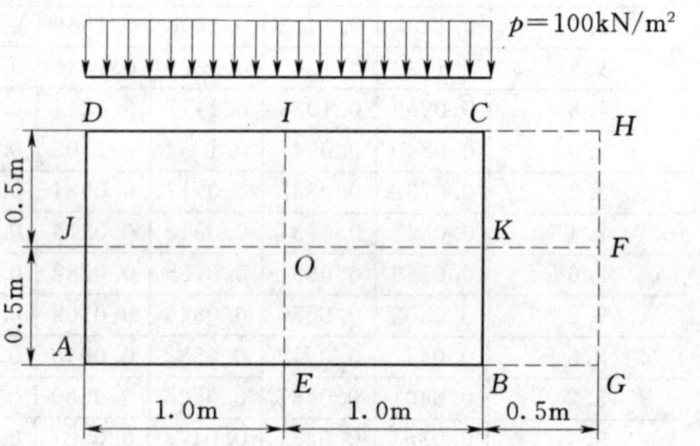

图 2-14 ［例 2-3］图

【解】 （1）A 点下的附加应力。A 点是矩形 $ABCD$ 的角点，且 $m=l/b=2/1=2$；$n=z/b=1$，查表 2-5 得

$$\alpha_c=0.1999,\text{故}\ \sigma_{zA}=\alpha_c p=0.1999\times100\approx20(\text{kN/m}^2)$$

（2）E 点下的附加应力。通过 E 点将矩形荷载面积划分为两个相等的矩形 $EADI$ 和 $EBCI$。求 $EADI$ 的角点应力系数 α_c。$m=1$，$n=1$，查表得 $\alpha_c=0.1752$，故

$$\sigma_{zE}=2\alpha_c p=2\times0.1752\times100\approx35(\text{kN/m}^2)$$

（3）O 点下的附加应力。通过 O 点将原矩形面积分为 4 个相等的矩形 $OEAJ$，$OJDI$，$OICK$ 和 $OKBE$。求 $OEAJ$ 角点的附加应力系数 α_c。

$$m=\frac{l}{b}=\frac{2.5}{0.5}=5;n=\frac{z}{b}=\frac{1}{0.5}=2$$

查表得 $\alpha_c=0.1202$，故 $\sigma_{zO}=4\alpha_c p=4\times0.1202\times100=48.1$（$\text{kN/m}^2$）

（4）F 点下附加应力。过 F 点作矩形 $FGAJ$、$FJDH$、$FGBK$ 和 $FKCH$。假设 $\alpha_{c\,\mathrm{I}}$ 为矩形 $FGAJ$ 和 $FJDH$ 的角点应力系数；$\alpha_{c\,\mathrm{II}}$ 为矩形 $FGBK$ 和 $FKCH$ 的角点应力系数。

1）求 $\alpha_{c\,\mathrm{I}}$。

$$m=\frac{l}{b}=\frac{1}{0.5}=2、n=\frac{z}{b}=\frac{1}{0.5}=2\text{，查表得}\ \alpha_{c\,\mathrm{I}}=0.1363$$

2）求 $\alpha_{c\,\mathrm{II}}$。

$$m=\frac{l}{b}=\frac{0.5}{0.5}=1、n=\frac{z}{b}=\frac{1}{0.5}=2\text{，查表得}\ \alpha_{c\,\mathrm{II}}=0.0840$$

故

$$\sigma_{zF}=2(\alpha_{c\,\mathrm{I}}-\alpha_{c\,\mathrm{II}})p=2(0.1363-0.0840)\times100=10.5\ (\text{kN/m}^2)$$

（5）G 点下附加应力。通过 G 点作矩形 $GADH$ 和 $GBCH$ 分别求出它们的角点应力系

数 $\alpha_{c\mathrm{I}}$ 和 $\alpha_{c\mathrm{II}}$。

1）求 $\alpha_{c\mathrm{I}}$。

$$m=\frac{l}{b}=\frac{2.5}{1}=2.5,n=\frac{z}{b}=\frac{1}{1}=1，查表得 \alpha_{c\mathrm{I}}=0.2016$$

2）求 $\alpha_{c\mathrm{II}}$。

$$m=\frac{l}{b}=\frac{1}{0.5}=2,n=\frac{z}{b}=\frac{1}{0.5}=2，查表得 \alpha_{c\mathrm{II}}=0.1202$$

故

$$\sigma_{zG}=(\alpha_{c\mathrm{I}}-\alpha_{c\mathrm{II}})p=(0.2016-0.1202)\times100=8.1\ (\mathrm{kN/m^2})$$

将计算结果绘制成图，如图 2-15 所示，由图 2-15（a）可以看出，在矩形面积受均布荷载作用时，不仅在受荷面积垂直下方的范围内产生附加应力，而且在荷载面积以外的地基土中（F、G 点下方）也会产生附加应力。另外，在地基中同一深度处（例如 $z=1\mathrm{m}$），离受荷面积中线愈远的点，其 σ_z 值愈小，矩形面积中点处 σ_{zO} 最大。将中点 O 下和 F 点下不同深度的 σ_z 求出并绘成曲线如图 2-15（b）所示。本例题的计算结果证实了地基中附加应力的扩散规律。

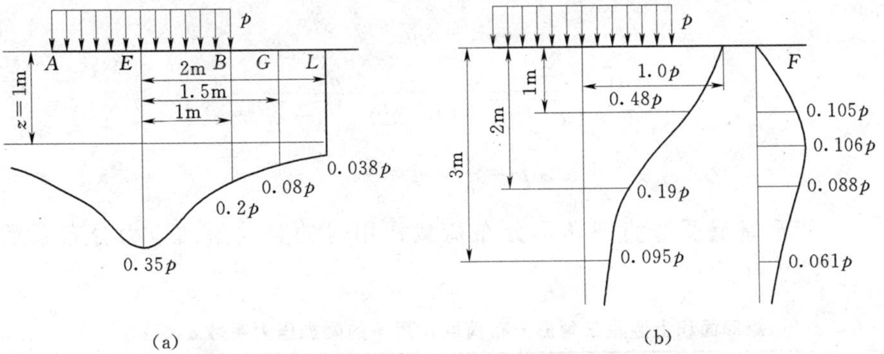

图 2-15 ［例 2-3］计算结果

（a）$z=1\mathrm{m}$ 处附加应力分布；（b）沿深度附加应力分布

2.4.3 矩形面积受竖直三角形分布荷载作用时角点下的附加应力

矩形基底受竖直三角形分布荷载作用时，把荷载强度为零的角点 O 作为坐标原点，同样可利用公式 $\sigma_z=\frac{3p}{2\pi}\frac{z^3}{R^5}$ 沿着整个面积积分来求解（见图 2-16）。

若矩形基底上三角形荷载的最大强度为 p_t，则微分面积 $\mathrm{d}x\mathrm{d}y$ 上的作用力 $\mathrm{d}p=\frac{p_t}{b}\mathrm{d}x\mathrm{d}y$ 可作为集中力看待，于是角点 O 以下任意深度 z 处，由于该集中力所引起的竖向附加应力为

$$\mathrm{d}\sigma_z=\frac{3p_t}{2\pi b}\frac{1}{\left[1+\left(\frac{R}{z}\right)^2\right]^{5/2}}\frac{x\mathrm{d}x\mathrm{d}y}{z^2}$$

将 $R^2=x^2+y^2$ 代入上式并沿整个底面积积分，即可得到矩形基底受竖直三角形分布

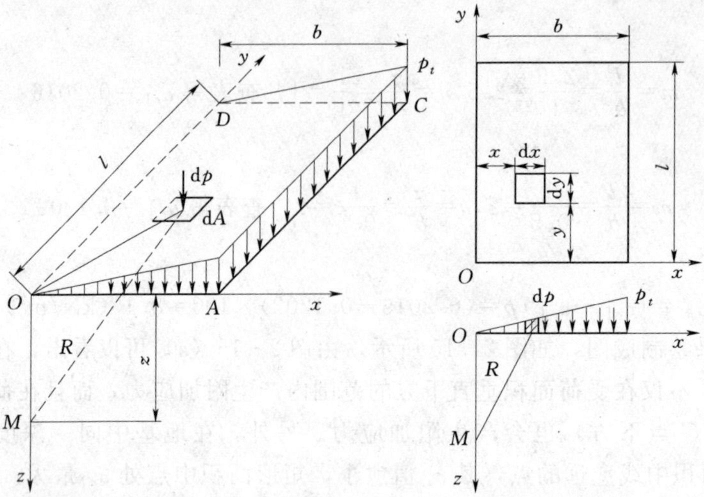

图 2-16　矩形面积三角形分布荷载下地基中附加应力的计算

荷载作用时角点下的附加应力为

$$\sigma_z=\alpha_t p_t \tag{2-12}$$

$$\alpha_t=\frac{mn}{2\pi}\left[\frac{1}{\sqrt{m^2+n^2}}-\frac{n^2}{(1+n^2)\ \sqrt{1+m^2+n^2}}\right]$$

$$m=\frac{l}{b},\ n=\frac{z}{b}$$

式中　α_t——矩形基底受竖直三角形分布荷载作用时的竖向附加应力分布系数，可查表2-6。

表 2-6　矩形面积上竖直三角形分布荷载作用下的附加压力系数 α_{t1}、α_{t2}

z/b	l/b									
	0.2		0.4		0.6		0.8		1.0	
	1点	2点	1点	2点	1点	2点	1点	2点	1点	2点
0.0	0.0000	0.2500	0.0000	0.2500	0.0000	0.2500	0.0000	0.2500	0.0000	0.2500
0.2	0.0223	0.1821	0.0280	0.2115	0.0296	0.2165	0.0301	0.2178	0.0304	0.2182
0.4	0.0269	0.1094	0.0420	0.1604	0.0487	0.1781	0.0517	0.1844	0.0531	0.1870
0.6	0.0259	0.0700	0.0448	0.1165	0.0560	0.1405	0.0621	0.1520	0.0654	0.1575
0.8	0.0232	0.0480	0.0421	0.0853	0.0553	0.1093	0.0637	0.1232	0.0688	0.1311
1.0	0.0201	0.0346	0.0375	0.0638	0.0508	0.0805	0.0602	0.0996	0.0666	0.1086
1.2	0.0171	0.0260	0.0324	0.0491	0.0450	0.0673	0.0546	0.0807	0.0615	0.0901
1.4	0.0145	0.0202	0.0278	0.0386	0.0392	0.0540	0.0483	0.0661	0.0554	0.0751
1.6	0.0123	0.0160	0.0238	0.0310	0.0339	0.0440	0.0424	0.0547	0.0492	0.0628
1.8	0.0105	0.0130	0.0204	0.0254	0.0294	0.0363	0.0371	0.0457	0.0435	0.0534
2.0	0.0090	0.0108	0.0176	0.0211	0.0255	0.0304	0.0324	0.0387	0.0384	0.0456
2.5	0.0063	0.0072	0.0125	0.0140	0.0183	0.0205	0.0236	0.0265	0.0284	0.0318
3.0	0.0046	0.0051	0.0092	0.0100	0.0135	0.0148	0.0176	0.0192	0.0214	0.0233
5.0	0.0018	0.0019	0.0036	0.0038	0.0054	0.0056	0.0071	0.0074	0.0088	0.0091
7.0	0.0009	0.0010	0.0019	0.0019	0.0028	0.0029	0.0038	0.0038	0.0047	0.0047
10.0	0.0005	0.0004	0.0009	0.0010	0.0014	0.0014	0.0019	0.0019	0.0023	0.0024

续表

z/b	l/b									
	1.2		1.4		1.6		1.8		2.0	
	1 点	2 点	1 点	2 点	1 点	2 点	1 点	2 点	1 点	2 点
0.0	0.0000	0.2500	0.0000	0.2500	0.0000	0.2500	0.0000	0.2500	0.0000	0.2500
0.2	0.0305	0.2184	0.0305	0.2185	0.0306	0.2185	0.0306	0.2185	0.0306	0.2185
0.4	0.0539	0.1881	0.0543	0.1886	0.0545	0.1889	0.0546	0.1891	0.0547	0.1892
0.6	0.0673	0.1602	0.0684	0.1616	0.0690	0.1625	0.0694	0.1630	0.0696	0.1633
0.8	0.0720	0.1355	0.0739	0.1381	0.0751	0.1396	0.0759	0.1405	0.0764	0.1412
1.0	0.0708	0.1143	0.0735	0.1176	0.0753	0.1202	0.0766	0.1215	0.0774	0.1225
1.2	0.0664	0.0962	0.0698	0.1007	0.0721	0.1037	0.0738	0.1055	0.0749	0.1069
1.4	0.0606	0.0817	0.0644	0.0864	0.0672	0.0897	0.0692	0.0921	0.0707	0.0937
1.6	0.0545	0.0696	0.0586	0.0743	0.0616	0.0780	0.0639	0.0806	0.0656	0.0826
1.8	0.0487	0.0596	0.0528	0.0644	0.0560	0.0681	0.0585	0.0709	0.0604	0.0730
2.0	0.0434	0.0513	0.0474	0.0560	0.0507	0.0596	0.0533	0.0625	0.0553	0.0649
2.5	0.0326	0.0365	0.0362	0.0405	0.0393	0.0440	0.0419	0.0469	0.0440	0.0491
3.0	0.0249	0.0270	0.0280	0.0303	0.0307	0.0333	0.0331	0.0359	0.0352	0.0380
5.0	0.0104	0.0108	0.0120	0.0123	0.0135	0.0139	0.0148	0.0154	0.0161	0.0167
7.0	0.0056	0.0056	0.0064	0.0066	0.0073	0.0074	0.0081	0.0083	0.0089	0.0091
10.0	0.0028	0.0028	0.0033	0.0032	0.0037	0.0037	0.0041	0.0042	0.0046	0.0046

z/b	l/b									
	3.0		4.0		6.0		8.0		10.0	
	1 点	2 点	1 点	2 点	1 点	2 点	1 点	2 点	1 点	2 点
0.0	0.0000	0.2500	0.0000	0.2500	0.0000	0.2500	0.0000	0.2500	0.0000	0.2500
0.2	0.0306	0.2186	0.0306	0.2186	0.0306	0.2186	0.0306	0.2186	0.0306	0.2186
0.4	0.0548	0.1894	0.0549	0.1894	0.0549	0.1894	0.0549	0.1894	0.0549	0.1894
0.6	0.0701	0.1638	0.0702	0.1639	0.0702	0.1640	0.0702	0.1640	0.0702	0.1640
0.8	0.0773	0.1423	0.0776	0.1424	0.0776	0.1426	0.0776	0.1426	0.0776	0.1426
1.0	0.0790	0.1244	0.0794	0.1248	0.0795	0.1250	0.0796	0.1250	0.0796	0.1250
1.2	0.0774	0.1096	0.0779	0.1103	0.0782	0.1105	0.0783	0.1105	0.0783	0.1105
1.4	0.0739	0.0973	0.0748	0.0986	0.0752	0.0986	0.0752	0.0987	0.0753	0.0987
1.6	0.0697	0.0870	0.0708	0.0882	0.0714	0.0887	0.0715	0.0888	0.0715	0.0889
1.8	0.0652	0.0782	0.0666	0.0797	0.0673	0.0805	0.0675	0.0806	0.0675	0.0808
2.0	0.0607	0.0707	0.0624	0.0726	0.0634	0.0734	0.0636	0.0736	0.0636	0.0738
2.5	0.0504	0.0559	0.0529	0.0585	0.0543	0.0601	0.0547	0.0604	0.0548	0.0605
3.0	0.0419	0.0451	0.0449	0.0482	0.0469	0.0504	0.0474	0.0509	0.0476	0.0511
5.0	0.0214	0.0221	0.0248	0.0256	0.0253	0.0290	0.0296	0.0303	0.0301	0.0309
7.0	0.0124	0.0126	0.0152	0.0154	0.0186	0.0190	0.0204	0.0207	0.0212	0.0216
10.0	0.0066	0.0066	0.0084	0.0083	0.0111	0.0111	0.0123	0.0130	0.0139	0.0141

注　表中 1 点、2 点代表 α_{t1}、α_{t2}。

α_{t1}、α_{t2} 为三角形荷载附加应力系数，α_{t1} 为三角形荷载零角点下的附加应力系数，α_{t2}

为三角形荷载最大值角点下的附加应力系数。根据 $m=l/b$ 和 $n=z/b$ 由表 2-6 查得 α_{t1}、α_{t2}。其中 b 为承载面积沿荷载呈三角形分布方向的边长。

应用均布和三角形分布荷载的角点公式及叠加原理，可以求得矩形承载面积上的三角形和梯形荷载作用下地基内任意一点的附加应力。

2.4.4 平面问题的附加应力计算

当一定宽度的无限长条面积承受均布荷载时，在土中垂直于长度方向的任一截面附加应力分布规律均相同，且在长条延伸方向的地基的应变和位移均为 0，这类问题称为平面问题。对此类问题，只要算出任一截面上的附加应力，即可代表其他平行截面。

实际建筑中并没有无限长的荷载面积。研究表明，当基础的长度比 $l/b \geqslant 10$ 时，计算的地基附加应力值与按 $l/b=\infty$ 时的解相差甚微。因此墙基、路基、挡土墙基础等均可按平面问题计算地基中的附加应力。

（1）均布竖向线荷载。在均布竖向线荷载 p 作用于地表面时，地基中任意点 M 的附加应力解答由弗拉曼首先得到，故称弗拉曼解。如图 2-17 所示，在线荷载上取微分长度 $\mathrm{d}y$，作用在上面的荷载 $p\mathrm{d}y$ 可看做集中力，则在地基内 M 点引起的附加应力为

$$\mathrm{d}\sigma_z=\frac{3p}{2\pi}\frac{z^3}{R^5}\mathrm{d}y$$

则

$$\sigma_z=\int_{-\infty}^{+\infty}\frac{3z^3 p}{2\pi(x^2+y^2+z^2)^{5/2}}\mathrm{d}y=\frac{2pz^3}{\pi(x^2+y^2)} \tag{2-13}$$

实际意义上的线荷载是不存在的，可以将其看做是条形面积在宽度趋于零时的特殊情况，以该解答为基础，通过积分可求解各类平面问题地基中的附加应力。

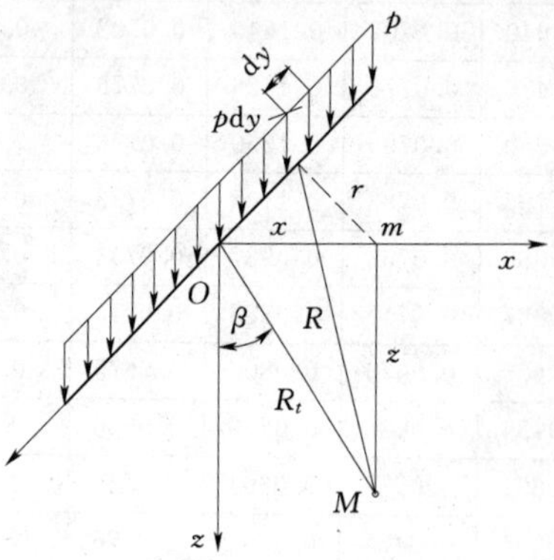

图 2-17　均布竖向线荷载下地基附加应力

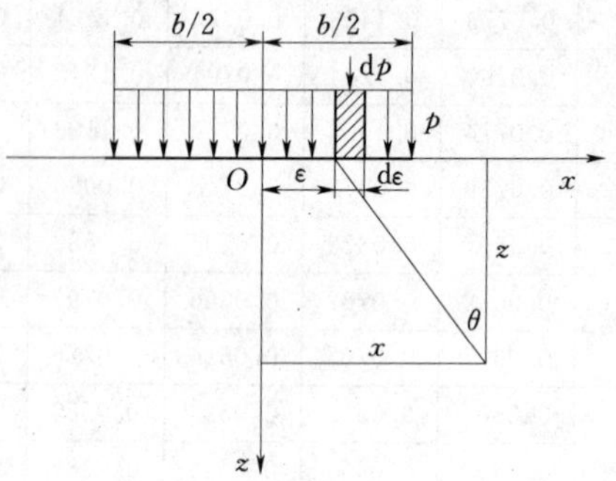

图 2-18　均布竖向条形荷载下地基附加应力

（2）均布竖向条形荷载。当宽度为 b 的条形基础上作用有均布荷载 p 时，取宽度 b 的中点作为坐标原点（见图 2-18），则地基中某点的竖向附加应力可由式（2-14）进行积分求得

$$\left.\begin{aligned}&\sigma_z=\frac{p}{\pi}\left[\arctan\frac{m}{n}+\frac{mn}{m^2+n^2}-\arctan\frac{m-1}{n}-\frac{n(m-1)}{n^2+(m-1)^2}\right]=\alpha_s p\\&m=x/b\\&n=z/b\end{aligned}\right\}\tag{2-14}$$

式中　α_s——条形基础上作用垂直荷载时的竖向附加应力分布系数，查表 2-7 可得。

表 2-7　均布竖向条形荷载作用下附加应力分布系数 α_s

z/b	x/b					
	0.00	0.25	0.50	1.00	1.50	2.00
0.00	1.00	1.00	0.50	0.00	0.00	0.00
0.25	0.96	0.90	0.50	0.02	0.00	0.00
0.50	0.82	0.74	0.48	0.08	0.02	0.00
0.75	0.67	0.61	0.45	0.15	0.04	0.02
1.00	0.55	0.51	0.41	0.19	0.07	0.03
1.25	0.46	0.44	0.37	0.20	0.10	0.04
1.50	0.40	0.38	0.33	0.21	0.11	0.06
1.75	0.35	0.34	0.30	0.21	0.13	0.07
2.00	0.31	0.31	0.28	0.20	0.14	0.08
3.00	0.21	0.21	0.20	0.17	0.13	0.10
4.00	0.16	0.16	0.15	0.14	0.12	0.10
5.00	0.13	0.13	0.12	0.12	0.11	0.09
6.00	0.11	0.10	0.10	0.10	0.10	—

2.5　非均质地基中的附加应力

前述地基中的附加应力计算，都是按弹性理论把地基视为均质、各向同性的线弹性体。而实际工程中地基条件与计算假定并不完全相同，因而计算出的应力与实际应力有一定差别。下面主要讨论双层地基中的附加应力的分布。

2.5.1　上层软弱下层坚硬的情况

上层为松软的可压缩土层，下层是不可压缩层，即 $E_2>E_1$（见图 2-19）。此时，上层土中荷载中轴线附近的附加应力 σ_z 将比均质土体时增大。离开中轴线，应力差逐渐减小，至某一距离后，应力又将小于均匀半无限体时的应力。这种现象称为应力集中现象。应力集中的程度主要与荷载宽度 b 与压缩层厚度 H 有关，随着 H/b 增大，应力集中现象减弱。

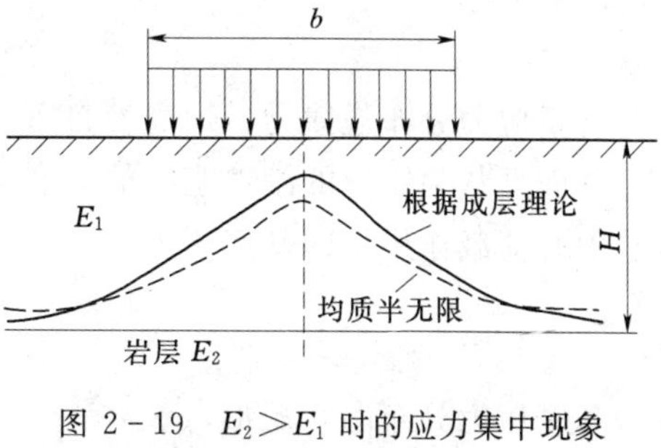

图 2-19　$E_2>E_1$ 时的应力集中现象

图 2-20 为条形荷载下，岩层位于不同深度时，中轴线上的 σ_z 的分布。可以看出 H/b 的比值越小，应力集中的程度越高。

2.5.2 上层坚硬而下层软弱的情况

当地基的上层土为坚硬土层，下层为软弱土层，即 $E_1>E_2$，将出现硬层下面，荷载中轴线附近附加应力减小的应力扩散现象，如图 2-21 所示。应力扩散的结果使应力分布比较均匀，从而使地基沉降也趋于均匀。

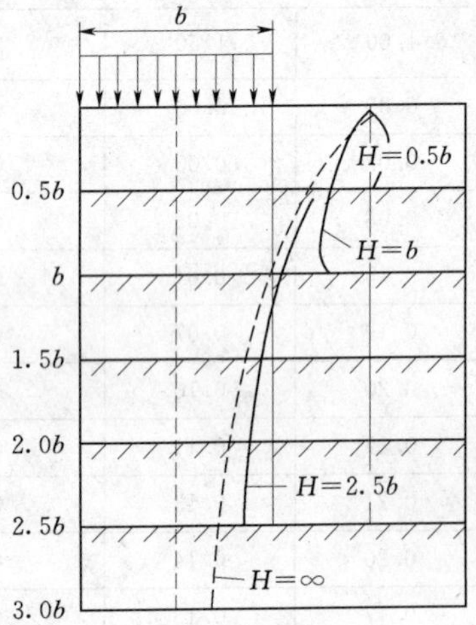

图 2-20 岩层位于不同深度时基础中点下 σ_z

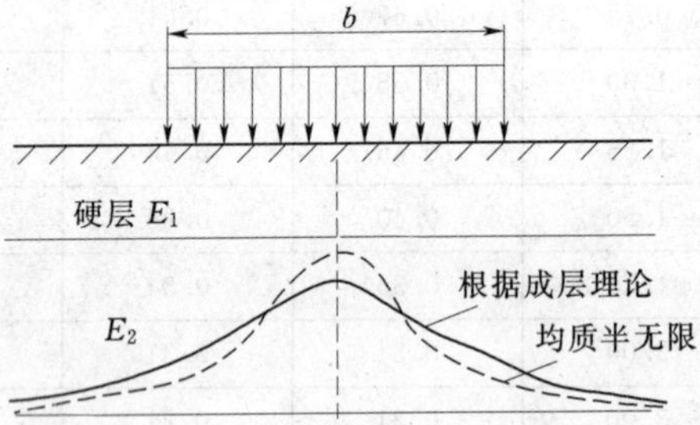

图 2-21 $E_1>E_2$ 时的应力扩散现象

本 章 小 结

土中应力分为自重应力和附加应力。由土体自身重量所产生的应力称为自重应力，对稳定土体来说，自重应力不会使土体产生变形和沉降。附加应力是建筑物及其外荷载引起的应力增量，它是使地基失去稳定和产生变形的主要原因。

自重应力计算式

$$\sigma_{cz}=\sum_{i=1}^{n}\gamma_i h_i$$

自重应力分布规律为：地面处自重应力为零，随深度增加自重应力成增加。

平面形状为矩形的刚性基础的基底压力的计算式及分布规律为：

中心荷载作用下的基底压力

$$p=\frac{F+G}{A}$$

基底压力分布图为矩形。

偏心荷载作用下的基底压力

$$\begin{matrix}p_{\max}\\p_{\min}\end{matrix}=\frac{F+G}{bl}\left(1\pm\frac{6e}{b}\right)$$

当合力偏力矩 $0<e<\frac{b}{6}$时，基底压力呈梯形分布；

当合力偏力矩 $e=\frac{b}{6}$，$p_{min}=0$ 基底压力呈三角形分布；

当 $e>\frac{b}{6}$时，则 $p_{min}<0$，意味着基底一侧出现拉应力。其最大应力值为：

$$p_{max}=\frac{2(F+G)}{3la}$$

建筑物基础一般都有一定埋深，建筑物修建时进行的基坑开挖，减小了地基原有的自重应力，因此应在基底压力中扣除基底标高处原有土的自重应力，才是基础底面下真正施加于地基的压力，称为基底附加压力。

土中附加应力计算有竖向集中力作用下的地基附加应力计算，空间问题条件下地基附加应力计算（矩形面积上均布荷载作用下的角点处附加应力计算，矩形面积上三角形分布荷载作用下的附加应力计算等）及平面问题条件下地基附加应力的计算。

复习思考题

1. 何谓土的自重应力和附加应力？两者沿深度的分布有什么特点？
2. 计算土中自重应力时为什么要从天然地面算起？
3. 计算基底压力有何实用意义？如何计算中心及偏心荷载作用下的基底压力？
4. 如何计算基底处土的自重应力和附加应力？
5. 竖直偏心荷载基底压力分布形式有哪几种？
6. 地下水对自重应力是否有影响？水位以下自重应力计算采用什么重度？
7. 自重应力在任何情况下都不引起地基沉降吗？为什么？
8. 何为角点法？如何应用角点法计算基底下任意点的附加应力？
9. 角点下某一深度处附加应力是否等于中点下同一深度处附加应力的1/4，为什么？

习题

1. 土层的分布如图2-22所示，计算土层的自重应力，并绘制自重力的分布图。

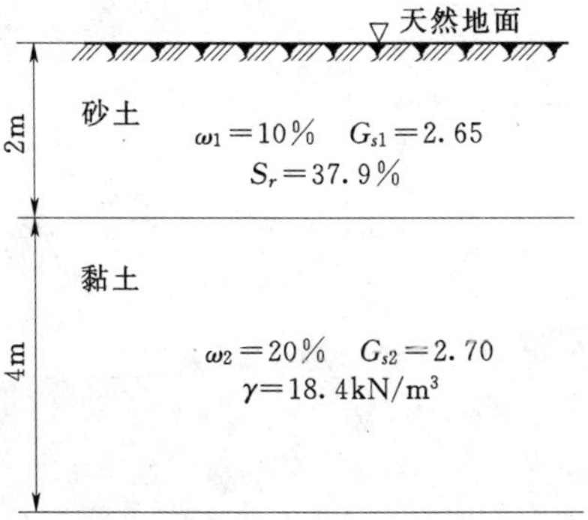

图2-22　习题1图

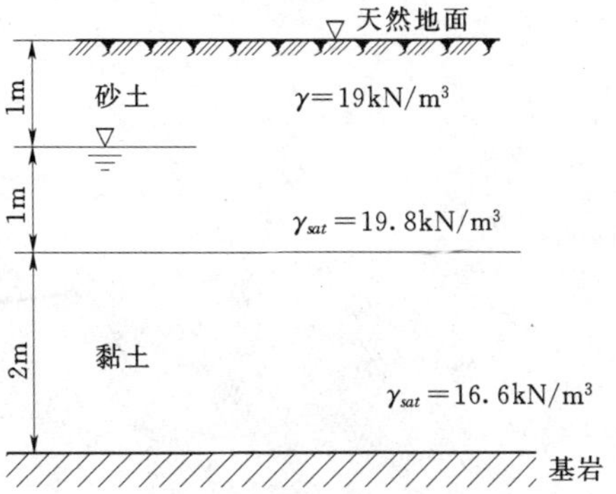

图2-23　习题2图

2. 绘出图 2-23 所示自重应力分布图及作用在基岩层面处水土总压力。

3. 作用于地面上 4m×6m 矩形面积上的均匀荷载为 p，求深度为 7.0m 和 14.0m 时，均匀矩形面积中点下和角点下的附加应力。

4. 在图 2-24 所示矩形面积 $ABCD$ 上，作用均布荷载 p=150kPa，求 H 点下深处为 2m 处的附加应力 σ_z。

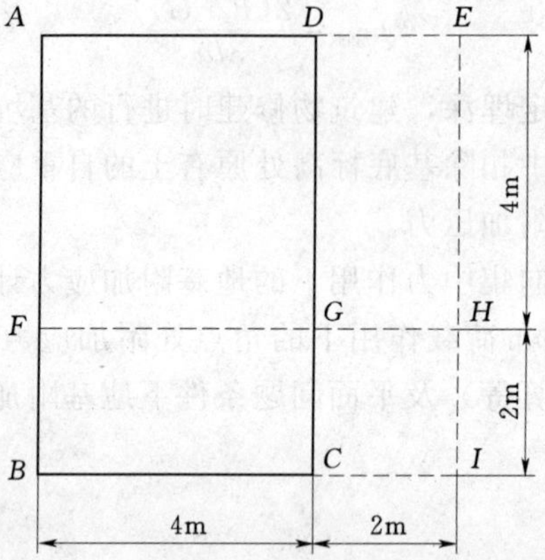

图 2-24 习题 4 图

第3章　土的压缩性与地基沉降计算

本章要点

- 掌握土的压缩性和压缩性指标的概念，掌握压缩试验方法。
- 掌握沉降计算原理，应用分层总和法和规范法分别计算基础总沉降。
- 通过太沙基一维固结模型，描述饱和土体渗透固结的概念，掌握有效应力原理。
- 理解基础沉降与时间的关系，掌握固结度的概念，了解其计算过程。

土是松散的三相体系，具有压缩性。在荷载作用下，地基中产生附加应力，引起地基变形（主要是竖向变形），建筑物基础随之沉降。如果地基土各部分的竖向变形不相同，则在基础的不同部位会产生沉降差，使建筑物基础发生不均匀沉降。基础的沉降量或沉降差（不均匀沉降）过大不但会降低建筑物的使用价值，而且会造成建筑物的毁坏。为了保证建筑物的安全和正常使用，我们必须预先对建筑物基础可能产生的最大沉降量和沉降差进行估算。

3.1　土的压缩性

土在压力作用下体积减小的特性称为土的压缩性。土的压缩性通常由3部分组成：①固体土颗粒被压缩；②土中水及封闭气体被压缩；③水和气体从孔隙中被挤出。固体颗粒和水的压缩量是微不足道的，在一般压力作用下，固体颗粒和水的压缩量与土的总压缩量之比完全忽略不计。所以土的压缩量可看作是土中水和气体从孔隙中被挤出，与此同时，土颗粒相应发生移动，重新排列，靠拢挤密，从而土孔隙体积减小，土体压缩。

3.1.1　侧限压缩试验和压缩曲线

3.1.1.1　侧限压缩

土力学中利用压缩试验来研究土的压缩特性。该试验在压缩仪（或固结仪）中完成，如图3-1所示。用金属环刀切取保持天然结构的原状土样，并置于圆筒形压缩容器的刚性护环内，土样上下各垫有一块透水石，土样受压后土中水可以自由排出。由于金属环

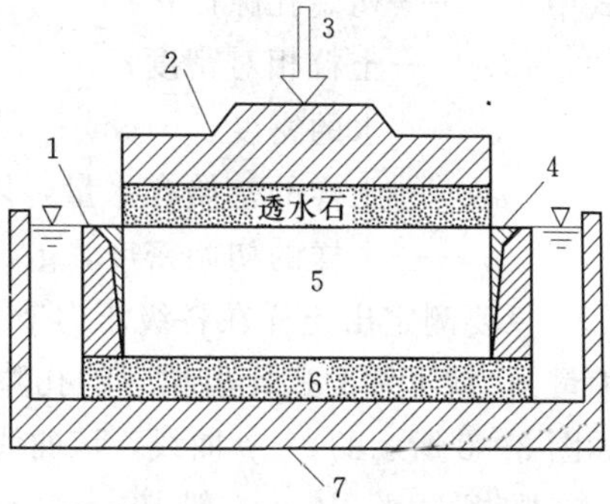

图3-1　侧限压缩试验装置

1—刚性护环；2—加压活塞；3—荷载；4—环刀；5—土样；6—透水石；7—压缩容器

刀和刚性护环的限制，土样在压力作用下只可能发生竖向压缩，而无侧向变形，因此又称为侧限压缩试验。土样在天然状态下或经人工饱和后，进行逐级加压固结（一般按 $p=$ 50kPa、100kPa、200kPa、300kPa、400kPa5 级加荷），测定各级压力 p 作用下土样压缩稳定后的孔隙比变化。

3.1.1.2 e—p 曲线

设土样的初始高度为 H_0，受压后土样高度为 H，s 为压力 p 作用下土样压缩稳定后的变形量，即 $H_0=H+s$。根据土的孔隙比的定义，假设土粒体积 $V_s=1$，则土样孔隙体积 V_v 在受压前相应于初始孔隙比 e_0，在受压后相应于孔隙比 e（见图 3-2）。

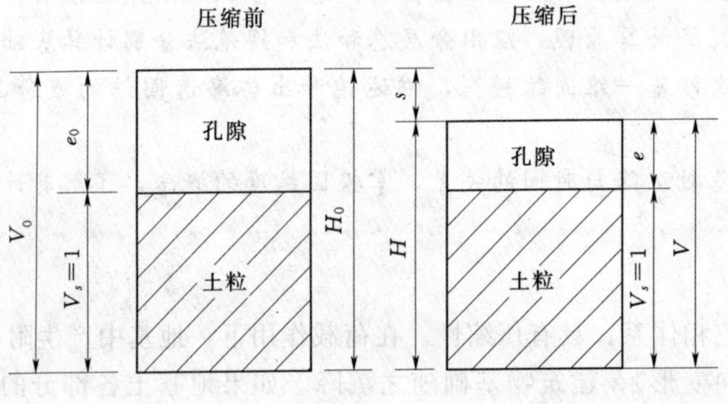

图 3-2 土样变形计算

为求土样压缩稳定后的孔隙比 e，利用受压前后土粒体积不变和土样横截面积不变的两个条件（见图 3-2），得出式（3-1）

$$\frac{1+e_0}{H_0}=\frac{1+e}{H} \tag{3-1}$$

将 $H=H_0-s$ 代入式（3-1），并整理得

$$e=e_0-\frac{s}{H_0}(1+e_0)$$

$$e_0=\frac{(1+\omega_0)G_s\rho_\omega}{\rho_0}-1 \tag{3-2}$$

式中 e_0——初始孔隙比；

G_s——土粒相对密度；

ρ_ω——水的密度，g/cm^3；

ω_0——土样的初始含水量，以小数计；

ρ_0——土样的初始密度，g/cm^3。

只要测定出土样在各级压力 p 作用下的稳定压缩量 s，就可按上式算出相应的孔隙比 e，从而绘制如图 3-3 所示的 e—p 曲线，该曲线称为压缩曲线。

常规试验中，一般按 $p=50$kPa、100kPa、200kPa、300kPa、400kPa5 级加载，测定各级压力下的稳定变形量 s，然后由式（3-2）计算相应的孔隙比 e。

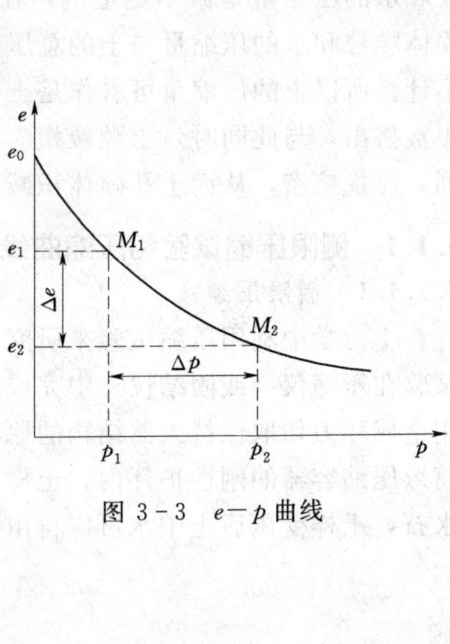

图 3-3 e—p 曲线

3.1.2 压缩性指标

3.1.2.1 压缩系数

压缩性不同的土，其中 e—p 曲线的形状是不一样的。曲线愈陡，说明在相同的压力增量作用下，土的孔隙比减少的愈显著，因而土的压缩性愈高。所以，e—p 曲线上任一点的切线斜率 a 就表示了相应于压力 p 作用下土的压缩性，称 a 为土的压缩系数，即

$$a=-\frac{\mathrm{d}e}{\mathrm{d}p} \tag{3-3}$$

在如图 3-3 所示的压缩曲线中，当压力由 p_1 增至 p_2，相应的孔隙比由 e_1 减小到 e_2，则与应力增量 $\Delta p=p_2-p_1$ 对应的孔隙比变化为 $\Delta e=e_1-e_2$。此时，土的压缩性可用图中割线 M_1M_2 的斜率表示。则

$$a=\frac{e_1-e_2}{p_2-p_1}=-\frac{\Delta e}{\Delta p} \tag{3-4}$$

式中 a——土的压缩系数，kPa^{-1}或 MPa^{-1}；

p_1——增压前使试样压缩稳定的压力强度，一般是指地基某深度处土中原有竖向自重应力，kPa；

p_2——增压后使试样压缩稳定的压力强度，地基某深度处土中自重应力与附加应力之和，kPa；

e_1——相应于 p_1 作用下压缩稳定后的孔隙比；

e_2——相应于 p_2 作用下压缩稳定后的孔隙比。

为了便于应用和比较，通常采用压力间隔由 $p_1=100\mathrm{kPa}$ 增加到 $p_2=200\mathrm{kPa}$ 时所得的压缩系数 a_{1-2}来评定土的压缩性。《建筑地基基础设计规范》（GB 50007—2002）按照 a_{1-2}的大小将地基土的压缩性分为以下 3 类：

$a_{1-2}<0.1\mathrm{MPa}^{-1}$，低压缩性土；

$0.1\mathrm{MPa}^{-1}\leqslant a_{1-2}<0.5\mathrm{MPa}^{-1}$，中压缩性土；

$a_{1-2}\geqslant 0.5\mathrm{MPa}^{-1}$，高压缩性土。

在工程实际中，p_1 相当于地基土所受到的自重应力，p_2 相当于地基土所受到的自重应力与建筑物荷载在地基中产生的应力之和。因此，p_2-p_1 即为地基土所受到的附加应力。

3.1.2.2 压缩模量

除了采用压缩系数作为土的压缩性指标外，工程上还常采用压缩模量作为土的压缩性指标，它指土在侧限条件下的竖向附加压应力与相应的应变增量之比值。土的压缩模量 E_s 可根据式（3-5）计算

$$E_s=\frac{1+e_1}{a} \tag{3-5}$$

式中 E_s——土的压缩模量，MPa；

a——土的压缩系数，MPa^{-1}；

e_1——相应于 p_1 作用下压缩稳定后的孔隙比。

压缩模量 E_s 也是土的一个重要的压缩性指标，与压缩系数成反比。E_s 越大，a 越小，土的压缩性越低。一般：

$E_s < 4\text{MPa}$，高压缩性土；

$E_s = 4 \sim 15\text{MPa}$，中压缩性土；

$E_s > 15\text{MPa}$，低压缩性土。

3.1.2.3　变形模量

土的压缩性指标除了由室内压缩试验测定外，还可以通过现场载荷试验确定。变形模量 E_0 是土在无侧限条件下由现场静载荷试验确定的，表示土在侧向自由变形条件下竖向应力与竖向总应变之比。其物理意义与材料力学中的杨氏弹性模量相同，只是土的总应变中既有弹性应变又有部分不可恢复的塑性应变，因此称之为变形模量。

现场静载荷试验测定的变形模量 E_0 与室内侧限压缩试验测定的压缩模量 E_s 有如下关系。

$$E_0 = \beta E_s \tag{3-6}$$

式中　β——与土的泊松比 μ 有关的系数。

$$\beta = 1 - \frac{2\mu^2}{1-\mu} \tag{3-7}$$

由于土的泊松比变化范围一般为 0～0.5，所以 $\beta \leqslant 1.0$，即 $E_0 \leqslant E_s$。然而，由于土的变形性质不能完全由线弹性常数来概括，因而由不同的试验方法测得的 E_0 和 E_s 之间的关系，往往不一定符合式（3-6）。对硬土，其 E_0 可能较 βE_s 大数倍；而对软土，E_0 和 βE_s 则比较接近。

3.2　地基最终沉降量的计算

地基表面的竖向变形，称为地基沉降或基础沉降。地基最终沉降量是指地基在建筑物荷载作用下最后的稳定沉降量。计算地基最终沉降量的目的在于确定建筑物最大沉降量、沉降差和倾斜，并将其控制在允许范围内，以保证建筑物的安全和正常使用。

计算地基变形时，传至基础底面上的荷载效应应按正常使用极限状态下荷载效应的准永久组合，不计入风荷载和地震作用，相应的限值为地基变形永久值。

目前计算地基最终沉降量的常用方法为分层总和法和《建筑地基基础设计规范》（GB 50007—2002）推荐方法，简称规范法。

3.2.1　分层总和法

分层总和法将地基沉降计算深度范围内的土层划分为若干层，分别计算各分层的压缩量，然后求其总和，即得基础最终沉降量。

3.2.1.1　基本假定

（1）地基中附加应力按均质地基考虑，采用弹性理论计算。

（2）假定地基受压后不发生侧向变形，土层在竖向附加应力作用下只产生竖向变形，故可采用室内压缩试验测定的压缩指标计算土层变形量。

（3）为了弥补由于忽略地基土侧向变形而对计算结果造成的误差，通常取基底中心下的计算基础中点下的附加应力进行计算，以基底中点的沉降代表基础的平均沉降。

（4）各分层土层变形量之和即为地基最终沉降量。

3.2.1.2　基本公式

在厚度为 H_1 的土层上面施加连续均匀荷载，如图 3-4 所示，由上述假定，土层在竖直方向产生压缩变形，而没有侧向变形，从土的侧限压缩试验曲线可知，竖向应力由 p_1 增加到 p_2，将引起土的孔隙比从 e_1 减小到 e_2，参考式（3-1）可得

$$H_2=\frac{1+e_2}{1+e_1}H_1 \tag{3-8}$$

式中　H_1、H_2——压缩前、压缩后土层厚度，m；

e_1、e_2——土体受压前、后的稳定孔隙比。

因为 $S=H_1-H_2$，得

$$S=\frac{e_1-e_2}{1+e_1}H \tag{3-9}$$

亦可写成

$$S=\frac{a}{1+e_1}(p_2-p_1)H=\frac{\Delta p}{E_s}H \tag{3-10}$$

式中　S——地基最终沉降量，mm；

a——压缩系数；

E_s——压缩模量；

H——土层的厚度，m；

Δp——土层厚度内的平均附加应力（$\Delta p=p_2-p_1$）。

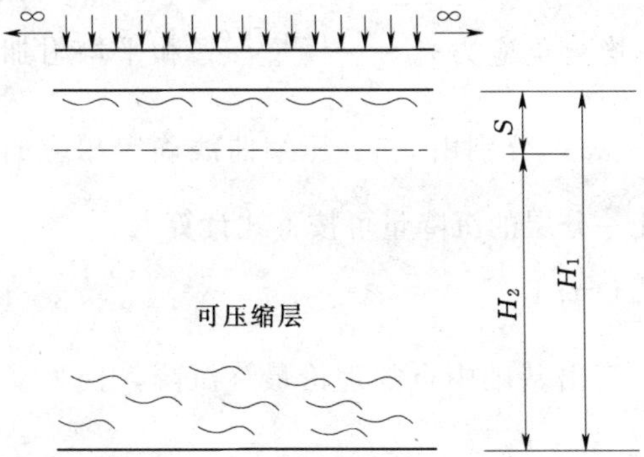

图 3-4　单一土层的一维压缩

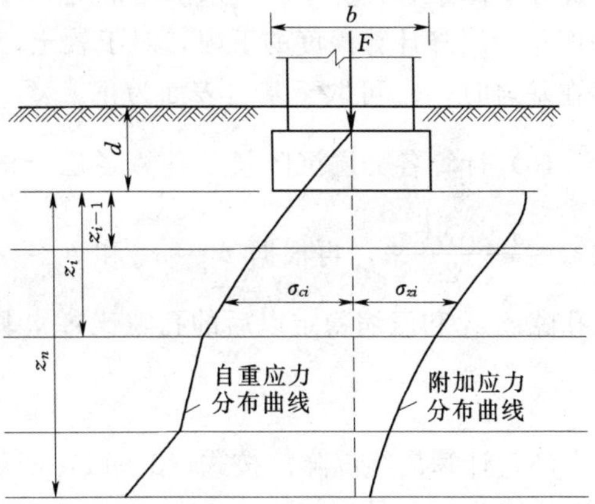

图 3-5　分层总和法计算地基沉降

如图 3-5 所示的地基及应力分布，可采用分层总和法计算沉降。即分别计算基础中心点下地基中各个分土层的压缩变形量 Δs_i，最后将各分层的沉降量总和起来即为地基的最终沉降量

$$s=\sum_{i=1}^{n}\Delta s_i=\sum_{i=1}^{n}\varepsilon_i H_i \tag{3-11}$$

$$\varepsilon_i=\frac{e_{1i}-e_{2i}}{1+e_{1i}}=\frac{a_i(p_{2i}-p_{1i})}{1+e_{1i}}=\frac{\Delta p_i}{E_{si}} \tag{3-12}$$

式中　e_{1i}——第 i 层土的自重应力均值$\frac{\sigma_{c(i-1)}+\sigma_{ci}}{2}$从土的压缩曲线上得到的相应孔隙比；

e_{2i}——第 i 层土的自重应力均值$\frac{\sigma_{c(i-1)}+\sigma_{ci}}{2}$与附加应力均值$\frac{\sigma_{z(i-1)}+\sigma_{zi}}{2}$之和从土的压缩曲线上得到的相应孔隙比；

H_i——第 i 层土的厚度；

n——压缩层范围内土层分层数目。

3.2.1.3　计算步骤

单向压缩分层总和法计算步骤如下。

（1）分层。分层的原则是以 $0.4b$（b 为基底短边长度）为分层厚度，同时必须将土的自然分层处和地下水位处作为分层界线。

（2）计算自重应力。按公式 $\sigma_{cz}=\sum_{i=1}^{n}\gamma_i h_i$ 计算出基础中心以下各层界面处的竖向自重应力。自重应力从地面算起，地下水位以下采用土的浮重度计算。

（3）计算附加应力。计算出基础中心以下各层界面处的附加应力。附加应力应从基础底面算起。

（4）确定地基沉降计算深度 z_n。沉降计算深度 z_n 是指由基础底面向下计算压缩变形所要求的深度。从理论上讲，在无限深度处仍有微小的附加应力，仍能引起地基的变形。考虑到在一定的深度处，附加应力已很小，它对土体的压缩作用已不大，可以忽略不计。因此在实际工程计算中，一般取附加应力与自重应力的比值为 20%处，即 $\sigma_z=0.2\sigma_{cz}$ 处的深度作为沉降计算深度的下限，对于软土，应加深至 $\sigma_z=0.1\sigma_{cz}$。在沉降计算深度范围内存在基岩时，z_n 可取至基岩表面为止。

（5）计算各分层沉降量。计算各层土的平均自重应力$\bar{\sigma}_{czi}=\frac{\sigma_{cz(i-1)}+\sigma_{czi}}{2}$和平均附加应力$\bar{\sigma}_{zi}=\frac{\sigma_{z(i-1)}+\sigma_{zi}}{2}$，再根据 $p_{1i}=\bar{\sigma}_{czi}$ 和 $p_{2i}=\bar{\sigma}_{czi}+\bar{\sigma}_{zi}$，分别由 e—p 压缩曲线确定相应的初始孔隙比 e_{1i} 和压缩稳定以后的孔隙比 e_{2i}，则任一分层的沉降量可按下式计算

$$\Delta s_i=\frac{e_{1i}-e_{2i}}{1+e_{1i}}H \tag{3-13}$$

（6）计算最终沉降。按式（3-11）即可计算出基础中点的理论最终沉降，视为基础的平均沉降。

3.2.2　规范法

在总结大量实践经验的基础上，对分层总和法的计算结果，作必要的修正。根据各向同性均质线性变形体理论，《建筑地基基础设计规范》（GB 50007—2002）提出另一种计算方法——简称规范法。该方法仍然采用前述分层总和法的假设前提，但在计算中引入平均附加应力系数的概念，并引入一个沉降计算经验系数 ψ_s，使得计算成果更接近实测值。图 3-6 为规范法计算地基沉降图示。

设地基土层均质、压缩模量不随深度变化，则从基础底面至地基任意深度 z 范围内的压缩量为

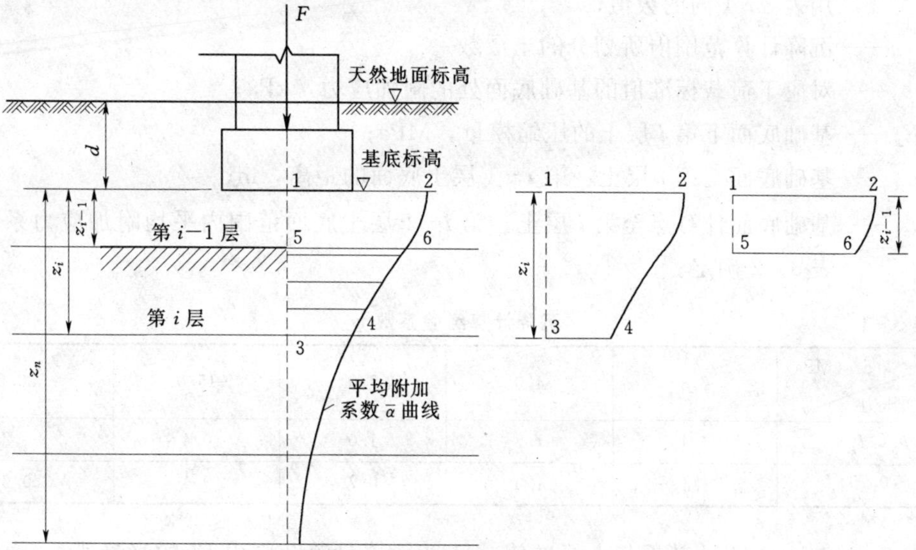

图 3-6　规范法计算地基沉降

$$s' = \int_0^z \frac{\sigma_z}{E_s} \mathrm{d}z = \frac{1}{E_s}\int_0^z \sigma_z \mathrm{d}z = \frac{A}{E_s} \tag{3-14}$$

式中　A——深度 z 范围内的附加应力面积。

由附加应力计算公式，$\sigma_z = \alpha_c p_0$，附加应力图面积 A 可表示为

$$A = \int_0^z \sigma_z \mathrm{d}z = \int_0^z \alpha_c p_0 \mathrm{d}z = p_0 \int_0^z \alpha_c \mathrm{d}z$$

定义 $\int_0^z \alpha_c \mathrm{d}z$ 为附加应力系数面积，则由上式得 $\int_0^z \alpha_c \mathrm{d}z = \frac{A}{p_0}$。为了计算方便，引入平均附加应力系数 $\bar{\alpha}$，由其定义得

$$\bar{\alpha} = \frac{\int_0^z \alpha_c \mathrm{d}z}{z} = \frac{A}{p_0 z} \tag{3-15}$$

则附加应力面积 $A = \bar{\alpha} p_0 z$，此亦被称为附加应力面积等代值。

则将式（3-15）带入式（3-14），有

$$s' = \bar{\alpha} p_0 \frac{z}{E_s} \tag{3-16}$$

式（3-16）即是以附加应力面积等代值引出的、以平均附加应力系数表达的、从基底至任意深度 z 范围内的地基沉降量的计算公式。

根据分层总和法基本原理可得成层地基最终沉降量的基本计算公式（见图 3-6）为

$$s = \psi_s s' = \psi_s \sum_{i=1}^{n} \frac{p_0}{E_{si}} (z_i \bar{\alpha}_i - z_{i-1} \bar{\alpha}_{i-1}) \tag{3-17}$$

式中　s——地基最终沉降量，mm；

s'——按分层总和法计算出的地基沉降量，mm；

ψ_s——沉降计算经验系数，根据地区沉降观测资料及经验确定，无地区经验时可采

用表 3 - 1 内的数值；

n——沉降计算范围内所划分的土层数；

p_0——对应于荷载标准值的基础底面处的附加应力，kPa；

E_{si}——基础底面下第 i 层土的压缩模量，MPa；

z_i、z_{i-1}——基础底面至第 i 层土、第 $i-1$ 层土底面的距离，m；

$\overline{\alpha}_i$、$\overline{\alpha}_{i-1}$——基础底面计算点至第 i 层土、第 $i-1$ 层土底面范围内平均附加应力系数，查表 3 - 2 确定。

表 3 - 1　　沉降计算经验系数 ψ_s

$\overline{E}_s$（MPa） / 基底附加压力	2.5	4.0	7.0	15.0	20.0
$p_0 \geqslant f_k$	1.4	1.3	1.0	0.4	0.2
$p_0 \leqslant 0.75 f_k$	1.1	1.0	0.7	0.4	0.2

表 3 - 1 中，f_k 为地基承载力标准值；$\overline{E}_s$ 为沉降计算范围内 E_s 的当量值。

$\overline{E}_s$ 按式（3 - 18）计算。

$$\overline{E}_s = \frac{\sum A_i}{\sum \frac{A_i}{E_{si}}} \tag{3-18}$$

式中　A_i——第 i 层土附加应力系数沿土层厚度的积分值。

表 3 - 2　　矩形面积上均布荷载作用下角点的平均附加应力系数 $\overline{\alpha}$

z/b	l/b												
	1.0	1.2	1.4	1.6	1.8	2.0	2.4	2.8	3.2	3.6	4.0	5.0	10.0
0.0	0.2500	0.2500	0.2500	0.2500	0.2500	0.2500	0.2500	0.2500	0.2500	0.2500	0.2500	0.2500	0.2500
0.2	0.2496	0.2497	0.2497	0.2498	0.2498	0.2498	0.2498	0.2498	0.2498	0.2498	0.2498	0.2498	0.2498
0.4	0.2474	0.2479	0.2481	0.2483	0.2483	0.2484	0.2485	0.2485	0.2485	0.2485	0.2485	0.2485	0.2485
0.6	0.2423	0.2437	0.2444	0.2448	0.2451	0.2452	0.2454	0.2455	0.2455	0.2455	0.2455	0.2455	0.2456
0.8	0.2346	0.2472	0.2387	0.2395	0.2400	0.2403	0.2407	0.2408	0.2409	0.2409	0.2410	0.2410	0.2410
1.0	0.2252	0.2291	0.2313	0.2326	0.2335	0.2340	0.2346	0.2349	0.2351	0.2352	0.2352	0.2353	0.2353
1.2	0.2149	0.2199	0.2229	0.2248	0.2260	0.2268	0.2278	0.2282	0.2285	0.2286	0.2287	0.2288	0.2289
1.4	0.2043	0.2102	0.2140	0.2164	0.2190	0.2191	0.2204	0.2211	0.2215	0.2217	0.2218	0.2220	0.2221
1.6	0.1939	0.2006	0.2049	0.2079	0.2099	0.3113	0.2130	0.2138	0.2143	0.2146	0.2148	0.2150	0.2152
1.8	0.1840	0.1912	0.1960	0.1994	0.2018	0.2034	0.2055	0.2066	0.2073	0.2077	0.2079	0.2082	0.2084
2.0	0.1746	0.1822	0.1875	0.1912	0.1938	0.1958	0.1982	0.2996	0.2004	0.2009	0.2012	0.2015	0.2018
2.2	0.1659	0.1737	0.1793	0.1833	0.1862	0.1883	0.1911	0.1927	0.1937	0.1943	0.1947	0.1952	0.1955
2.4	0.1578	0.1657	0.1715	0.1757	0.1789	0.1812	0.1843	0.1862	0.1873	0.1880	0.1885	0.1890	0.1895
2.6	0.1503	0.1583	0.1642	0.1686	0.1719	0.1745	0.1779	0.1799	0.1812	0.1820	0.1825	0.1832	0.1838
2.8	0.1433	0.1514	0.1574	0.1619	0.1654	0.1680	0.1717	0.1739	0.1753	0.1763	0.1769	0.1777	0.1784

续表

z/b	l/b												
	1.0	1.2	1.4	1.6	1.8	2.0	2.4	2.8	3.2	3.6	4.0	5.0	10.0
3.0	0.1369	0.1449	0.1510	0.1556	0.1592	0.1619	0.1658	0.1682	0.1698	0.1708	0.1715	0.1725	0.1733
3.2	0.1310	0.1390	0.1450	0.1497	0.1533	0.1562	0.1602	0.1628	0.1645	0.1657	0.1664	0.1675	0.1685
3.4	0.1256	0.1334	0.1394	0.1441	0.1478	0.1508	0.1550	0.1577	0.1595	0.1607	0.1616	0.1628	0.1639
3.6	0.1205	0.1282	0.1342	0.1389	0.1427	0.1456	0.1500	0.1528	0.1548	0.1561	0.1570	0.1583	0.1595
3.8	0.1158	0.1234	0.1293	0.1340	0.1378	0.1408	0.1452	0.1482	0.1502	0.1516	0.1526	0.1541	0.1554
4.0	0.1114	0.1189	0.1248	0.1294	0.1332	0.1362	0.1408	0.1438	0.1459	0.1474	0.1485	0.1500	0.1516
4.2	0.1073	0.1147	0.1205	0.1251	0.1289	0.1319	0.1365	0.1396	0.1418	0.1434	0.1445	0.1462	0.1479
4.4	0.1035	0.1107	0.1164	0.1210	0.1248	0.1279	0.1325	0.1357	0.1379	0.1396	0.1407	0.1425	0.1444
4.6	0.1000	0.1070	0.1127	0.1172	0.1209	0.1240	0.1287	0.1319	0.1342	0.1359	0.1371	0.1390	0.1410
4.8	0.0967	0.1036	0.1091	0.1136	0.1173	0.1204	0.1250	0.1283	0.1307	0.1324	0.1337	0.1357	0.1379
5.0	0.0935	0.1003	0.1057	0.1102	0.1139	0.1169	0.1216	0.1249	0.1273	0.1291	0.1304	0.1325	0.1348
5.2	0.0906	0.0972	0.026	0.1070	0.1106	0.1136	0.1183	0.1217	0.1241	0.1259	0.1273	0.1295	0.1320
5.6	0.0852	0.0916	0.0968	0.1010	0.1046	0.1076	0.1122	0.1156	0.1181	0.1200	0.1215	0.1238	0.1266
5.8	0.0828	0.0890	0.0941	0.0983	0.1018	0.1047	0.1094	0.1128	0.1153	0.1172	0.1187	0.1211	0.1240
6.0	0.0805	0.0866	0.0916	0.0957	0.0991	0.1021	0.1067	0.1101	0.1126	0.1146	0.1161	0.1185	0.1216
6.2	0.0783	0.0842	0.0891	0.0932	0.0966	0.0995	0.1041	0.1075	0.1101	0.1120	0.1136	0.1161	0.1193
6.4	0.0762	0.0820	0.0869	0.0909	0.0942	0.0971	0.1016	0.1050	0.1076	0.1096	0.1111	0.1137	0.1171
6.6	0.0742	0.0799	0.0847	0.0886	0.0919	0.0948	0.0993	0.1027	0.1053	0.1073	0.1088	0.1114	0.1149
6.8	0.0723	0.0779	0.0826	0.0865	0.0898	0.0926	0.0970	0.1004	0.1030	0.1050	0.1066	0.1092	0.1129
7.0	0.0705	0.0761	0.0806	0.0844	0.0877	0.0904	0.0949	0.0982	0.1008	0.1028	0.1044	0.1071	0.1109
7.2	0.0688	0.0742	0.0787	0.0825	0.0857	0.0884	0.0928	0.0962	0.0987	0.1008	0.1023	0.1051	0.1090
7.4	0.0672	0.0725	0.0769	0.0806	0.0838	0.0865	0.0908	0.0942	0.0967	0.0988	0.1004	0.1031	0.1071
7.6	0.0656	0.0709	0.0752	0.0789	0.0820	0.0846	0.0889	0.0922	0.0948	0.0968	0.0984	0.1012	0.1054
7.8	0.0642	0.0693	0.0736	0.0771	0.0802	0.0828	0.0871	0.0904	0.0929	0.0950	0.0966	0.0994	0.1036
8.0	0.0627	0.0678	0.0720	0.0755	0.0785	0.0811	0.0853	0.0886	0.0912	0.0932	0.0948	0.0976	0.1020
8.2	0.0614	0.0663	0.0705	0.0739	0.0769	0.0795	0.0837	0.0869	0.0894	0.0914	0.0931	0.0959	0.1004
8.4	0.0601	0.0649	0.0690	0.0724	0.0754	0.0779	0.0820	0.0852	0.0878	0.0893	0.0914	0.0943	0.0938
8.6	0.0588	0.0636	0.0676	0.0710	0.0739	0.0764	0.0805	0.0836	0.0862	0.0882	0.0898	0.0927	0.0973
8.8	0.0576	0.0623	0.0663	0.0696	0.0724	0.0749	0.0790	0.0821	0.0846	0.0866	0.0882	0.0912	0.0959
9.2	0.0554	0.0599	0.0637	0.0670	0.0697	0.0721	0.0761	0.0792	0.0817	0.0837	0.0853	0.0882	0.0931
9.6	0.0533	0.0577	0.0614	0.0645	0.0672	0.0696	0.0734	0.0765	0.0789	0.0809	0.0825	0.0855	0.0905
10.4	0.0496	0.0537	0.0572	0.0601	0.0627	0.0649	0.0686	0.0716	0.0739	0.0759	0.0775	0.0804	0.0857
11.2	0.0463	0.0502	0.0535	0.0563	0.0587	0.0609	0.0644	0.0672	0.0695	0.0714	0.0730	0.0759	0.0813
12.0	0.0435	0.0471	0.0502	0.0529	0.0552	0.0573	0.0606	0.0634	0.0656	0.0674	0.0690	0.0719	0.0774

续表

z/b	l/b												
	1.0	1.2	1.4	1.6	1.8	2.0	2.4	2.8	3.2	3.6	4.0	5.0	10.0
12.8	0.0409	0.0444	0.0474	0.0499	0.0521	0.0541	0.0573	0.0599	0.0621	0.0639	0.0654	0.0682	0.0739
13.6	0.0387	0.0420	0.0448	0.0472	0.0493	0.0512	0.0543	0.0568	0.0589	0.0607	0.0621	0.0649	0.0707
14.4	0.0367	0.0398	0.0425	0.0448	0.0468	0.0486	0.0516	0.0540	0.0561	0.0577	0.0592	0.0619	0.0677
16.0	0.0332	0.0361	0.0385	0.0407	0.0425	0.0442	0.0469	0.0492	0.0511	0.0527	0.0540	0.0567	0.0625
18.0	0.0297	0.0323	0.0345	0.0364	0.0381	0.0396	0.0422	0.0442	0.0460	0.0475	0.0487	0.0512	0.0570
20.0	0.0269	0.0292	0.0312	0.0330	0.0345	0.0359	0.0383	0.0402	0.0418	0.0432	0.0444	0.0468	0.0524

按规范方法计算地基沉降时，沉降计算深度 z_n 应满足式（3－19）。

$$\Delta s'_n \leqslant 0.025 \sum_{i=1}^{n} \Delta s'_i \tag{3-19}$$

式中　$\Delta s'_i$——在计算深度范围内，第 i 层土的计算沉降值；

$\Delta s'_n$——计算深度处向上取厚度 Δz 的分层的沉降计算值，Δz 的厚度选取与基础宽度 b 有关，见表 3－3。

表 3－3　　Δz 的取值　　单位：m

b	$b\leqslant 2$	$2<b\leqslant 4$	$4<b\leqslant 8$	$8<b\leqslant 15$	$15<b\leqslant 30$	$b>30$
Δz	0.3	0.6	0.8	1.0	1.2	1.5

若确定的计算深度下部有软弱土层，则应继续向下计算。

当无相邻荷载影响，基础宽度 b 为 1～50m 时，基础中点的地基沉降计算深度可简化为按式（3－20）确定。

$$z_n = b(2.5 - 0.4\ln b) \tag{3-20}$$

在计算深度范围内存在基岩时，z_n 可取至基岩表面。

【例 3－1】　已知柱下独立方形基础，基础底面尺寸为 2.5m×2.5m，埋深 2m，作用于基础上（设计地面标高处）的轴向荷载 F＝1250kN，有关地基勘察资料与基础剖面见图 3－7。用单向分层总和法计算基础中点最终沉降量。

【解】

（1）计算分层厚度。每层厚度 $h_i<0.4b=1.0$m。所以按 1m 分层。

（2）计算地基土的自重应力。自重应力从天然地面起算，z 自基底标高起算。

z＝0m，$\sigma_{c0}=19.5\times 2=39$（kPa）；

z＝1m，$\sigma_{cz1}=39+19.5\times 1=58.5$（kPa）；

z＝2m，$\sigma_{cz2}=58.5+20\times 1=78.5$（kPa）；

z＝3m，$\sigma_{cz3}=78.5+20\times 1=98.5$（kPa）；

z＝4m，$\sigma_{cz4}=98.5+(20-10)\times 1=108.5$（kPa）；

z＝5m，$\sigma_{cz5}=108.5+(20-10)\times 1=118.5$（kPa）；

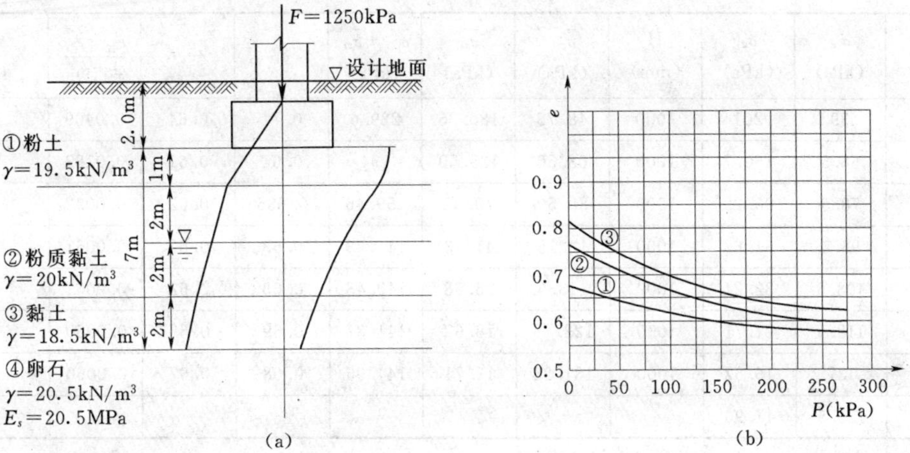

图 3-7 [例 3-1] 图

$z=6\text{m}$，$\sigma_{cz6}=118.5+(18.5-10)\times1=127$ (kPa)；

$z=7\text{m}$，$\sigma_{cz7}=127+(18.5-10)\times1=135.5$ (kPa)。

(3) 基底压力计算。基础底面以上，基础与填土的混合重度取 $\gamma_G=20\text{kN/m}^3$。

$$p=\frac{F+G}{A}=\frac{1250+20\times2.5\times2.5\times2}{2.5\times2.5}=240(\text{kPa})$$

(4) 基底附加压力计算。

$$p_0=p-\gamma d=240-19.5\times20=201(\text{kPa})$$

(5) 基础中点下地基中竖向附加应力计算。用角点法计算，过基底中心将荷载面四等分，$l=2.5$，$b=2.5$，$l/b=1$，$\sigma_{zi}=4\alpha_{ci}p_0$，$\alpha_{ci}$ 由表 2-5 确定，计算结果见表 3-4。

表 3-4　　附加应力计算

z (m)	$\frac{z}{0.5b}$	α_{ci}	σ_z (kPa)	σ_{cz} (kPa)	σ_z/σ_{cz}
0	0	0.2500	201	39	
1	0.8	0.1999	160.7	58.5	
2	1.6	0.1123	90.29	78.5	
3	2.4	0.0642	51.62	98.8	
4	3.2	0.0401	32.24	108.5	0.297
5	4.0	0.0270	21.71	118.5	0.183
6	4.8	0.0193	15.52	127	0.122
7	5.6	0.0148	11.90	135.5	0.088

(6) 确定沉降计算深度 z_n。考虑第③层土压缩性比第②层土大，经计算后确定 $z_n=7\text{m}$，见表 3-5。

表 3-5　　最终沉降量计算

z (m)	σ_{cz} (kPa)	σ_z (kPa)	H (mm)	$\overline{\sigma}_{czi}$ (kPa)	$\overline{\sigma}_{zi}$ (kPa)	$\overline{\sigma}_{czi}+\overline{\sigma}_{zi}$ (kPa)	e_1	e_2	$\frac{e_{1i}-e_{2i}}{1+e_{1i}}$	s_i (mm)
0	39	201	1000	48.75	180.85	229.6	0.71	0.64	0.0409	40.9
1	58.5	160.7	1000	68.50	125.50	194	0.64	0.61	0.0183	18.3
2	78.5	90.29	1000	88.50	70.96	159.46	0.635	0.62	0.0092	9.2
3	98.5	51.62	1000	103.5	41.93	145.43	0.63	0.62	0.0061	6.1
4	108.5	32.24	1000	113.5	26.98	140.48	0.63	0.62	0.0061	6.1
5	118.5	21.71	1000	122.75	18.62	141.37	0.69	0.68	0.0060	6.0
6	137	15.52	1000	131.25	13.71	144.96	0.68	0.67	0.0060	6.0
7	155.5	11.90								

所以，按分层总和法求得的基础最终沉降量为 $S=92.6$mm。

3.2.3 应力历史对地基沉降的影响

3.2.3.1 土的回弹与再压缩

图 3-8 是取自现场的原状试样的室内压缩、回弹和再压缩曲线。由图可见，该曲线具有以下特征。

(1) 土的卸荷回弹曲线不与原压缩曲线相重合，说明土不是完全弹性体，其中有一部分为不能恢复的塑性变形。

(2) 土的再压缩曲线与原压缩曲线斜率要小得多，说明土经过压缩后，卸荷再压缩时，其压缩性明显降低。

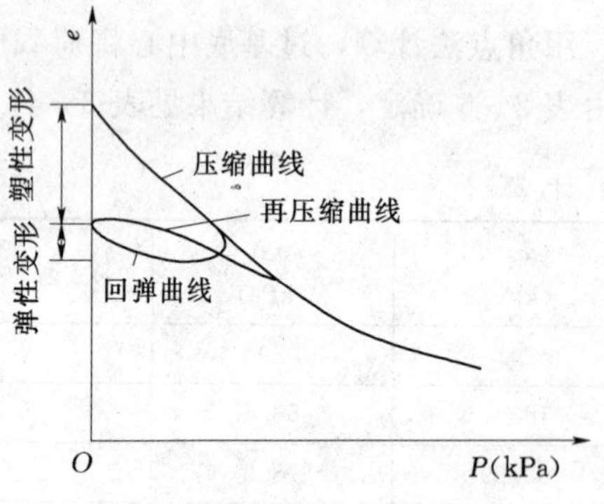

图 3-8　土的回弹与再压缩曲线

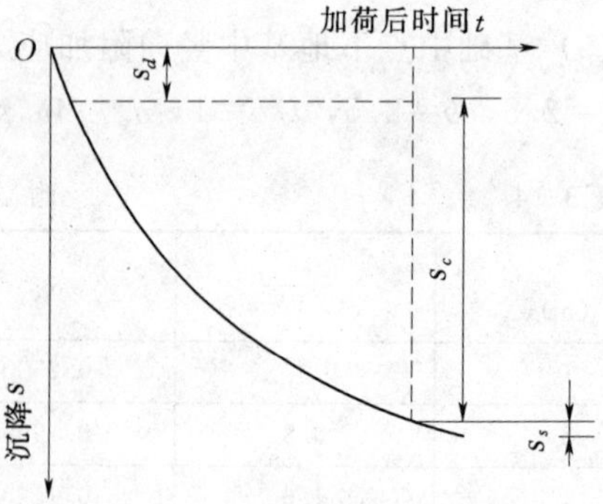

图 3-9　黏性土沉降的 3 个组成部分

3.2.3.2 黏性土沉降的三个组成部分

根据对黏性土地基在局部荷载作用下的实际变形特征的观察和分析，黏性土地基的最终沉降 s 可以认为是由机理不同的 3 部分沉降组成（见图 3-9），即

$$s=s_d+s_c+s_s \tag{3-21}$$

式中　s_d——瞬时沉降（亦称初始沉降）；

s_c——固结沉降（亦称主固结沉降）；

s_s——次固结沉降（亦称蠕变沉降）。

瞬时沉降是指加载后瞬时地基发生的沉降，此时地基土在荷载作用下只发生剪切变形，其体积还来不及发生变化。固结沉降是指饱和黏土地基在荷载作用下，随着孔隙水压力的消散，土骨架产生变形所造成的沉降。对于一般黏性土，该部分沉降占有很大比例且需较长时间才能完成。次固结沉降是指孔隙水停止挤出后，颗粒和结合水之间的剩余应力继续调整而引起的沉降。一般情况下，次固结沉降所占比例较小，但对于塑性高的黏性土，次固结沉降不应忽视。

3.2.3.3 土的应力历史对土的压缩性的影响

为了考虑受荷历史对土的压缩变形的影响，必须知道土层受过的前期固结压力。前期固结压力，是指土层在历史上曾经受到过的最大固结压力，用 p_c 表示。如果将其与目前土层所受的自重压力 p 相比较，天然土层按其固结状态可分为正常固结土、超固结土和欠固结土。

如土在形成和存在的历史中只受过等于目前土层所受的自重应力，即 $p_c=p_0$。如图 3-10（a）中 A 点，其上覆土重 $p_0=\gamma h$ 就是历史上曾经受到的最大有效固结压力，所以属正常固结土。历史上所经受的先期固结压力大于现有上覆荷重的土层，即 $p_c>p_0$。如图 3-10（b）所示，土层中 A 点在历史上曾经受到最大固结压力 $p_c=\gamma h_c$，后经水流冲刷或其他原因，土层受剥蚀，地表降至现地面。现地面下 A 点的上覆土重 $p_0=\gamma h$，$h_c>h$，故 $p_c>p_0$，所以属超固结土。如土属于新近沉积的堆积物，在其自重应力 p_0 作用下尚未完全固结，称为欠固结土，如图 3-10（c）所示。

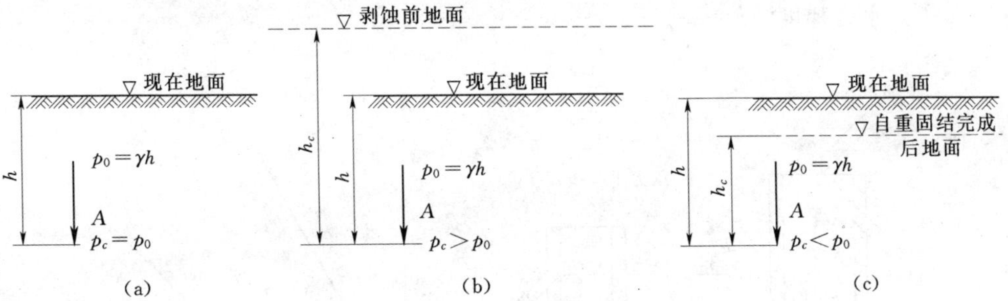

图 3-10　沉积土层按先期固结压力分类

（a）正常固结土；（b）超固结土；（c）欠固结土

在工程设计中最常见的是正常固结土，其土层的压缩由建筑物荷载产生的附加应力引起。超固结土相对于在其形成历史中已受过预压力，只有当地基中附加应力与自重应力之和超出其先期固结压力后，土层才会有明显压缩。因此超固结土的压缩性较低，于工程有利。而欠固结土不仅要考虑附加应力产生的压缩，还要考虑由于自重应力作用产生的压缩，因此压缩性较高。

3.3　地基变形与时间的关系

上一节介绍了地基最终沉降量的计算，最终沉降量是指在上部荷载产生的附加应力作用下，地基土体发生压缩达到稳定的沉降量。但是对于不同的地基土体要达到压缩稳定的时间长短不同。对于砂土和碎石土地基，因压缩性较小，透水性较大，一般在施工完成时，地基的变形已基本稳定；对于黏性土，特别是饱和黏土地基，因压缩性大，透水性小，其地基土的固结变形常需延续数年才能完成。地基土的压缩性愈大，透水性愈小，则完成固结也就是压缩稳定的时间愈长。对于这类固结很慢的地基，在设计时，不仅要计算基础的最终沉降量，有时还需了解地基沉降过程，预估建筑物在施工期间和使用期间的地基沉降量，即地基沉降与时间的关系，以便预留建筑物有关部分之间的净空、组织施工顺序、控制施工进度，以及为采取必要措施提供依据。

饱和土体在荷载作用下，土孔隙中的自由水随着时间推移缓慢渗出，土的体积逐渐减小的过程，称为土的渗透固结。下面我们通过一个模型试验来研究饱和土体固结过程。

3.3.1 土的渗透性

土体孔隙中的自由水，在重力作用下会发生运动，如基坑开挖、排水施工期间地下水会源源不断的流向基坑。这种土体被水透过的性质，称为土的渗透性。1856 年，法国学者达西（Darcy）根据砂土渗透实验，如图 3-11（a）所示，发现水的渗透速度与水力坡降成正比，即达西定律。

$$v=ki \tag{3-22}$$

式中 v——渗透速度，cm/s；

k——土的渗透系数，cm/s；

i——水力梯度，$i=\dfrac{h_1-h_2}{L}$。

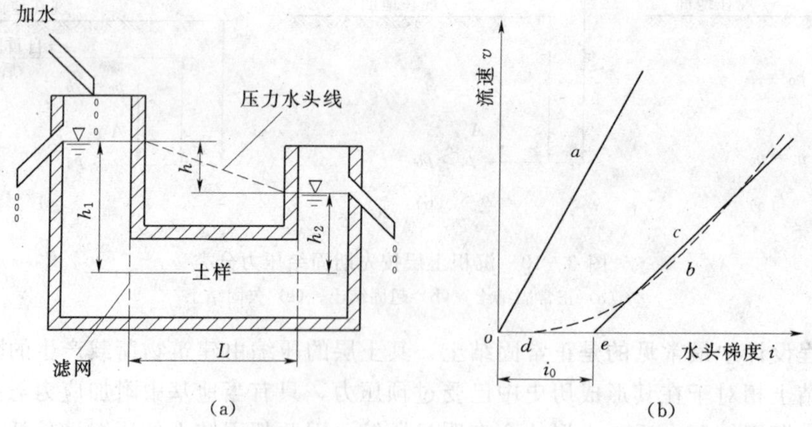

图 3-11 渗透试验及达西定律

（a）渗透试验；（b）土的渗透速度与水力梯度的关系

当 $i=1$ 时，$v=k$。这表明渗透系数 k 是单位水力坡降的渗透速度，它是表示土的渗透性强弱的指标，一般由渗透试验确定。

由于达西定律只适用于层流的情况，故一般只适用于中砂、细砂、粉砂等。对粗砂、砾石、卵石等粗颗粒土就不适用，因为此时水的渗透流速较大，已不是层流而是紊流。

黏土中的渗流规律需将达西定律进行修正。在黏土中，土颗粒周围存在着结合水，结合水因受到分子引力作用而呈现黏滞性。因此，黏土中自由水的渗流受到结合水的黏滞作用产生很大阻力，只有克服结合水的黏滞阻力后才能开始渗流。我们把克服此黏滞阻力所需的水头梯度，称为黏土的起始水头梯度 i_0。这样，在黏土中应按下述修正后的达西定律计算渗流速度。

$$v=k(i-i_0) \tag{3-23}$$

在图 3-11（b）中绘出了砂土与黏土的渗透规律。直线 a 表示砂土的 $v—i$ 关系，它是通过原点的一条直线。黏土的 $v—i$ 关系是曲线 b（图中虚线所示），d 点是黏土的起始水头梯度，当土中水头梯度超过此值后水才开始渗流。

土的渗透系数可用室内渗透试验和现场抽水试验来确定。

3.3.2 有效应力原理

首先我们用一个力学模型如图 3-12 所示，来模拟饱和土体中某点的渗透固结过程。模型为一个充满水，水面放置一个带有排水孔的活塞，活塞又为一弹簧所支承的容器。其中弹簧表示土的固体颗粒骨架，容器内的水表示土孔隙中的自由水，整个模型表示饱和土体，在外荷 p 的作用下在土孔隙水中所引起的超静水压力 u（以测压管中水的超高表示），称为孔隙水压力，在土骨架中产生的应力 σ'，称为有效应力。根据静力平衡条件可知

$$\sigma'+u=\sigma \tag{3-24}$$

在荷载 p 施加的瞬间（即加荷历时 $t=0$），图 3-12（a）容器中的水来不及排出，加之水又是不可压缩的，因而，弹簧没有压缩，有效应力 $\sigma'=0$，作用在活塞上的荷载 p 全部由水来承担，孔隙水压力 $u=p$。此时可以根据从测压管量得水柱高 h 而算出 $u=\gamma_w h$。其后，$t>0$［见图 3-12（b）］，在 u 作用下孔隙水开始排出，活塞下降，弹簧开始受到压缩，$\sigma'>0$。又从测压管测得的 h（而算出 $u=\gamma_w h<p$）。随着容器中水的不断排出，u 就不断减小。活塞继续下降，σ'不断增大。最后，当弹簧所受的力与所加荷载 p 相等时，活塞便不再下降。此时水停止排出，即 $u=0$，亦即表示饱和土渗透固结完成［见图 3-12（c）］。

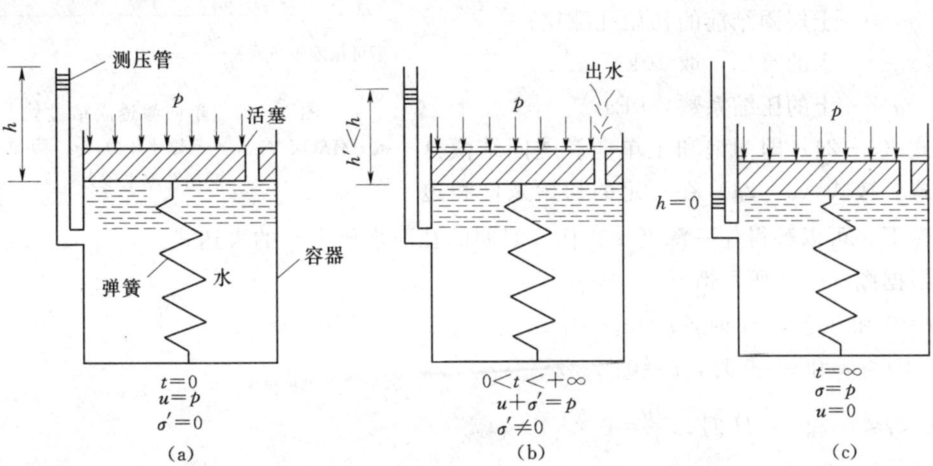

图 3-12 饱和土的渗透固结模型

因此，在一定压力作用下饱和土的渗透固结就是土体中孔隙水压力 u 向有效应力 σ' 转化的过程。或者说是孔隙水压力逐渐消减与有效应力逐渐增长的过程。只有有效应力才能使土体产生的压缩和固结，土体中某点有效应力的增长程度反映该点土的固结完成程度。

3.3.3 饱和土的单向固结理论

当可压缩土层为厚度不大的饱和软黏土层，其上面或下面（或两者）有排水砂层时，在土层表面有均布外荷作用下，该层土中孔隙水主要沿铅直方向流动（排出），类似于土的室内有侧限压缩试验的情况，这种情况称为单向渗透固结。

1. 单向渗透固结理论的基本假定

单向渗透固结理论的基本假定为：荷载是瞬时一次施加的；土是均质饱和的；土层仅在铅直方向产生压缩和排水；土中水的渗流排出符合达西定律；在压缩过程中受压土层的渗透系数 k 和压缩系数 α 视为常数。

2. 单向渗透固结微分方程式的建立及求解

先研究一种最简单的地基和荷载条件，如图 3-13 所示，可压缩饱和土层在自重作用下已固结完成，施加于地基上的连续均布荷载 p 是瞬时一次加上的，引起的附加应力 $\sigma_z(=p)$ 沿深度成均布分布。

由于底面为不透水层，故土中水只能铅直地向上排出（称为单面排水条件），从地基中任一深度 z 处取一微分土体 $1\times1\times1dz$，根据水流连续性原理、达西定律和有效应力原理可建立固结微分方程为

$$\frac{\partial u}{\partial t}=c_v\frac{\partial^2 u}{\partial z^2} \tag{3-25}$$

式中 c_v——土的固结系数，m^2/年。

$$c_v=\frac{k(1+e_1)}{a\gamma_w} \tag{3-26}$$

式中 k——土的渗透系数，m/年；

e_1——土层固结前的初始孔隙比；

γ_w——水的重度，取 $10kN/m^3$；

α——土的压缩系数，kPa^{-1}。

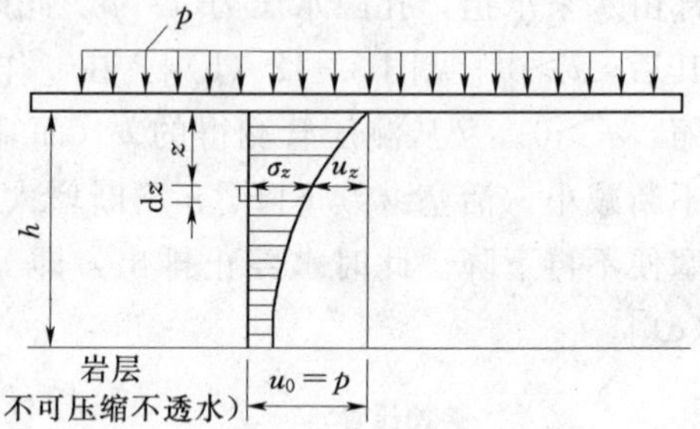

图 3-13 单向渗透固结过程

σ_z—有效应力；u_z—孔隙水压力；p—附加压力；u_0—起始孔隙水压力

式（3-24）即为饱和土单向渗透固结微分方程式。按式（3-24）在一定的初始条件和边界条件下，可以解得任一深度 z 在任一时间的孔隙水压力 u 的表达式。

根据图 3-13 所示情况：

$t=0$ 和 $0\leqslant z\leqslant H$ 时，$u=\sigma_z$；

$0<t\leqslant\infty$ 和 $z=0$ 时，$u=0$；

$0\leqslant t\leqslant\infty$ 和 $z=H$ 时，$\frac{\partial u}{\partial z}=0$。

无论坐标 z 为何值，压缩土层中任一点处，当 $t=\infty$ 时，$u=0$。

采用分离变量法可求得满足上述条件的傅立叶级数解如下。

$$u_{z,t}=\frac{4}{\pi}\sigma_z\sum_{m=1}^{\infty}\frac{1}{m}\sin\left(\frac{m\pi^2}{2H}\right)e^{-m^2\frac{\pi^2}{4}T_v} \tag{3-27}$$

式中　m——正整奇数（1，3，5，…）；

e——自然对数的底；

H——固结土层中最远的排水距离，以 m 计。当土层为单面排水时，H 即为土层的厚度；当土层上下双面排水时，水由土层中间向上和向下同时排出，则 H 为土层厚度之半；

T_v——时间因数，无因次。

$$T_v=\frac{c_v}{H^2}t \tag{3-28}$$

式中　t——固结时间。

3. 地基固结度

地基在固结过程中任一时间 t 的变形量 s_t 与最终变形量 s 之比，称为地基土在任一时间 t 的固结度，常用 U_t 表示，即

$$U_t=\frac{s_t}{s}$$

或

$$s_t=U_t s \tag{3-29}$$

在基底附加应力、土层厚度、土层性质和排水条件等已定的情况下，U_t 仅是时间的函数，即 $U_t=f(t)$。

由于饱和土的固结过程是孔隙水压力逐渐转化为有效应力的过程，且土体的压缩是由有效应力引起的，因此，任一时间 t 的土体固结度 U_t 又可用土层中的总有效应力与总应力之比来表示。可得土的固结度公式如下。

$$U_t=1-\frac{\int_0^H u_{z,t}\mathrm{d}z}{\int_0^H \sigma_z\mathrm{d}z} \tag{3-30}$$

将式（3-26）代入式（3-28）中，通过积分并简化便可求得地基土层某一时间 t 的固结度 U_t 的表达式为

$$U_t=1-\frac{8}{\pi^2}\left(e^{-\frac{\pi^2}{4}T_v}+\frac{1}{9}e^{-9\frac{\pi^2}{4}T_v}+\cdots\right) \tag{3-31}$$

由于式（3-30）中的级数收敛得很快，当 T_v 的数值较大时，可只取其第一项，上式即简化为

$$U_t=1-\frac{8}{\pi^2}e^{-\frac{\pi^2}{4}T_v} \tag{3-32}$$

由此可见，固结度 U_t 仅为时间因数 T_v 的函数

$$U_t=f(T_v) \tag{3-33}$$

只要土质指标 k、e_1、a_v 和土层厚度 H，以及排水和边界条件已知，U_t—t 关系就可求得。

3.4 建筑物的沉降观测与地基容许变形值

3.4.1 建筑物沉降观测

前面介绍了地基变形的计算方法，但由于地基土的复杂性，致使理论计算值与实际值并不完全符合。为了保证建筑物的使用安全，对建筑物进行沉降观测是非常必要的，尤其对重要建筑物及建造在软弱地基上的建筑物，不但要在建筑设计时充分考虑地基的变形控制，而且要在施工期间与竣工后使用期间进行系统的沉降观测。建筑物的沉降观测对建筑物的安全使用有重要意义。

（1）沉降观测能够验证建筑工程设计与沉降计算的正确性。如果沉降观测时发现沉降过大，必须及时对原设计进行必要修改，以使设计与实际相符。

（2）沉降观测能够判断施工质量的好坏。如果设计时所采用的相关数据指标与设计方法都是正确的，那么施工期间的变形情况必然是和施工质量相联系的，因此可以根据沉降观测来进行质量判别与控制。

（3）一旦发生事故，建筑物的沉降观测可以作为分析事故原因和加固处理的依据。沉降观测对一级建筑物，高层建筑，重要的、新型的或有代表性的建筑物，体形复杂、形式特殊或构造上、使用上对不均匀沉降有严格限制的建筑物，尤其具有重要意义。

沉降观测工作的内容，大致包括以下 5 个方面。

（1）收集资料和编写计划。在确定观测对象后，应收集有关的勘察设计资料，包括：观测对象所占地区的总平面布置图；该地区的工程地质勘察资料；观测对象的建筑和结构平面图、立面图、剖面图与基础平面图、剖面图；结构荷载和地基基础的设计技术资料；工程施工进度计划。在收集上述资料的基础上编制沉降观测工作计划，包括观测目的和任务、水准基点和观测点的位置、观测方法和精度要求、观测时间和次数等。

（2）水准基点的设置。以保证水准基点稳定可靠为原则，宜设置在基岩上或压缩性较低的土层上。水准基点的位置应靠近观测点并在建筑物产生压力影响的范围以外、不受行人车辆碰撞的地点。在一个观测区水准基点不应少于 3 个。

（3）观测点的设置。观测点的设置应能全面反映建筑物的变形并结合地质情况确定，如建筑物 4 个角点、沉降缝两侧、高低层交界处、地基土软硬交界两侧等，数量不少于 6 个点。

（4）水准测量。水准测量是沉降观测的一项主要工作。测量精度的高低，将直接影响资料的可靠性。为保证测量精度要求，水准基点的导线测量与观测点水准测量，一般均应采用高精度水准仪和基准尺。测量精度宜采用Ⅱ级水准测量，视线长度为 20～30m，视线高度不宜低于 0.3m。水准测量宜采用闭合法。

观测次数要求前密后稀。民用建筑每建完一层（包括地下部分）应观测一次；工业建筑按不同荷载阶段分次观测，施工期间观测不应少于 4 次。建筑物竣工后的观测：第一年不少于 3～5 次，第二年不少于 2 次，以后每年 1 次，直到沉降稳定为止。

（5）观测资料的整理。沉降观测资料的整理应及时，测量后应立即算出各测点的标高、沉降量和累计沉降量，并根据观测结果绘制荷载—时间—沉降关系实测曲线和修正曲线。经过成果分析，提出观测报告。

3.4.2 地基的容许变形值

地基变形按其变形特征分为以下几种。

(1) 沉降量——基础中点的沉降量。

(2) 沉降差——相邻两基础的沉降量之差。

(3) 倾斜——基础倾斜方向两端点的沉降差与其距离之比。

(4) 局部倾斜——承重砌体沿纵墙 6～10m 内基础两点的沉降差与其距离之比。

地基容许变形值的确定比较困难，必须考虑上部结构、基础、地基之间的共同作用。目前，确定方法主要分为两类，一是理论分析法，二是经验统计法。目前主要应用的是后者，经验统计法是对大量的各类已建建筑物进行沉降观测和使用状况的调查，然后结合地基地质类型，加以归纳整理，提出各种容许变形值。表 3-6 是《建筑地基基础设计规范》(GB 50007—2002) 列出的建筑物的地基变形允许值。

表 3-6　建筑物的地基变形允许值

变形特征	地基土类型	
	中、低压缩性土	高压缩性土
砌体承重结构基础的局部倾斜	0.002	0.003
工业与民用建筑相邻柱基的沉降差 (1) 框架结构 (2) 砌体墙填充的边排柱 (3) 当基础不均匀沉降时不产生附加应力的结构	 $0.002l$ $0.0007l$ $0.005l$	 $0.003l$ $0.001l$ $0.005l$
单层排架结构（柱距为 6m）柱基的沉降量（mm）	120	200
桥式吊车轨面的倾斜（按不调整轨道考虑） 纵向 横向	 0.004 0.003	
多层和高层建筑的整体倾斜　$H_g \leqslant 24$ $24 < H_g \leqslant 60$ $60 < H_g \leqslant 100$ $H_g > 100$	0.004 0.003 0.0025 0.002	
体型简单的高层建筑基础的平均沉降量（mm）	200	
高耸结构基础的倾斜　$H_g \leqslant 20$ $20 < H_g \leqslant 50$ $50 < H_g \leqslant 100$ $100 < H_g \leqslant 150$ $150 < H_g \leqslant 200$ $200 < H_g \leqslant 250$	0.008 0.006 0.005 0.004 0.003 0.002	
高耸结构基础的沉降量（mm）　$H_g \leqslant 100$ $100 < H_g \leqslant 200$ $200 < H_g \leqslant 250$	400 300 200	

注 1. 本表数值为建筑物地基实际最终变形允许值。
2. 有括号者仅适用于中压缩性土。
3. l 为相邻基的中心距离（mm）；H_g 为自室外地面起算的建筑物高度（m）。

对于砌体承重结构应由局部倾斜值控制；对于框架结构和单层排架结构应由相邻柱基的沉降差控制；对于多层或高层建筑和高耸结构应由倾斜值控制；另外，任何结构均应控制沉降值。

本 章 小 结

土体的压缩变形，主要是由于土体中孔隙体积的减少形成的，土粒和水在常压下的压缩变形量可以忽略，因此可以说土体的压缩变形的过程就是排水和排气的过程。

测定土体压缩性最常用的方法是室内固结试验。

压缩系数
$$a=\frac{e_1-e_2}{p_2-p_1}=-\frac{\Delta e}{\Delta p}$$

压缩模量
$$E_s=\frac{1+e_1}{a}$$

现场静载荷试验也可测定土体压缩性，变形模量 E_0 与室内侧限压缩试验测定的压缩模量 E_s 有如下关系。

$$E_0=\beta E_s$$

分层总和法计算沉降

$$s=\sum_{i=1}^{n}\Delta s_i=\sum_{i=1}^{n}\frac{e_{1i}-e_{2i}}{1+e_{1i}}H_i$$

规范法计算沉降

$$s=\psi_s s'=\psi_s\sum_{i=1}^{n}\frac{p_0}{E_{si}}(z_i\bar{\alpha}_i-z_{i-1}\bar{\alpha}_{i-1})$$

复习思考题

1. 土体压缩体积减小的原因有哪些？

2. 为什么说土的压缩变形实际上是土的孔隙体积的减小？

3. 何谓土的固结？土固结过程的特征如何？

4. 说明土的各压缩性指标的意义和确定方法？

5. 什么是土的压缩系数？它是怎样反映土的压缩性？一种土的压缩系数是否为常数？它的大小还与什么因素有关？

6. 什么是超固结土、欠固结土和正常固结土？

7. 建筑物沉降观测的主要内容有哪些？地基变形特征值分为几类？

习题

1. 某钻孔土样的室内侧限压缩试验记录见表 3－7，试绘制压缩曲线和计算各土层的

压缩系数 a_{1-2} 及相应的压缩模量 E_s，并评定各土层的压缩特性。

表 3-7　　土样的压缩试验记录

压力（kPa）		0	50	100	200	300	400
e	1号土样	0.982	0.964	0.952	0.936	0.924	0.914
	2号土样	1.190	1.065	0.995	0.905	0.850	0.810

2. 某土层压缩系数为 0.50MPa^{-1}，天然孔隙比为 0.8，土层厚 1m，该土层受到的平均附加应力 $\bar{\sigma}_z=60\text{kPa}$，求该土层的沉降量。

3. 某柱下独立基础，底面尺寸、埋置深度、荷载条件如图 3-14 所示，地基土为均匀土，天然重度 $\gamma=20\text{kN/m}^3$，压缩模量 $E_s=5000\text{kPa}$。计算基础下第二层土的沉降量。

4. 如图 3-15 所示的矩形基础的底面尺寸为 4m×2.5m，基础埋深 1m。地下水位位于基底标高，地基土的物理指标见图，室内压缩试验结果见表 3-8。用分层总和法计算基础中点的沉降。

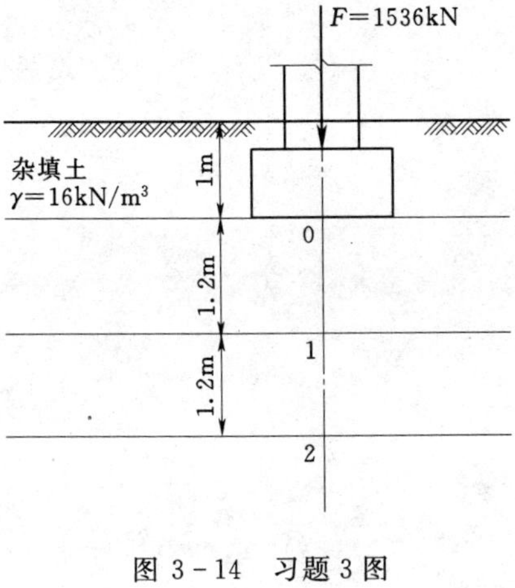

图 3-14　习题 3 图

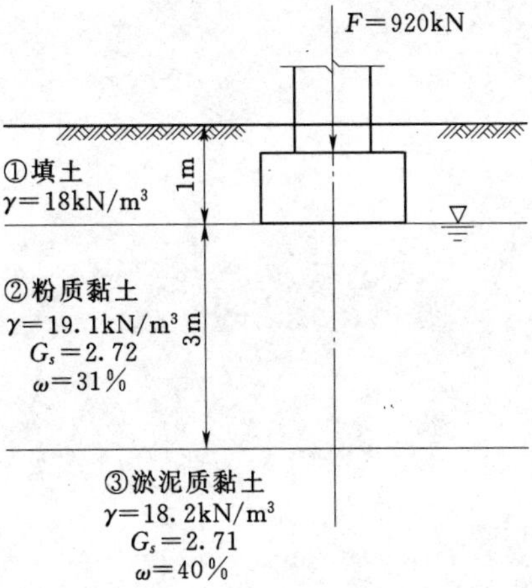

图 3-15　习题 4 图

表 3-8　　室内压缩试验记录

e	P（kPa）				
	0	50	100	200	300
粉质黏土	0.942	0.889	0.855	0.807	0.733
淤泥质粉质黏土	1.045	0.925	0.891	0.848	0.823

5. 用规范法计算 4 题中基础中点下粉质黏土层的压缩量（土层分层同上）。

6. 黏土层的厚度均为 4m，情况之一是双面排水，情况之二是单面排水。当地面瞬时施加一无限均布荷载，两种情况土性相同，$U=1.128\ (T_v)^{1/2}$，达到同一固结度所需要的时间差是多少？

第 4 章　土的抗剪强度与地基承载力

本章要点

- 掌握库仑公式、摩尔—库仑强度理论和极限平衡理论。
- 掌握抗剪强度指标的测定方法。
- 掌握不同固结和排水条件下的抗剪强度指标的意义及应用。
- 熟悉抗剪强度的影响因素。
- 能利用抗剪强度的基本理论和试验方法，解决实际工程中土的强度和稳定问题。
- 了解地基的破坏模式、破坏阶段及界限荷载的确定方法。
- 了解地基承载力的确定方法，能应用规范公式确定地基容许承载力。

土的抗剪强度是土体抵抗剪切破坏的极限能力。当土体受到荷载作用后，土中各点将产生剪应力。若土中某一点的剪应力超过其抗剪强度，土就沿剪应力作用面产生相对滑动，该剪切面也称滑动面或破坏面，该点便产生剪切破坏，若荷载继续增加，土体产生剪切破坏的点越来越多，形成局部塑性区，最后各滑动面连成整体，土体发生剪切破坏而丧失稳定性。由此可见，土的强度问题实际上就是土的抗剪强度问题。建筑物地基的破坏绝大数属于剪切破坏，实际工程中的地基承载力、挡土墙、重力式码头和地下结构的土压力、堤坝、基坑、路堑以及各类边坡的稳定性均由土的抗剪强度所控制。能否正确分析和测定土的抗剪强度，是决定工程设计质量好坏和工程建设成败的关键因素之一。分析土体抗剪强度的理论较多，其经典分析理论是库仑理论。

4.1　土的抗剪强度与极限平衡条件

4.1.1　库仑定律

法国科学家库仑（Coulomb）于 1776 年根据一系列砂土剪切试验结果，提出砂土抗剪强度的表达式。

$$\tau_f=\sigma\tan\varphi \tag{4-1}$$

后来又通过试验进一步提出了黏性土的抗剪强度表达式

$$\tau_f=c+\sigma\tan\varphi \tag{4-2}$$

式中　τ_f——土的抗剪强度，kPa；

σ——剪切面上的法向应力，kPa；

c——土的黏聚力，kPa；

φ——土的内摩擦角，(°)。

式（4-1）和式（4-2）就是著名的库仑抗剪强度定律，式中 c、φ 称为土的抗剪强度指标。该定律表明，土的抗剪强度是剪切面上的法向总应力 σ 的线性函数，如图 4-1 所示。同时从定律可知，无黏性土的 $c=0$，表明抗剪强度仅仅是由剪切面上的粒间摩擦力所形成；而对于黏性土，其抗剪强度由黏聚力和摩擦力两部分构成。

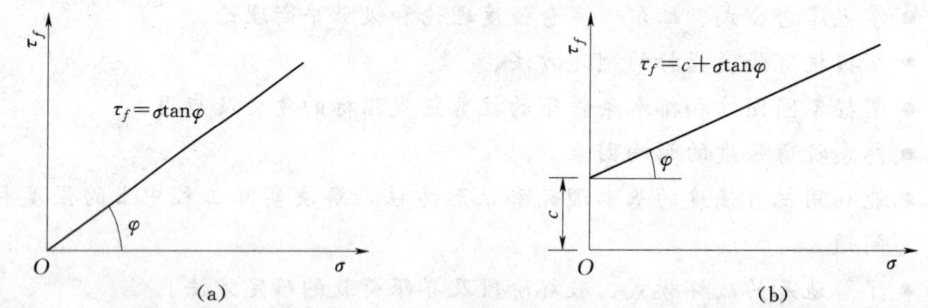

图 4-1　土的抗剪强度定律

(a) 砂土；(b) 黏性土

抗剪强度的摩擦力 $\sigma\tan\varphi$ 主要有两个来源：一是滑动摩擦，即剪切面上土粒间表面的粗糙所产生的摩擦作用；二是咬合摩擦作用，即土粒凹凸面间相互嵌入、连锁作用所产生的咬合摩阻力。影响因素有剪切面上的法向总应力、土的初始密度、土粒形状、表面的粗糙程度及土的颗粒级配等。

抗剪强度的黏聚力 c 一般由土粒间的胶结作用和电分子引力等因素而形成。因此，黏聚力通常与土中的矿物成分、黏粒含量、含水量以及土的结构等因素密切相关。

应当指出，c、φ 是决定土的抗剪强度的两个重要指标，不仅与土的性质有关，还与试验时的排水条件、剪切速率、应力状态及应力历史等因素相关。其中最重要的是试验时的排水条件。

4.1.2　土的极限平衡条件

当土体中任意一点在某一平面上的剪应力等于土的抗剪强度时，该点濒于破坏的临界状态称为极限平衡状态，表征该状态下土的应力状态和土的抗剪强度之间的关系称为土的极限平衡条件。若已知土体的抗剪强度 τ_f，则只要求得土中某点各个面上的剪应力 τ 和法向应力 σ，即可判断土体所处的状态。

1. 土体中任意一点的应力状态

以平面问题为例。从土体中取一单元体，如图 4-2 (a) 所示。设作用在该单元体上的大、小主应力分别为 σ_1 和 σ_3，在单元体内与大主应力 σ_1 作用面成任意角 α 的 mn 平面上有正应力 σ 和剪应力 τ。为建立 σ、τ 和 σ_1、σ_3 之间的关系，取楔形脱离体 abc，如图 4-2(b)所示。

根据静力平衡条件，分别取水平和垂直向合力为零，得

$$\sigma_3 dl\sin\alpha-\sigma dl\sin\alpha+\tau dl\cos\alpha=0$$

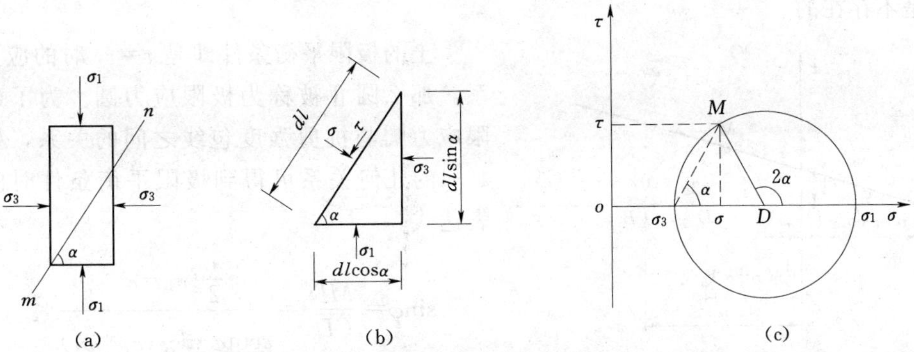

图 4-2　土中任意点的应力状态

(a) 单元体上的应力；(b) 脱离体上的应力；(c) 摩尔应力圆

$$\sigma_1 dl\cos\alpha - \sigma dl\cos\alpha - \tau dl\sin\alpha = 0$$

解此联立方程，可求得任意一截面上 mn 上的法向应力 σ 和剪应力 τ。

$$\sigma = \frac{1}{2}(\sigma_1 + \sigma_3) + \frac{1}{2}(\sigma_1 - \sigma_3)\cos2\alpha$$

$$\tau = \frac{1}{2}(\sigma_1 - \sigma_3)\sin2\alpha \tag{4-3}$$

当截面 mn 与大主应力面夹角 α 变化时，则相应的 σ 和 τ 的方向和数值都相应变化。用什么办法来表达任一点所有各方向平面上的应力状态？最简单的方法是用摩尔圆来表示，如图 4-2 (c) 所示。在 σ—τ 直角坐标系中，按一定比例在坐标中点绘出 σ_1 和 σ_3，再以 σ_1—σ_3 为直径作圆，即为摩尔应力圆。以 D 点为圆心，自 $D\sigma_1$ 逆时针转 2α 角，使之交于 M 点。可以证明，M 点的横坐标即为斜面 mn 上的正应力 σ，纵坐标即为斜面 mn 上的剪应力 τ。也就说摩尔圆圆周上某点的坐标表示土中该点相应某个面上的正应力和剪应力，该面与大主应力作用面的夹角，等于 $\overset{\frown}{M\sigma_1}$ 所含的圆心角的一半。由图可知，最大剪应力 $\tau_{max} = \frac{1}{2}(\sigma_1 - \sigma_3)$，作用面与大主应力 σ_1 作用面的夹角 $\alpha = 45°$。

2. 土的极限平衡条件

为判别土体中某点的平衡状态，将抗剪强度包线与描述土体中某点的摩尔圆绘于同一坐标中，根据其相对位置关系判断该点所处的应力状态（见图 4-3），可以划分为以下 3 种状态。

(1) $\tau < \tau_f$ 时，该点处于弹性平衡状态，圆Ⅰ位于抗剪强度包线下方，表明通过该点的任意平面上的剪应力都小于抗剪强度。

(2) $\tau = \tau_f$ 时，该点处于极限平衡状态，圆Ⅱ相切于抗剪强度包线，表明通过该点的任意平面上的剪应力都等于抗剪强度。

(3) $\tau > \tau_f$ 时，该点为剪切破坏状态，圆Ⅲ与抗剪强度包线相割，表明通过该点的任意平面上的剪应力都超过了抗剪强度，此状态实

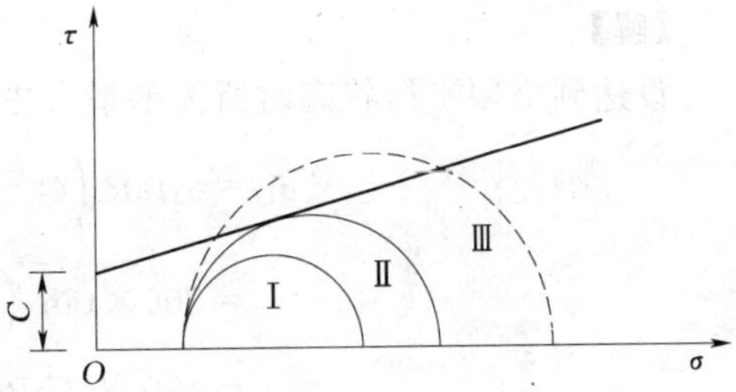

图 4-3　摩尔圆与抗剪强度之间的关系

际上是不存在的。

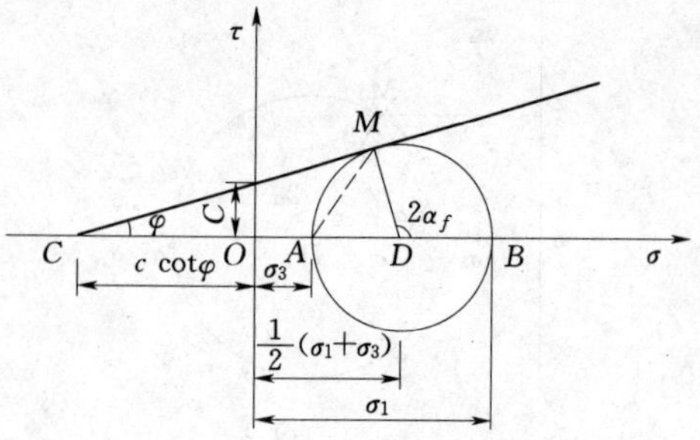

图 4-4　土的极限平衡条件

土的极限平衡条件即是 $\tau=\tau_f$ 时的应力间关系，那么圆Ⅱ被称为极限应力圆。为了建立极限应力圆与抗剪强度包线之间的关系，根据图4-4的几何关系可得到极限平衡条件时的数学表达式。

$$\sin\varphi=\frac{\overline{MD}}{\overline{CD}}=\frac{\frac{1}{2}(\sigma_1-\sigma_3)}{c\cot\varphi+\frac{1}{2}(\sigma_1+\sigma_3)} \tag{4-4}$$

利用三角函数关系简化得

$$\sigma_1=\sigma_3\tan^2\left(45°+\frac{\varphi}{2}\right)+2c\tan\left(45°+\frac{\varphi}{2}\right) \tag{4-5}$$

或

$$\sigma_3=\sigma_1\tan^2\left(45°-\frac{\varphi}{2}\right)-2c\tan\left(45°-\frac{\varphi}{2}\right) \tag{4-6}$$

土体处于极限平衡状态时的破裂面与大主应力面所成的夹角

$$\alpha_f=\frac{1}{2}(90°+\varphi)=45°+\frac{\varphi}{2} \tag{4-7}$$

利用几何关系和三角函数换算，可求得无黏性土的极限平衡条件。

$$\sigma_1=\sigma_3\tan^2\left(45°+\frac{\varphi}{2}\right) \tag{4-8}$$

或

$$\sigma_3=\sigma_1\tan^2\left(45°-\frac{\varphi}{2}\right) \tag{4-9}$$

式（4-5）～式（4-9）统称为摩尔—库仑强度理论，由该理论所描述的土体极限平衡状态可知，土的剪切破坏并不是由最大剪应力 $\tau_{\max}=\frac{\sigma_1-\sigma_3}{2}$ 所控制，即剪破面并不产生于最大剪应力面，而是与最大剪应力面成 $\frac{\varphi}{2}$ 的夹角。

【例 4-1】 地基中某一单元土体上的大主应力为 430kPa，小主应力为 200kPa。通过试验测得土的抗剪强度指标 $c=15$kPa，$\varphi=20°$。试问该单元土体处于何种状态？

【解】

设达到极限平衡状态时所需的最大主应力为 σ_{1f}，则由式（4-5）得

$$\begin{aligned}\sigma_{1f}&=\sigma_3\tan^2\left(45°+\frac{\varphi}{2}\right)+2c\tan\left(45°+\frac{\varphi}{2}\right)\\&=200\times\tan^2\left(45°+\frac{20°}{2}\right)+2\times15\times\tan\left(45°+\frac{20°}{2}\right)\\&=450.8\ (\text{kPa})\end{aligned}$$

因为 $\sigma_{1f}>\sigma_1$，所以极限应力圆半径大于实际应力圆半径，所以该单元土体处于弹性

平衡状态。

4.2 抗剪强度指标的测定方法

土的抗剪强度是决定建筑物和构筑物地基稳定性的重要因素，因而正确测定土的抗剪强度指标对工程建设具有重要的意义。测定土的抗剪强度指标的试验称为剪切试验，目前室内常用的剪切试验有直接剪切试验、三轴剪切试验、无侧限抗压强度试验，现场原位测试有十字板剪切试验等。下面介绍室内常用的试验方法。

4.2.1 直接剪切试验

直接剪切试简称直剪试验，是测定土的抗剪强度指标的室内试验方法之一，它可直接测出给定剪切面上土的抗剪强度，它所使用的仪器称为直接剪切仪或直剪仪，分为应变控制式和应力控制式两种。前者对试样通过等速剪应变，当量力环中表针不再增大，认为试样已剪坏，测定其相应的剪应力；后者则是对试样分级施加剪应力测定相应的剪切位移，在某一级剪应力下，如相应的剪切位移不断增加而不能稳定，认为试样已剪坏。目前我国普遍采用应变控制式直剪仪，其构造如图 4-5 所示。

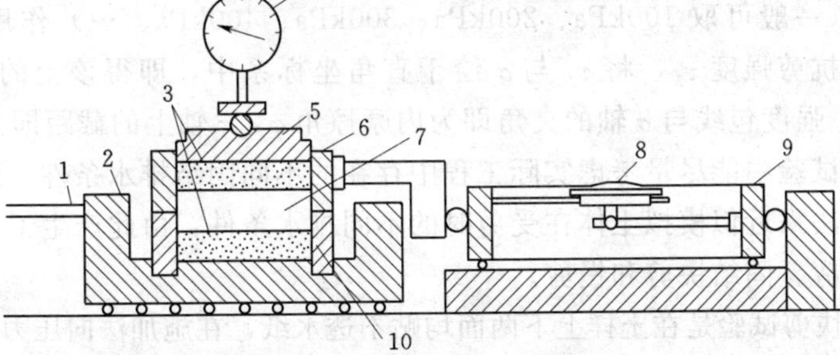

图 4-5 应变控制式直剪仪

1—轮轴；2—底座；3—透水石；4—测微表；5—加压上盖；6—上盒；7—土样；8—测微表；9—量力环；10—下盒

试验时，将上下盒对正，然后用环刀切取土样，并将其推入由上下盒组成的剪切盒中，通过加压系统对土样施加垂直压力 p，由轮轴匀速推进下盒施加剪应力，使试样沿固定剪切面产生剪切变形，直至破坏。剪切面上的剪应力值由与上盒接触的量力环的变形值推算。活塞上的测微表用于测定试样在法向应力作用下的固结变形和剪切过程中试样的体积变化。

在剪切试验过程中，隔一定时间测读试样剪应力大小，根据试验记录，绘制在法向应力 σ 条件下，试样剪切位移 $\Delta\lambda$（上、下盒水平相对位移）与剪应力 τ 的对应关系曲线。不同类型的土具有不同的 τ—$\Delta\lambda$ 关系曲线，如图 4-6 所示。

对于硬黏土或密实砂土的 τ—$\Delta\lambda$ 关系曲线具有明显的峰值，则峰值为土的抗剪强度，如图 4-6 中曲线 A；对于软黏土或松砂的 τ—$\Delta\lambda$ 关系曲线往往不出现峰值，强度随剪切位移增加而缓慢增大，可取对应于某一剪切位移值的剪应力作为土的抗剪强度值，《土工试验方法标准》（GB/T 50123—1999）规定当剪切过程中测力计读数无峰值时，应剪切至剪切位移为 6mm 时停机，记下破坏值，这点的剪应力作为抗剪强度 τ_f，如图 4-6 中曲线 B。

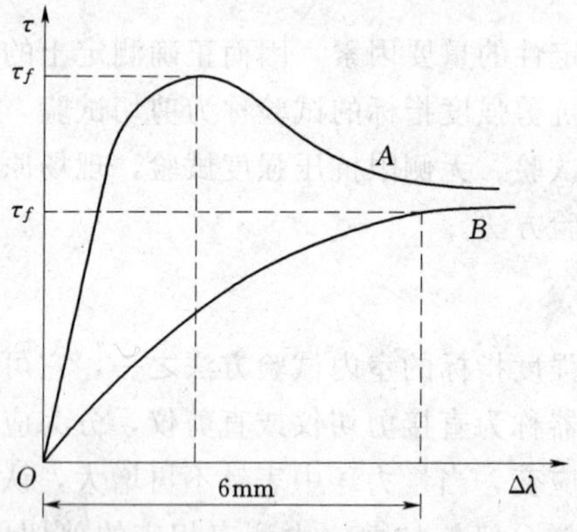

图 4-6　剪应力与剪切位移关系

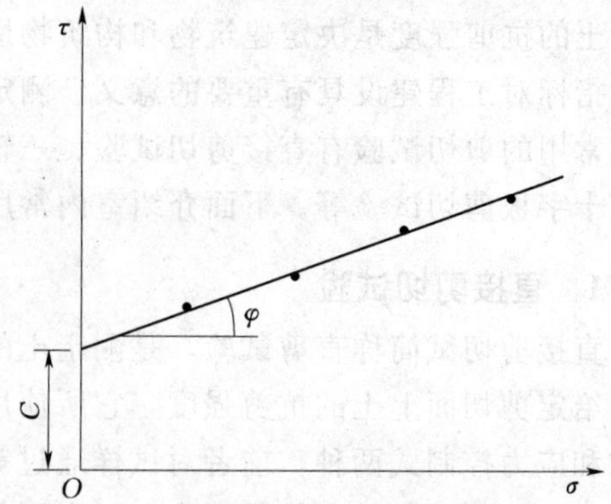

图 4-7　抗剪强度包线

为确定土的抗剪强度指标，对同一种土通常要采用 4 个土样，在不同的垂直压力 σ_1、σ_2、σ_3、σ_4、…（一般可取 100kPa、200kPa、300kPa、400kPa、…）作用下进行剪切试验，求得相应的抗剪强度 τ_f，将 τ_f 与 σ 绘于直角坐标系中，即得该土的抗剪强度包线，如图 4-7 所示。强度包线与 σ 轴的夹角即为内摩擦角 φ，τ 轴上的截距即为土的黏聚力 c。

为了在直剪试验中能尽量考虑实际工程中存在的不同固结排水条件，通常采用不同加荷速率的试验方法来近似模拟土体在受剪时的不同排水条件，由此产生了 3 种不同的直剪试验方法，即快剪、固结快剪和慢剪。

(1) 快剪。快剪试验是在土样上下两面均贴不透水纸，在施加法向压力后即施加水平剪力，使土样在 3～5min 内剪坏，由于剪切速率较快，得到的抗剪强度指标用 c_q、φ_q 表示。

(2) 固结快剪。固结快剪是在法向压力作用下使土样完全固结，然后很快施加水平剪力，使土样在剪切过程中来不及排水，得到的抗剪强度指标用 c_{cq}、φ_{cq} 表示。

(3) 慢剪。慢剪试验是先让土样在竖向压力下充分固结，然后再慢慢施加水平剪力，直至土样发生剪切破坏。使试样在受剪过程中一直充分排水和产生体积变形，得到的抗剪强度指标用 c_s、φ_s 表示。

直接剪切试验的优点是仪器设备简单、操作方便等。缺点主要包括：①剪切面限定在上下盒之间的平面，而不是沿土样的最薄弱面剪切破坏；②剪切面上剪应力分布不均匀，在剪切过程中，土样剪切面积逐渐缩小，而在计算抗剪强度时仍按土样的原截面积计算；③试验时不能严格控制排水条件，并且不能测孔隙水压力。

4.2.2　三轴剪切试验

三轴剪切试验是一种较完善的测定土抗剪强度的试验方法。三轴剪力仪同样分应变控制式和应力控制式两种。三轴仪的构造简图如图 4-8 所示，三轴仪由压力室、加载系统（轴向和周围压力施加系统）和量测系统等构成。目前较先进的三轴仪还配备有自动化控制系统、电测和数据自动采集系统等。三轴仪的主要组成部分是压力室，它是一个圆形密闭容器，由金属上盖、底座和透明有机玻璃圆筒组成；轴向加压系统对试样施加轴向附加压力，并可控制轴向应变的速率；周围压力系统对试样施加周围压力；试样为圆柱形，并用橡皮膜包裹起来，以使试样中的孔隙水与膜外液体（水）完全隔开，试样中的孔隙水可通过土样底部的透水面与孔隙水压力量测系统连通，并由孔隙水压力阀门控制。图 4－9 为三轴仪照片，图 4－10 为三轴压力室示意图。

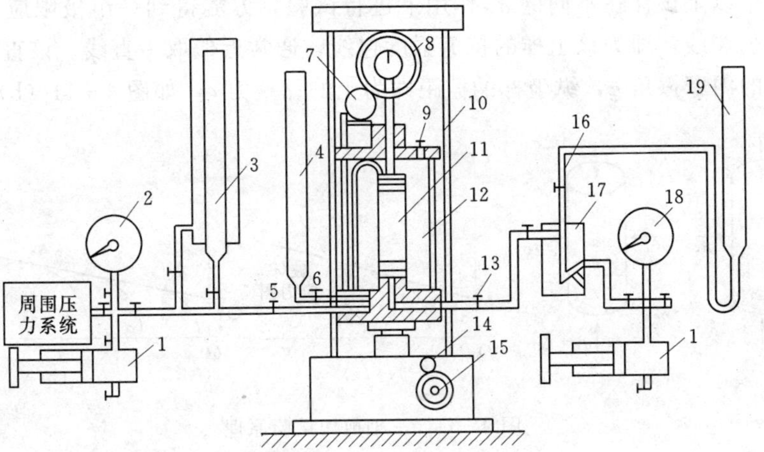

图 4－8　三轴压缩仪

1—调压筒；2—周围压力表；3—体变管；4—排水管；5—周围压力阀；6—排水阀；7—变形量表；8—量力环；9—排气孔；10—轴向加压设备；11—试伴；12—压力室；13—孔降压力阀；14—离合器；15—手轮；16—量管阀；17—零位指示；18—孔隙水压力表；19—量管

图 4－9　三轴仪照片

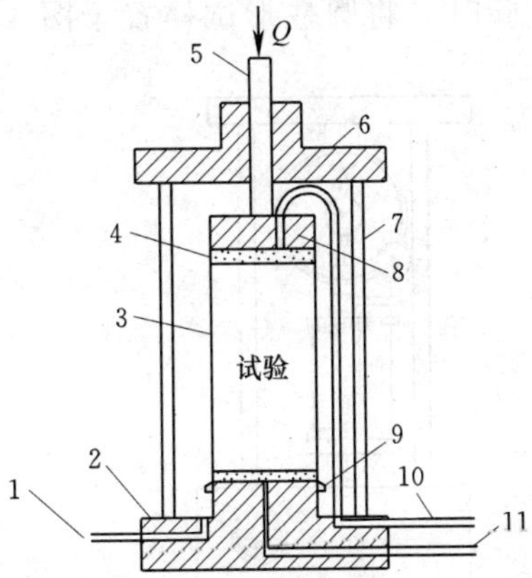

图 4－10　三轴压力室示意图

1—接空压机；2—底座；3—橡皮膜；4—透水石；5—活塞；6—上盖；7—有机玻璃筒；8—试样帽；9—橡皮圈；10—排水阀；11—接孔隙应力测量系统

试验时，通过周围压力系统向压力室充水后施加所需的压力，使试样各向受到周围压力 σ_3 作用，然后由轴向加压系统通过传力杆对试样施加轴向附加压力 $\Delta\sigma$（$\Delta\sigma=\sigma_1-\sigma_3$，称为偏应力）。试验过程中，$\sigma_3$ 维持不变，试样的轴向应力（大主应力）σ_1（$\sigma_1=\Delta\sigma+\sigma_3$）不断增大，其摩尔应力圆亦逐渐扩大至极限应力圆，试样最终被剪破，极限应力圆可由试样剪破时的 σ_{1f} 和 σ_3 作出，如图 4－11（a）所示。

在给定的周围压力 σ_3 作用下，一个试样的试验只能得到一个极限应力圆。同种土样至少需要 3 个以上试样在不同的 σ_3 作用下进行试验，方能得到一组极限应力圆，绘出极限应力圆的公切线，即为该土样的抗剪强度包线，通常近似取一直线。该直线与横坐标的夹角即为土的内摩擦角 φ，纵坐标的截距即为土的黏聚力 c，如图 4－11（b）所示。

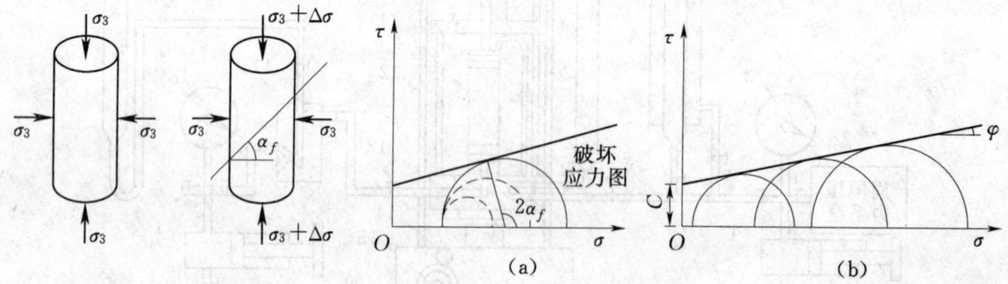

图 4－11　三轴剪切试验原理

三轴试验的突出优点是能严格控制试样的排水条件，从而可以量测试样中的孔隙水压力，以定量地获得土中有效应力的变化情况。此外，试样中的应力分布比较均匀，破裂面产生于试样最薄弱处。但该仪器较复杂，操作技术要求高，且试样制备比较麻烦，而且试验是在轴对称情况下进行的，即 $\sigma_2=\sigma_3$，这与土体的实际应力状态有差异。

4.2.3　无侧限抗压强度试验

无侧限抗压强度是指试样在侧面不受任何限制的条件下所能承受的最大轴向压力。试验时，将圆柱形试样置于图 4－12（a）所示的无侧限压缩仪中进行，试样在

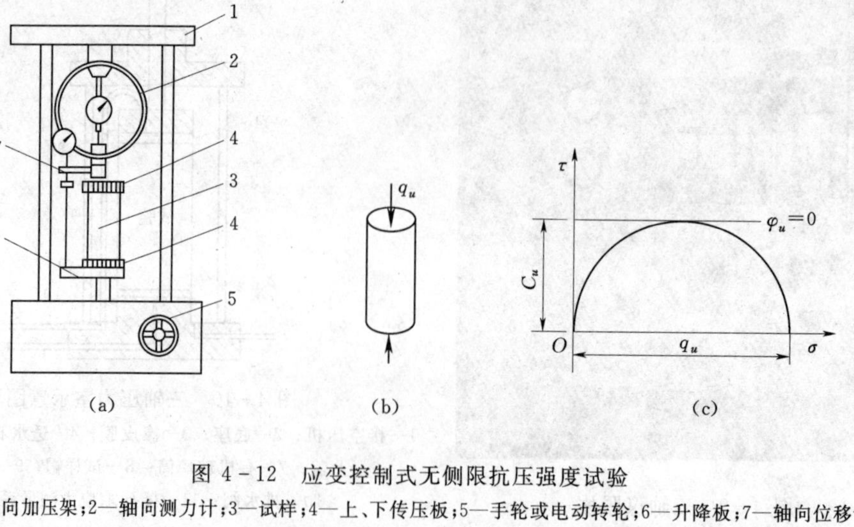

图 4－12　应变控制式无侧限抗压强度试验

1—轴向加压架；2—轴向测力计；3—试样；4—上、下传压板；5—手轮或电动转轮；6—升降板；7—轴向位移计

试验过程中侧向不受任何限制。由于试样的侧向压力为零，只有轴向受压，故称为无侧限抗压试验。

无侧限抗压试验中，无侧限抗压强度 q_u 相当于三轴压缩试验中试样在 $\sigma_3=0$ 条件下破坏时的大主应力 σ_{1f}。由于试验时 $\sigma_3=0$，所以试验成果只能作出一个极限应力圆，对于一般非饱和黏性土，难以作出强度包线。

对于饱和黏性土，根据三轴不排水剪试验成果，其强度包线近似于一水平线，即 $\varphi_u=0$。故无侧限抗压试验适用于测定饱和软黏土的不排水强度，如图 4－12（c）所示。在 σ—τ 坐标中，以无侧限抗压强度 q_u 为直径，通过 $\sigma_3=0$、$\sigma_1=q_u$ 作极限应力圆，其水平切线就是强度包线，该线在 τ 轴上的截距 c_u 即等于抗剪强度 τ_f，即

$$\tau_f=c_u=\frac{q_u}{2} \tag{4-10}$$

式中 c_u——饱和软黏土的不排水强度，kPa。

4.3 不同排水条件下的剪切试验指标

4.3.1 抗剪强度的总应力法和有效应力法表示

在土的直接剪切试验中，因无法测定土样的孔隙水压力，施加于试样上的垂直法向应力 σ 是总应力，所以在土的抗剪强度表达式中，c、φ 是总应力意义上的土的黏聚力和内摩擦角，此时称为总应力指标。

库仑公式在研究土的抗剪强度与作用在剪切面上法向应力的关系时，未涉及有效应力问题。随着固结理论的发展，人们逐渐认识到土体内的剪应力仅能由土的骨架承担，土的抗剪强度与剪切面上的总应力没有唯一的对应关系，而取决于该面上的有效法向应力，土的抗剪强度应表示为剪切面上有效法向应力的函数。对应于库仑公式，土的抗剪强度有效应力表达式可写为

$$\tau_f=c'+\sigma'\tan\varphi' \tag{4-11}$$

式中 σ'——剪切破坏面上的法向有效应力，$\sigma'=\sigma-u$，kPa；

c'、φ'——土的有效黏聚力和有效内摩擦角。

有效应力法确切地表示出了土的抗剪强度的实质，是比较合理的表示方法。但由于在分析中需要测定孔隙水压力，而这在许多实际工程中难以做到，目前在工程中更多的使用总应力法。

4.3.2 不同排水条件时的试验方法

土的抗剪强度与试验时的排水条件密切相关，根据土体现场受剪的排水条件，三轴试验可分为不固结不排水剪（UU 试验）、固结不排水剪（CU 试验）、固结排水剪（CD 试验）3 种基本方法，分别对应于直接剪切试验中的快剪、固结快剪、慢剪。

（1）不固结不排水剪（UU 试验）。简称不排水剪，不固结不排水剪是对试样不进行排水固结，剪切过程中不打开排水阀。进行剪切时，先施加围压，然后施加轴向压力，直

至剪切破坏均关闭排水阀，整个试验过程，试样含水量保持不变，孔隙水压力也不可能消散。成果表达为 c_u、φ_u。

用直剪仪进行快剪时，在土样的上下面与透水石之间用不透水薄膜隔开，施加预定的垂直压力后，立即施加水平剪力，并在 3～5min 内将土样剪损，成果表达为 c_q、φ_q。

(2) 固结不排水剪切试验（CU 试验）。试验前先对试样进行饱和，让试样充分饱和后，再进行试验。用三轴压缩仪进行固结快剪试验时，打开排水阀，让试样在一定围压（σ_3）下排水固结。等试样固结完毕即孔隙水压力 $u=0$，关闭排水阀，再施加轴向应力，使试样在不排水条件下剪破。由于不排水，试样在剪切过程中没有任何体积变形。成果表达为 c_{cu}、φ_{cu}。

用直剪仪进行固结快剪时，进行剪切试验前，让试样在垂直压力下充分固结，剪切时速率较快，尽量使试样在剪切过程中不再排水，成果表达为 c_{cq}、φ_{cq}。

(3) 排水剪切试验（CD 试验）。简称排水剪，试验前先让试样在一定围压（σ_3）下排水固结，试验时，整个过程中始终打开排水阀，不但要使试样在一定围压（σ_3）下充分排水固结，而且在剪切过程中也要让试样充分排水，试样含水量始终在变化，因此，剪切速率尽可能缓慢，成果表达为 c_d、φ_d。

用直剪仪进行慢剪时，让试样在垂直压力下充分固结稳定，再以缓慢的速率施加水平剪切力，直至试样剪切破坏，成果表达为 c_s、φ_s。

对于三轴试验成果，除用总应力强度表达外，还可以用有效应力指标 c'、φ'表示，且对同一种土，无论用 UU、CU、CD 试验成果，都可获得相同的 c'、φ'，它们不随试验方法而变。在实际工程中，由于工程条件不同所采用的指标也不一样，土的抗剪强度指标随试验方法、排水条件的不同而异。一般工程问题多采用总应力分析法，其测试方法和指标的选用见表 4－1。

【例 4－2】 对一种黏性较大的土进行直剪试验，分别做快剪、固结快剪、慢剪，成果见表 4－2，试用作图法求该种土的 3 种抗剪强度指标。

表 4－1　　试验方法的适用范围

试验方法	适用范围
UU 试验	地基为透水性差的饱和黏性土或排水不良，且建筑物施工速度快。常用于施工期的强度与稳定性验算
CU 试验	建筑物竣工后较长时间，突遇荷载增大，或地基条件等介于其他两种情况之间
CD 试验	地基土的透水性较佳，排水条件良好，建筑物加荷速率较慢

表 4－2　　[例 4－2] 表　　单位：kPa

σ		100	200	300	400
τ_f	快　剪	65	68	70	73
	固结快剪	65	88	111	133
	慢　剪	80	129	176	225

【解】 据数据依次绘制三种试验方法所得的抗剪强度包线如下，并由此量得各抗剪强度指标如下（见图 4-13）。

$$c_q = 62.5\text{kPa}, \quad \varphi_q = 1.5°$$
$$c_{cq} = 42.5\text{kPa}, \quad \varphi_{cq} = 13°$$
$$c_s = 32\text{kPa}, \quad \varphi_s = 27°$$

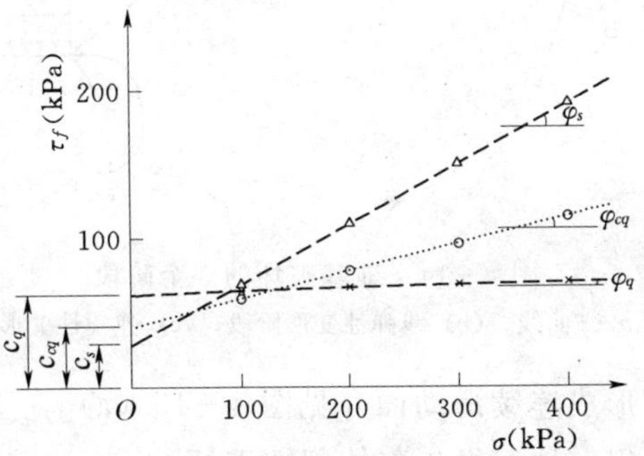

图 4-13 ［例 4-2］图

4.4 土的临塑荷载与极限荷载

4.4.1 地基变形的 3 个阶段

对地基土进行载荷试验时，一般可以得到如图 4-14 所示的荷载 p 与相应的稳定沉降 s 之间的关系曲线，对该 p—s 曲线的特性进行分析，就可以了解地基的承载性状。通常地基破坏的过程经历了 3 个阶段。

1. 压密阶段（或称线性变形阶段）

相当于 p—s 曲线上的 oa 段。在这一阶段，p—s 曲线接近于直线，土中各点剪应力均小于土的抗剪强度，土体处于弹性平衡状态。在这一阶段，荷载板的沉降主要是由于土的压密变形引起的［见图 4-14（a）、（b）］。把 p—s 曲线上相应于 a 点的荷载称为比例界限 p_{cr}。

2. 剪切阶段（或称弹塑性变形阶段）

相当于 p—s 曲线上的 ab 段。在这一阶段 p—s 曲线已不再保持线性关系，沉降的增长率随荷载的增大而增加。在这个阶段，地基土中局部范围内（首先在基础边缘处）的剪应力达到土的抗剪强度，土体发生剪切破坏，这些区域称塑性区。随着荷载的继续增加，土中塑性区的范围也逐渐扩大［见图 4-14（c）］，直到土中形成连续的滑动面。因此，剪切阶段也是地基中塑性区的发生与发展阶段。相应于 p—s 曲线 b 点的荷载称为极限荷载 p_u。

3. 破坏阶段

相当于 p—s 曲线上的 bc 段。当荷载超过极限荷载后，荷载板急剧下沉，即使不增加荷载，沉降也不能稳定，因此，p—s 曲线徒直下降，在这一阶段，由于土中塑性区范围

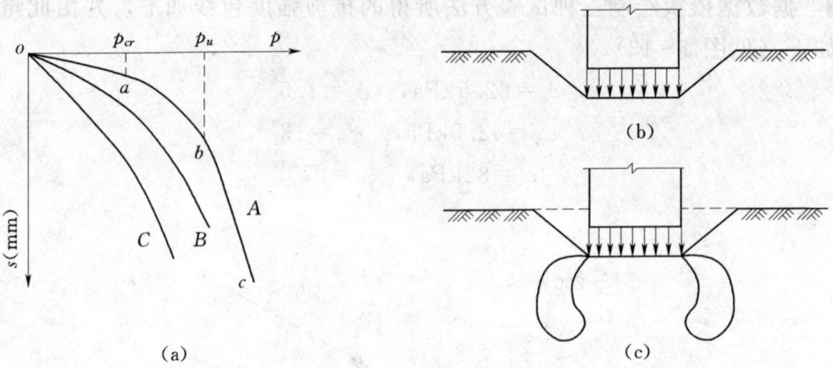

图 4-14　地基破坏的 3 个阶段

(a) p—s 曲线；(b) 线弹性变形阶段；(c) 弹塑性变形阶段

的不断扩展，最后在土中形成连续滑动面［见图 4-15 (a)］，土从载荷板四周挤出隆起，基础急剧下沉或向一侧倾斜，地基发生整体剪切破坏。

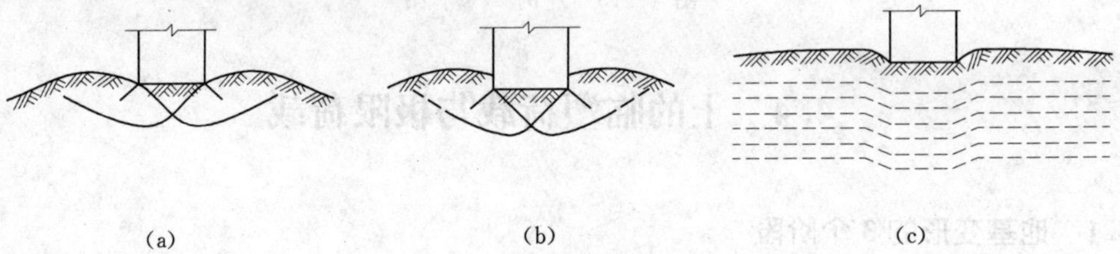

图 4-15　地基破坏形式

(a) 整体剪切破坏；(b) 局部剪切破坏；(c) 刺入剪切破坏

试验研究表明：地基剪切破坏的型式除了整体剪切破坏以外，还有局部剪切破坏和刺入剪切破坏（也称冲剪破坏）形式，如图 4-15 所示。

4.4.2　临塑荷载

临塑荷载的基本公式建立于下述理论之上。

(1) 应用弹性理论计算附加应力。

(2) 利用强度理论建立极限平衡条件。

图 4-16 为一条形基础承受中心荷载，基底压力为 p。按弹性理论可以导出地基内任一点 M 处的大小主应力的计算公式为

$$\left.\begin{matrix}\sigma_1\\ \sigma_3\end{matrix}\right\} = \frac{p}{\pi}(2\alpha \pm \sin 2\alpha) \qquad (4-12)$$

若考虑土体重力的影响，则 M 点由土体重力产生的竖向应力为 $\sigma_{cz}=\gamma z$，水平向应力为 $\sigma_{cx}=K_0\gamma z$。若土体处于极限平衡状态，可假定土的侧压力系数 $K_0=1$，则土的重力产生的压应力将如同静水压力一样，在各个方向是相等的，均为 γz。这样，如图 4-16 (a) 所示情况，当考虑土的重力时，M 点的最大及最小主应力为

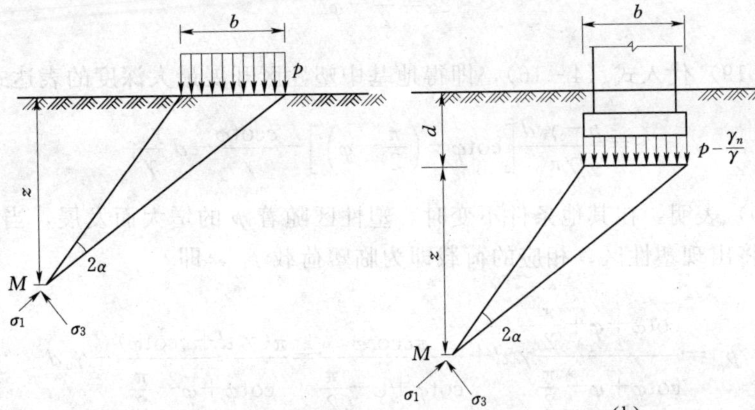

(a)　　　　(b)

图 4-16　均布条形荷载作用下地基中的主应力计算

(a) 无埋置深度；(b) 有埋置深度

$$\left.\begin{matrix}\sigma_1\\ \sigma_3\end{matrix}\right\}=\frac{p}{\pi}(2\alpha\pm\sin 2\alpha)+\gamma z \tag{4-13}$$

若条形基础的埋置深度为 d 时［见图 4-12 (b)］，基底附加压力为 $p-\gamma_0 d$，由土自重作用在 M 点产生的主应力为 $\gamma_0 d+\gamma z$。由此可得，土中任意点 M 的主应力为

$$\left.\begin{matrix}\sigma_1\\ \sigma_3\end{matrix}\right\}=\frac{p-\gamma_0 d}{\pi}(2\alpha\pm\sin 2\alpha)+\gamma_0 d+\gamma z \tag{4-14}$$

当 M 点处于极限平衡状态时，该点的大小主应力应满足极限平衡条件

$$\sin\varphi=\frac{\sigma_1-\sigma_3}{\sigma_1+\sigma_3+2c\cot\varphi} \tag{4-15}$$

将式 (4-15) 代入式 (4-14)，整理后得

$$z=\frac{p-\gamma_0 d}{\gamma\pi}\left(\frac{\sin 2\alpha}{\sin\varphi}-2\alpha\right)-\frac{c\cot\varphi}{\gamma}-d\frac{\gamma_0}{\gamma} \tag{4-16}$$

式 (4-16) 就是土中塑性区边界线的表达式，描述了极限平衡区边界线上的任一点的坐标 z 与 2α 的关系，如图 4-17 所示。

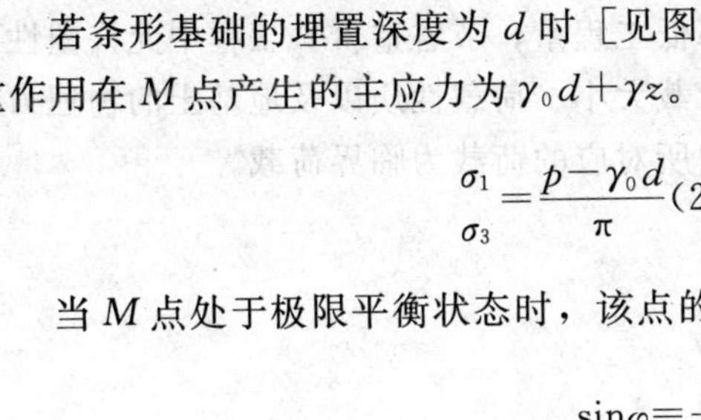

图 4-17　条形基底边缘的塑性区

塑性区的最大深度 z_{max} 可由 $\frac{dz}{d\alpha}=0$ 的条件求得，即

$$\frac{dz}{d\alpha}=\frac{2(p-\gamma_0 d)}{\gamma\pi}\left(\frac{\cos 2\alpha}{\sin\varphi}-1\right)=0 \tag{4-17}$$

则有

$$\cos 2\alpha=\sin\varphi \tag{4-18}$$

或

$$2\alpha=\frac{\pi}{2}-\varphi \tag{4-19}$$

将式（4-19）代入式（4-16），即得地基中塑性区开展最大深度的表达式。

$$z=\frac{p-\gamma_0 d}{\gamma\pi}\left[\cot\varphi-\left(\frac{\pi}{2}-\varphi\right)\right]-\frac{c\cot\varphi}{\gamma}-d\frac{\gamma_0}{\gamma} \tag{4-20}$$

式（4-20）表明，在其他条件不变时，塑性区随着 p 的增大而发展，当 $z_{\max}=0$ 时，表示地基中即将出现塑性区，相应的荷载即为临塑荷载 p_{cr}，即

$$p_{cr}=\frac{\cot\varphi+\varphi+\frac{\pi}{2}}{\cot\varphi+\varphi-\frac{\pi}{2}}\gamma_0 d+\frac{\pi c\cot\varphi}{\cot\varphi+\varphi-\frac{\pi}{2}}=\frac{\pi(\gamma_0 d+c\cot\varphi)}{\cot\varphi+\varphi-\frac{\pi}{2}}+\gamma_0 d \tag{4-21}$$

4.4.3 临界荷载

大量建筑工程实践表明，采用上述临塑荷载 p_{cr} 作为地基承载力，十分安全而偏于保守。这是因为在临塑荷载作用下，地基处于压密状态。实际上，若建筑地基中发生少量局部剪切破坏，只要塑性变形区的范围控制在一定限度，并不影响此建筑物的安全和正常使用。因此，可以适当提高地基承载力的数值，降低工程量，节省造价。工程中允许塑性区发展范围的大小，与建筑物的规模、重要性、荷载大小、荷载性质以及地基土的物理力学性质等因素有关。塑性区开展深度在某一范围内所对应的荷载为临界荷载。

当地基中的塑性变形区最大深度为

中心荷载基础

$$z_{\max}=\frac{b}{4}$$

偏心荷载基础

$$z_{\max}=\frac{b}{3}$$

与此相对应的基础底面压力，分别以 $p_{1/4}$ 或 $p_{1/3}$ 表示，称为临界荷载。

中心荷载下，在式（4-20）中，令 $z_{\max}=\frac{1}{4}b$，整理可得中心荷载作用下地基的临界荷载计算公式。

$$p_{1/4}=\frac{\pi\left(\gamma_0 d+\frac{1}{4}\gamma b+c\cot\varphi\right)}{\cot\varphi-\frac{\pi}{2}+\varphi}+\gamma_0 d \tag{4-22}$$

偏心荷载下，在式（4-20）中，令 $z_{\max}=\frac{1}{3}b$，整理可得偏心荷载作用下地基的临界荷载计算公式。

$$p_{1/3}=\frac{\pi\left(\gamma_0 d+\frac{1}{3}\gamma b+c\cot\varphi\right)}{\cot\varphi-\frac{\pi}{2}+\varphi}+\gamma_0 d \tag{4-23}$$

式中各符号意义同前。

【例 4-3】 某工程为粉质黏土地基，已知土的重度 $\gamma=18.8\text{kN/m}^3$，黏聚力 $c=16\text{kPa}$，内摩擦角 $\varphi=14°$，如果设置一宽度 $b=1\text{m}$、埋深 $d=1.2\text{m}$ 的条形基础，试求该地基的 p_{cr} 和 $p_{1/4}$ 值。

【解】 由式（4-21）可知

$$p_{cr}=\frac{\pi(\gamma_0 d+c\cot\varphi)}{\cot\varphi+\varphi-\frac{\pi}{2}}+\gamma_0 d$$

$$=\frac{3.14\times(18.8\times1.2+16\times\cot14°)}{\cot14°+14\times\frac{\pi}{180}-\frac{\pi}{2}}+18.8\times1.2$$

$$=124(\text{kPa})$$

由式（4-22）可知

$$p_{1/4}=\frac{\pi\left(\gamma_0 d+\frac{1}{4}\gamma b+c\cot\varphi\right)}{\cot\varphi-\frac{\pi}{2}+\varphi}+r_0 d$$

$$=\frac{3.14\times(18.8\times1.2+\frac{1}{4}\times18.8\times1+16\times\cot14°)}{\cot14°-\frac{\pi}{2}+14\times\frac{\pi}{180}}+18.8\times1.2$$

$$=129.5(\text{kPa})$$

4.4.4 地基的极限荷载

地基的极限荷载指的是地基在外荷载作用下产生的应力达到极限平衡时的荷载。作用在地基上的荷载较小时，地基处于压密状态。随着荷载的增大，地基中产生局部剪切破坏的塑性区也越来越大。当荷载达到极限值时，地基中的塑性区已发展为连续贯通的滑动面，使地基丧失整体稳定而滑动破坏。世界各国计算极限荷载的公式有很多种，下面主要介绍几种常用的计算公式。

1. 普朗特尔地基极限承载力公式

假定条形基础置于地基表面（$d=0$），地基土无重量（$\gamma=0$），且基础底面光滑无摩擦力，如果基础下形成连续的塑性区而处于极限平衡状态时，普朗特尔（L. Prandtl, 1920）根据塑性力学得到的地基滑动面性状如图 4-18 所示。地基的极限平衡区可分为 3 个区：在基底下的Ⅰ区，因假定基底无摩擦力，故基底平面是最大主应力面，基底竖向压力是大主应力，对称面上的水平向压力是最小主应力（即朗肯主动土压力），两组滑动面与基础底面间成$\left(45°+\frac{\varphi}{2}\right)$角，也就是说Ⅰ区是朗肯主动状态区；随着基础下沉，Ⅰ区土楔向两侧挤压，因此Ⅲ区因水平向应力成为大主应力（即朗肯被动土压力）而为朗肯被动状态区，滑动面也是由两组平面组成，由于地基表面为最小主应力平面，故滑动面与地基表面成$\left(45°-\frac{\varphi}{2}\right)$角；Ⅰ区与Ⅲ区的中间是过渡区Ⅱ，第Ⅱ的滑动面一组是辐射线，另一

组是对数螺旋曲线，如图 4-18 中的 CD 及 CE，其方程式为

$$r=r_0\mathrm{e}^{\theta\tan\varphi} \tag{4-24}$$

式中　r——从起点 O 到任意 m 的距离，m（见图 4-19）；

r_0——沿任一所选择的轴线 on 的距离，m；

e——自然对数函数的底数；

θ——On 与 Om 之间的夹角，任一点 m 的半径与该点的法线成 φ 角。

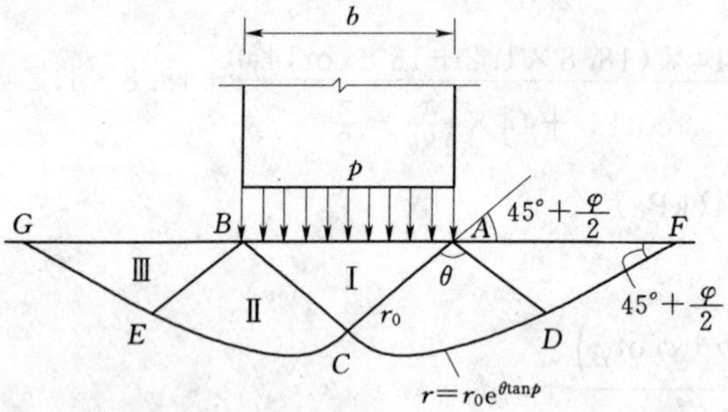

图 4-18　普朗特尔公式的滑动面形状

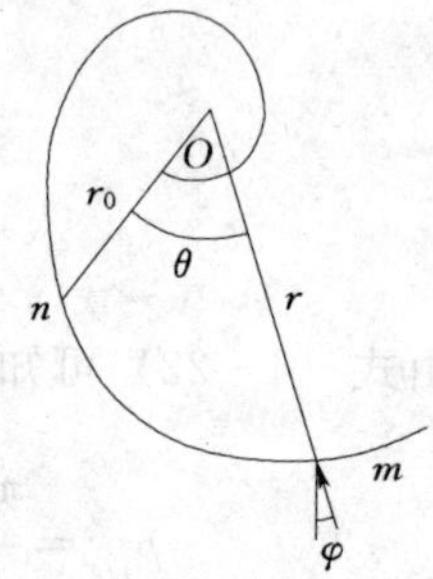

图 4-19　对数螺旋线

对以上情况，普朗特尔地基极限荷载的理论公式如下。

$$p_u=c\left[\mathrm{e}^{\pi\tan\varphi}\tan^2\left(\frac{\pi}{4}+\frac{\varphi}{2}\right)-1\right]\cot\varphi=cN_c \tag{4-25}$$

若考虑基础的埋深 d，则将基底平面以上的覆土以压力 $q=\gamma d$ 代替，雷斯诺（H. Reissner，1924）在普朗特尔公式假定的基础上，得到当不考虑土重力时，埋置深度为 d 的条形基础的极限承荷载公式如下。

$$\begin{aligned}p_u&=c\left[\mathrm{e}^{\pi\tan\varphi}\tan^2\left(\frac{\pi}{4}+\frac{\varphi}{2}\right)-1\right]\cot\varphi+q\mathrm{e}^{\pi\tan\varphi}\tan^2\left(\frac{\pi}{4}+\frac{\varphi}{2}\right)\\&=cN_c+qN_q\end{aligned} \tag{4-26}$$

上述公式均假定土的重度 $\gamma=0$，但由于土的强度很小，内摩擦角也不等于零，因此不考虑土的重力作用是不妥当的。若考虑土的重力，普朗特尔导得的滑动面Ⅱ区就不再是对数螺旋线了，其滑动面形状很复杂，目前尚无法按极限平衡理论求得其解析解。

2. 太沙基地基极限承载力公式

太沙基（K. Terzaghi，1943）提出了条形浅基础的极限荷载公式。太沙基从实用考虑认为，当基础的长宽比 $\frac{l}{b}\geqslant 5$ 及基础的埋置深度 $d\leqslant b$ 时，就可视为是条形浅基础。基底以上的土体看作是作用在基础两侧地面上的均布荷载 $q=\gamma_0 d$。

太沙基假定基础底面是粗糙的，地基滑动面的形状如图 4-20 所示，也可以分成 3 个区。Ⅰ区是在基底底面下的土楔 ABC，由于基底是粗糙的，具有很大的摩擦力，因此 AB 面不会发生剪切位移，也不再是大主应力面，Ⅰ区内土体不是处于朗肯主动状态，而是处于弹性压密状态，它与基础底面一起移动，并假定滑动面 AC（或 BC）与水平面成 φ 角。

Ⅱ区假定与普朗特尔公式一样，滑动面是一组通过 A、B 点的辐射线，另一组是对数螺旋曲线 CD、CE。前面已指出，如果考虑土的重度时，滑动面就不会是对数螺旋曲线，目前尚不能求得两组滑动面的解析解，太沙基忽略了土的重度对滑动面的影响，是一种近似解。由于滑动面 AC 与 CD 间的夹角应该等于 $\left(\frac{\pi}{2}+\varphi\right)$，所以对数螺旋曲线在 C 点切线是竖直的。Ⅲ区是朗肯被动状态区，滑动面 AD 及 DF 与水平面成 $\left(\frac{\pi}{4}-\frac{\varphi}{2}\right)$ 角。

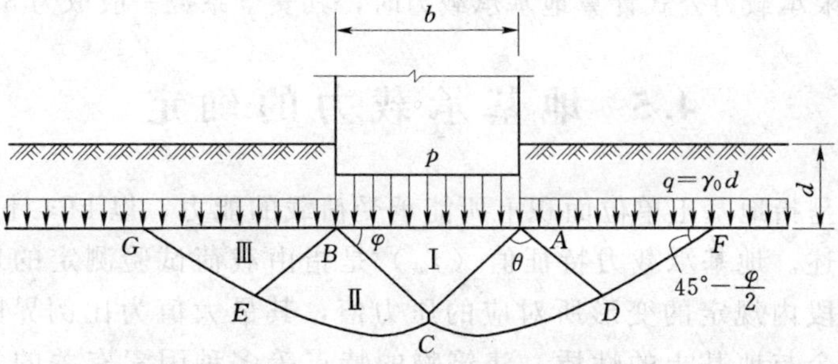

图 4-20　太沙基公式滑动面形式

太沙基公式不考虑基底以上基础两侧土体抗剪强度的影响，以均布荷载 $q=\gamma_0 d$ 来代替埋深范围内的土体自重。根据弹性土楔 ABC 的静力平衡条件，可求得太沙基极限承载力公式

$$p_u=\frac{1}{2}\gamma b N_r+qN_q+cN_c \tag{4-27}$$

式中　　q——基底面以上基础两侧荷载，kPa；

b——基底宽度，m；

N_c、N_q、N_r——承载力系数，与土的内摩擦角 φ 有关，可查表 4-3 得到。

表 4-3　　太沙基公式承载力系数表

φ (°)	0	5	10	15	20	25	30	35	40	45
N_r	0	0.51	1.20	1.80	4.0	11.0	21.8	45.4	125	326
N_q	1.0	1.64	2.69	4.45	7.42	12.7	22.5	41.4	81.3	173.3
N_c	5.71	7.32	9.58	12.9	17.6	25.1	37.2	57.7	95.7	172.2

式 (4-27) 适用于条形基础，对于圆形或方形基础，太沙基提出了半经验的极限荷载公式。

圆形基础

$$p_u=0.6\gamma R N_r+qN_q+1.2cN_c \tag{4-28}$$

式中　R——圆形基础的半径，m；

其余符号意义同前。

方形基础

$$p_u=0.4\gamma b N_r+qN_q+1.2cN_c \tag{4-29}$$

式（4－27）、式（4－28）、式（4－29）只适用于地基土是整体剪切破坏情况，即地基土较密实，其 p—s 曲线有明显的转折点，破坏前沉降不大等情况。对于松软土质，地基破坏是局部剪切破坏，沉降较大，其极限荷载较小。太沙基建议将 c 和 $\tan\varphi$ 值均降低1/3，即

$$c'=\frac{2}{3}c,\tan\varphi'=\frac{2}{3}\tan\varphi \tag{4-30}$$

根据 $\overline{\varphi}$ 值从表 4－3 中查承载力系数，并用 $\overline{c}$ 代入公式计算。

用太沙基极限承载力公式计算地基承载力时，其安全系数一般取为 3。

4.5 地基承载力的确定

地基承载力是指地基土单位面积上所能承受荷载的能力，以 kPa 计。一般用地基承载力特征值来表述。地基承载力特征值（f_{ak}）是指由载荷试验测定的地基土压力变形曲线线性变形阶段内规定的变形所对应的压力值，其最大值为比例界限值。地基承载力的确定，是一个与地基土的性质、建筑物的特点等多种因素有关的复杂问题。下面分别介绍规范查表法、理论公式计算法、现场原位测试法、经验估算法确定地基承载力的方法。

4.5.1 规范法

规范法是根据大量建筑工程实践经验、现场载荷试验、标准贯入试验、轻便触探试验和室内土工试验数据，通过对相应的地基承载力进行统计、分析制定的。《建筑地基基础设计规范》（GB 50007—2002）取消了地基承载力表，但现行的地方规范和行业规范仍然提供了地基承载力表。

根据标准贯入试验锤击数 $N_{63.5}$ 与轻便触探试验锤击数 N_{10} 确定承载力特征值 f_{ak}。

$$\left.\begin{aligned}N_{63.5}(\text{或 }N_{10}) &= \mu - 1.645\sigma\\ \mu &= \frac{\sum_{i=1}^{n}\mu_i}{n}\\ \sigma &= \sqrt{\frac{\sum_{i=1}^{n}\mu^2 - n\mu^2}{n-1}}\end{aligned}\right\} \tag{4-31}$$

式中 μ——现场试验锤击数平均值；

σ——标准差；

n——统计的样本数，$n\geqslant 6$。

计算值取整数，再分别查表 4－4～表 4－9 可得相应土的承载力特征值。

《建筑地基基础设计规范》（GB 50007—2002）规定当基础宽度大于 3m 或埋置深度大于 0.5m 时，从载荷试验或其他原位测试、经验值等方法确定地基承载力特征值，尚应按式（4－32）修正。

表 4-4　　砂土承载力特征值 f_{ak}　　单位：kPa

土类 \ $N_{63.5}$	10	15	30	50
中、粗砂	180	250	340	500
粉、细砂	140	180	250	340

表 4-5　　黏性土承载力特征值 f_{ak}　　单位：kPa

$N_{63.5}$	3	5	7	9	11	13	15	17	19	21	23
f_{ak}	105	145	190	235	280	325	370	430	515	600	680

表 4-6　　黏性土承载力特征值 f_{ak}　　单位：kPa

N_{10}	15	20	25	30
f_{ak}	105	145	190	230

注　N_{10}指锤重为 10kg 的轻便触探试验贯入击数。

表 4-7　　素填土承载力特征值 f_{ak}　　单位：kPa

N_{10}	10	20	30	40
f_{ak}	85	115	135	160

注　1. 本表只适用于黏性土与粉土组成的素填土。

2. 根据野外鉴别结果可以确定地基承载力特征值 f_{ak}。

表 4-8　　岩石承载力特征值 f_{ak}　　单位：kPa

岩石类型 \ 风化程度	强　风　化	中等风化	微　风　化
硬质岩石	500～600	1500～2500	≥4000
软质岩石	200～500	700～1200	1500～2000

注　1. 对于微风化的硬质岩石，其承载力如取用大于 4000kPa 时，应由试验确定。

2. 对于强风化的岩石，当与残积土难于区分时，按土考虑。

表 4-9　　碎石土承载力特征值 f_{ak}　　单位：kPa

土的名称 \ 密实度	稍　　密	中　　密	密　　实
卵石	300～500	500～800	800～1000
碎石	250～400	400～700	700～900
圆砾	200～300	300～500	500～700
角砾	200～250	250～400	400～600

注　1. 表中数值适用于骨架颗粒孔隙全部由中砂、粗砂或硬塑、坚硬状态的黏性土或稍湿的粉土充填。

2. 当粗颗粒为中等风化或强风化时，可按其风化程度适当降低承载力，当颗粒间呈半胶结状态时，可适当提高承载力。

$$f_a = f_{ak} + \eta_b \gamma (b-3) + \eta_d \cdot \gamma_m (d-0.5) \tag{4-32}$$

式中 f_a——修正后的地基承载力特征值，kPa；

f_{ak}——地基承载力特征值，kPa，由载荷试验或其他原位测试、公式计算、并结合工程实践经验等方法综合确定；

η_b、η_d——基础宽度和埋深的地基承载力修正系数，按基底下土的类别查表 4-10 取值；

γ——基础底面以下土的重度，地下水位以下取浮重度；

γ_m——基础底面以上土的加权平均重度，地下水位以下取浮重度；

b——基础底面宽度，m，当基宽小于 3m 按 3m 取值，大于 6m 按 6m 取值；

d——基础埋置深度，m，一般自室外地面标高算起。在填方整平地区，可自填土地面标高算起，但填土在上部结构施工后完成时，应从天然地面标高算起。对于地下室，如采用箱形基础或筏基时，基础埋置深度自室外地面标高算起，当采用独立基础或条形基础时，应从室内地面标高算起。

表 4-10 承载力修正系数

土的类别		η_b	η_d
淤泥和淤泥质土		0	1.0
人工填土 e 或 I_L 大于等于 0.85 的黏性土		0	1.0
红黏土	含水比 $\alpha_w > 0.8$	0	1.2
	含水比 $\alpha_w \leqslant 0.8$	0.15	1.4
大面积压实土	压实系数大于 0.95、黏粒含量 $\rho_c \geqslant 10\%$ 的粉土	0	1.5
	最大干密度大于 2.1t/m^3 的级配砂石	0	2.0
粉土	黏粒含量 $\rho_c \geqslant 10\%$ 的粉土	0.3	1.5
	黏粒含量 $\rho_c < 10\%$ 的粉土	0.5	2.0
e 及 I_L 均小于 0.85 的黏性土		0.3	1.6
粉砂、细砂（不包括很湿与饱和时的稍密状态）		2.0	3.0
中砂、粗砂、砾砂和碎石土		3.0	4.4

注 1. 强风化和全风化的岩石，可参照所风化成的相应土类取值；其他状态下的岩石不修正。
2. 地基承载力特征值按本规范附录 D 深层平板载荷试验确定时 η_d 取 0。

4.5.2 承载力理论公式

计算确定地基承载力特征值的理论公式有以下几个。

1. 临塑荷载公式

$$f_a = p_{cr} = N_d \gamma_m d + N_c c \tag{4-33}$$

2. 临界荷载公式

$$f_a = p_{1/4} = N_{1/4} \gamma b + N_d \gamma_m d + N_c c \tag{4-34}$$

3. 极限荷载除以安全系数

$$f_a=\frac{p_u}{K}=\frac{1}{K}\times\left(\frac{1}{2}\gamma bN_g+cN_c+qN_q\right) \tag{4-35}$$

4.《建筑地基基础设计规范》(GB 50007—2002) 公式

对于竖向荷载偏心和水平力不大的基础来说，当偏心距 e 小于或等于 0.033 倍基础底面宽度时，根据土的抗剪强度指标确定地基承载力特征值可按下式计算，并应满足变形要求。

$$f_a=M_b\gamma b+M_d\gamma_m d+M_c c_k \tag{4-36}$$

式中 f_a——由土的抗剪强度指标确定的地基承载力特征值；

M_b、M_d、M_c——承载力系数，按表 4-11 确定；

b——基础底面宽度，大于 6m 时按 6m 取值，对于砂土小于 3m 时按 3m 取值；

c_k——基底下一倍短边宽深度内土的黏聚力标准值。

表 4-11　承载力系数 M_b、M_d、M_c

土的内摩擦角标准值 φ_k (°)	M_b	M_d	M_c
0	0	1.00	3.14
2	0.03	1.12	3.32
4	0.06	1.25	3.51
6	0.10	1.39	3.71
8	0.14	1.55	3.93
10	0.18	1.73	4.17
12	0.23	1.94	4.42
14	0.29	2.17	4.69
16	0.36	2.43	5.00
18	0.43	2.72	5.31
20	0.51	3.06	5.66
22	0.61	3.44	6.04
24	0.80	3.87	6.45
26	1.10	4.37	6.90
28	1.40	4.93	7.40
30	1.90	5.59	7.95
32	2.60	6.35	8.55
34	3.40	7.21	9.22
36	4.20	8.25	9.97
38	5.00	9.44	10.80
40	5.80	10.84	11.73

注　φ_k 为基底下一倍短边宽深度内土的内摩擦角标准值。

4.5.3 现场原位测试

对重要的甲级建筑，为进一步了解地基土的变形性能和承载能力，必须做现场原位载荷试验，以确定地基承载力。现场载荷试验是对现场试坑的天然土层的承压板施加竖直荷载，测定承压板压力与地基变形的关系，从而确定地基土承载力和变形模量等指标。

将试验成果绘成 p—s 关系曲线，根据荷载试验曲线确定承载力特征值的方法，《建筑地基基础设计规范》（GB 50007—2002）做了如下规定。

（1）当 p—s 曲线上有比例界限时，取该比例界限所对应的荷载值。

（2）当极限荷载小于对应比例界限的荷载值的 2 倍时，取极限荷载值的一半。

（3）当不能按上述二款要求确定时，当压板面积为 0.25～0.50m^2 可取 s/b=0.01～0.015 所对应的荷载，但其值不应大于最大加载量的一半。

同一土层参加统计的试验点不应少于 3 点，当试验实测值的极差不超过平均值的 30%时，取此平均值作为该土层的地基承载力特征值 f_{ak}。

4.5.4 经验方法

在拟建建筑物的邻近地区，常常有着各种各样的在不同时期内建造的建筑物。调查这些已有建筑物的形式、构造特点、基底压力大小、地基土层情况以及这些建筑物是否有裂缝、倾斜和其他损坏现象，根据这些信息进行详细地分析研究，对于新建建筑物地基土的承载力的确定，具有一定的参考价值。这种方法一般适用于荷载不大的中小型工程。

本 章 小 结

土体强度的破坏的特征是部分土体产生相对滑动即剪切破坏，土的强度实质上就是指土的抗剪强度。抗剪强度指标的常用测定方法有直接剪切试验、三轴剪切试验等，根据排水固结条件的不同，剪切试验可分为快剪、慢剪、固结快剪等 3 种试验方法，具体采用何种方法应根据不同的地质条件、荷载特点，选用合适的试验方法。

应力圆与抗剪强度包线不相交（相离）时，土点处于弹性平衡状态。

应力圆与抗剪强度包线相交（相割）时，土点处于破坏状态。

应力圆与抗剪强度包线相切时，土点处于极限平衡状态。

据极限平衡状态可推导出

$$\sigma_1 = \sigma_3 \tan^2\left(45° + \frac{\varphi}{2}\right) + 2c\tan\left(45° + \frac{\varphi}{2}\right)$$

$$\sigma_3 = \sigma_1 \tan^2\left(45° - \frac{\varphi}{2}\right) - 2c\tan\left(45° - \frac{\varphi}{2}\right)$$

地基土变形破坏可分为压密阶段、局部剪切破坏阶段、整体剪切破坏阶段。

地基容许承载力的确定方法有现场荷载试验测定、理论公式计算、规范经验公式等多种。

理论公式法中所求得的临塑荷载和临界荷载均可作为地基容许承载力，极限荷载除以安全系数后也可作为地基容许承载力。

承载力特征值的修正按 $f_a = f_{ak} + \eta_b\gamma(b-3) + \eta_d\gamma_m(d-0.5)$ 进行。

复习思考题

1. 何谓土的抗剪强度？砂土与黏性土的抗剪强度表达式有何不同？为什么说土的抗剪强度不是一个定值？

2. 测定土的抗剪强度指标主要有哪几种方法？试比较它们的优缺点。

3. 土体中发生剪切破坏的平面是不是剪应力最大的平面？在什么情况下，破裂面与最大剪应力面是一致的？一般情况下，破裂面与大主应力面成什么角度？

4. 应用库仑定律和摩尔应力圆原理说明：当 σ_1 不变时，σ_3 越小越易破坏；反之，σ_3 不变时，σ_1 越大越易破坏。

5. 剪切试验成果整理中总应力法和有效应力法有何不同？为什么说排水剪成果就相当于有效应力法的成果？

6. 分别简述直剪试验和三轴压缩试验的原理。比较两者之间的优缺点和适用范围。

7. 临塑荷载 p_{cr} 和界限荷载 $p_{1/4}$ 的物理意义是什么？

8. 地基破坏的型式有哪几种？

9. 本章所介绍的几个极限承载力公式各有何特点？试对它们作简略评价。

习题

1. 已知土样的一组直剪试验成果，数据见表 4-12，试作图求该土的抗剪强度指标 c、φ 值。若作用在此土样中某平面上的正应力和剪应力分别是 220kPa 和 100kPa，试问该面是否会剪切破坏？

表 4-12　　习　题　1　表　　单位：kPa

垂直压力 σ_z	100	200	300	400
抗剪强度 τ_f	67	119	161	215

2. 某条形基础下地基土体中一点的应力为：$\sigma_z = 250$kPa，$\sigma_x = 100$kPa，$\tau_{xz} = 40$kPa，已知土的 $\varphi = 30°$，$c = 0$，问该点是否破坏？如 σ_z 和 σ_x 不变，τ_{xz} 增至 60kPa，则该点又如何？

3. 1 组 3 个饱和黏性土试样，做三轴固结不排水剪切试验，试验结果见表 4-13。试用作图法求该土样的总应力和有效应力强度指标 c_{cu}、φ_{cu} 和 c'、φ'。

表 4-13　　习　题　3　表　　单位：kPa

固结压力 σ_3	剪破时	
	σ_1	u_f
100	205	63
200	385	110
300	570	150

4. 设砂土地基中一点的大、小主应力分别为 500kPa 和 180kPa，其内摩擦角 $\varphi=36°$。求：

(1) 该点最大剪应力是多少？最大剪应力面上的法向应力为多少？

(2) 此点是否已达极限平衡状态？为什么？

(3) 如果此点未达到极限平衡，令大主应力不变，而改变小主应力；使该点达到极限平衡状态，这时小主应力应为多少？

5. 一条形基础，基宽 $b=12$m，埋深 $d=2$m，建于均质黏土地基上，黏土的 $\gamma=18\text{kN/m}^3$，$\varphi=15°$，$c=15$kPa，试求：

(1) 临塑荷载 p_{cr} 和界限荷载 $p_{1/4}$。

(2) 按太沙基公式计算 p_u。

(3) 若地下水位在基础底面处 ($\gamma'=9.9\text{kN/m}^3$)，p_{cr}、$p_{1/4}$ 又各是多少？

第5章 土压力与土坡稳定

本章要点

- 了解土压力的含义、类型、形成条件、影响因素。
- 掌握静止土压力的计算，会用朗肯土压力理论、库仑土压力理论计算各种条件下的主动土压力和被动土压力。
- 掌握应用规范法进行土压力的计算。
- 了解挡土墙的类型、构造措施，掌握重力式挡土墙的设计。
- 了解无黏性土坡、黏性土坡的稳定分析方法，掌握黏性土边坡圆弧形破坏的简单条分法。

挡土墙是防止土体坍塌的构筑物，广泛用于房屋建筑、水利、铁路、以及公路和桥梁工程，例如支撑建筑物周围填土的挡土墙、地下室侧墙、桥台以及储藏粒状材料的挡墙（见图5-1）等。挡土墙的结构型式可分为重力式、悬臂式和扶壁式等，通常用块石、砖、素混凝土及钢筋混凝土等材料建成。

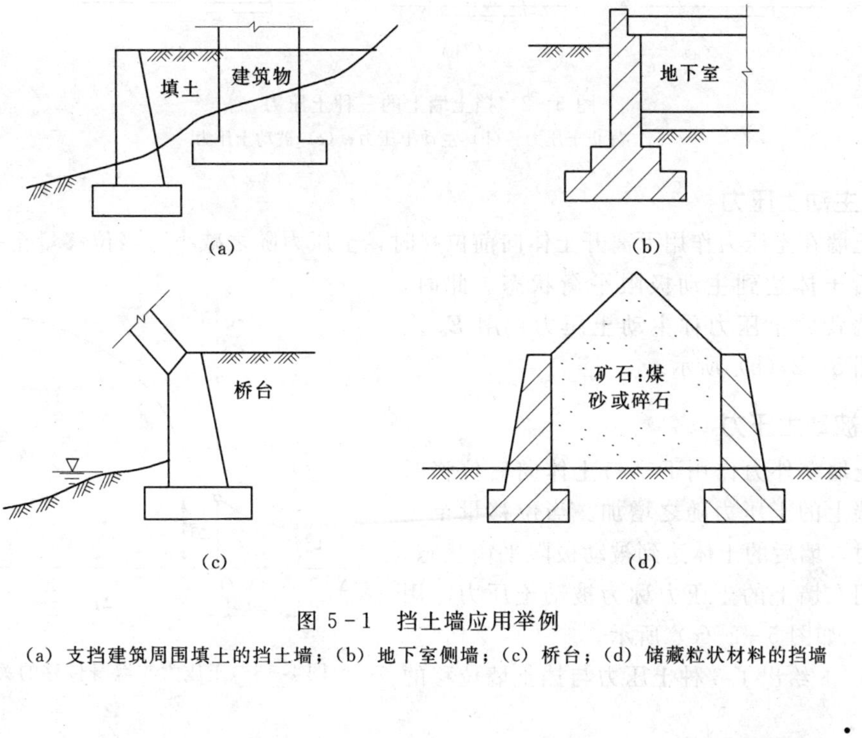

图5-1 挡土墙应用举例
(a) 支挡建筑周围填土的挡土墙；(b) 地下室侧墙；(c) 桥台；(d) 储藏粒状材料的挡墙

挡土墙的土压力是指挡土墙后的填土因自重或外荷载作用对墙背产生的侧向压力。其计算十分复杂，它与填料的性质、挡土墙的形状和位移方向以及地基土质等因素有关，目前大多采用古典的朗肯（Rankine，1857）和库仑（1773）土压力理论。尽管这些理论都基于各种不同的假定和简化，但其计算简便，且国内外大量挡土墙模型试验、原位观测及理论研究结果均表明，其计算方法实用可靠。随着现代计算技术的提高，楔体试算法、“广义库仑理论”以及应用塑性理论的土压力解答等均得到了迅速发展，加筋土挡墙设计理论亦日臻完善。

5.1 土压力的类型

作用在挡土结构上的土压力，按结构的位移情况和墙后土体所处的应力状态，分为 3 种：静止压力、主动土压力和被动土压力。

5.1.1 静止土压力

挡土墙在压力作用下不发生任何变形和位移（移动或转动），墙后填土处于弹性平衡状态时，作用在挡土墙背的土压力称为静止土压力，用 E_0 表示，如图 5-2（a）所示。

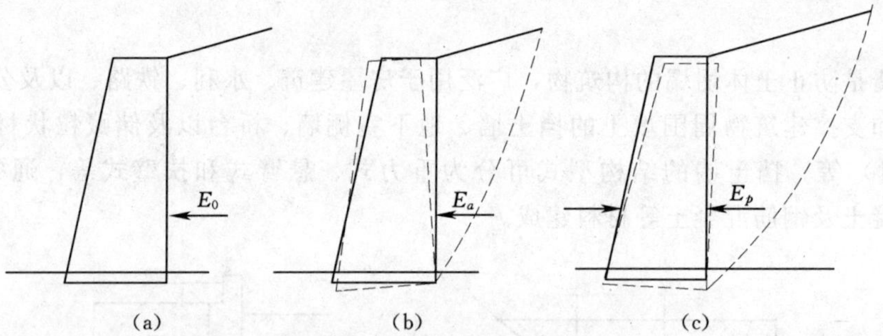

图 5-2 挡土墙上的三种土压力

(a) 静止土压力；(b) 主动土压力；(c) 被动土压力

5.1.2 主动土压力

挡土墙在土压力作用下离开土体向前位移时，土压力随之减小。当位移量至一定数值时，墙后土体达到主动极限平衡状态。此时，作用在墙背的土压力称主动土压力，用 E_a 表示，如图 5-2（b）所示。

5.1.3 被动土压力

挡土墙在外力作用下推挤土体向后位移时作用在墙上的土压力随之增加。当位移量至一定数值时，墙后的土体达到被动极限平衡状态。此时作用在墙上的土压力称为被动土压力，用 E_p 表示，如图 5-2（c）所示。

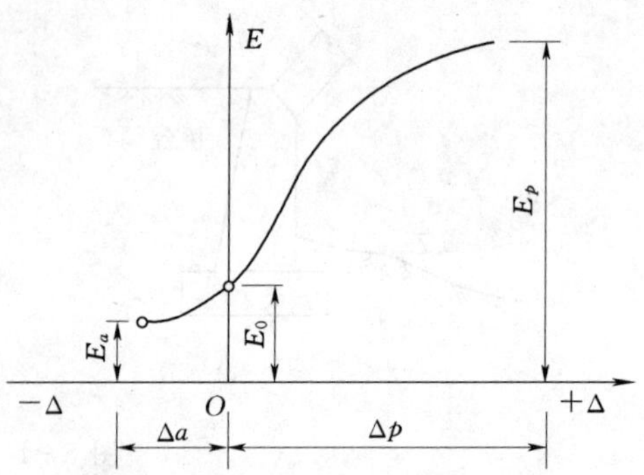

图 5-3 土压力与墙身位移的关系

图 5-3 给出了 3 种土压力与挡土墙位移的

关系。由图可见，产生被动土压力所需的位移量比产生主动土压力所需的位移量要大得多。在相同的墙高和填土条件下，主动土压力小于静止土压力，而静止土压力又小于被动土压力，亦即

$$E_a < E_0 \ll E_p$$

5.2 静止土压力

作用在挡土结构背面的静止土压力可视为天然土层自重应力的水平分量。如图 5-4 所示，在墙后填土体中任意深度 z 处取一微小单元体，作用于单元体水平面上的应力为 γz，则该点的静止土压力，即侧压力强度为

$$p_0 = K_0 \gamma z \tag{5-1}$$

式中 K_0——土的侧压力系数，即静止土压力系数；

γ——墙后填土重度，kN/m^3；

z——计算点在填土面下的深度，m。

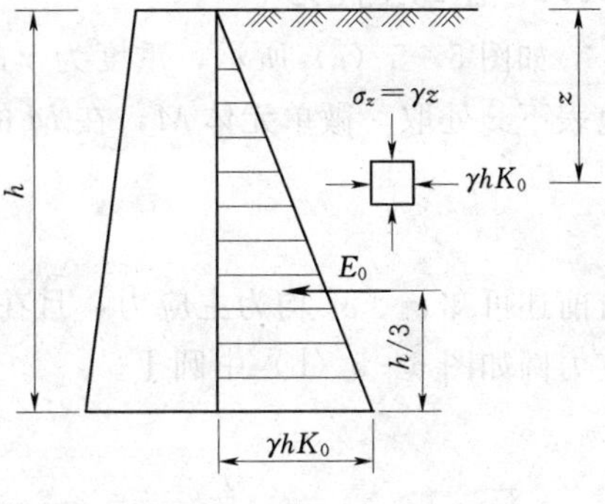

图 5-4 静止土压力的分布

静止土压力系数的确定方法有以下几种。

(1) 通过侧限条件下的试验测定，一般认为这是最可靠的方法。

(2) 采用经验公式计算，即 $K_0 = 1 - \sin\varphi'$，式中 φ' 为土的有效内摩擦角。该式计算的 K_0 值，与砂性土的试验结果吻合较好，对黏性土会有一定的误差，对饱和软黏土更应慎重采用。

(3) 按表 5-1 提供的经验值酌定。由式 (5-1) 可知，静止土压力沿墙高为三角形分布，如图 5-4 所示，如取单位墙长计算，则作用在墙上的静止土压力为

$$E_0 = \frac{1}{2}\gamma h^2 K_0 \tag{5-2}$$

式中 E_0——单位墙长的静止土压力，kN/m；

h——挡土墙高度，m。

表 5-1 静止土压力系数 K_0 经验值

土类	坚硬土	硬-可塑黏性土、粉质黏土、砂土	可-软塑黏性土	软塑黏性土	流塑黏性土
K_0	0.2～0.4	0.4～0.5	0.5～0.6	0.6～0.75	0.75～0.8

静止土压力系数 K_0 值随土体密实度、固结程度的增加而增加，当土层处于超压密状态时，K_0 值的增大尤为显著。

5.3 朗肯土压力理论

朗肯 (Rankine, 1857) 土压力理论属古典土压力理论之一，它是根据半空间土体处

于极限平衡状态下的大、小主应力间关系，导出土压力计算方法。

5.3.1 基本假设

朗肯土压力理论的前提条件是：①墙为刚体；②墙背垂直、光滑；③填土面水平。因为墙背垂直光滑才能保证垂直面内无摩擦力，即无剪应力。根据剪应力互等定理，水平面上剪应力亦为零。这样，水平填土体中的应力状态才与半空间土体中的应力状态一致，墙背可假想为半无限土体内部的一个铅直平面，即在水平面与垂直面上的正应力正好分别为大、小主应力。

5.3.2 主动土压力

如图 5-5（a）所示，重度为 γ 的半无限土体处于静止状态，即弹性平衡状态时，在地表下 z 处取一微单元体 M，在 M 的水平和竖直表面上的应力为

$$\sigma_z=\gamma z \tag{5-3}$$

$$\sigma_x=K_0\gamma z \tag{5-4}$$

由前述可知 σ_z、σ_x 均为主应力，且在正常固结土中 $\sigma_1=\sigma_z$、$\sigma_3=\sigma_x$。在静止状态下的莫尔应力圆如图 5-5（b）中圆Ⅰ。

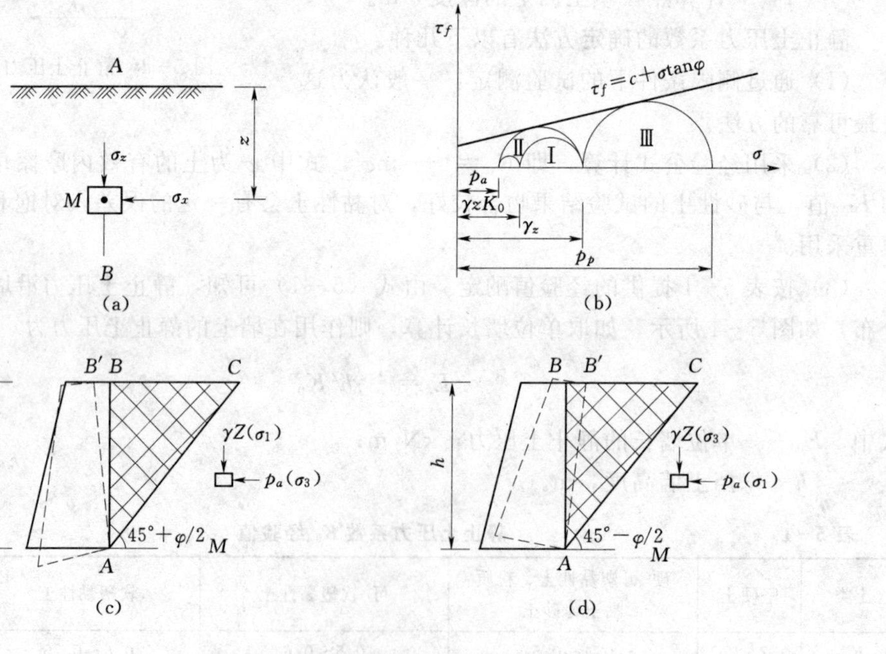

图 5-5 半空间体的极限平衡状态

（a）半空间体中一点的应力；（b）莫尔应力圆与朗肯状态关系；（c）主动朗肯状态；（d）被动朗肯状态

挡土墙在土压力作用下产生离开土体的位移，这时可认为作用在墙背微单元 M 上的竖向应力保持不变，而水平应力则由于土体抗剪强度的发挥而逐渐减少［见图 5-5（b）］。当挡土墙位移增大到 Δ_a，墙后土体在某一范围达到极限平衡状态（即朗肯主动状态）时，墙后土体中出现一组滑裂面，它与大主应力作用面（即水平面）的夹角为（$45°+\varphi/2$）［见图 5-5（c）］，水平应力 σ_x 减至最低限值 p_a，即主动土压力。以 $\sigma_1=\sigma_z=\gamma z$

与 $\sigma_3=\sigma_x=p_a$ 为直径画出的莫尔圆与抗剪强度线相切，即如图 5-5（b）中圆Ⅱ。若挡土墙继续位移，只能使土体产生塑性变形，而不会改变其应力状态。

由土体的极限平衡条件可知，在极限平衡状态下，黏性土中任一点的大、小主应力即 σ_1 和 σ_3 之间应满足式（5-5）所示的关系式，即

$$\sigma_3=\sigma_1\tan^2\left(45°-\frac{\varphi}{2}\right)-2c\tan\left(45°-\frac{\varphi}{2}\right) \tag{5-5}$$

将 $\sigma_3=p_a$、$\sigma_1=\gamma z$ 代入上式并令 $K_a=\tan^2\left(45°-\frac{\varphi}{2}\right)$

则有

$$p_a=\gamma zK_a-2c\sqrt{K_a} \tag{5-6}$$

上式适合于墙背填土为黏性土的情况，对于无黏性土，由于 $c=0$，则有

$$p_a=\gamma zK_a \tag{5-7}$$

$$K_a=\tan^2\left(45°-\frac{\varphi}{2}\right)$$

式中 p_a——主动土压力强度，kPa；

K_a——主动土压力系数；

γ——墙后填土重度，kN/m³；

c——填土的黏聚力，kPa；

φ——填土的内摩擦角，(°)；

z——计算点离填土表面的距离，m。

式（5-7）表明，无黏性土的主动土压力强度与 z 成正比，与前面所述的静止土压力分布形式相同，即沿墙高呈三角形分布［见图 5-6（b）］。作用在单位墙长上的主动土压力 E_a（kN/m）为

$$E_a=\frac{1}{2}\gamma h^2K_a \tag{5-8}$$

式中 h——挡土墙的高度，m。

E_a 的作用点距墙底 $h/3$。

式（5-6）表明，黏性土的主动土压力强度由土自重引起的对墙的压力和由黏聚力引起的对墙的“拉”力两部分组成，叠加后如图 5-6（c）所示，包括△abc 所示的压力和△ade 所示的“拉”力。由于结构物与土之间的抗拉强度很低，在拉力作用下极易开裂，因而“拉”力是一种不可靠的力，在设计挡土墙时不应计算，故在图中示以虚线。这样，当墙背填土为黏性土时，作用于墙背的土压力只是图 5-6（c）中的△abc 部分。土压力图形顶点 a 在填土面下的深度称临界深度，记为 z_0。令式（5-6）中 $p_a=0$ 即可确定 z_0，即

$$p_a=\gamma zK_a-2c\sqrt{K_a}=0 \tag{5-9}$$

$$z_0=\frac{2c}{\gamma\sqrt{K_a}}$$

取单位墙长计算，黏性土的主动土压力 E_a 为

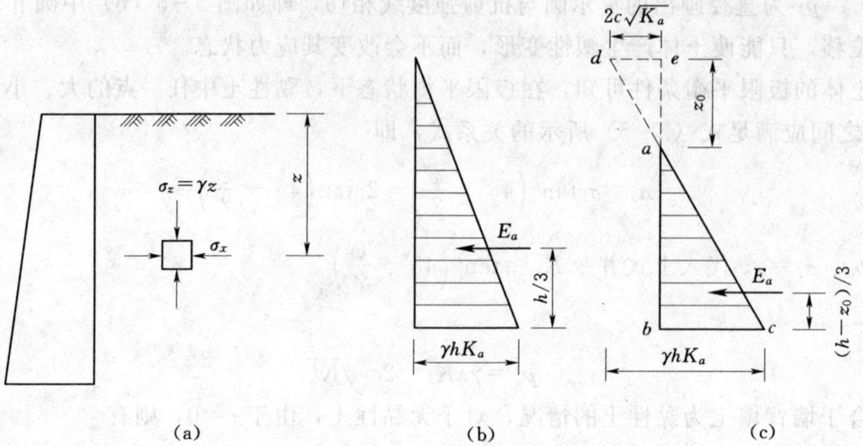

图 5-6 主动土压力强度分布图

(a) 主动土压力的计算；(b) 无黏性土；(c) 黏性土

$$E_a=\frac{1}{2}(h-z_0)(\gamma hK_a-2c\sqrt{K_a}) \tag{5-10}$$

或

$$E_a=\frac{1}{2}(h-z_0)^2\gamma K_a \tag{5-11}$$

E_a 作用于距墙底（$h-z_0$）/3 处。

5.3.3 被动土压力

由于出现被动土压力所相应的位移量相当大，以至于在许多结构设计中不允许采用由极限平衡条件导出的被动土压力计算公式，所以这里只作粗略介绍。

基于与导出主动土压力计算公式相似的思路，考虑墙背填土处于被动极限平衡状态时，小主应力 $\sigma_3=\sigma_z$，大主应力 $\sigma_1=p_p$ [见图 5-5 (d)]，可以推出对应的被动土压力计算公式

黏性土
$$p_p=\gamma zK_p+2c\sqrt{K_p} \tag{5-12}$$

无黏性土
$$p_p=\gamma zK_p \tag{5-13}$$

其分布图形如图 5-7 所示。

单位墙长的被动土压力 E_p 的计算式为

无黏性土
$$E_p=\frac{1}{2}\gamma h^2K_p \tag{5-14}$$

黏性土
$$E_p=\frac{1}{2}\gamma h^2K_p+2ch\sqrt{K_p} \tag{5-15}$$

式中 p_p——被动土压力强度，kPa；

E_p——单位墙长的土压力值，kN/m；

K_p——被动土压力系数，$K_p=\tan^2\left(45°+\frac{\varphi}{2}\right)$。

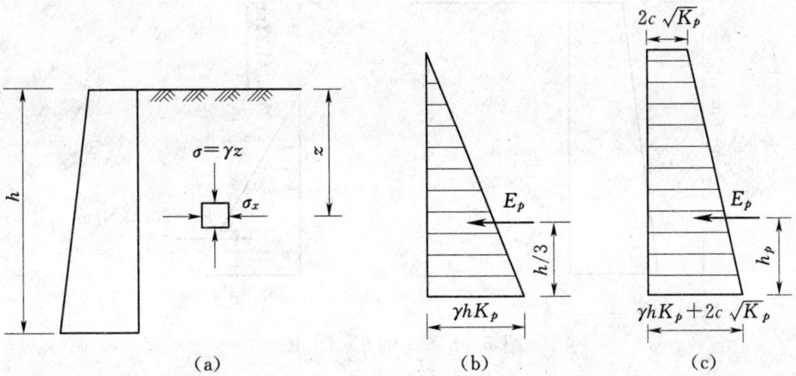

图 5-7　被动土压力强度分布图

(a) 被动土压力的计算；(b) 无黏性土；(c) 黏性土

无黏性土的被动土压力 E_p 合力作用于距墙底 $h/3$ 处。黏性土的被动土压力合力作用点与墙底距离 h_p ［见图 5-7 (c)］由下式计算

$$h_p=\frac{h}{3}\frac{2p_{p0}+p_{ph}}{p_{p0}+p_{ph}} \tag{5-16}$$

式中　h_p——黏性土产生的被动土压力合力距墙底距离，m；

p_{p0}、h_{ph}——作用于墙背顶、底面的被动土压力强度，kPa，如图 5-7 (c) 所示，$p_{p0}=2c\sqrt{K_p}$，$p_{ph}=\gamma hK_p+2c\sqrt{K_p}$。

【例 5-1】　有一挡土墙，高 6m，墙背直立、光滑，墙后填土面水平。填土为黏性土，其重度 $\gamma=17\text{kN/m}^3$，内摩擦角 $\varphi=20°$，黏聚力 $c=8\text{kPa}$，试求主动土压力及其作用点，并绘出主动土压力分布图。

【解】　墙底处的土压力强度

$$\begin{aligned}p_a&=\gamma h\tan^2\left(45°-\frac{\varphi}{2}\right)-2c\tan\left(45°-\frac{\varphi}{2}\right)\\&=17\times6\times\tan^2\left(45°-\frac{20°}{2}\right)-2c\tan\left(45°-\frac{20°}{2}\right)\\&=38.8\ (\text{kPa})\end{aligned}$$

临界深度

$$z_0=\frac{2c}{\gamma\sqrt{K_a}}=\frac{2\times8}{17\times\tan\left(45°-\frac{20°}{2}\right)}=1.34(\text{m})$$

主动土压力

$$E_a=\frac{1}{2}\times(6-1.34)\times38.8=90.4(\text{kN/m})$$

主动土压力距墙底的距离为

$$\frac{h-z_0}{3}=\frac{6-1.34}{3}=1.55(\text{m})$$

主动土压力如图 5-8 所示。

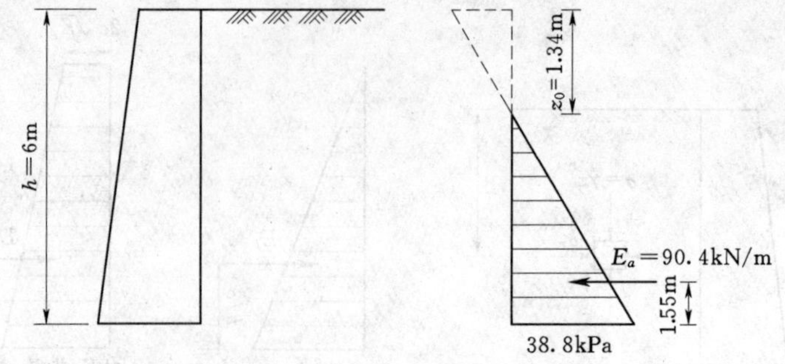

图 5-8 ［例 5-1］图

5.3.4 常见情况下的土压力计算

以无黏性土为例说明工程上常见的几种情况的土压力计算。

1. 填土面有连续均布荷载

当挡土墙后填土面上作用有连续均布荷载 q 时，如图 5-9 所示，通常主动土压力强度可按下述方法计算。

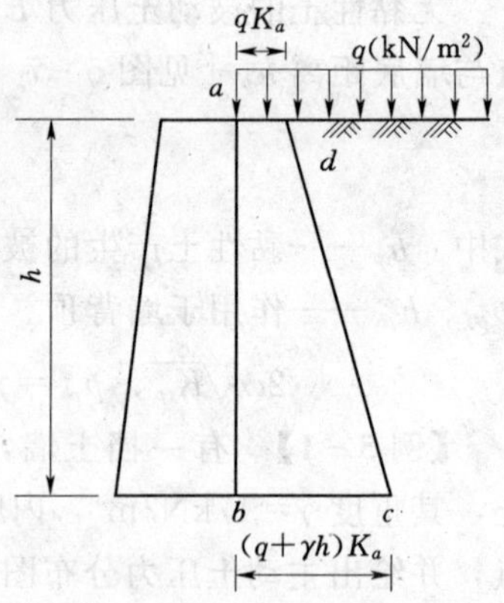

图 5-9 填土面上有均布荷载的土压力计算

由式（5-7）可知，当土的内聚力 $c=0$ 时，作用在填土表面下深为 z 处的主动土压力强度 p_a 等于该处土的竖向应力 γz 乘以主动土压力系数 K_a。当填土面有均布荷载 q 时，z 处的竖向应力为 $q+\gamma z$，即

$$p_a=(q+\gamma z)K_a$$

填土面 a 点的土压力强度

$$p_{a1}=qK_a$$

墙底 b 点的土压力强度

$$p_{a2}=(q+\gamma z)K_a$$

土压力合力的作用点在梯形的形心。

2. 成层填土

当挡土墙后有几层不同种类的水平土层时，仍可用朗肯理论计算土压力。以无黏性土为例，若求某层的土压力强度，则需先求出各层土的土压力系数，其次求出各层面处的竖向应力，然后乘以相应土层的主动土压力系数，如图 5-10 所示，挡土墙各层面的主动土压力强度为

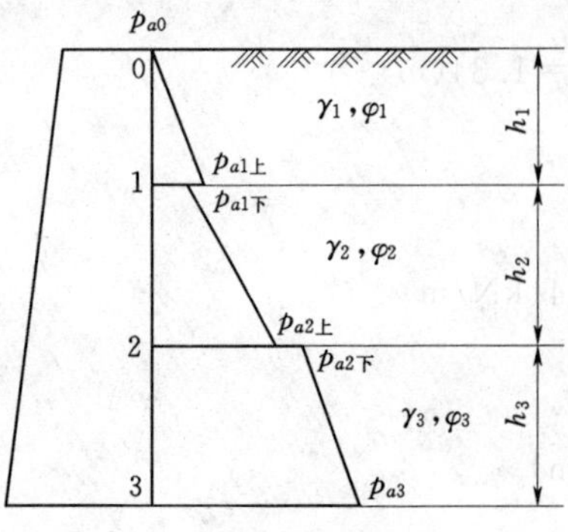

图 5-10 成层土的土压力计算

$$p_{a0}=0$$

$$p_{a1上}=\gamma_1 h_1 K_{a1}$$

$$p_{a1下}=\gamma_1 h_1 K_{a2}$$

$$p_{a2上}=(\gamma_1 h_1+\gamma_2 h_2)K_{a2}$$

$$p_{a2下}=(\gamma_1 h_1+\gamma_2 h_2)K_{a3}$$

$$p_{a3}=(\gamma_1 h_1+\gamma_2 h_2+\gamma_3 h_3)K_{a3}$$

必须注意，由于各层土的性质不同，主动土压力系数 K_a 也不同，因此在土层的分界面上，主动土压力

强度会出现两个数值。图 5－10 所示为 $\varphi_2>\varphi_1$、$\varphi_2>\varphi_3$ 时的土压力强度分布图。

3. 墙后填土有地下水

挡土墙后的回填土常会部分或全部处于地下水位以下。由于地下水的存在将使土的含水量增加，抗剪强度降低，从而使土压力增大，同时还会产生静水压力，因此，挡土墙应该有良好的排水措施。

当墙后填土有地下水时，作用在墙背上的侧压力有土压力和水压力两部分。计算土压力时，假设水上及水下土的内摩擦角 φ、黏聚力 c 都相同，地下水位以下取有效重度进行计算。总侧压力为土压力和水压力之和。如图 5－11 所示，$abcde$ 部分为土压力分布图，fgh 部分为水压力分布图。

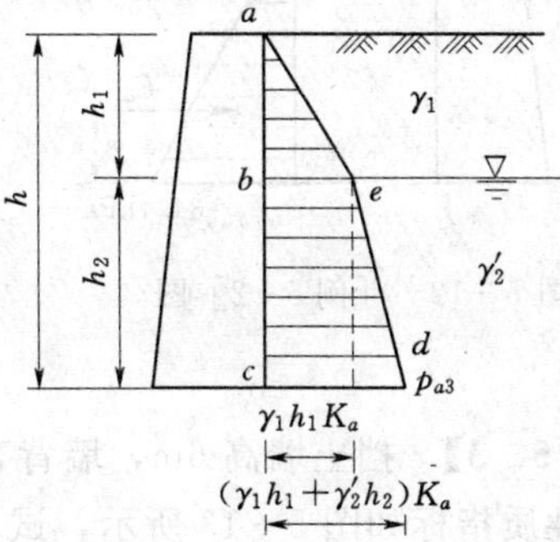

图 5－11 填土中有地下水的土压力计算

以上 3 种算法对黏性土同样适用，只是在土压力强度中减去相应土层的 $2c\sqrt{K_a}$。

【例 5－2】 挡土墙高 5m，墙背竖直、光滑，填土表面水平，其上作用有均布荷载 $q=10\text{kPa}$。填土的物理力学性质指标为：$\varphi=24°$，$c=6\text{kPa}$，$\gamma=18\text{kN/m}^3$。试求主动土压力 E_a，并绘出主动土压力强度分布图。

【解】 填土表面处主动土压力强度为

$$
\begin{aligned}
p_{a1}&=qK_a-2c\sqrt{K_a}\\
&=10\times\tan^2\left(45°-\frac{24°}{2}\right)-2\times6\times\tan\left(45°-\frac{20°}{2}\right)\\
&=-3.58\ (\text{kPa})
\end{aligned}
$$

墙底处的土压力强度为

$$
\begin{aligned}
p_{a2}&=(q+\gamma h)K_a-2c\sqrt{K_a}\\
&=-3.58+18\times5\times\tan^2\left(45°-\frac{24°}{2}\right)\\
&=34.4\ (\text{kPa})
\end{aligned}
$$

临界深度为

$$z_0=\frac{3.58}{34.4+3.58}\times5=0.47(\text{m})$$

主动土压力为

$$E_a=\frac{1}{2}\times34.4\times4.53=77.9(\text{kN/m})$$

主动土压力距墙底的距离为

$$z=\frac{h-z_0}{3}=\frac{5-0.47}{3}=1.51(\text{m})$$

主动土压力如图 5-12 所示。

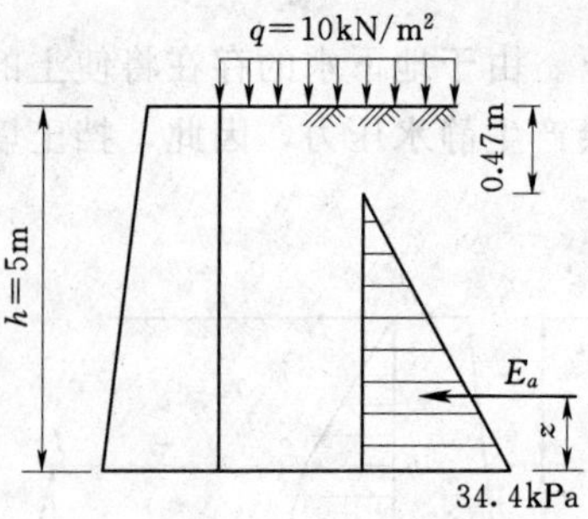

图 5-12　［例 5-2］图

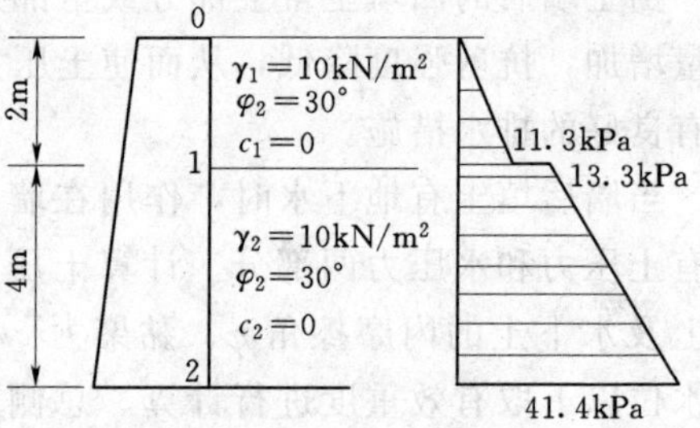

图 5-13　［例 5-3］图

【例 5-3】 挡土墙高 6m，墙背直立、光滑，墙后填土面水平，共分两层。各层的物理力学性质指标如图 5-13 所示，试求主动土压力 E_a，并绘出土压力分布图。

【解】 计算第一层土的土压力强度

$$p_{a0}=0$$

$$p_{a1上}=\gamma_1 h_1 K_{a1}=17\times2\times\tan^2\left(45°-\frac{30°}{2}\right)=11.3\ (\text{kPa})$$

计算第二层土的土压力强度

$$p_{a1下}=\gamma_1 h_1 K_{a2}=17\times2\times\tan^2\left(45°-\frac{26°}{2}\right)=13.3(\text{kPa})$$

$$p_{a2}=(\gamma_1 h_1+\gamma_2 h_2)K_{a2}=(17\times2+18\times4)\times\tan^2\left(45°-\frac{26°}{2}\right)=41.4(\text{kPa})$$

主动土压力

$$E_a=\frac{1}{2}\times11.3\times2+\frac{1}{2}\times(13.3+41.4)\times4=120.7(\text{kN/m})$$

主动土压力如图 5-13 所示。

【例 5-4】 求图 5-14 所示的挡土墙的总侧向压力。墙后地下水位高出墙底 2m，填土为砂土，$\gamma=18\text{kN/m}^3$，$\gamma_{sat}=20\text{kN/m}^3$，$\varphi=30°$。

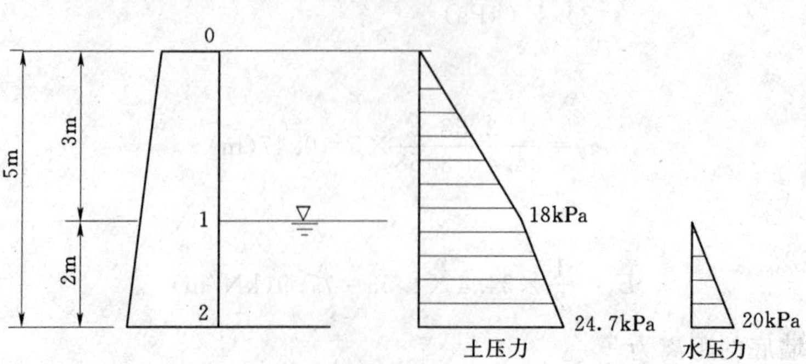

图 5-14　［例 5-4］图

【解】 各层面的土压力强度为

$p_{a0}=0$

$p_{a1}=\gamma h_1 K_a=18\times3\times\tan^2\left(45^\circ-\frac{30^\circ}{2}\right)=18(\text{kPa})$

$p_{a2}=(\gamma h_1+\gamma' h_2)K_a=[18+(20-10)\times2]\times\tan^2\left(45^\circ-\frac{30^\circ}{2}\right)=24.7(\text{kPa})$

主动土压力为

$$E_a=\frac{1}{2}\times18\times3+\frac{1}{2}\times(18+24.7)\times2=69.7(\text{kN/m})$$

静水压力强度为

$$\sigma_w=\gamma_w h_2=10\times2=20(\text{kPa})$$

静水压力为

$$E_w=\frac{1}{2}\times20\times2=20(\text{kN/m})$$

总侧向压力为

$$E=E_a+E_w=69.7+20=89.7(\text{kN/m})$$

5.4 库仑土压力理论

5.4.1 基本假设

库仑土压力理论是根据墙后土体处于极限平衡状态并形成一滑动楔体时，从楔体的静力平衡条件得出的土压力计算理论。其基本假设为：①墙后填土是理想的散粒体（黏聚力 $c=0$）；②滑动破裂面为通过墙踵的平面。

库仑土压力理论适用于砂土或碎石填料的挡土墙计算，可考虑墙背倾斜、填土面倾斜以及墙背与填土间的摩擦等多种因素的影响。分析考虑时，一般沿墙长度方向取 1m 考虑。

5.4.2 主动土压力

如图 5-15 所示，当楔体向下滑动，处于极限平衡状态时，作用在楔体 ABM 的力有以下几种。

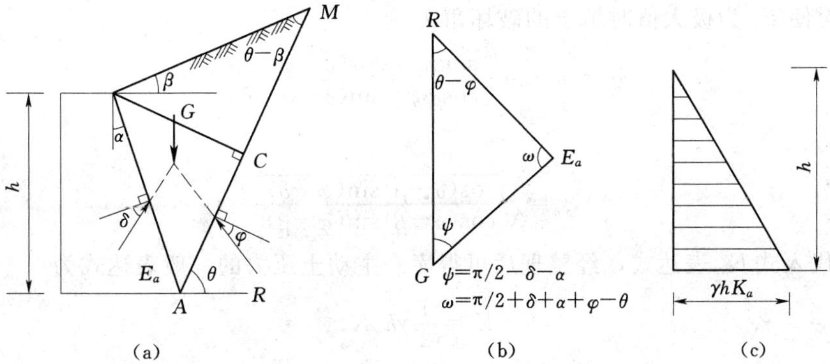

图 5-15 库仑主动土压力计算图

(1) 重力 G 由土楔体 ABM 引起，根据几何关系可得

$$G=\Delta ABM\gamma=\frac{1}{2}AMBC\gamma$$

在三角形 ABM 中，利用正弦定理可得

$$AM=AB\frac{\sin(90^{\circ}-\alpha+\beta)}{\sin(\theta-\beta)}$$

又因

$$AB=\frac{h}{\cos\alpha}$$

$$BC=AB\cos(\theta-\alpha)=h\frac{\cos(\theta-\alpha)}{\cos\alpha}$$

故

$$G=\frac{1}{2}AMBC\gamma=\frac{\gamma h^2}{2}\frac{\cos(\alpha-\beta)\cos(\theta-\alpha)}{\cos^2\alpha\sin(\theta-\beta)}$$

(2) 反力 R 为破裂面上土楔体重力的 AM 法向分力与该面土体间的摩擦力的合力，其作用于 AM 面上，与 AM 面法线的夹角等于土的内摩擦角 φ。当楔体下滑时，位于法线的下侧。

(3) 墙背反力 E_a 与墙背 AB 法线的夹角等于土与墙体材料之间的内摩擦角 δ，该力与作用在墙背上的土压力大小相等，方向相反。当楔体下滑时，该力位于法线的下侧。

土楔体 ABM 在上述三力作用下处于静力平衡状态。因此构成一闭合的力三角形如图5-15 (b) 所示，现已知三力的方向及 G 的大小，故可由正弦定理得

$$E_a=G\frac{\sin(\theta-\varphi)}{\sin\omega}=\frac{\gamma h^2}{2\cos^2\alpha}\frac{\cos(\alpha-\beta)\cos(\theta-\alpha)\sin(\theta-\varphi)}{\sin(\theta-\beta)\sin\omega}$$

式中

$$\omega=\frac{\pi}{2}+\delta+\alpha+\varphi-\theta$$

在上式中，γ、h、α、β、φ、δ 都是已知的，而滑动面 AM 与水平面的夹角 θ 则是任意假定的。因此，选定不同的 θ 角，可得到一系列相应的土压力 E_a 值，即 E_a 是 θ 的函数。E_a 的最大值 E_{max} 即为墙背的主动土压力，其对应的滑动面即是土楔最危险滑动面。因此可用微分学中求极值的方法求得 E_a 的极大值，即

$$\frac{dE}{d\theta}=0$$

可解得使 E_a 为极大值时填土的破坏角 θ_{cr} 为

$$\theta_{cr}=\arctan\left[\frac{\sin\beta s_q+\cos(\alpha+\varphi+\delta)}{\cos\beta s_q-\sin(\alpha+\varphi+\delta)}\right]$$

其中

$$s_q=\sqrt{\frac{\cos(\alpha+\beta)\sin(\varphi+\delta)}{\cos(\alpha-\beta)\sin(\varphi-\beta)}}$$

将 θ_{cr} 代入式 E_a 表达式，经整理后可得库仑主动土压力的一般表达式为

$$E_a=\frac{1}{2}\gamma h^2K_a \tag{5-17}$$

其中

$$K_a = \frac{\cos^2(\varphi-\alpha)}{\cos^2\alpha\cos(\alpha+\delta)\left[1+\sqrt{\frac{\sin(\varphi+\delta)\sin(\varphi-\beta)}{\cos(\alpha+\delta)\cos(\alpha-\beta)}}\right]^2} \tag{5-18}$$

式中 α——墙背与竖直线的夹角，(°)，俯斜时取正号、仰斜时为负号 [见图 5-15 (a)]；

β——墙后填土面的倾角，(°)；

δ——土与墙背材料间的外摩擦角，(°)；

K_a——库仑主动土压力系数。

当墙背竖直（$\alpha=0$）、光滑（$\delta=0$）、填土面水平（$\beta=0$）时，式（5-18）变为

$$K_a = \tan^2\left(45°-\frac{\varphi}{2}\right)$$

可见在此条件下，库仑公式和朗金公式完全相同。因此朗金理论是库仑理论的特殊情况。

沿墙高的土压力分布强度 p_a，可通过 E_a 对 z 取导数而得到。

$$p_a = \frac{dE_a}{dz} = \frac{d}{dz}\left(\frac{1}{2}\gamma z^2 K_a\right) = \gamma z K_a \tag{5-19}$$

由上式可见，主动土压力分布强度沿墙高呈三角形线性分布 [见图 5-15 (c)]，土压力合力的作用点离墙底 $h/3$，方向与墙面的法线成 δ 角。需注意，图 5-15 (c) 中表示的土压力分布图只表示其数值大小，而不代表其作用方向。

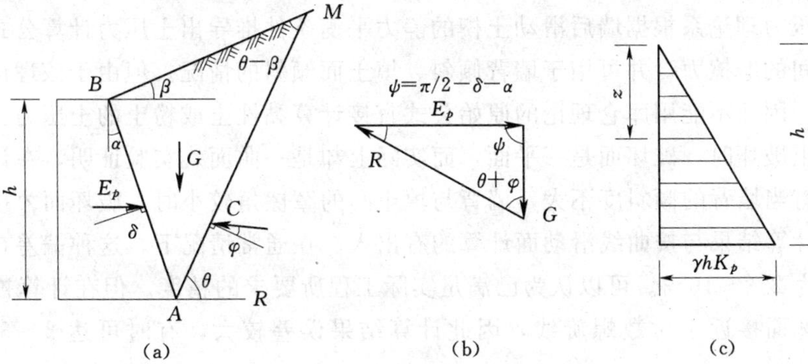

图 5-16 库仑被动土压力计算图

5.4.3 被动土压力

当挡土墙在外力作用下挤压土体，楔体沿破裂面向上隆起而处于极限平衡状态时，同理可得作用在楔体上的力三角形如图 5-16 (b) 所示。此时由于楔体上隆，E_p 和 R 均位于法线的上侧。按求主动土压力相同的方法可求得被动土压力 E_p 的库仑公式为

$$E_p = \frac{1}{2}\gamma h^2 K_p \tag{5-20}$$

其中

$$K_p = \frac{\cos^2(\varphi+\alpha)}{\cos^2\alpha\cos(\alpha-\delta)\left[1-\sqrt{\frac{\sin(\varphi+\delta)\sin(\varphi+\beta)}{\cos(\alpha-\delta)\cos(\alpha-\beta)}}\right]^2} \tag{5-21}$$

式中　K_p——被动土压力系数。

若墙背竖直（$\alpha=0$）、光滑（$\delta=0$）及墙后填土面水平（$\beta=0$），则式（5-21）变为

$$K_p=\tan^2\left(45°+\frac{\varphi}{2}\right)$$

即与无黏性土的朗肯公式相同。被动土压力强度可按式（5-22）计算。

$$p_p=\frac{\mathrm{d}E_p}{\mathrm{d}z}=\frac{\mathrm{d}}{\mathrm{d}z}\left(\frac{1}{2}\gamma z^2K_p\right)=\gamma zK_p \tag{5-22}$$

被动土压力强度沿墙高也呈三角形分布［见图5-16（c）］，其合力作用点在距墙底$h/3$处。

5.4.4 朗肯理论与库伦理论的比较

朗肯土压力理论与库仑土压力理论均为经典理论。它们分别根据不同的假设，以不同的分析方法计算土压力，只有在最简单的情况下（$\alpha=0$，$\beta=0$，$\delta=0$），用这两种理论计算结果才相同，否则将得出不同的结果。

朗肯土压力理论基于半空间应力状态和极限平衡理论，概念比较明确，公式简单，便于记忆。对于黏性土、粉土和无黏性土，都可以用该公式直接计算，故在工程中得到广泛应用。但为了使墙后的应力状态符合半空间的应力状态，必须假设墙背是直立的、光滑的，墙后填土是水平的，因而出现其他条件时计算复杂。且由于该理论忽略了墙背与填土之间摩擦的影响，使计算得出的主动土压力偏大，而得出的被动土压力偏小。

库仑土压力理论系根据墙后滑动土楔的静力平衡条件推导出土压力计算公式，考虑了墙背与土之间的摩擦力，并可用于墙背倾斜、填土面倾斜的情况。但由于该理论假设填土是无黏性土，因而不能用库仑理论的原始公式直接计算黏性土或粉土的土压力。库仑理论假设墙后填土破坏时，破坏面是一平面，而实际上却是一曲面。实验证明，在计算主动土压力时，只有当墙背的倾斜度不大，墙背与填土间的摩擦角较小时，破坏面才接近于一平面，因此，计算结果与按曲线滑动面计算的有出入。在通常情况下，这种偏差在计算主动土压力时约为2%～10%。可以认为已满足实际工程所要求的精度。但在计算被动土压力时，由于破坏面接近于对数螺旋线，因此计算结果误差较大，有时可达2～3倍，甚至更大。

5.5 规范法计算土压力

《建筑地基基础设计规范》（GB 50007—2002）推荐的主动土压力计算公式为

$$E_a=\psi_c\frac{1}{2}\gamma h^2K_a \tag{5-23}$$

式中　E_a——主动土压力；

ψ_c——主动土压力增大系数，土坡高度小于5m时宜取1.0；高度为5～8m时宜取1.1；高度大于8m时宜取1.2；

γ——填土的重度，kN/m^3；

h——挡土结构的高度，m；

K_a——主动土压力系数，按式（5-24）确定。

$$K_a=\frac{\sin(\alpha+\beta)}{\sin^2\alpha\sin^2(\alpha+\beta-\varphi-\delta)}\{K_q[\sin(\alpha+\beta)\sin(\alpha-\delta)+\sin(\varphi+\delta)\sin(\varphi-\beta)]$$
$$+2\eta\sin\alpha\cos\varphi\cos(\alpha+\beta-\varphi-\delta)-2[(K_q\sin(\alpha+\beta)\sin(\varphi-\beta)+\eta\sin\alpha\cos\varphi)$$
$$\times(K_q\sin(\alpha-\beta)\sin(\varphi+\delta)+\eta\sin\alpha\cos\varphi)]^{1/2}\}$$

$$K_q=1+\frac{2q}{\gamma h}\frac{\sin\alpha\cos\beta}{\sin(\alpha+\beta)} \tag{5-24}$$

式中 q——地表均布荷载（以单位水平投影面上的荷载强度计）。

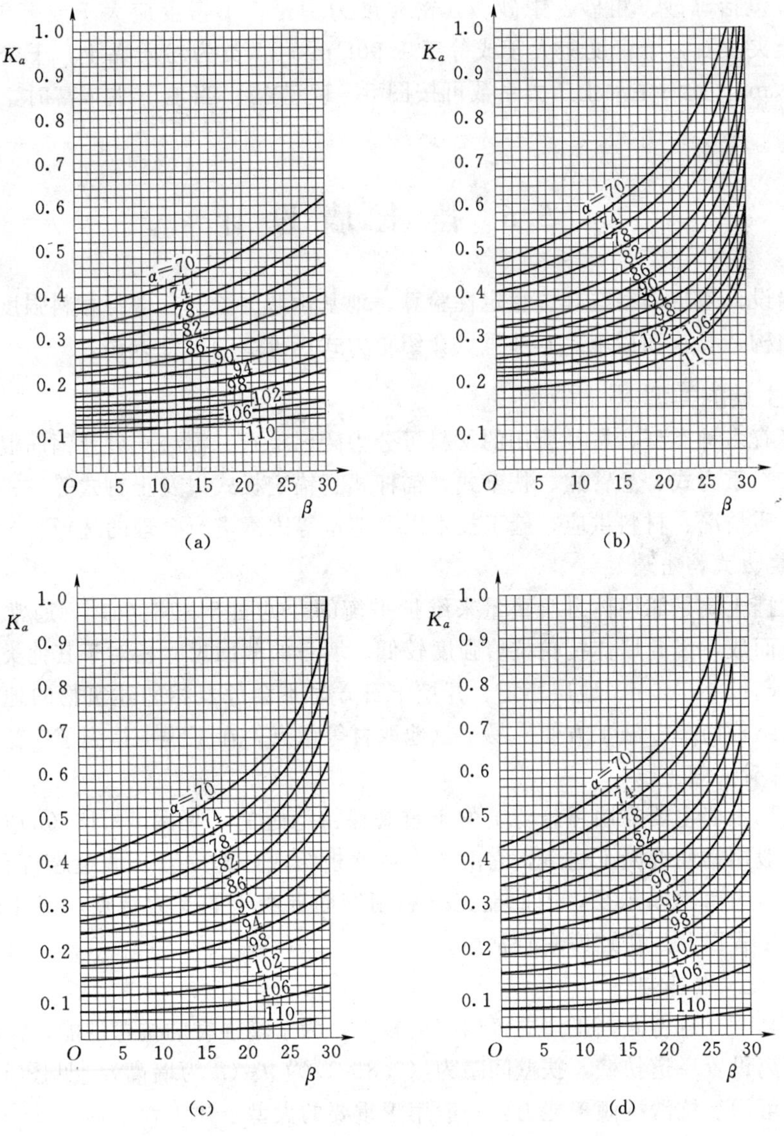

图 5-17 主动土压力系数图表

Ⅰ类土压力系数（$\delta=0.5\varphi$、$q=0$）；(b) Ⅱ类土压力系数（$\delta=0.5\varphi$、$q=0$）；(c) Ⅲ类土压力系数（$\delta=0.5\varphi$、$q=0$、$h=5$m）；(d) Ⅳ类土压力系数（$\delta=0.5\varphi$、$q=0$、$h=5$m）

$$\eta=\frac{2c}{\gamma h} \tag{5-25}$$

对于高度小于或等于5m的挡土墙，当排水条件符合下列条件："边坡的支挡结构应进行排水设计。对于可以向坡外排水的支挡结构，应在支挡结构上设置排水孔。排水孔应沿着横竖两个方向设置，其间距宜取2～3m，排水孔外斜坡度宜为5%，孔眼尺寸不宜小于100mm。支挡结构后面应做好滤水层，必要时应作排水暗沟。支挡结构后面有山坡时，应在坡脚处设置截水沟。对于不能向坡外排水的边坡，应在支挡结构后面设置排水暗沟"，填土符合下列质量要求：Ⅰ类为碎石土，密实度应为中密，干密度应不小于2.0t/m³；Ⅱ类为砂土，包括砾砂、粗砂、中砂、其密实度为中密，干密度应大于或等于1.65t/m³；Ⅲ类为黏土夹块石，干密度应大于或等于1.90t/m³；Ⅳ类为粉质黏土，干密度应大于或等于1.65t/m³，此时主动土压力系数可按图5-17查得。当地下水丰富时，应考虑水压力的作用。

5.6 挡土墙设计

挡土墙设计包括墙型选择、稳定性验算、地基承载力验算、墙身材料强度验算以及一些设计中的构造要求和措施。本节重点介绍重力式挡土墙的设计方法。

5.6.1 挡土墙的类型

挡土墙有多种类型，按其所用的材料可分为砖、毛石、混凝土以及钢筋混凝土等。按结构型式有：重力式、悬臂式、扶壁式、锚杆式、锚定板式以及土钉式等。一般应根据工程需要、土质情况、材料供应、施工技术以及造价等因素进行合理的选择。

5.6.1.1 重力式挡土墙

重力式挡土墙是靠墙体自身重量来维护平衡的［见图5-18（a）］，通常由块石或素混凝土砌筑而成，因此墙体抗拉抗剪强度较低。墙身的截面尺寸相对于其他类型挡土墙较大，宜用于高度小于6m、地层稳定、开挖土石方时不会危及相邻建筑物的地段。重力式挡土墙具有结构简单、施工方便、易于就地取材等优点，在工程中得到了广泛的应用。

5.6.1.2 悬臂式挡土墙

悬臂式挡土墙主要靠墙踵悬臂上的土重来保持稳定的［见图5-18（b）］，墙体内设置钢筋，一般用钢筋混凝土建造，它由3个悬臂板组成，即立臂、墙趾悬臂和墙踵悬臂。墙体内的拉应力由钢筋承受，因此能充分利用钢筋混凝土的受力特点，墙体截面尺寸较小，在市政工程以及厂矿贮库中较常用。

5.6.1.3 扶壁式挡土墙

当墙较高时，悬臂式挡土墙立臂的挠度较大，为了增强臂的抗弯性能，常沿墙的纵向每隔一定距离设置一道扶壁，扶壁间距为（0.8～1.0）h（h为墙高）［见图5-18（c）］。扶臂间填土可增加抗滑抗倾覆能力。一般用于重要的大型土建工程。

5.6.1.4 锚定板及锚杆式挡土墙

锚定板挡土墙是由预制的钢筋混凝土立柱、墙面、钢拉杆和埋置在填土中的锚定板在现场拼装而成，依靠填土与结构的相互作用维持其自身稳定。与重力式挡土墙相比，具有

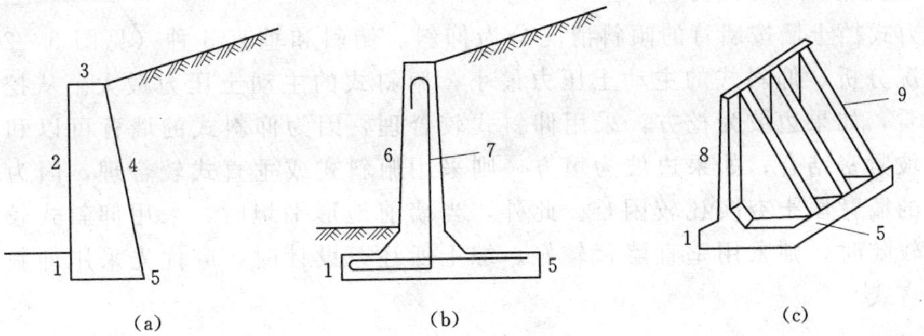

(a) (b) (c)

图 5-18 挡土墙的类型

(a) 重力式挡土墙；(b) 悬臂式挡土墙；(c) 扶壁式挡土墙

1—墙趾；2—墙面；3—墙顶；4—墙背；5—墙踵；6—立壁；7—钢筋；8—墙面板；9—扶壁

结构轻、柔性大、工程量小、造价低、施工方便等优点，特别适合于地基承载力不大的地区。设计时，为了维持锚定板挡土墙结构的内力平衡，必须保证锚定板挡土墙结构周边的整体稳定和土的摩擦阻力大于由土自重和荷载产生的土压力。锚杆式挡土墙是利用嵌入坚实岩层的灌浆锚杆作为拉杆的一种挡土墙结构（见图 5-19、图 5-20）。

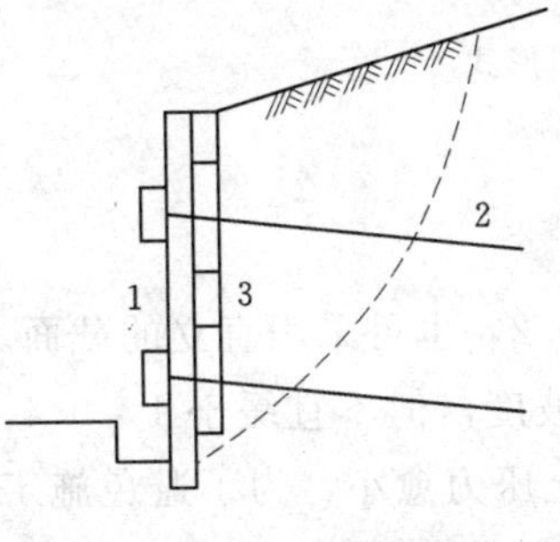

图 5-19 柱板式锚杆挡土墙

1—肋柱；2—锚杆；3—挡土板

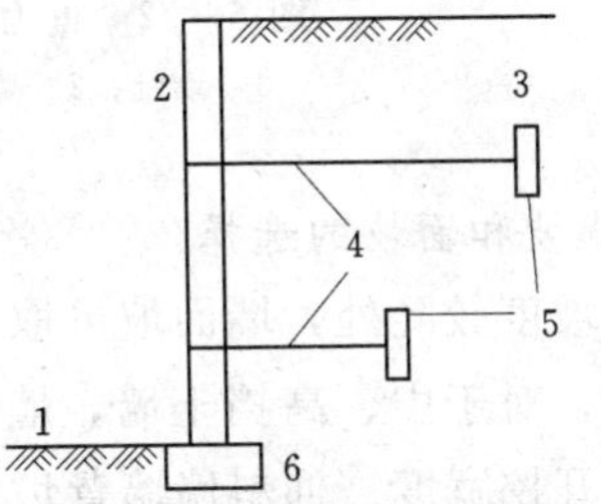

图 5-20 锚定板挡土墙

1—地面；2—墙面板；3—填土；4—拉杆；5—锚定板；6—基础

5.6.1.5 加筋土挡土墙

加筋土挡土墙是由墙面板、加筋材料及填土共同组成（图 5-21），它是依靠拉筋与填土之间的摩擦力来平衡作用在墙面的土压力以保持稳定。加筋土挡土墙能够充分利用材料的性质以及土与筋带的共同作用，因而结构轻巧，体积小，便于现场预制和工地拼装，而且施工速度快，能抗严寒，抗地震，与重力式挡土墙相比，一般可降低造价 25%～60%，是一种较为合理的挡土墙结构。近年来，加筋土挡土墙得到了迅速的发展与应用。

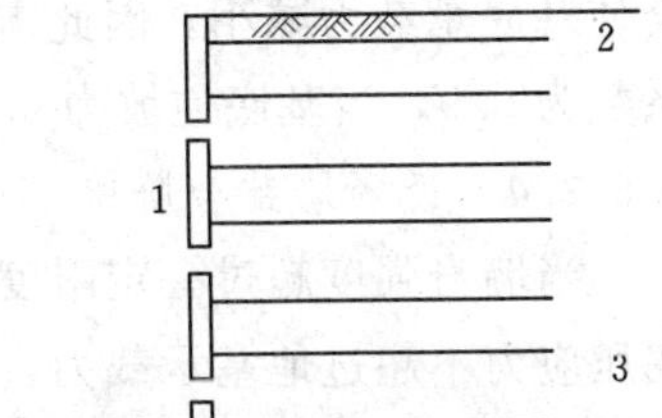

图 5-21 加筋土挡土墙

1—墙面板；2—填料；3—拉筋；4—基础

5.6.2 重力式挡土墙的构造措施

挡土墙的设计，必须合理地选择墙型和采取必要的构造措施，以保证其安全、经济和合理。

5.6.2.1　墙背倾斜形式的选择

重力式挡土墙按墙背的倾斜情况分为仰斜、俯斜和垂直3种（见图5-22）。从受力情况分析，仰斜式的主动土压力最小，俯斜式的主动土压力最大。从挖、填方角度来看，如果边坡为挖方，采用仰斜式较合理，因为仰斜式的墙背可以和开挖的临时边坡紧密结合；如果边坡为填方，则采用俯斜式或垂直式较合理，因为仰斜式挡土墙的墙背填土夯实比较困难。此外，当墙前地形平坦时，采用仰斜式较好，而当地形较陡时，则采用垂直墙背较好。综上所述，设计时，应优先采用仰斜式，其次是垂直式。

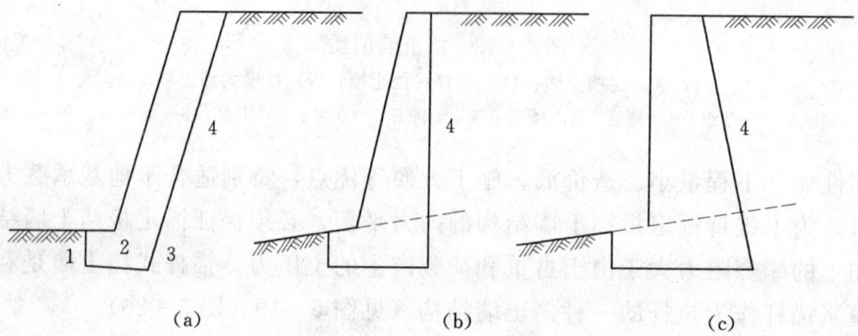

图5-22　重力式挡土墙墙背倾斜形式

1—墙趾；2—墙基；3—墙踵；4—墙背

5.6.2.2　墙的背坡和面坡的选择

在墙前地面坡度较陡处，墙面坡可取1∶0.05～1∶0.2，也可采用直立的截面。当墙前地形较平坦时，对于中、高挡土墙，墙面坡可用较缓坡度，但不宜缓于1∶0.4，以免增高墙身或增加开挖宽度。仰斜墙墙背坡愈缓，则主动土压力愈小，为了避免施工困难，墙背仰斜时其倾斜度一般不宜缓于1∶0.25，面坡应尽量与背坡平行。

5.6.2.3　设置基底逆坡

在墙体稳定性验算中，倾覆稳定较易满足要求，而滑动稳定常不易满足要求。为了增加抗滑稳定性，将基底作为逆坡是一种有效的方法（见图5-23）。对于土质地基的基底逆坡一般不宜大于0.1∶1（n∶1）。对于岩石地基一般不宜大于0.2∶1。由于基底倾斜，会使基底承载力减小，因此需将地基承载力特征值折减。当基底逆坡为0.1∶1时，折减系数为0.9，当基底逆坡为0.2∶1时，折减系数为0.8。

5.6.2.4　设置墙趾台阶

当墙身强度超过一定限度时，基底压应力往往是控制截面尺寸的重要因素。为了使基底压应力不超过地基承载力，可设置墙趾台阶（见图5-24），以扩大基底宽度，对挡土墙的抗倾覆和滑移稳定都是有利的。

墙趾高h和墙趾宽a的比例可取h∶a，a不得小于20cm。墙趾台阶的夹角一般应保持直角或钝角，若为锐角时不宜小于60°。此外，基底法向反力的偏心必须满足$e \leqslant 0.25b$（b为无台阶时的基底宽度）。

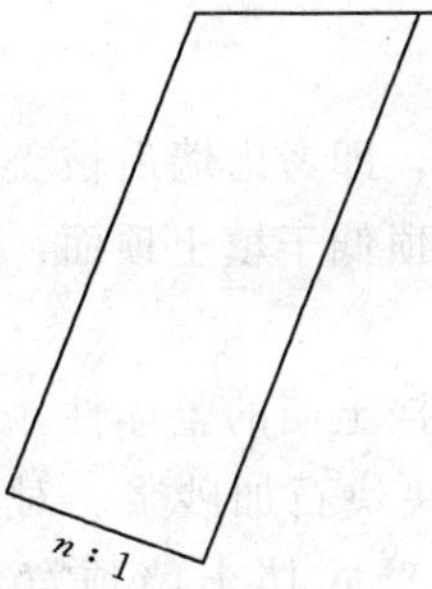

图 5-23　基底逆坡

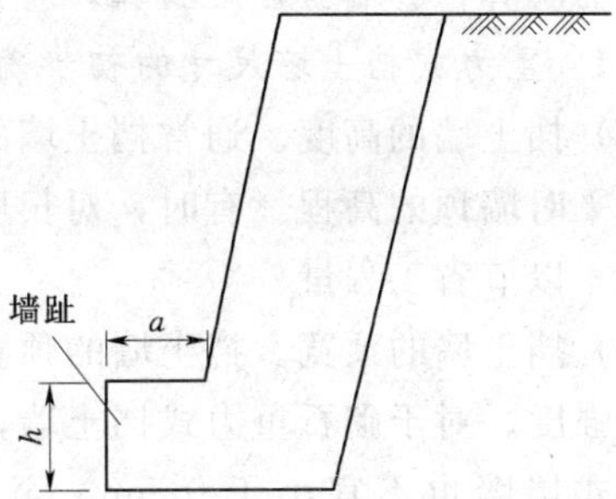

图 5-24　墙趾台阶

5.6.2.5　采取适当排水措施

挡土墙墙后填土如排水不良，在地表水渗入墙后填土后，会使填土的抗剪强度降低，土压力增大，这对挡土墙的稳定不利。若墙后积水，则要产生水压力。积水自墙面渗出，还要产生渗流压力。水位较高时，静、动水压力给挡土墙的稳定威胁更大。因此，挡土墙应沿纵、横两向设泄水孔，其间距宜取 2～3m，外斜 5%，孔眼尺寸不宜小于 100mm。墙后应设置滤水层和必要的排水暗沟，在墙顶背后的地面铺设防水层。当墙后有山坡时，还应在坡下设置截水沟（见图 5-25）。对不能向坡外排水边坡应在墙背填土中设置足够的排水暗沟。

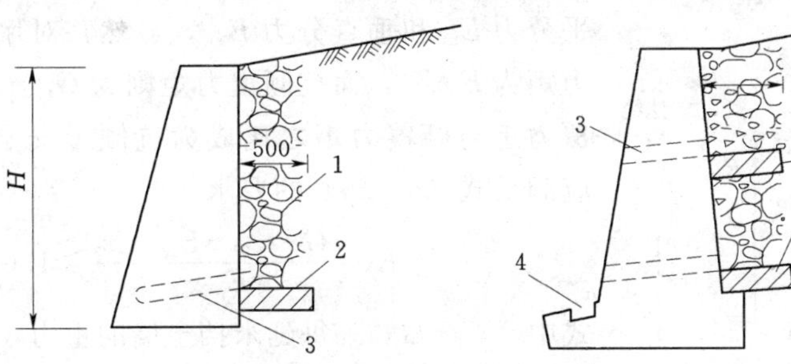

图 5-25　挡土墙排水措施（单位：mm）

1—滤水层；2—黏土夯实；3—泄水孔；4—排水沟

5.6.2.6　填土质量要求

墙后填土宜选择透水性较强的填料，如砂土、砾石、碎石等，因为这类土的抗剪强度较稳定，易于排水。当采用黏性土作为填料时，宜掺入适量的块石。在季节性冻土地区，墙后填土应选择非冻胀性填料（如炉渣、碎石、粗砂等）。不应采用淤泥、耕植土、膨胀性黏土等作为填料，填土料中还不应含有大的冻结土块、木块或其他杂物。墙后填土应分层夯实。

5.6.3　重力式挡土墙的设计

挡土墙的型式选定后，根据挡土墙所处的条件（工程性质、墙后土体的性质、荷载情况、建筑材料、以及施工条件等）凭经验初步拟定截面尺寸，然后进行验算。如不满足要求，则应改变截面尺寸或者采用其他措施。挡土墙的计算通常包括：①稳定性验算；②地基承载力验算；③墙身强度验算；④抗震计算。

5.6.3.1　重力式挡土墙尺寸的初步确定

（1）挡土墙的高度。通常挡土墙的高度是由任务要求确定的，即考虑墙后被支挡的填土呈水平时墙顶的高程。有时，对长度很大的挡土墙，也可使墙顶低于填土顶面，而用斜坡连接，以节省工程量。

（2）挡土墙的顶宽。挡土墙的顶宽为构造要求确定，以保证挡土墙的整体性，及具有足够的强度。对于砌石重力式挡土墙，顶宽应大于 0.5m，即 2 块块石加砂浆。对素混凝土重力式挡墙也不宜小于 0.5m。至于钢筋混凝土悬臂式或扶壁式挡土墙顶宽不宜小于 0.3m。

（3）挡土墙的底宽。挡土墙的底宽由整体稳定性确定。初定挡土墙底宽 $B=(0.5\sim0.7)H$（H 为挡土墙的高度），挡土墙底面为卵石、碎石时取小值，墙底为黏性土时取大值。

挡土墙尺寸确定后，进行挡土墙抗滑移稳定与抗倾覆稳定验算。若安全系数过大，则适当减小墙的底宽；反之，安全系数太小，则适当加大墙的底宽或者采取其他措施，以保证挡土墙既安全又经济。

5.6.3.2　重力式挡土墙稳定性验算

1. 抗倾覆稳定性验算

图 5－26 所示为一基底倾斜的挡土墙，在主动土压力的作用下可能绕墙趾 O 点向外倾覆。在抗倾覆稳定性验算中，将土压力 E_a 分解为水平分力 E_{ax} 和垂直分力 E_{ay}，显然，对墙趾 O 点倾覆力矩为 $E_{ax}Z_f$，而抗倾覆力矩则为 $G_{x_0}+E_{az}x_f$。抗倾覆力矩与倾覆力矩之比成为抗倾覆安全系数（K_t），应满足式（5－26）的要求。

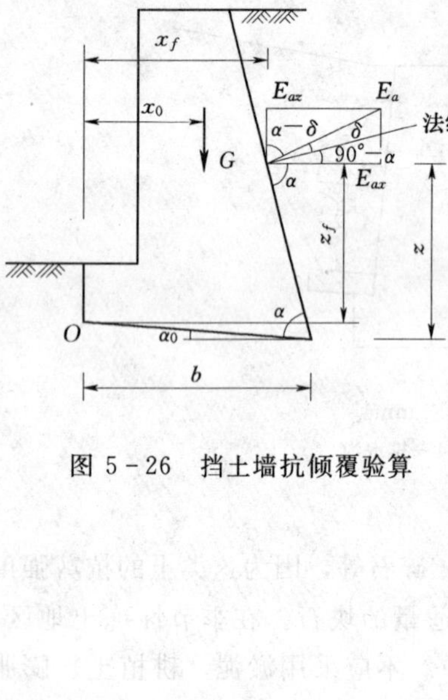

图 5－26　挡土墙抗倾覆验算

$$K_t=\frac{G\cdot x_0+E_{az}\cdot x_f}{E_{ax}z_f}\geqslant 1.6 \tag{5-26}$$

式中　G——每延米挡土墙的重力，kN/m；

E_{az}——主动土压力的垂直分量，$E_{az}=E_a\cos(\alpha-\delta)$，kN/m；

E_{ax}——主动土压力的水平分量，$E_{ax}=E_a\sin(\alpha-\delta)$，kN/m；

x_0、x_f、z_f——G、E_{az}、E_{ax} 至墙趾 O 点的距离，m，$x_f=b-z_f\cot\alpha$，$z_f=z-b\tan\alpha$；

b——基底的水平投影宽度，m；

z——土压力作用点离墙踵的高度，m；

α——墙背与水平线之间的夹角，(°)。

若墙背直立时，墙背与水平线之间的夹角 $\alpha=90°$，基底水平时，基底与水平线之间的夹角 $\alpha_0=0$，则

$$E_{ax}=E_a\cos\delta$$

$$E_{az}=E_a\sin\delta$$

$$x_f = b - z_f \cot\alpha$$

$$z_f = z$$

2. 挡土墙抗滑移验算

在土压力作用下，挡土墙有可能沿基础地面发生滑移，在抗滑移稳定验算中，如图5-27所示的挡土墙，将挡土墙重力 G 及主动土压力 E_a 分解为垂直和平行于基底的两个分力，滑移力为 E_{at}，抗滑移力为 E_{an}。抗滑力和滑动力的比值称为抗滑移安全系数（K_s），即

$$K_s = \frac{(G_n + E_{an})\mu}{E_{at} - G_t} \geqslant 1.3 \qquad (5-27)$$

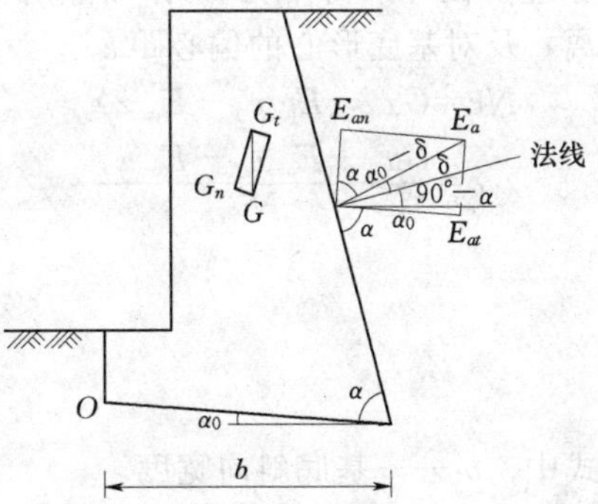

图 5-27　挡土墙抗滑移验算

式中　K_s——抗滑移安全系数；

G_n——垂直于基底的重力分力，$G_n = G\cos\alpha_0$；

G_t——平行于基底的重力分力，$G_t = G\sin\alpha_0$；

E_{an}——垂直于基底的土压力分力，$E_{am} = E_a \times \cos(\alpha - \alpha_0 - \delta)$；

E_{at}——平行于基底的土压力分力，$E_{at} = E_a \times \sin(\alpha - \alpha_0 - \delta)$；

μ——挡土墙基底对地基的摩擦系数，由试验确定，当无试验资料时，可参考表5-2；

δ——土对挡土墙的摩擦角，参考表5-3。

表 5-2　　土对挡土墙基底的摩擦系数 μ

土的类别	状态	摩擦系数 μ
黏性土	可塑	0.25～0.30
	硬塑	0.30～0.35
	坚硬	0.35～0.45
粉土		0.30～0.40
中砂、粗砂、砂粒		0.40～0.50
碎石土		0.40～0.60
软质岩		0.40～0.60
表面粗糙的硬质岩		0.65～0.75

注　1. 对于易风化的软质岩和塑性指数 $I_p > 22$ 的黏性土，基底摩擦系数应通过试验确定。
2. 对于碎石土，密实的可取高值；稍密、中密及颗粒为中等风化或强风化的取低值。

若墙背为垂直时，则 $\alpha = 90°$。基底水平时，$\alpha_0 = 0$，那么

$$G_n = G$$

$$G_t = 0$$

$$E_{an} = E_a \sin\delta$$

$$E_{at}=E_a\cos\delta$$

5.6.3.3 挡土墙地基承载力的验算

挡土墙地基承载力的验算与一般偏心受压基础验算方法相同。如图 5－28 所示，可按下述方法求出基底合力 N 的偏心距 e：先将主动土压力分解为垂直分力 E_{az} 与水平分力 E_{ax}，然后将各力 G、E_{ax}、E_{az} 及 N 对墙趾 O 点取矩，根据合力矩等于各分力矩之和的原理，便可求得合力 N 作用点对 O 点的距离 c 及对基底形心的偏心距 e。

表 5－3　土对挡土墙墙背的摩擦角 δ

挡土墙情况	摩擦角 δ
墙背平滑，排水不良	$(0\sim0.33)\ \varphi_k$
墙背粗糙，排水良好	$(0.33\sim0.50)\ \varphi_k$
墙背很粗糙，排水良好	$(0.50\sim0.67)\ \varphi_k$
墙背与填土间不可能滑动	$(0.67\sim1.00)\ \varphi_k$

注　φ_k 为墙背填土的内摩擦角标准值。

$$Nc=Gx_0+E_{az}x_f-E_{ax}z_f \tag{5-28}$$

$$c=\frac{Gx_0+E_{az}x_f-E_{ax}z_f}{N} \tag{5-29}$$

$$e=\frac{b'}{2}-c \tag{5-30}$$

$$b'=\frac{b}{\cos\alpha_0} \tag{5-31}$$

式中　b'——基底斜向宽度。

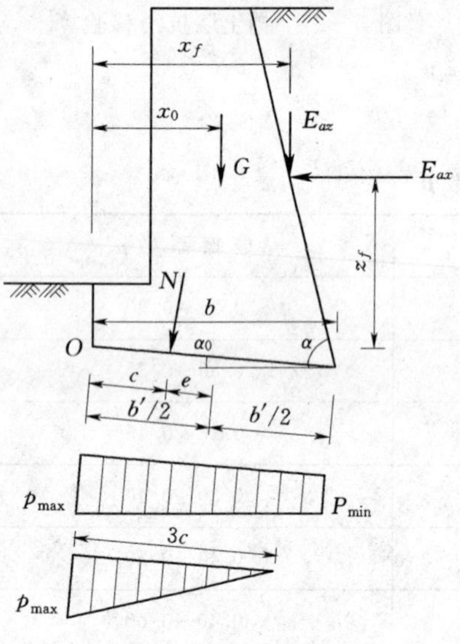

图 5－28　地基承载力验算

挡土墙基础底面的压力可按式（5－32）计算。

当偏心距 $e\leqslant\frac{b'}{6}$时，基底压力呈梯形或三角形分布（见图 5－28）。

$$p_{\max}^{\min}=\frac{N}{b'}\left(1\pm\frac{6e}{b'}\right)\leqslant1.2f_a \tag{5-32}$$

当偏心距 $e>\frac{b'}{6}$时，则基底压力呈三角形分布（见图 5－28）。

$$p_{\max}=\frac{2N}{3c}\leqslant1.2f_a \tag{5-33}$$

式中　f_a——修正后的地基承载力特征值，当基底倾斜时，应乘以 0.8 的折减系数；

$p_{\max}$、$p_{\min}$——偏心荷载作用下，基底压力的最大值和最小值。

验算挡土墙地基承载力要求同时满足式（5－34）和式（5－35）两式

$$p\leqslant f_a \tag{5-34}$$

$$p_{\max}\leqslant1.2f_a \tag{5-35}$$

5.6.3.4 挡土墙墙身强度验算

挡土墙墙身强度验算执行《混凝土结构设计规范》（GB 50010—2002）和《砌体结构设计规范》（GB 50003—2001）等标准的相应规定。

5.7 土坡稳定分析

土坡是指具有倾斜坡面的土体。通常可分为天然土坡（由于地质作用自然形成的土坡，如山坡、江河岸坡等）和人工土坡。如土坡的顶面和底面水平且无限延伸，坡体由均质土组成，称为简单土坡。图 5-29 给出了简单土坡的外形和各部分名称。由于土坡表面倾斜，在土体自重及外荷载作用下，土体具有自上而下的滑动趋势。土坡上的部分岩体或土体在自然或人为因素的影响下，沿某一滑动面发生剪切破坏并向坡下运动的现象称为滑坡。

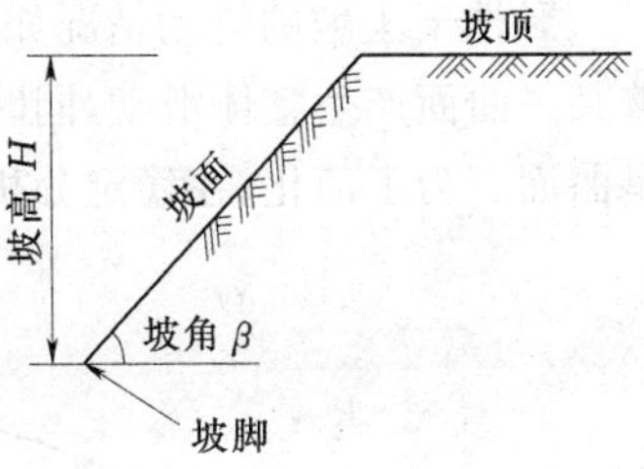

图 5-29　土坡各部分名称

土坡稳定性是高速公路、铁路、机场、高层建筑深基坑以及露天矿井和土坝等土木工程建设中一个重要的问题。规范对建于坡顶的建筑物的地基稳定问题已有专门规定。其实，建（构）筑物不论建于坡顶位置还是坡脚位置，土坡稳定对其存在的可能有害影响是同等重要的。不能疏忽土坡稳定对建于坡脚位置的建（构）筑物构成的安全隐患。土坡稳定性问题可通过土坡稳定分析解决，但有待研究的不确定因素较多，如滑动面形式的确定、土体抗剪强度参数的合理选取、土的非均质性以及坡体中渗流水的影响等。

影响土坡稳定的因素有：外界荷载作用或土坡环境变化等导致土体内部剪应力加大；外界各种因素影响导致土体抗剪强度降低，促使土坡失稳破坏。

5.7.1　无黏性土土坡稳定分析

设一坡角为 β 的无黏性土土坡，土坡及地基为均质的同一种土，且不考虑渗流的影响。纯净的干砂、颗粒之间无黏聚力，其抗剪强度只由摩擦力提供。对于这类土坡，其稳定性条件可由图 5-30 所示的力系来说明。

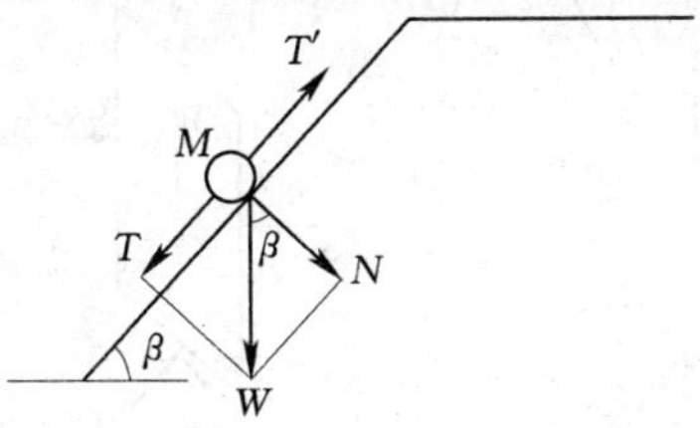

图 5-30　无黏性土土坡稳定分析

斜坡上的土颗粒 M，其自重为 W，砂土的内摩擦角为 φ。W 垂直于坡面和平行于坡面的分力分别为 N 和 T。

$$N = W\cos\beta$$

$$T = W\sin\beta$$

分力 T 将使土颗粒 M 向下滑动，为滑动力。阻止 M 下滑的抗滑力则是由垂直于坡面上的分力 N 引起的最大静摩擦力 T'。

$$T' = N\tan\varphi = W\cos\beta\tan\varphi$$

抗滑力与滑动力的比值称为稳定安全系数 K，为

$$K = \frac{T'}{T} = \frac{W\cos\beta\tan\varphi}{W\sin\beta} = \frac{\tan\varphi}{\tan\beta} \tag{5-36}$$

由上式可知，无黏性土土坡稳定的极限坡角 β 等于其内摩擦角，即：当 $\beta=\varphi$ 时（$K=1$），土坡处于极限平衡状态。故砂土的内摩擦角也称为自然休止角。由上述的平衡关系还可看出：无黏性土坡的稳定性与坡高无关，仅取决于坡角 β，只要 $\beta<\varphi$（$K>1$），土坡就是稳定的。为了保证土坡有足够的安全储备，可取 $K=1.1\sim1.5$。

上述分析只适用于无黏性土坡的最简单情况。即只有重力作用，且土的内摩擦角是常数。工程实际中只有均质干土坡才完全符合这些条件。对有渗透水流的土坡、部分浸水土坡以及高应力水平下 φ 角变小的土坡，则不完全符合这些条件。这些情况下的无黏性土坡稳定分析可参考有关书籍。

5.7.2 黏性土土坡稳定分析

黏性土土坡的滑动情况如图 5-31 所示。土坡失稳前一般在坡顶产生张拉裂缝，继而沿着某一曲面产生整体滑动，同时伴随着变形。在垂直于纸面方向，滑坡将延伸至一定范围，也是曲面。为了简化，在稳定分析中通常作为平面问题处理，而且假定滑动面为圆面。

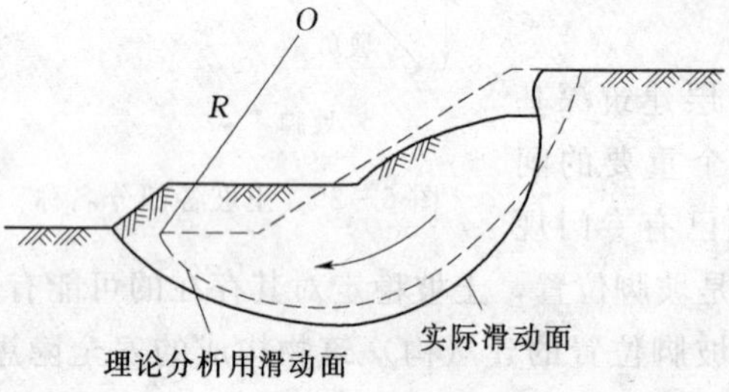

图 5-31 黏性土土坡的滑动面

黏性土土坡稳定分析有许多种方法，目前工程最常用的是条分法。

条分法首先为瑞典工程师费兰纽斯（Fellenius，1922）所提出，这个方法具有较普遍的意义，它不仅可以分析简单土坡，还可以用来分析非简单土坡，例如土质不均匀的、坡上或坡顶作用荷载的土坡等。

条分法的具体计算步骤如下。

（1）按比例绘出土坡剖面，如图 5-32 所示。

（2）任选一圆心 O，以 $\overline{Oa}$ 为半径作圆弧，$\widehat{ab}$ 为滑动面，将滑动面以上土体分成几个等宽（不等宽亦可）土条。

（3）计算每个土条的力（以第 i 条为例进行分析）。第 i 条上作用力有（纵向取 1m）：土条自重 W_i（包括土条顶面的荷载）；作用于滑动面 $\overline{fg}$（简化为平面）上的法向反力 N_i，和剪切力 T_i；作用于土条侧面 $\overline{ef}$ 和 $\overline{dg}$ 上的法向力 p_i、p_{i+1} 和剪力 x_i、x_{i+1}。

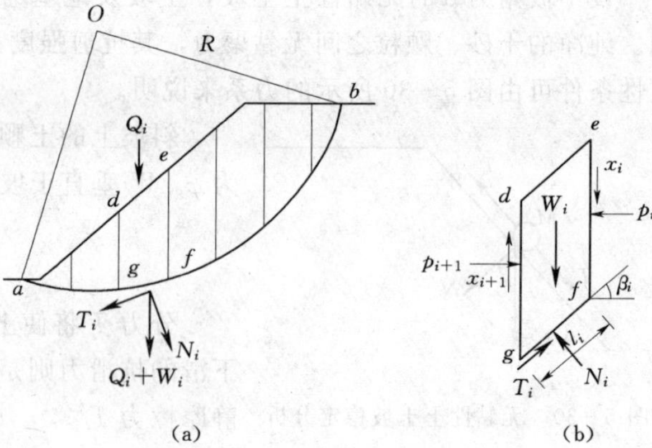

图 5-32 无黏性土土坡稳定分析

（a）土坡剖面；（b）作用于 i 土条上的力

这一力系是非静定力系。为简化计算，设 p_i、x_i 的合力与 p_{i+1}、x_{i+1} 的合力相平衡，稳定分析时，不考虑其影响。这样简化后的结果偏于安全。根据土条静力平衡条件列出。

$$N_i = W_i \cos\beta_i$$

$$T_i = W_i \sin\beta_i$$

滑动面 $\overline{fg}$ 上应力分别为

$$\sigma_i = \frac{N_i}{l_i} = \frac{1}{l_i} W_i \cos\beta_i$$

$$\tau_i = \frac{T_i}{l_i} W_i \sin\beta_i$$

式中　l_i——fg 的长度。

此外构成抗滑力的还有黏聚力 c_i。

(4) 滑动面$\overset{\frown}{ab}$上的总滑力矩（对滑动圆心）为

$$TR = R\sum T_i = R\sum W_i \sin\beta_i$$

(5) 滑动面$\overset{\frown}{ab}$上的总抗滑力矩（对滑动圆心）为

$$T'R = R\sum \tau_{fi} l_i = R\sum(\sigma_i \tan\varphi_i + c_i) l_i = R\sum(W_i \cos\beta_i \tan\varphi_i + c_i l_i)$$

(6) 确定安全系数 K。总抗滑力矩与总抗滑动力矩的比值称为稳定安全系数 K，即

$$K = \frac{T'R}{TR} = \frac{\sum(W_i \cos\beta_i \tan\varphi_i + c_i l_i)}{\sum W_i \sin\beta_i} \tag{5-37}$$

上式即为太沙基（1936）提出而被广泛采用的公式。当土坡由不同土层组成时，式（5-37）仍可适用。但使用时要注意：应分层计算土条重力（地下水位以下用有效重度），然后叠加；土的黏聚力 c 和内摩擦角 φ 应按滑弧所通过的土层采取不同的指标。

由于滑动圆弧是任意选定的，所以不一定是最危险滑弧，即上述计算的 K 不一定是最小的。因此，还必须对其他滑动圆弧（不同圆心位置和不同半径）进行计算，直至求得最小的安全系数，最小的安全系数对应的滑弧即为最危险滑弧。所以条分法实际上是一种试算法。由于这种计算的工作量大，目前一般由计算机来完成这种计算。即根据具体的边坡和土质，假设滑弧圆心和滑弧半径在坡体与地基内搜索最危险滑弧，同时确定最小安全系数。当 $K_{min}>1$ 时，土坡是稳定的，根据边坡工程的安全等级，一般可取 $K_{min}=1.20\sim1.30$ [《建筑边坡工程技术规范》(GB 50330—2002)]。

5.7.3 人工边坡的确定

在山坡整体稳定的情况下，边坡的设计和施工，关键是根据工程地质条件确定合理的边坡容许坡度和高度，或经验拟定的尺寸是否稳定合理。

1. 查表法

当工程地质条件良好，岩土质较均匀时，可以参照表 5-4、表 5-5 确定边坡的坡度允许值。

表 5-4　　土质边坡坡度允许值（高宽比）

土的类别	密实度或状态	边坡高度	
		5m 以下	5～10m
碎石土	密　实	1：0.35～1：0.50	1：0.50～1：0.75
	中　密	1：0.50～1：0.75	1：0.75～1：1.00
	稍　密	1：0.75～1：1.00	1：1.00～1：1.25
粉土	稍　湿	1：1.00～1：1.25	1：1.25～1：1.50
老黏性土	坚　硬	1：0.35～1：1.50	1：0.50～1.075
	硬　塑	1：0.50～1：0.75	1：0.75～1：1.00
一般黏性土	坚　硬	1：0.75～1：1.00	1：1.00～1：1.25
	硬　塑	1：1.00～1：1.25	1：1.25～1：1.50

注　本表中的碎石土，其填充物为坚硬或硬塑状态的黏性土；砂土或碎石土的充填物为砂土时，其边坡允许坡度值按自然休止角确定。

表 5-5　岩质边坡坡度允许值（高宽比）

边坡岩体类型	风化程度	边坡高度		
		$H<8$m	8m$\leqslant H<$15m	15m$\leqslant H<$25m
Ⅰ类	微风化	1：0.00～1：0.10	1：0.10～1：0.15	1：0.15～1：0.25
	中等风化	1：0.10～1：0.15	1：0.15～1：0.25	1：0.25～1：0.35
Ⅱ类	微风化	1：0.10～1：0.15	1：0.15～1：0.25	1：0.25～1：0.35
	中等风化	1：0.15～1：0.25	1：0.25～1：0.35	1：0.35～1：0.50
Ⅲ类	微风化	1：0.25～1：0.35	1：0.35～1：0.50	—
	中等风化	1：0.35～1：0.50	1：0.50～1：0.75	—
Ⅳ类	中等风化	1：0.50～1：0.75	1：0.75～1：1.00	—
	强风化	1：0.75～1：1.0	—	—

注　表中 H 为边坡高度；Ⅳ类强风化包括各类风化程度的极软岩。

2. 泰勒图表法

土坡的稳定性与土体的抗剪强度指标 c、φ、土的重度 γ、土坡的坡角 β 和坡高 h 等 5 个参数有密切关系。因为这 5 个参数考虑到了均质黏性土土坡的所有物理力学特性，D. W. 泰勒（Taylor）1937 年用图表表达了其中的关系。为了简化，把 3 个参数 c、φ 和 h 合并为一个新的无量纲参数 N_s，称为稳定数，其值仅取决于坡角 β 和深度系数 n_d（见下述）。N_s 的定义为：

$$N_s=\frac{\gamma h_{cr}}{c}$$

式中　h_{cr}——土坡的临界（极限）高度。

按不同的角 φ 绘出 N_s 与 β 的关系曲线，如图 5-33 所示。对于 $\varphi=0$ 且 $\beta<53°$的软黏土土坡，其稳定性与下卧硬层距土坡坡顶的距离 h_d 有关，计算时查图中的虚线，图中深度系数 $\eta_d=h_d/h$，h 为土坡高度。

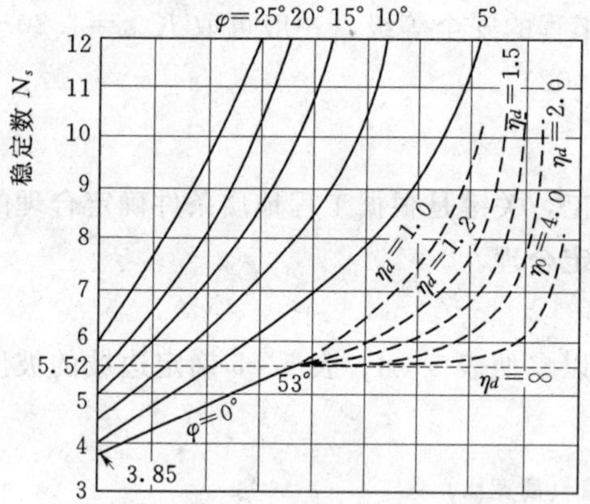

图 5-33　泰勒稳定数 N_s 图

采用泰勒图表法可以解决简单土坡稳定分析中的下述问题。

（1）已知坡角 β 及土的 c、φ、γ，求稳定的坡高 h。

（2）已知坡高 h 及土的 c、φ、γ，求稳定的坡角 β。

（3）已知坡高 h、坡角 β 及土的 c、φ、γ，求稳定安全系数 K。

泰勒图表法比较简单，一般多用于计算均质的、高度在 10m 以内的土坡，也可用于对较复杂情况的初步估算。

本 章 小 结

作用于挡土结构物上的侧向压力叫土压力，土压力的影响因素中最主要的是挡土墙的位移方向和位移量。根据挡土墙位移情况，土压力可分为静止土压力、主动土压力、被动土压力。

静止土压力强度

$$p_0=K_0\gamma z$$

朗肯土压力强度

主动：

$$p_a=\gamma zK_a-2c\sqrt{K_a}$$

被动：

$$p_p=\gamma zK_p+2c\sqrt{K_p}$$

库仑土压力强度

主动：

$$p_a=\gamma zK_a$$

被动：

$$p_p=\gamma zK_p$$

规范法计算土压力

$$E_a=\psi_c\frac{1}{2}\gamma H^2K_a$$

挡土墙设计包括墙形选择、稳定性验算、地基承载力验算、墙身材料强度验算以及一些设计中的构造要求和措施。

挡土墙有多种类型，按其所用的材料可分为砖、毛石、混凝土以及钢筋混凝土等。按结构形式有：重力式、悬臂式、扶壁式、锚杆式、锚定板式以及土钉式等。

重力式挡土墙的设计包括：挡土墙的型式选定后，根据挡土墙所处的条件（工程性质、墙后土体的性质、荷载情况、建筑材料、以及施工条件等）凭经验初步拟定截面尺寸，然后进行验算。如不满足要求，则应改变截面尺寸或者采用其他措施。挡土墙的计算通常包括：①稳定性验算；②地基承载力验算；③墙身强度验算；④抗震计算。

土坡是指具有倾斜坡面的土体。通常可分为天然土坡（由于地质作用自然形成的土坡，如山坡、江河岸坡等）和人工土坡。

影响土坡稳定的因素有：外界荷载作用或土坡环境变化等导致土体内部剪应力加大；外界各种因素影响导致土体抗剪强度降低，促使土坡失稳破坏。

应用条分法对黏性土坡的稳定性进行分析

$$K=\frac{T'R}{TR}=\frac{\sum(W_i\cos\beta_i\tan\varphi_i+c_il_i)}{\sum W_i\sin\beta_i}$$

利用查表法、图表法确定人工边坡的坡度。

复习思考题

1. 试阐述主动、静止、被动土压力产生的条件，并比较三者的大小。

2. 对比朗肯土压力理论和库仑土压力理论的基本假定和适用条件。

3. 常见的挡土墙有哪些类型？常用于什么场合？

4. 墙背积水对挡土墙的稳定性有何影响？

5. 导致土坡失稳的因素有哪些？对于濒临失稳的土坡使之稳定的应急手段是什么？

6. 土坡稳定分析的圆弧法的安全系数的含义是什么？计算时为什么要分条？最危险滑动面如何确定？

7. 试简述挡土墙的类型及其各自的主要特点与适用范围。

8. 进行重力式挡土墙设计需进行哪些基本验算？

习题

1. 挡土墙高4.2m，墙背竖直光滑，填土表面水平，填土的物理指标：$\gamma=18.5\text{kN/m}^3$，$c=8\text{kPa}$，$\varphi=24°$，试求：

(1) 条件如上时，计算主动土压力 E_a 及作用点位置，并绘出 p_a 分布图。

(2) 地表作用有20kPa均布荷载时的 E_a 及作用点，并绘出 p_a 分布图。

2. 挡土墙高5m，墙背竖直光滑，墙后填土为砂土，表面水平，$\varphi=30°$，地下水位距填土表面2m，水上填土重度 $\gamma=18\text{kN/m}^3$，水下土的饱和重度 $\gamma_{sat}=21\text{kN/m}^3$，试绘出主动土压力强度和静水压力分布图，并求出总侧压力的大小。

3. 挡土墙高4m，填土倾向角 $\beta=10°$，填土的重度 $\gamma=20\text{kN/m}^3$，$c=0$，$\varphi=30°$，填土与墙背的摩擦角 $\delta=10°$，试用库仑理论分别计算墙背倾斜角 $\alpha=10°$ 和 $\alpha=-10°$ 时的主动土压力，并绘图表示其分布与合力、作用点位置和方向。

4. 挡土墙高6m，填土分成两层，各层土的物理及力学性质指标如图5-34所示，试绘出主动土压力强度分布图，并求出土压力大小。

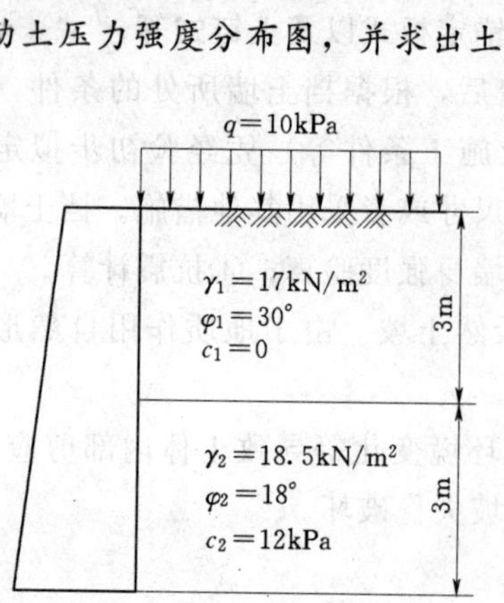

图5-34 习题4图

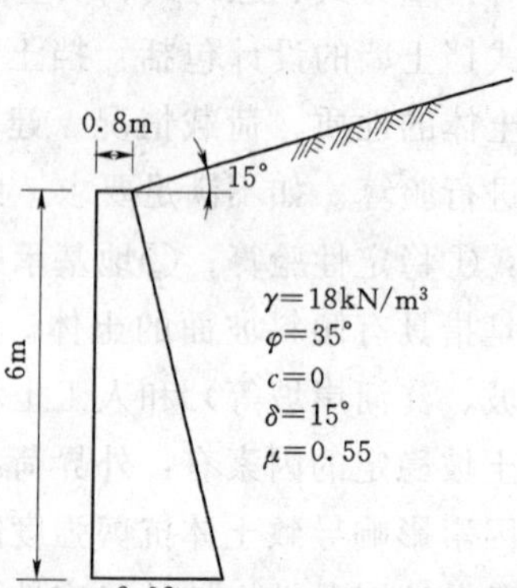

图5-35 习题5图

5. 如图5-35所示挡土墙，墙身砌体重度 $\gamma_k=22.0\text{kN/m}^3$，试验算该挡土墙的稳定性。

第6章 工程地质勘察与验槽

本章要点

- 了解岩土工程勘察分级与勘察阶段的划分，了解地基勘察的任务、内容以及勘探点的布置。
- 理解常用工程地质勘察方法以及工程地质勘察报告书的内容，理解验槽的目的、内容、方法以及局部处理。
- 掌握工程地质勘察报告书的阅读和工程地质勘察资料的分析运用。
- 能够正确的分析和应用工程地质勘察报告书。
- 了解验槽的目的、内容与方法。

6.1 工程地质勘察概述

工程地质勘察是根据建设工程的要求，查明、分析、评价建设场地的地质、环境特征和岩土工程条件，编制勘察文件的活动。各项工程建设在设计和施工之前，必须按基本建设程序进行工程地质勘察。工程地质勘察应按工程建设各勘察阶段的要求，正确反映工程地质条件，查明不良地质作用和地质灾害，精心勘察、精心分析，提出资料完整、评价正确的勘察报告。

6.1.1 工程地质勘察的目的与任务

工程地质勘察是工程建设的先行工作，其目的在于以各种勘察手段和方法，调查研究和分析评价建筑场地和地基的工程地质条件，为工程建设规划、设计、施工提供可靠的地质依据，以充分利用有利的自然地质条件，避开或改造不利的地质因素，保证建筑物安全和正常使用。其主要任务有以下几项。

(1) 通过工程地质测绘与调查、勘探、室内试验、现场测试与观测等方法，查明场地的工程地质条件。其内容包括以下几个方面。

1) 调查场地地形地貌的形态特征、地貌的成因类型及单元的划分。

2) 查明场地的地层类别、成分、分布规律和埋藏条件等。

3) 查明场地的水文地质条件（包括地下水的类型，埋藏、补给、排泄条件，水位变化幅度，岩土渗透性及地下水腐蚀性等）。

4) 确定场地是否存在不良地质现象（如滑坡、崩塌、岩溶、土洞、冲沟、泥石流、地震液化、岸边冲刷等)，如存在，则应查明其成因、分布、形态、规模及发育程度，并判断对工程可能造成的危害。

5）提供满足设计、施工所需的土的物理性质和力学性质指标等。

（2）根据场地的工程地质条件并结合工程的具体特点和要求，进行岩土工程分析评价，提出基础工程、整治工程和土方工程等的设计方案和施工措施。岩土工程分析评价包括下列工作。

1）整编测绘、勘探、测试和搜集到的各种资料。

2）统计和选定岩土计算参数。

3）进行咨询性的岩土工程设计。

4）预测或研究岩土工程施工和运营中可能发生或已经发生的问题，提出预防或处理方案。

5）编制岩土工程勘察报告书。

（3）对于重要工程或复杂岩土工程问题，在施工阶段或使用期间需进行现场检验或监测。必要时，根据监测资料对设计、施工方案作出适当调整或采取补救措施，以保证工程质量、安全和总结经验。

6.1.2 工程地质勘察的分级

综合工程重要性、场地复杂程度和地基复杂程度对岩土工程地质勘察进行等级划分。其目的在于针对不同等级的岩土工程地质勘察项目，划分勘察阶段，制定有效的勘察方案，解决主要工程问题。具体的划分条件分类有以下几种。

1. 工程重要性等级

根据工程的规模和特征，以及由于岩土工程问题造成工程破坏或影响正常使用的后果，可分为3个工程重要性等级。

（1）一级工程：重要工程，后果很严重。

（2）二级工程：一般工程，后果严重。

（3）三级工程：次要工程，后果不严重。

2. 场地等级

根据场地的复杂程度，可按下列规定分为3个场地等级。

（1）符合下列条件之一者为一级场地（复杂场地）。

1）对建筑抗震危险的地段。

2）地质环境已经或可能受到强烈破坏，指人为原因或自然原因引起的地下采空、地面沉降、地裂缝、化学污染、水位上升等对工程安全已构成直接威胁。

3）不良地质作用强烈发育：指泥石流、崩塌、土洞、塌陷、岸边冲刷、地下潜蚀等极不稳定的场地，这些不良地质现象直接威胁着工程安全。

4）地形地貌复杂。

5）有影响工程的多层地下水、岩溶裂隙水或其他水文地质条件复杂，需专门研究的场地。

（2）符合下列条件之一者为二级场地（中等复杂场地）。

1）对建筑抗震不利的地段。

2）地形地貌较复杂。

3）地质环境已经或可能受到一般破坏：指已有或将有地质环境问题，但不强烈，对工程安全影响不严重。

4）不良地质作用一般发育：指虽有不良地质现象但并不十分强烈，对工程安全影响不严重。

5）基础位于地下水位以下的场地。

(3) 符合下列条件之一者为三级场地（简单场地）。

1）抗震设防烈度不大于6度，或对建筑抗震有利的地段。

2）地形地貌简单。

3）地下水对工程无影响。

4）不良地质作用不发育。

5）地质环境基本未受破坏。

在确定场地复杂程度的等级时，从一级开始，向二级、三级推定，以最先满足者为准。下面确定地基复杂程度等级时，也按本方法推定。对建筑抗震有利、不利和危险地段的划分，应按现行国家标准《建筑抗震设计规范》（GB 50011）的规定确定。

3. 地基等级

根据地基的复杂程度，可按下列规定分为3个地基等级。

(1) 符合下列条件之一者为一级地基（复杂地基）。

1）岩土种类多，很不均匀，性质变化大，需特殊处理。

2）严重湿陷、膨胀、盐渍、污染的特殊性岩土，以及其他情况复杂，需作专门处理的岩土。

(2) 符合下列条件之一者为二级地基（中等复杂地基）。

1）岩土种类较多，不均匀，性质变化较大。

2）除上述（1）2）以外的特殊性岩土。

(3) 符合下列条件者为三级地基（简单地基）。

1）岩土种类单一，均匀，性质变化不大。

2）无特殊性岩土。

4. 岩土工程勘察等级

根据工程重要性等级、场地复杂程度等级和地基复杂程度等级，可按下列条件划分岩土工程勘察等级。

(1) 甲级。在工程重要性、场地复杂程度和地基复杂程度等级中，有一项或多项为一级。

(2) 乙级。除勘察等级为甲级和丙级以外的勘察项目。

(3) 丙级。工程重要性、场地复杂程度和地基复杂程度等级均为三级。

建筑在岩质地基上的一级工程，当场地复杂程度等级和地基复杂程度等级均为三级时，岩土工程勘察等级可定为乙级。

6.1.3 工程地质勘察阶段的划分

岩土工程勘察阶段的划分是与工程设计阶段相适应的，大致可以分为可行性研究勘察

（或选址勘察）、初步勘察、详细勘察3个阶段。视工程的实际需要，当工程地质条件（通常指建设场地的地形、地貌、地质构造、地层岩性、不良地质现象和水文地质条件等）复杂或有特殊施工要求的重大工程地基，还需要进行施工勘察。对于场地面积不大，岩土工程条件简单或有建筑经验的地区，可适当简化勘察阶段。

1. 可行性研究勘察（选址勘察）

可行性研究勘察的目的是取得几个场址方案的主要工程地质资料，并对拟选场地的稳定性和适宜性作出岩土工程评价和方案比较，以选取最优的工程建设场地。

可行性研究勘察阶段的工作主要侧重于搜集和分析区域地质、地形地貌、地震、矿产和附近地区的工程地质资料以及当地的建筑经验，并在此基础上，通过踏勘了解场地的地层构造、岩土性质、不良地质现象以及地下水等工程地质条件。当拟建场地工程地质条件复杂，已有资料不能满足要求时，应根据具体情况进行工程地质测绘和必要的勘探工作。

根据我国的建设经验，下列地区、地段不宜选为场址。

（1）不良地质现象发育且对场地稳定性有直接危害或潜在威胁。

（2）对建筑抗震不利。

（3）地基土性质严重不良。

（4）洪水或地下水对建筑场地有严重不良影响。

（5）地下有未开采的有价值矿藏或未稳定的地下采空区。

2. 初步勘察

初步勘察是为密切配合工程初步设计的要求，对场地内建筑地段的稳定性作出进一步的岩土工程评价，并为确定建筑物总平面布置、主要建筑物的地基基础设计方案以及对不良地质现象的防治对策提供依据。

初步勘察阶段的工作主要是搜集可行性研究勘察阶段岩土工程勘察报告，取得工程场地范围的地形图以及有关工程地质文件；初步查明地质构造、地层结构、岩土的物理力学性质、地下水埋藏条件以及冻结深度；查明场地不良地质现象的成因、分布、对场地稳定性的影响及其发展趋势；初步判定水和土对建筑材料的腐蚀性；对抗震设防烈度不小于6度的场地，对场地和地基的地震效应做出初步评价。

3. 详细勘察

详细勘察是为满足工程施工图设计的要求，针对具体的建筑物地基或具体的地质问题，提出详细的岩土工程勘察资料，并为进行施工图设计和施工提供可靠的依据或设计计算参数；对建筑地基作出岩土工程分析评价，并对基础设计、地基处理、基坑支护、工程降水和不良地质现象的防治等作出论证和建议。

详细勘察的工作主要是搜集附有坐标和地形的建筑总平面图，场区的地面整平标高，建筑物的性质、规模、荷载、结构特点，基础形式、埋藏深度，地基允许变形等资料；查明不良地质作用的类型、成因、分布范围、发展趋势和危害程度，提出整治方案的建议；查明建筑范围内岩土层的类型、深度、分布、工程特性，对地基的稳定性、均匀性和承载力进行分析和评价；对需要进行沉降计算的建筑物，提供地基变形计算的参数，预测建筑物的变形特征；查明埋藏的河道、沟浜、墓穴、防空洞、孤石等对工程不利的埋藏物；查明地下水的埋藏条件，提供地下水位及其变化幅度；在季节性冻土地区，提供场地土的标准冻结深度；判定水和土对建筑材料的腐蚀性。

详细勘察的手段主要以勘探、原位测试和室内土工试验为主，必要时可以补充一些物探和工程地质测绘和调查工作。

4. 施工勘察

施工勘察不是一个固定的勘察阶段，应根据工程需要而确定是否进行。它是为配合设计、施工或解决施工中的工程地质问题而提供相应的岩土工程参数。当遇到下列情况之一时，应进行施工勘察。

(1) 工程地质条件复杂，详勘阶段难以查清时。

(2) 为进行地基处理，需进一步提供勘察资料时。

(3) 施工中，地基土受扰动，需查明其性状及工程性质时。

(4) 基槽开挖后发现土质、土层结构与原勘察资料不符时。

(5) 施工中边坡失稳，需查明原因，进行监测并提出处理建议时。

(6) 建（构）筑物有特殊要求，或在施工时出现新的岩土工程地质问题时。

6.1.4 勘探点的布置

6.1.4.1 初步勘察

勘探线、勘探点的布置原则是：勘探线应垂直地貌单元、地质构造和地层界线布置；勘探点沿勘探线布置，每个地貌单元均应布置勘探点，在地貌单元交接部位和地层变化较大的地段，勘探点应予以加密；在地形平坦地区，可按网格布置勘探点。

初步勘察勘探线、勘探点间距见表 6-1，局部异常地段应予以加密。

勘探孔可分为一般性勘探孔和控制性勘探孔两类，控制性勘探孔宜占勘探孔总数的 1/5～1/3，且每个地貌单元均应有控制性勘探孔。初步勘察勘探孔的深度见表 6-2，孔深应根据地质条件适当增减，如遇岩层及坚实土层可适当减小，遇软弱地层可适当增大。

采取土试样和进行原位测试的勘探点应结合地貌单元、地层结构和土的工程性质布置，其数量可占勘探点总数的 1/4～1/2；采取土试样的数量和孔内原位测试的竖向间距，应按地层特点和土的均匀程度确定，每层土均应采取试样或进行原位测试，其数量不宜少于 6 个。

表 6-1　初步勘察勘探线、勘探点间距　单位：m

地基复杂程度等级	勘探线间距	勘探点间距
一级（复杂）	50～100	30～50
二级（中等复杂）	75～150	40～100
三级（简单）	150～300	75～200

注　表中间距不适用于地球物理勘探。

表 6-2　初步勘察勘探孔深度　单位：m

工程重要性等级	一般性勘探孔	控制性勘探孔
一级（重要工程）	≥15	≥30
二级（一般工程）	10～15	15～30
三级（次要工程）	6～10	10～20

注　1. 勘探孔包括钻孔、探井和原位测试孔等。
2. 特殊用途的钻孔除外。

6.1.4.2 详细勘察

勘探点的布置原则是：勘探点宜按建筑物周边线和角点布置，对无特殊要求的其他建筑物可按建筑物或建筑群的范围布置；同一建筑范围内的主要受力层或有影响的下卧层起伏较大时，应加密勘探点；重大设备基础应单独布置勘探点；重大的动力机器基础和高耸构筑物，勘探点不宜少于3个；在复杂地质条件或特殊岩土地区宜布置适量的探井。

详细勘察勘探点的间距见表6-3。

表6-3 详细勘察勘探点的间距 单位：m

地基复杂程度等级	勘探点间距
一级（复杂）	10～15
二级（中等复杂）	15～30
三级（简单）	30～50

详细勘察的勘探深度自基础底面算起，应符合下列规定。

(1) 勘探孔深度应能控制地基主要受力层，当基础底面宽度不大于5m时，勘探孔的深度对条形基础不应小于基础底面宽度的3倍，对单独柱基不应小于1.5倍，且不应小于5m。

(2) 对高层建筑和需作变形计算的地基，控制性勘探孔的深度应超过地基变形计算深度。高层建筑的一般性勘探孔应达到基底下基础宽度的0.5～1.0倍，并深入稳定分布的土层。其中地基变形计算深度，对中、低压缩性土可取附加应力等于上覆土层有效自重应力20%的深度。对于高压缩性土层可取附加应力等于上覆土层有效自重应力10%的深度。

(3) 建筑总平面内的裙房或仅有地下室部分（或当基底附加压力$p_0 \leqslant 0$时）的控制性勘探孔深度可适当减小，但应深入稳定分布地层，且根据荷载和土质条件不宜少于基底下基础宽度的0.5～1.0倍。对仅有地下室的建筑或高层建筑的裙房，当不能满足抗浮设计要求，需设置抗浮桩或锚杆时，勘探孔深度应满足抗拔承载力评价的要求。

(4) 当有大面积地面堆载或软弱下卧层时，应适当加深控制性勘探孔的深度。当在预定深度内遇基岩或厚层碎石土等稳定地层时，勘探孔的深度应根据情况进行调整。

(5) 大型设备基础勘探孔深度不宜小于基础底面宽度的2倍。

(6) 当需要进行地基整体稳定性验算时，控制性勘探孔深度应满足验算要求；当需要进行地基处理时，勘探孔的深度应满足地基处理设计与施工要求。

(7) 当采用桩基础时，勘探孔的深度应满足桩基础方面的要求。

采取土试样和进行原位测试的勘探点数量，应根据地层结构、地基土的均匀性和设计要求确定，对地基基础设计等级为甲级的建筑物每栋不应少于3个。每个场地每一主要土层的原状土试样或原位测试数据不应少于6组。在地基主要受力层内，对厚度大于0.5m的夹层或透镜体，应采取土试样或进行原位测试。当土层性质不均匀时，应增加取土数量或原位测试工作量。

6.2 工程地质勘察方法

6.2.1 工程地质测绘与调查

工程地质测绘与调查的目的是通过对场地的地形地貌、地层岩性、地质构造、地下水与地表水、不良地质现象进行调查研究与必要的测绘工作，为评价场地工程地质条件及合理确定勘察工作提供依据。对建筑场地的稳定性进行研究是工程地质测绘和调查的重点。

进行工程地质测绘与调查时，在可行性研究阶段，应搜集研究已有的地质资料，进行现场踏勘；在初勘阶段，当地质条件较复杂时，应继续进行工程地质测绘；详勘阶段，仅在初勘测绘基础上，对某些专门地质问题作必要的补充。测绘与调查的范围，应包括场地及其附近与工程建设有关的地段。

常用的测绘方法是在地形图上布置一定数量的观察点或观察线，以便按点或沿线观察地质现象。观察点一般选择在不同地貌单元、不同地层的交界处以及工程有意义的构造地段和可能出现不良地质现象的地段。观察线通常与岩层走向、构造线方向以及地貌单元轴线相垂直（例如横穿河谷阶地），以便能观察到较多的地质现象。有时为了追索地层界线或断层等构造线，观察线也可以顺着走向布置。观察到的地质现象应标示于地形图上。

对岩石出露或地貌、地质条件较复杂的场地应进行工程地质测绘。对地质条件简单的场地，可用调查代替工程地质测绘。

工程地质测绘和调查的成果资料包括综合工程地质图、工程地质分区图、综合地质柱状图、工程地质剖面图以及各种素描图、照片和文字说明等。

6.2.2 工程地质勘探工作

为了查明地下岩土性质、分布及地下水等条件，需要进行工程地质勘探。勘探是工程地质勘察的常用手段，它是在地面的工程地质测绘和调查所取得的各项定性资料基础上，进一步对场地地质条件进行定量的评价。勘探包括坑探、钻探、井探、槽探、洞探和地球物理勘探等。勘察中具体勘探方法的选择应符合勘察目的、要求和岩土的特性，力求以合理的工作量达到应有的技术效果。下面介绍工业与民用建筑中常用的几种方法。

6.2.2.1 坑探

坑探是在建筑场地挖深井（槽）以取得直观资料和原状土样，这是一种不必使用专门机具的常用的勘探方法。当场地地质条件比较复杂时，利用坑探能直接观察地层的结构和变化，但坑深可达的深度较浅。

探井的平面形状一般采用1.5m×1.0m的矩形或直径为0.8～1.0m的圆形，其深度视地层的土质和地下水埋藏深度等条件而定，一般为2～3m。较深的探坑需支护坑壁以策安全。

在探井中取样可按下列步骤进行［见图6-1（a）］。先在井底或井壁的指定深度处挖一土柱，土柱的直径必须稍大于取土筒的直径。将土柱顶面削平，放上两端开口的金属筒并削去筒外多余的土，一面削土一面将筒压入，直到筒已完全套入土柱后切断土柱。削平筒两端的土体，盖上筒盖，用熔蜡密封后贴上标签，注明土样的上下方向，如图6-1（b）所示。

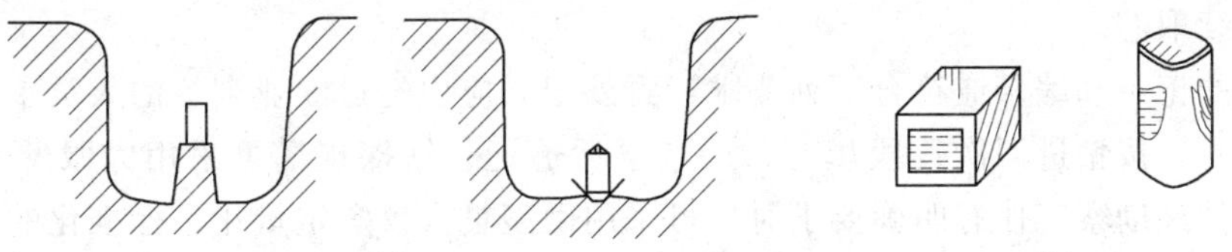

（a）　　　　　　　　　　　　（b）

图6-1　坑探示意图

（a）在深井中取原状土样；（b）原状土样

6.2.2.2 钻探

钻探是勘探方法中应用最广泛的一种。它采用钻机在地层中钻孔，以鉴别和划分土层、观测地下水位，并采取原状土样和水样以供室内试验，确定土的物理、力学性质指标和地下水的化学成分。土的某些性质也可直接在孔内进行原位测试得到。

按动力来源钻探可分为人工钻和机动钻。人工钻仅适用于浅部土层，常用的设备有小口径麻花钻（或提土钻）、小口径勺形钻、洛阳铲等；机动钻适用于任何土层，常用的钻机类型有 XU300—2A 型钻机、XY—1 岩芯钻机、DPP—100—3B 型汽车钻机等。钻探的钻进方式可以分为回转式、冲击式、振动式、冲洗式 4 种。每种钻进方法各有其特点，分别适用于不同的地层，适用范围见表 6－4。

表 6－4　　钻探方法的适用范围

钻探方法		钻进地层					勘察要求	
		黏性土	粉土	砂土	碎石土	岩土	直观鉴别、采取不扰动试样	直观鉴别、采取扰动试样
回转	螺旋钻探	＋＋	＋	＋	－	－	＋＋	＋＋
	无岩芯钻探	＋＋	＋＋	＋＋	＋	＋＋	－	－
	岩芯钻探	＋＋	＋＋	＋＋	＋	＋＋	＋＋	＋＋
冲击	冲击钻探	－	＋	＋＋	＋＋	－	－	－
	锤击钻探	＋＋	＋＋	＋＋	＋	－	＋＋	＋＋
振动钻探		＋＋	＋＋	＋＋	＋	－	＋	＋＋
冲洗钻探		＋	＋＋	＋＋	－	－	－	－

注　＋＋为适用；＋为部分适用；－为不适用。

钻探口径应按钻探任务、地质条件和钻进方法综合考虑确定。用于鉴别及划分土层，钻孔直径不宜小于 33mm；取不扰动土样段的孔径不宜小于 108mm；取岩样段的孔径：硬质岩不宜小于 89mm，软质岩不宜小于 108mm。当需要确定岩石质量指标 RQD 时，应采用 75mm 直径（N 型）双层岩芯管，并采用金刚石钻头。

钻进时应严格控制非连续取芯钻进的回次进尺，使分层精度符合要求；钻进深度和岩土分层深度的量测精度，不应低于±5cm；定向钻进的钻孔应分段进行孔斜测量，倾角和方位的量测精度应分别为±0.1°和±3.0°。

岩芯钻探的岩芯采取率应尽量提高，对完整和较完整岩体不应低于 80%，较破碎和破碎岩体不应低于 65%；对需要重点查明的部位（如滑动带、软弱夹层等）应采用双层岩芯管连续取芯。

钻孔的记录和编录应符合下列要求：野外记录应由经过专业训练的人员承担，记录应真实、及时，按钻进回次逐段填写，严禁事后追记；钻探现场可采用肉眼鉴别和手触方法，有条件或勘察工作有明确要求时，可采用微型贯入仪等定量化、标准化的方法；钻探成果可用钻孔野外柱状图或分层记录表示，岩土芯样可根据工程要求保存一定期限或长期保存，亦可拍摄岩芯、土芯彩照纳入勘察成果资料。

6.2.2.3　井探、槽探和洞探

井探、槽探、洞探是在建筑场地上用人工或机械开挖探井、探槽或平洞，直接观察了解地基土层情况与性质的勘探方法。它是查明地下地质情况的最直观有效的勘探方法，但也存在一定的局限性，如地下水位以下难以应用，且存在侧壁稳定性问题。

当钻探方法难以准确查明地下情况时，可采用探井、探槽进行勘探。在坝址、地下工程、大型边坡等勘察中，当需要详细查明深部岩层性质、构造特征时，可采用竖井或平洞。

探井、探槽开挖过程中，应根据地层情况、开挖深度、地下水位情况采取井壁支护、排水、通风等措施。在多雨季节施工时，井、槽口应设防雨棚，开排水沟，防止雨水流入或浸润井壁。土石方不能随意弃置于井口边缘，一般堆土区应布置在下坡方向离井口边缘不少于 2m 的安全距离。另外，勘探结束后，探井、探槽必须妥善回填。

对探井、探槽和探洞除文字描述记录外，还应以剖面图、展示图等反映井、槽、洞壁和底部的岩性、地层分界、构造特征、取样和原位试验位置，并辅以代表性部位的彩色照片。

6.2.2.4 地球物理勘探

地球物理勘探是在地面、空中、水上或钻孔中用各种仪器量测物理场的分布情况，对其数据进行分析解释，结合有关地质资料推断预测地质体性状的勘探方法，简称“物探”。

地球物理勘探根据地质体的物理场不同可分为：电法勘探、地震勘探、磁法勘探、重力勘探、放射性勘探等。它主要用来配合钻探，减少钻探的工作量。作为钻探的先行手段，可以了解隐蔽的地质界线、界面或异常点。作为钻探的辅助手段，在钻孔之间内插地球物理勘探点，可以为钻探成果的内插、外推提供依据。

应用地球物理勘探方法时，应具备下列条件：被勘探对象与周围物理介质之间有明显的物理性质差异；被勘探对象具有一定的埋藏深度和规模，且地球物理异常有足够的强度；能抑制干扰，区分有用信号和干扰信号；在有代表性地段进行方法的有效性试验。

6.2.3 原位测试

原位测试是在岩土原来所处的位置上，基本保持其天然结构、天然含水量及天然应力状态下进行测试的技术。它与室内试验取长补短、相辅相成。原位测试主要包括载荷试验、静力触探试验、动力触探试验（圆锥动力触探试验、标准贯入试验）、十字板剪切试验、旁压试验、现场直接剪切试验等。选择原位测试方法，应根据建筑类型、岩土条件、工程设计对参数的要求以及地区经验和各测试方法的适用性等因素选择。本节主要介绍其中的载荷试验、静力触探试验、动力触探试验（圆锥动力触探试验、标准贯入试验）。

6.2.3.1 载荷试验

载荷试验是在天然地基上模拟建筑物的基础荷载条件，通过承压板向地基施加竖向荷载，从而确定承压板下应力主要影响范围内岩土的承载力和变形特性。载荷试验包括平板载荷试验和螺旋板载荷试验。平板载荷试验又分为浅层平板和深层平板载荷试验。浅层平板载荷试验适用于浅层地基土；深层平板载荷试验适用于埋深等于或大于 3m、地下水位以上的地基土；螺旋板载荷试验适用于深层地基土或地下水位以下的地基土。本节主要介绍浅层平板载荷试验。

浅层平板载荷试验应布置在有代表性位置的基础底面标高处，每个场地不宜少于 3 个，当场地内岩土体不均匀时，应适当增加。试坑宽度或直径不应小于承压板宽度或直径的 3 倍，承压板的面积不应小于 0.25m²，对软土或粒径较大的填土不应小于 0.5m²。

载荷试验的加载方式应采用分级维持荷载沉降相对稳定法（常规慢速法），有地区经验时，可采用快速法或等沉降速率法。承压板的沉降可采用百分表或电测位移计量测，其精度不应低于±0.01mm。

当出现下列情况之一时，可终止试验：①承压板周边的土出现明显侧向挤出、隆起或径向裂缝持续发展；②本级荷载的沉降量大于前级荷载沉降量的 5 倍，荷载与沉降曲线出现明显陡降；③在某级荷载下 24h 沉降速率不能达到相对稳定标准；④总沉降量与承压板直径（或宽度）之比超过 0.06。

根据试验成果，可绘制荷载与沉降的关系曲线以及其他相关曲线，根据这些曲线可确定地基的承载力、土的变形模量。

6.2.3.2　静力触探试验

静力触探试验是将圆锥形的金属探头以静力方式按一定的速率均匀压入土中，探头中贴有电阻应变片，用电阻应变仪量测微应变的数值，计算其贯入阻力值，通过贯入阻力值的变化来了解土的工程性质。

静力触探试验适用于软土、一般黏性土、粉土、砂土和含少量碎石的土。尤其是对不易取得原状土样的饱和砂土、高灵敏的软土层以及土层竖向变化复杂而不能密集取样的土层，静力触探显示出其独特的优点。

静力触探试验的仪器设备由 3 部分组成：贯入系统、探头、量测系统。贯入系统包括触探主机、触探杆及反力装置。量测系统包括各种量测记录仪表与电缆线等。探头是静力触探试验仪器设备中直接影响试验成果准确性的关键部件，有严格的规格与质量要求。目前工程实践中主要使用的探头有：单桥探头（如图 6-2 所示，可测定比贯入阻力 p_s）、双桥探头（如图 6-3 所示，可同时测定锥尖阻力 q_c 和侧壁摩阻力 f_s）、孔压静力触探探头（可测定 q_c、f_s 和贯入时的孔隙水压力 u 等）。

静力触探的资料整理需做以下几个方面工作。

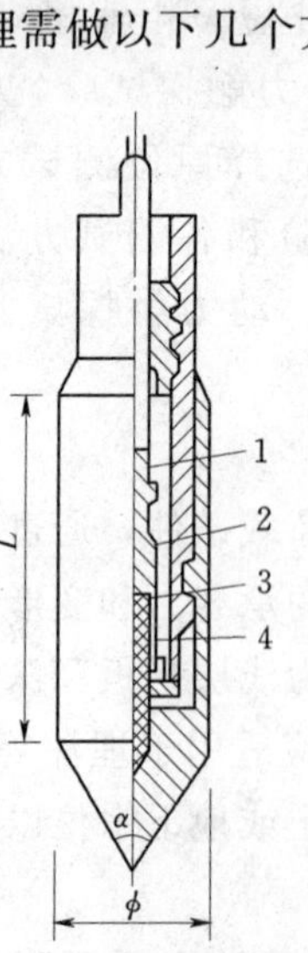

图 6-2　单桥探头示意图

1—电缆；2—空心柱传感器；3—柱顶；4—电阻丝片

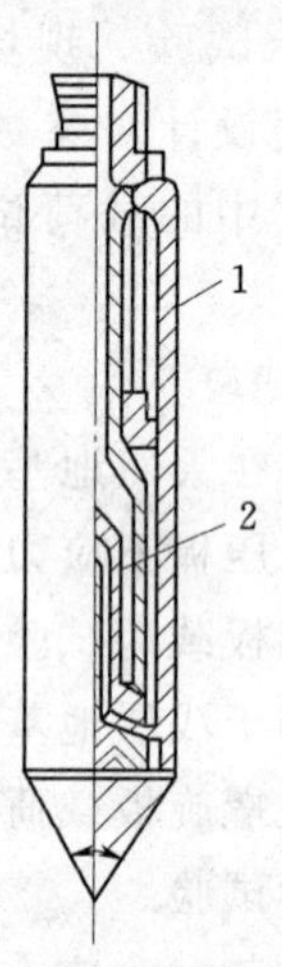

图 6-3　双桥探头示意图

1—f_s 传感器；2—q_c 传感器

（1）测定比贯入阻力 p_s。

$$p_s=\frac{p}{A} \tag{6-1}$$

式中　p——单桥探头测得的包括锥尖阻力和侧壁摩阻力在内的总贯入阻力，kN；

A——探头锥底面积，m^2。

（2）测定锥尖阻力 q_c、侧壁摩阻力 f_s 以及摩阻比 R_f。

$$q_c=\frac{Q_c}{A} \tag{6-2}$$

$$f_s=\frac{p_f}{F_s} \tag{6-3}$$

$$R_f=\frac{f_s}{q_c}\times 100\% \tag{6-4}$$

式中　Q_c——双桥探头测得的锥尖总阻力，kN；

p_f——双桥探头测得的侧壁总摩阻力，kN；

F_s——外套筒的总侧面积，m^2。

（3）绘制各种贯入曲线。静力触探资料主要用于以下几个方面。

1）根据贯入曲线的线型特征，结合相邻钻孔资料和地区经验，划分土层和判定土类。

2）根据静力触探资料，利用地区经验，进行力学分层，估算土的塑性状态或密实度、强度、压缩性、地基承载力、单桩承载力、沉桩阻力，进行液化判别等。

3）根据孔压消散曲线估算土的固结系数和渗透系数。

6.2.3.3　动力触探试验

动力触探是用一定重量的穿心锤，以一定的高度自由下落，将一定型式的探头贯入土中，并记录贯入土中一定深度所需的锤击次数，根据锤击次数的多少来判断土的工程性质。动力触探根据探头型式分为标准贯入试验和圆锥动力触探试验，前者采用下端呈刃形的管状探头，后者采用圆锥形探头。

（1）标准贯入试验。标准贯入试验是用 63.5kg 的穿心锤，以 76cm 的落距自由下落，将标准规格的贯入器垂直打入土中 15cm，此时不计锤击数，以后开始记录每打入土层 10cm 的锤击数，累计打入 30cm 的锤击数为标准贯入试验锤击数 N。当锤击数已达 50 击，而贯入深度未达 30cm 时，可记录 50 击的实际贯入深度，按下式换算成相当于 30cm 的标准贯入试验锤击数 N，并终止试验。

$$N=30\times\frac{50}{\Delta S} \tag{6-5}$$

式中　ΔS——50 击时的贯入度，cm。

实际应用 N 值时，应按具体岩土工程问题，参照有关规范考虑是否作杆长修正或其他修正。勘察报告应提供不作杆长修正的 N 值，应用时再根据情况考虑修正或不修正。

标准贯入试验主要适用于一般黏性土、砂土和粉土。

标准贯入试验的设备主要由标准贯入器、触探杆和穿心锤 3 部分组成（见图 6-4）。

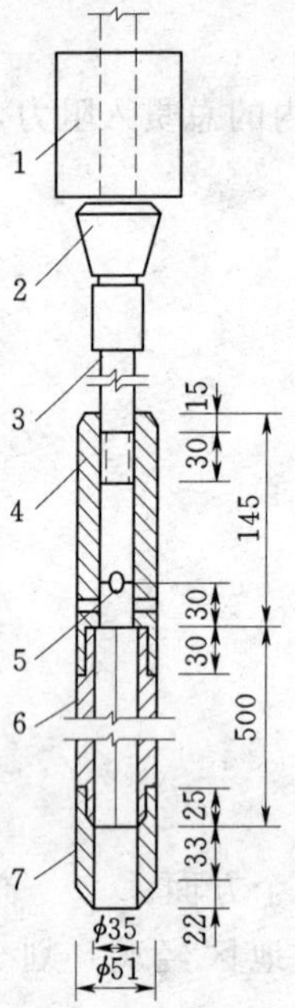

图 6-4　标准贯入试验设备（单位：mm）

1—穿心锤；2—锤垫；3—触探杆；4—贯入器头；5—出水孔；6—贯入器身；7—贯入器靴

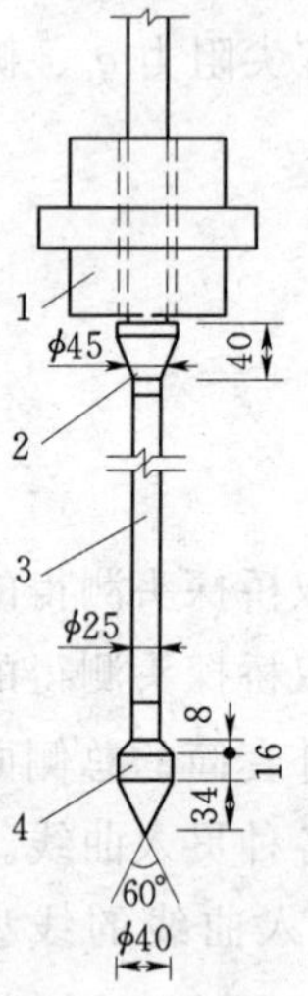

图 6-5　轻型动力触探试验设备（单位：mm）

1—穿心锤；2—锤垫；3—触探杆；4—圆锥头

标准贯入试验应用较广，由标准贯入试验锤击数 N 值，可以确定砂土、粉土、黏性土的地基承载力，判别砂土的密实度，评定黏性土的稠度状态，确定土的强度参数、变形参数，判定地震时饱和砂土和粉土的液化趋势。

(2) 圆锥动力触探试验。圆锥动力触探是用标准质量的穿心锤提升至标准高度自由下落，将特质的圆锥探头贯入土中一定深度，根据所需的锤击数来判断土的工程性质。

圆锥动力触探根据锤击能量的大小可分为轻型、重型和超重型 3 种，其规格和适用土类见表 6-5。

表 6-5　圆锥动力触探类型

类型		轻型	重型	超重型
落锤	锤的质量（kg）	10	63.5	120
	落距（cm）	50	76	100
探头	直径（mm）	40	74	74
	锥角（°）	60	60	60
探杆直径（mm）		25	42	50～60
指标		贯入 30cm 的读数 N_{10}	贯入 10cm 的读数 $N_{63.5}$	贯入 10cm 的读数 N_{120}
主要适用岩土		浅部的填土、砂土、粉土、黏性土	砂土、中密以下的碎石土、极软岩	密实和很密的碎石土、软岩、极软岩

轻型圆锥动力触探应用较多，其设备主要由探头、触探杆、穿心锤3部分组成（见图6－5）。轻型圆锥动力触探试验时，先用轻便钻具钻至试验土层标高，然后对土层连续触探，试验时穿心锤以50cm的落距自由下落，将触探头垂直打入土层中，记录每打入土层30cm的锤击数N_{10}。该试验一般用于贯入深度小于6m的土层。重型和超重型圆锥动力触探的设备布置和试验过程同轻型圆锥动力触探相似，本节不再详细介绍。

利用轻型圆锥动力触探锤击数N_{10}，可以确定黏性土与素填土的承载力以及判定砂土的密实度；采用重型圆锥动力触探锤击数$N_{63.5}$可以确定砂土、碎石土的孔隙比以及碎石土的密实度，还可以确定地基承载力、单桩承载力以及变形参数；采用超重型圆锥动力触探锤击数N_{120}可以确定密实砂土和碎石土的承载力和变形参数。

6.2.4 室内试验

室内试验是地基勘察工作的重要内容，试验项目和试验方法应根据工程要求和岩土性质的特点来确定，其具体操作和试验仪器应符合现行国家标准《土工试验方法标准》（GB/T 50123—1999）和《工程岩体试验方法标准》（GB/T 50266—1999）的规定。室内试验一般包括下列内容。

对黏性土应进行液限、塑限、相对密度、天然含水量、天然密度、有机质含量、压缩性、渗透性以及抗剪强度试验。

对粉土除应进行黏性土所需试验外，还应增加颗粒分析试验。

对砂土应进行相对密度、天然含水量、天然密度、最大和最小密度、自然休止角以及颗粒分析试验。

对碎石土必要时可作颗粒分析试验；对含黏性土较多的碎石土，宜测定黏性土的天然含水量、液限和塑限。

对岩石应进行岩矿鉴定、颗粒密度和块体密度、吸水率和饱和吸水率、耐崩解、膨胀、冻融、抗压强度、抗拉强度以及岩石直接剪切试验。

为了判定地下水对混凝土的腐蚀性，一般应测定pH值及Cl^-、SO_4^{2-}、HCO_3^-、Ca^{2+}、Mg^{2+}、游离CO_2和侵蚀性CO_2的含量。

在实际工程中，根据场地的复杂程度和建（构）筑物的重要性以及地区经验，可适当增减试验项目。

6.3 工程地质勘察报告

地基勘察的最终成果是勘察报告书。它是在现场勘察工作（如调查、勘探、测试等）和室内试验完成后，结合工程特点和要求对已获得的原始资料进行整理、统计、归纳、分析、评价，提出工程建议，形成文字报告并附各种图件的勘察技术文件，供设计单位与施工单位使用。

6.3.1 工程地质勘察报告书和图件

地基勘察报告的内容应根据任务要求、勘察阶段、工程特点和地质条件等具体情况确定，一般应包括下列内容。

(1) 勘察目的、任务、要求和依据的技术标准。

(2) 拟建工程概况。包括拟建工程的名称、规模、用途、结构类型、场地位置、以往勘察工作及已有资料等。

(3) 勘察方法和勘察工作布置。

(4) 场地地形、地貌、地层分布、地质构造、岩土性质及其均匀性。

(5) 各项岩土性质指标，岩土的强度参数、变形参数、地基承载力的建议值。

(6) 地下水的埋藏情况、类型、水位及其变化情况。

(7) 土和水对建筑材料的腐蚀性。

(8) 可能影响工程稳定性的不良地质作用的描述和对工程危害程度的评价。

(9) 场地稳定性和适宜性的评价。

(10) 对岩土利用、整治和改造的方案进行分析论证，提出建议；对工程施工和使用期间可能发生的岩土工程问题进行预测，提出监控和预防措施的建议。

(11) 地基勘察报告应附必要的图表。常见的图表包括：①勘探点平面布置图；②工程地质柱状图；③工程地质剖面图；④原位测试成果图表；⑤室内试验成果图表。

需要时，还应附综合工程地质图、综合地质柱状图、地下水等水位线图、综合分析图表以及岩土利用、整治和改造方案的有关图表、岩土工程计算简图及计算成果图表等。

上述内容并不是每一项勘察报告都必须全部具备的，对丙级岩土工程勘察的报告内容可适当简化，采用以图表为主，辅以必要的文字说明；对甲级岩土工程勘察的报告除应符合上述要求外，还应对专门性的岩土工程问题提交专门的试验报告、研究报告或监测报告。

6.3.2 工程地质勘察报告书的阅读与使用

为了充分发挥勘察报告在设计和施工中的作用，必须重视勘察报告的阅读和应用。阅读勘察报告时，首先应熟悉勘察报告的主要内容，了解勘察结论和计算指标的可靠程度，进而正确分析和判断报告书中提出的建议对该项工程的适用性，尤其应将场地的工程地质条件与拟建建筑物具体要求结合起来进行综合分析，以便正确地应用勘察报告。具体分析主要包括两方面的内容。

1. 场地稳定性评价

场地稳定性评价，主要是通过了解场地的地质构造（断层、褶皱等）、不良地质现象（泥石流、滑坡、崩塌、岩溶、塌陷等）、地层成层条件以及地震影响等情况来分析判断。对地质条件比较复杂的地区，尤其应注意判断场地的稳定性，从而判断该地段是否可以作为建筑场地，同时还可为预估今后建筑中地基处理费用提供极有参考价值的判断依据。

2. 地基持力层的选择

在场地稳定性评价分析后，对不存在威胁场地稳定性的建筑地段，这时应以地基承载力和基础沉降为主要控制指标进行地基持力层的选择。在满足这两个指标的前提下，尽量做到充分发挥地基的潜力，优先采用天然地基上浅埋基础方案。遵循这个原则，在进行地基持力层选择分析时，应主要了解土层在深度方向的分层情况、水平方向的均匀程度以及各土层的物理力学性质指标（包括：孔隙比、液性指数、抗剪强度指标、压缩性指标、标准贯入试验锤击数、轻型动力触探锤击数等），以确定地基土的承载力，从而选择适合上部结构特点和要求的土层作为持力层。其中在确定地基承载力时，应注意避免单纯依靠某种方法确定承载力值，应尽可能结合多种方法，考虑多方面因素，经比较后确定。

从以上两大部分内容可以看出，在阅读和应用勘察报告时，尤其应该注意辨别资料的可靠性。这就要求在阅读和应用勘察报告过程中要注意发现和分析问题，对于存在疑问的关键性问题，设法通过对已有资料的对比和根据已掌握的经验等进一步查清，以便减少差错，确保工程质量。

6.4 验　槽

验槽是岩土工程勘察工作的最后一个环节，也是建筑物施工第一阶段基槽开挖后的重要工序。当施工单位将基槽开挖完毕后，由勘察、设计、施工、质检、监理和建设单位6方面的技术负责人，共同到施工现场验槽。

6.4.1 验槽的目的与内容

6.4.1.1 进行验槽的主要目的

(1) 检验勘察成果是否符合实际。

(2) 解决遗留和新发现的问题。

6.4.1.2 验槽的内容

验槽的内容主要包括以下几个方面。

(1) 核对基槽开挖的位置、平面尺寸以及槽底标高是否符合勘察、设计要求。

(2) 检验槽壁、槽底的土质类型、均匀程度，是否存在疑问土层，是否与勘察报告一致。

(3) 检验基槽中是否存在防空掩体、古井、洞穴、古墓及其他地下埋设物，若存在，进一步确定它们的位置、深度以及性状。

(4) 检验基槽的地下水情况是否与勘察报告一致。

6.4.2 验槽的方法

验槽方法主要以肉眼直接观察，有时可用袖珍式贯入仪作为辅助手段，在必要时可进行夯、拍或轻便勘探。

6.4.2.1 观察验槽

观察验槽应仔细观察槽壁、槽底的岩土特性与勘察报告是否一致，基槽边坡是否稳定，有无影响边坡稳定的因素，如渗水、坑边堆载过多等。尤其注意不要将素填土与新近沉积的黄土、新近沉积黄土与老土相混淆。若有难以辨认的土质，应配合洛阳铲等手段探至一定深度仔细鉴别。

6.4.2.2 夯、拍验槽

夯、拍验槽是用木夯、蛙式打夯机或其他施工机具，在基槽内部按照一定顺序依次夯、拍（对很湿或饱和的黏性土地基不宜夯、拍，以免破坏基底土层的天然结构），根据声音来判断基槽内部是否存在墓穴、坑洞等现象，如果存在墓穴等现象，夯、拍的声音很沉闷，与一般土层声音不一样。发现可疑现象，可用轻便勘探仪进一步调查。

6.4.2.3　轻便勘探验槽

轻便勘探验槽是用钎探、轻型动力触探、手持式螺旋钻、洛阳铲等对地基主要受力层范围内的土层进行勘探，或对上述观察、夯拍发现的异常情况进行探查。

1. 钎探

钎探是用直径为22～25mm的钢筋作钢钎，钎尖为60°锥状，长度为1.8～2.1m，每300mm做一刻度，用质量为4～5kg的穿心锤将钢钎打入土中，落锤高500～700mm，记录每打入土中300mm所需的锤击数，根据锤击数判断地基好坏和是否均匀一致。

基槽（坑）钎探完毕后，要详细查看、分析钎探资料，判断基底岩土均匀情况及同一深度段的钎探锤击数是否基本一致（同一基槽内的钎锤重量应相同，有条件的应使用标准锤，锤重10kg，落距保持500mm）。锤击数低于或高于平均值30%以上的钎探点，在平面图上圈出其位置、范围，分析其差别原因，必要时需补做检查探点；对低于或高于平均值50%以上的点，要补挖探井或用洛阳铲进一步探查。

2. 轻型动力触探

轻型动力触探详见圆锥动力触探试验，当遇到下列情况之一时，应在基坑底普遍进行轻型动力触探：①持力层明显不均匀；②浅部有软弱下卧层；③有浅埋的坑穴、古墓、古井等，直接观察难以发现时；④勘察报告或设计文件规定应进行轻型动力触探时。

采用轻型动力触探进行基槽检验时，检验深度及间距见表6-6。

表6-6　　轻型动力触探检验深度及间距表　　单位：m

排列方式	基槽宽度	检验深度	检 验 间 距
中心一排	<0.8	1.2	1.0～1.5m，视地层复杂情况定
两排错开	0.8～2.0	1.5	
梅花形	>2.0	2.1	

3. 手持式螺旋钻

手持式螺旋钻是一种小型的轻便钻具，钻头呈螺旋形，上接一“T”形手把，由人力旋入土中，钻杆可接长，钻探深度一般为6m，在软土中可达10m，孔径约70mm。每钻入土中300mm（钻杆上有刻度）后将钻竖直拔出，由附在钻头上的土了解土层情况（也可采用洛阳铲或勺形钻）。

本 章 小 结

工程地质勘察的目的在于用各种勘察手段和方法，调查和分析评价建筑场地和地基的工程地质条件，为工程建设提供可靠的地质资料，以充分利用有利的自然地质条件，避开或改造不利的地质因素，保证建筑物安全和正常使用。

岩土工程勘察阶段的划分与工程设计阶段相适应，可以分为可行性研究勘察（或选址勘察）、初步勘察、详细勘察3个阶段。

勘探点的布置原则如下。

（1）初步勘察勘探线、点的布置原则是：勘探线应垂直地貌单元、地质构造和地层界线布置；勘探点沿勘探线布置，每个地貌单元均应布置勘探点，在地貌单元交界部位和地层变化较大的地段，勘探点应予以加密；在地形平坦地区，可按网格布置勘探点。

(2) 详细勘察勘探点的布置原则是：勘探点宜按建筑物周边线和角点布置，对无特殊要求的其他建筑物可按建筑物或建筑群的范围布置；同一建筑范围内的主要受力层或有影响的下卧层起伏较大时，应加密勘探点；重大设备基础应单独布置勘探点；重大的动力机器基础和高耸构筑物，勘探点不宜少于 3 个；在复杂地质条件或特殊岩土地区宜布置适量的探井。

工程地质测绘与调查的目的是通过对场地的地形地貌、地层岩性、地质构造、地下水与地表水、不良地质现象进行调查研究与必要的测绘工作，为评价场地工程地质条件及合理确定勘察工作提供依据。常用的测绘方法是在地形图上布置一定数量的观察点或观察线，以便按点或沿线观察地质现象。

工程地质勘探工作常用的方法：坑探、钻探、井探、槽探和洞探及地球物理勘探等。

地基勘察的最终成果是勘察报告书。

工程地质勘察报告书的具体分析内容主要包括场地稳定性评价和地基持力层的选择。

验槽的方法有：观察验槽，夯、拍验槽，轻便勘探验槽。轻便勘探验槽包括：钎探、轻型动力触探、手持式螺旋钻。

? 复习思考题

1. 为什么要进行岩土工程勘察？勘察分为哪几个阶段？包括哪些内容？
2. 建筑场地根据什么进行分级？何谓复杂场地？
3. 地基勘察中常用的勘探方法有哪些？
4. 地基勘察报告主要包括哪些内容？
5. 标准贯入试验与轻型动力触探有何不同？
6. 阅读和应用勘察报告的重点在何处？
7. 为什么要进行验槽？验槽主要包括哪些内容？

第7章　天然地基上浅基础设计

本章要点

- 了解地基基础的设计等级、内容及设计步骤。
- 掌握基础埋置深度的确定原则，掌握地基承载力特征值的确定方法。
- 熟练掌握按地基承载力确定基础底面尺寸及软弱下卧层承载力的验算，熟练掌握刚性基础、扩展基础、柱下条形基础的设计与计算。
- 理解地基变形验算要求，熟悉减轻和防止不均匀沉降的措施。
- 熟悉浅基础的类型及其适用条件，了解筏形基础、箱形基础的设计原理。

7.1　地基基础设计概述

地基基础设计是建筑结构设计的重要内容之一，直接关系到建筑物的安全和正常使用，设计时必须根据建筑物的用途和安全等级、建筑布置和上部结构类型，充分考虑建筑场地和地基岩土条件，结合施工条件以及工期、造价等各方面要求，合理选择地基基础方案，因地制宜、精心设计，以保证建筑物的安全和正常使用。

地基有天然地基和人工地基之分，天然土层或岩层作为建筑物地基时称为天然地基，经过人工加固处理的土层作为地基时称为人工地基。基础通常分为浅基础和深基础。在天然地基上直接建造基础，一般施工简单、经济；采用人工地基或深基础，则工期长，造价高。因此，在保证建筑物安全可靠的前提下，应优先选用天然地基上浅基础的方案。

7.1.1　地基基础的设计等级

《建筑地基基础设计规范》（GB 50007—2002）根据地基复杂程度、建筑物形状和功能特征，以及由于地基问题可能造成建筑物破坏或影响正常使用的程度，将地基基础设计划分为3个设计等级，见表7-1。

7.1.2　地基基础的设计基本原则

为保证建筑物的安全与正常使用，根据建筑物地基基础设计等级和长期荷载作用下地基变形对上部结构的影响程度，设计时应根据具体情况，按如下原则进行设计。

（1）所有建筑物的地基均应满足地基承载力计算的有关规定。

（2）设计等级为甲级、乙级的建筑物均应按变形设计。

（3）表7-2所列范围内设计等级为丙级的建筑物可不作变形验算，如有下列情况之一时，仍应作变形验算。

表 7-1　　**地基基础设计等级**

设计等级	建筑和地基类型
甲级	重要的工业与民用建筑； 30层以上的高层建筑； 体型复杂，层数相差超过10层的高低层连成一体建筑物； 大面积的多层地下建筑物（如地下车库、商场、运动场等）； 对地基变形有特殊要求的建筑物； 复杂地质条件下的坡上建筑物（包括高边坡）； 对原有工程影响较大的新建建筑物； 场地和地基条件复杂的一般建筑物； 位于复杂地质条件及软土地区的2层及2层以上地下室的基坑工程
乙级	除甲级、丙级以外的工业与民用建筑物
丙级	场地和地基条件简单、荷载分布均匀的7层及7层以下民用建筑及一般工业建筑物；次要的轻型建筑物

表 7-2　　**可不作地基变形计算设计等级为丙级的建筑物范围**

地基主要受力层情况									
地基主要受力层情况	地基承载力特征值 f_{ak}（kPa）			$60\leqslant f_{ak}<80$	$80\leqslant f_{ak}<100$	$100\leqslant f_{ak}<130$	$130\leqslant f_{ak}<160$	$160\leqslant f_{ak}<200$	$200\leqslant f_{ak}<300$
	各土层坡度（%）			≤5	≤5	≤10	≤10	≤10	≤10
建筑类型	砌体承重结构、框架结构（层数）			≤5	≤5	≤5	≤6	≤6	≤7
	单层排架结构（6m柱距）	单跨	吊车额定起重量（t）	5～10	10～15	15～20	20～30	30～50	50～100
			厂房跨度（m）	≤12	≤18	≤24	≤30	≤30	≤30
		多跨	吊车额定起重量（t）	3～5	5～10	10～15	15～20	20～30	30～75
			厂房跨度（m）	≤12	≤18	≤24	≤30	≤30	≤30
	烟囱		高度（m）	≤30	≤40	≤50	≤75		≤100
	水塔		高度（m）	≤15	≤20	≤30	≤30		≤30
			容积（m^3）	≤50	50～100	100～200	200～300	300～500	500～1000

1）地基承载力特征值小于130kPa，且体型复杂的建筑物。

2）在地基上及其附近的地面上有堆载或相邻基础荷载差异较大，可能引起地基产生过大的不均匀沉降时。

3）软弱地基上的建筑物，存在偏心荷载时。

4）相邻建筑距离过近，可能发生倾斜时。

5）地基内有厚度较大或厚薄不均的填土，其固结未完成时。

（4）对经常受水平荷载作用的高层建筑、高耸结构和挡土墙等，应验算其稳定性。

（5）基坑工程应进行稳定性验算。

（6）当地下水埋藏较浅，建筑地下室或地下构筑物存在上浮问题时，应进行抗浮验算。

7.1.3 浅基础的设计规定、内容和步骤

1. 设计浅基础要妥善处理的问题

（1）充分掌握拟建场地的工程地质条件和地基勘察资料。

（2）了解当地的建筑经验、施工条件和就地取材的可能性，并结合实际考虑采用先进的施工技术和经济可行的地基处理方法。

（3）选择基础类型和平面布置方案，确定地基持力层和基础埋置深度。

（4）按地基承载力确定基础底面尺寸，进行必要的地基稳定性验算和变形验算。

（5）以简化的、或考虑相互作用的计算方法进行基础结构的内力分析和截面设计。

2. 地基基础的设计与计算的规定

关于地基基础的设计与计算应满足承载力极限状态和正常使用极限状态的规定有以下几个方面。

（1）基础应有足够的强度、刚度和耐久性。

（2）地基应具有足够的强度和稳定性。规范要求各级建筑物地基均应进行承载力计算；对经常承受水平荷载作用的高层建筑和高耸结构，以及建造在斜坡上或边坡附近的建筑物和构筑物，还应验算其稳定性，以保证地基在防止整体剪切破坏方面有足够的安全储备。

（3）地基应满足变形方面的要求。设计等级为甲级、乙级的建筑物，应按地基变形条件设计；建筑物和地基条件复杂的丙级建筑物地基还应做变形验算，以保证建筑物不因地基沉降影响正常使用。

（4）荷载取值规定：

1）按地基承载力确定基础底面积及埋深或按单桩承载力确定桩数时，传至基础底面或承台底面上的荷载效应应按正常使用极限状态下荷载效应的标准组合；相应的抗力应采用地基承载力特征值或单桩承载力特征值。

2）计算地基变形时，传至基础底面上的荷载效应应按正常使用极限状态下荷载效应的准永久组合值计算，不应计入风荷载和地震作用；相应的限值应为地基变形允许值。

3）计算挡土墙土压力、地基或斜坡稳定及滑坡推力时，荷载效应应按承载能力极限状态下荷载效应的基本组合计算，但其分项系数均为1.0。

4）确定基础或桩台高度、支挡结构截面，计算基础或支挡结构内力、确定配筋和验算材料强度时，上部结构传来的荷载效应组合和相应的基底反力，应按承载力极限状态下荷载效应的基本组合，采用相应的分项系数；当需要验算基础裂缝宽度时，应按正常使用极限状态荷载效应标准组合。

5）基础设计安全等级、结构设计使用年限、结构重要性系数应按有关规范的规定取用，但结构重要性系数 γ_0 不应小于1.0。

3. 地基基础设计内容和一般步骤

（1）选择基础的材料、类型，确定平面布置。

（2）选择基础的埋置深度，即确定地基持力层。

（3）确定地基承载力特征值。

（4）根据传至基础底面上的荷载效应和地基承载力特征值，确定基础底面尺寸，必要时进行软弱下卧层强度验算。

(5) 进行相应的地基验算（变形和稳定性）。

(6) 确定基础剖面尺寸，进行必要的结构计算，以保证基础具有足够的强度、刚度和耐久性。

(7) 绘制基础施工图。

7.2 浅基础的类型

7.2.1 扩展基础

对上部结构而言，基础应是可靠的支座；对下部地基而言，基础所传递的荷载效应应满足地基承载力和变形的要求，这就有必要在墙柱下设置水平截面扩大的基础。将上部结构传来的荷载通过向侧边扩展成一定底面积，使作用在基底的压应力等于或小于地基土的允许承载力，而基础内部的应力应同时满足材料本身的强度要求，这种起到压力扩散作用的基础称为扩展基础。扩展基础可分为无筋扩展基础和钢筋混凝土扩展基础。

7.2.1.1 无筋扩展基础

无筋扩展基础，是指由砖、毛石、混凝土或毛石混凝土、灰土和三合土等材料组成的，不需配置钢筋的墙下条形基础或柱下独立基础。无筋扩展基础又称刚性基础。可用于6层和6层以下（三合土基础不宜超过4层）的民用建筑和墙承重的厂房。

常见无筋扩展基础有砖基础、毛石基础、三合土基础、灰土基础、混凝土基础和毛石混凝土基础。

砖基础是应用最广泛的无筋扩展基础，砌筑方式有等高砌法（每砌两皮砖，即120mm，收进1/4砖长，即60mm）和二一间隔砌法（从底层开始，先砌两皮砖，收进1/4砖长，再砌一皮砖，收进1/4砖长，如此反复）两种，如图7-1所示。在基底宽度相同的情况下，二一间隔砌法可减小基础高度，并节省用砖量。砖基础各部分的尺寸应符合砖的模数。

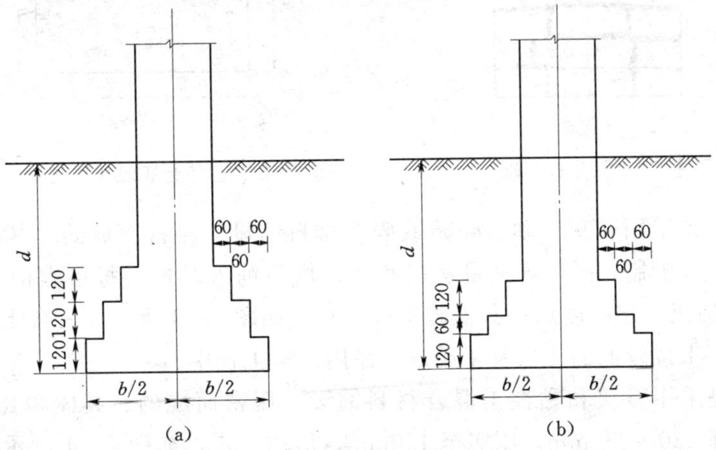

图7-1 砖基础（单位：mm）
(a) 等高砌法；(b) 二一间隔砌法

为保证基础材料有足够的强度和耐久性，根据地基的潮湿程度和地区的气候条件不同，砖、石、砂浆材料的最低强度等级应符合表 7-3 的要求。

表 7-3　　基础用砖、石料及砂浆最低强度等级

地基土的潮湿程度	黏土砖		混凝土砌块	石材	混合砂浆	水泥砂浆
	严寒地区	一般地区				
稍潮湿	MU10	MU10	MU5	MU20	M5	M5
很潮湿	MU15	MU10	MU7.5	MU20	—	M5
含水饱和	MU20	MU15	MU7.5	MU30	—	M7.5

注　1. 石材的重度不应低于 $18kN/m^3$。
2. 地面以下或防潮层紧下的砌体，不宜采用空心砖。当采用混凝土空心砖砌体时，其孔洞应采用强度等级不低于 C15 的混凝土灌实。
3. 各种硅酸盐材料及其他材料制作的块体，应根据相应材料标准的规定选择采用。

毛石基础是采用未经人工加工的石材和砂浆砌筑而成的，如图 7-2 所示。其优点是就地取材，价格低，缺点是施工劳动强度大。此外，在毛石基础设计中，基底一般不设混凝土垫层，这是由于在搬运毛石过程中，极易破坏垫层。毛石基础的每阶伸出宽度不宜大于 200mm，每阶高度通常取 400～600mm，并由两层毛石错缝砌成。混凝土基础每阶高度不应小于 200mm，毛石混凝土基础每阶高度不应小于 300mm。

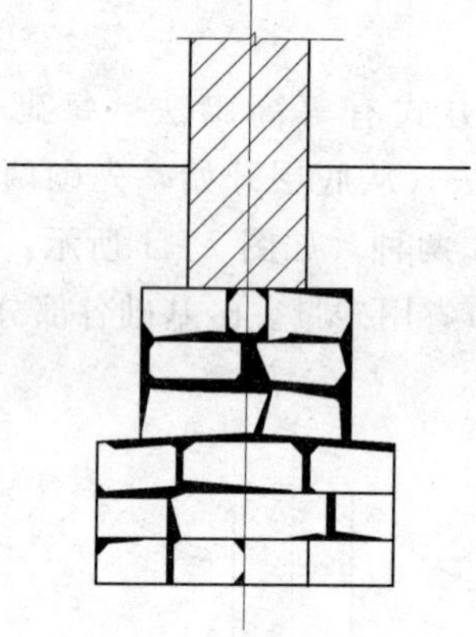

图 7-2　毛石基础

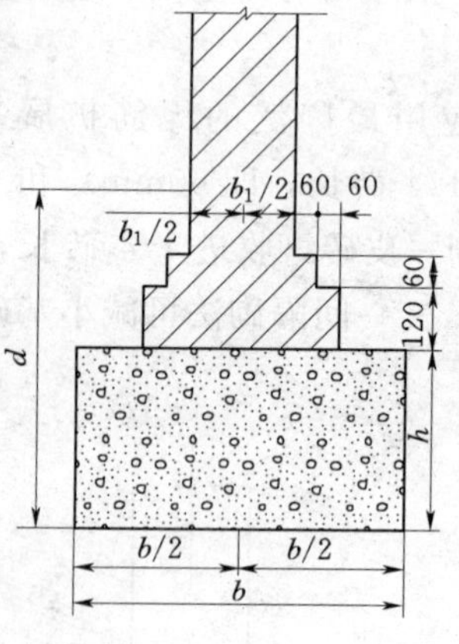

图 7-3　三合土基础（单位：mm）

三合土基础是采用石灰、砂、碎砖或碎石材料铺设、压密而成的。其体积比一般按 1∶2∶4～1∶3∶6配制，经加入适量水拌和后，均匀铺入基槽，每层虚铺 200mm，再压实至 150mm，铺至一定高度后在其上砖砌大放脚，如图 7-3 所示。三合土基础常用于我国南方地区地下水位较低的 4 层及 4 层以下民用建筑工程中。

灰土基础是采用石灰和黏性土混合材料铺设、压密而成的。其体积比常用 3∶7 或 2∶8。每层虚铺 220～250mm，压实至 150mm，俗称一步，如图 7-4 所示。施工中应严格控制灰土比例和拌和均匀的问题，每层压实后，按规定取灰土样，测定其干密度。压实后的灰土最小干密度：粉土 $1.55t/m^3$，粉质黏土 $1.50t/m^3$，黏土 $1.40t/m^3$。

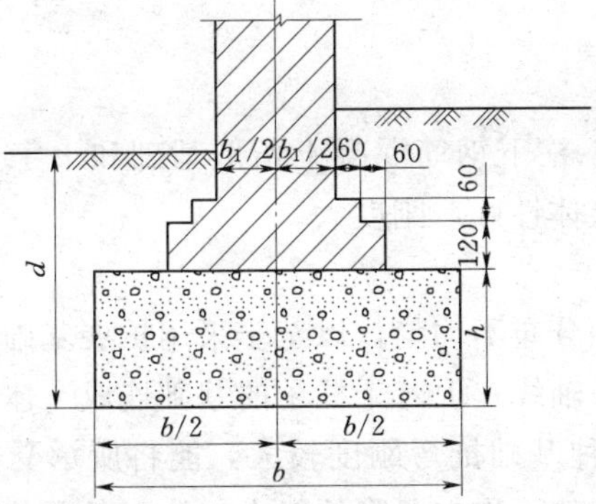

图 7-4　灰土基础（单位：mm）

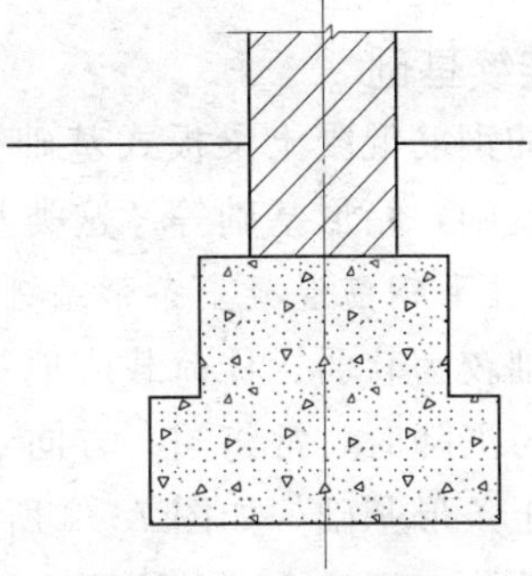

图 7-5　混凝土基础

混凝土和毛石混凝土基础的强度、耐久性与抗冻性均优于砖石基础，因此，当荷载较大或位于地下水位以下时，常选用混凝土基础，如图 7-5 所示。混凝土基础水泥用量大，造价高。当基础体积较大时，可设计成毛石混凝土基础。毛石混凝土基础是在浇灌混凝土过程中，掺入少于基础体积 30% 的毛石，以节约水泥用量。由于其施工质量较难控制，因此使用并不广泛。

7.2.1.2　钢筋混凝土扩展基础

当荷载较大、地基的工程地质条件较差时，基础的底面尺寸及埋深也随之增大，采用无筋扩展基础往往会造成施工的不便及工程造价的提高，此时可考虑采用钢筋混凝土扩展基础。钢筋混凝土扩展基础的抗弯和抗剪性能好，高度不受台阶宽高比的限制，因此可不必增加基础的高度，单独扩大基础底面积来满足地基承载力的要求。钢筋混凝土扩展基础主要有柱下钢筋混凝土独立基础和墙下钢筋混凝土条形基础。

1. 柱下钢筋混凝土独立基础

独立基础又称单独基础，现浇钢筋混凝土柱下常用现浇钢筋混凝土独立基础，基础的截面常做成阶梯形或锥形；预制柱下的基础一般做成杯形基础，如图 7-6 所示。

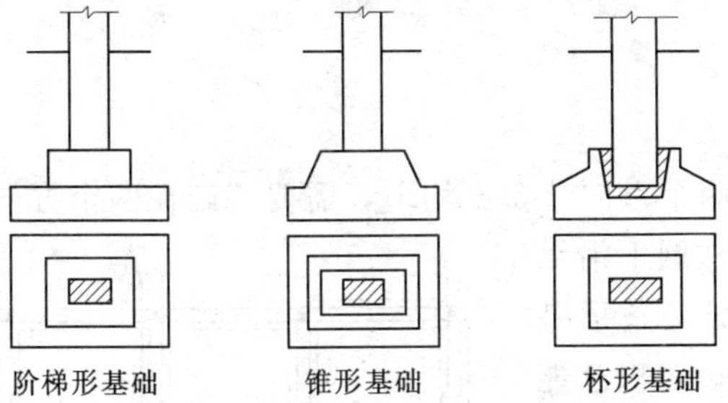

图 7-6　柱下单独基础

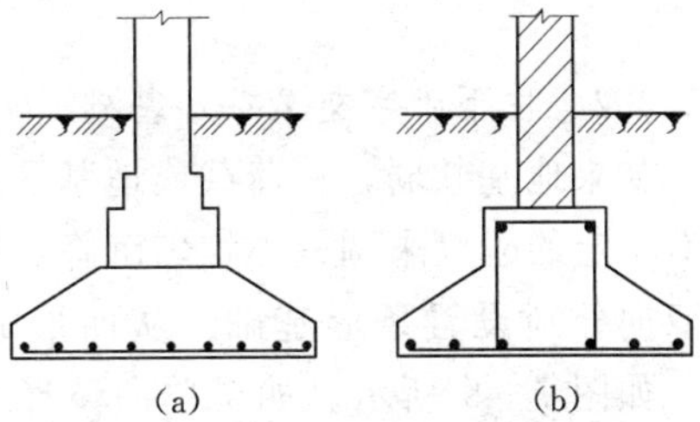

图 7-7　墙下钢筋混凝土条形基础

(a) 无肋式；(b) 有肋式

2. 墙下钢筋混凝土条形基础

条形基础是指长度远大于其宽度的基础形式。墙下钢筋混凝土条形基础多用于地质条件较差的多层建筑物，其截面形式可做成无肋式或有肋式两种，如图 7-7 所示。当基础长度方向的荷载及地基土的压缩性不均匀时，常使用有肋的墙下钢筋混凝土条形基础，以增强基础的整体性，减少不均匀沉降。

7.2.2 连续基础

连续的钢筋混凝土梁板式基础主要有：柱下钢筋混凝土条形基础和十字交叉条形基础，筏形基础，箱形基础等。这类基础的整体性好，刚度大。

7.2.2.1 柱下钢筋混凝土条形基础

当基础较为软弱、柱荷载或地基压缩性分布不均匀，以至于采用扩展基础可能产生较大的不均匀沉降时，常将同一方向（或同一轴线）上若干柱子的基础连成一体而形成柱下钢筋混凝土条形基础，如图 7-8 所示。这种基础抗弯刚度较大，能将所承受的集中柱荷载较均匀地分布到整个基础底面上，具有调整不均匀沉降的能力。柱下条形基础常用于软弱地基上框架或排架结构的基础。

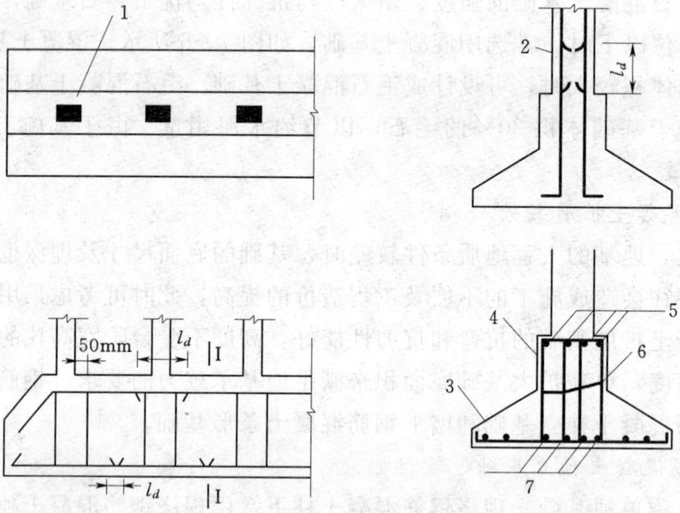

图 7-8 柱下条形基础

1—柱子；2—基础顶；3—翼板；4—梁肋；5—上部受力钢筋；6—腰筋；7—下部受力钢筋

7.2.2.2 柱下十字交叉条形基础

如果地基软弱，柱荷载或地基压缩性在两个方向分布不均匀，需要基础在两个方向都具有一定的刚度来调整不均匀沉降，则可在柱网下沿纵横双向分别设置条形基础，从而形成柱下交叉条形基础，如图 7-9 所示。如果单向条形基础的底面积已能满足地基承载力要求，为了减少差异沉降，可在另一方向加设连梁，形成连梁式交叉条形基础。

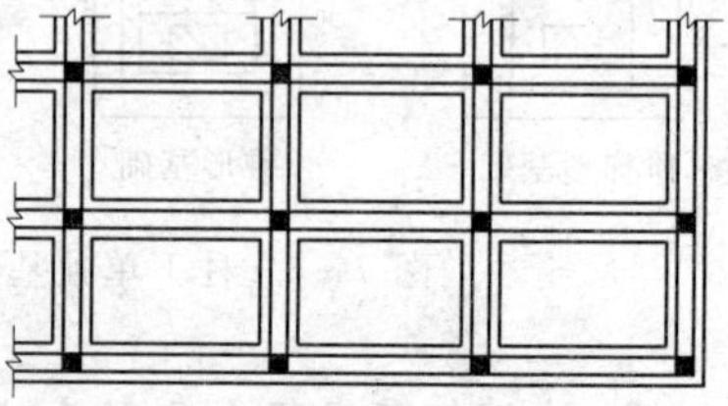

图 7-9 柱下交叉条形基础

7.2.2.3 筏形基础

当柱下交叉条形基础底面积占建筑物平面面积的比例较大，或者建筑物在使用上有要求时，可以在建筑物的柱、墙下做成一块满堂的基础，即筏形基础。筏形基础按所支承的上部结构类型分为墙下筏形基础（用于砌体承重结构）和柱下筏形基础（用于框架、剪力墙结构）。柱下筏形基础可以分为平板式和梁板式两类，如图 7－10 所示。

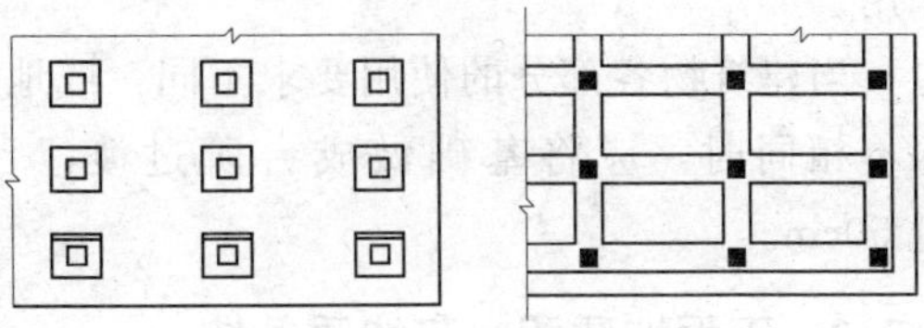

(a)　(b)

图 7－10　柱下筏形基础

(a) 平板式；(b) 梁板式

7.2.2.4　箱形基础

箱形基础是由钢筋混凝土的顶板、底板和纵、横墙板组成的整体刚度较大的箱形结构，简称箱基，如图 7－11 所示。它是在工地现场浇筑的钢筋混凝土大型基础。箱基的尺寸很大，平面尺寸通常与整个建筑平面外形轮廓相同，高度一般超过 3m。高层建筑的箱基可能有数层，高度超过 10m。箱基可以开挖后浇筑，也可以采用沉井法施工。

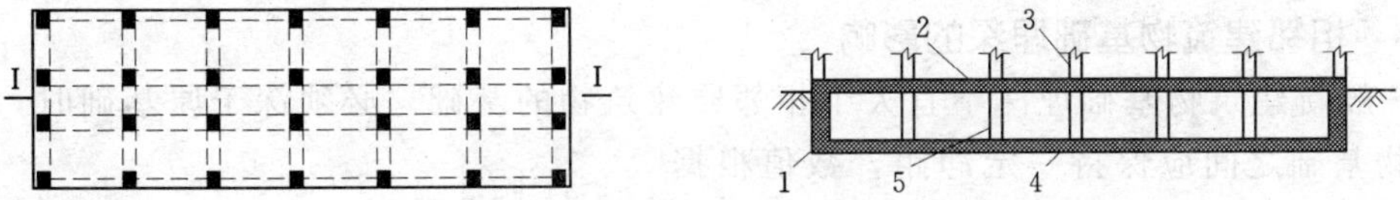

图 7－11　箱形基础

1—外墙；2—顶板；3—柱；4—底板；5—内墙

7.3　基础埋置深度的选择

基础埋置深度（简称埋深），是指设计地面（室外天然地面）标高至基础底面的距离。确定基础埋深，即选择理想的土层作为持力层。埋深的确定对建筑物的安全和正常使用以及对工期、造价影响较大。基础埋置深，地基承载力高，稳定性好；基础埋置浅，工程造价低，施工工期短。在满足地基稳定和变形要求等条件的前提下，基础应尽量浅埋。影响基础埋置深度的主要有下列 5 个因素，设计时应综合考虑。

7.3.1　上部结构情况

上部结构情况包括建筑物用途、类型、规模、荷载大小与性质。

当建筑物设有地下室时，基础埋深主要受地下室底板标高的影响。仅局部有地下室时，基础可按台阶形式变化埋深或整体加深。当设计的工程是冷藏库或高温炉窑，其基础埋深应考虑热传导引起地基土低温冻胀或高温干缩的不利影响。

对位于土质地基上的竖向荷载大、地震力和风力等水平荷载作用也大的高层建筑，为满足稳定性要求，基础埋深应适当增大。在抗震设防区，箱形和筏形基础埋深不宜小于建筑物高度的 1/15；桩筏或桩箱基础的埋深（不计桩长）不易小于建筑物高度的 1/20～1/18。位于岩石地基上的高层建筑，基础埋深应满足抗滑要求。受上拔力较大的基础（如输电塔基础），应有较大的埋深以满足抗拔要求。烟囱、水塔等高耸结构应满足抗倾覆稳定性的要求。对于室内地面荷载较大或有设备基础的厂房、仓库，应考虑对基础内侧的不利作用。

当建筑物各部分的使用要求不同，或地基土质变化大，要求同一建筑物各部分基础埋深不相同时，应将基础做成台阶过渡，台阶的高宽比为 1 : 2，每级台阶高度不超过 50cm。

7.3.2 工程地质和水文地质条件

为了保证建筑物的安全，必须根据荷载的大小和性质选择可靠的持力层。在按地基条件选择埋深时，还经常要求从减少不均匀沉降的角度来考虑，同一建筑物的基础可采用不同的埋深来调整不均匀沉降量。对墙下条形基础，若地基持力层顶面倾斜，可沿墙方向将基础底面分段做成高低不同的台阶状，以保证基础各段都具有足够的埋深。

选择基础埋深时应注意地下水的埋藏条件和动态情况，考虑基坑排水、坑壁围护以及保护基土不受扰动等措施。

7.3.3 相邻建筑物基础埋深的影响

一般新建筑物基础埋深不宜大于相邻原建筑物的基础。必须深于原基础时，新旧建筑物基础之间应保持一定净距，数值根据建筑荷载大小和土质情况确定，如图 7-12 所示。如果基础邻近有管道或沟、坑等设施时，基础底面一般应低于这些设施的底面。濒临河、湖等水源修建的建筑物基础，若受到水流或波浪冲刷的影响，其基础底面应位于冲刷线之下。

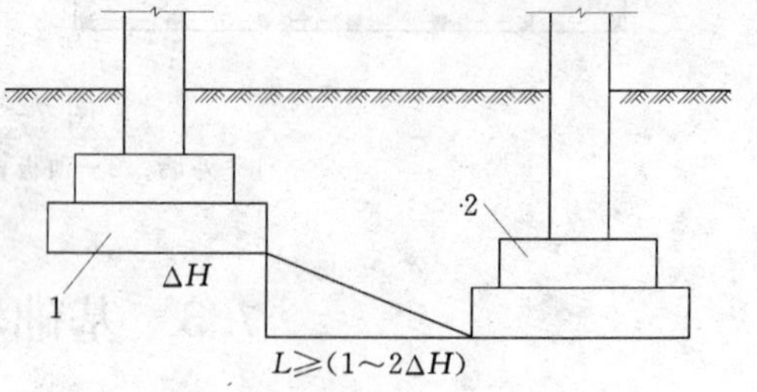

图 7-12 相邻基础的埋深

1—原有基础；2—新基础

7.3.4 地基土的冻融条件影响

7.3.4.1 地基土冻结的危害

当地基土的温度低于 0℃时，土中部分孔隙水将冻结而形成冻土。季节性冻土是指在冬季冻结而夏季融化，每年冻融交替一次的土层，在我国分布很广。季节性冻土层厚度在 0.5m 以上，最厚达 3m。

若基础埋置于冻胀土层上时，冬季土层冻结，处于冻结深度范围内的土中水被冻结形成冰晶体，未冻结区的自由水和部分结合水向冻结区迁移、聚集，使冰晶体逐渐扩大，引起土体膨胀和隆起，当冻胀力足够大时，会导致基础与墙体发生不均匀的上抬，门窗不能开启，严重时墙体开裂；当春季解冻时，冰晶体融化，含水量增大，地基土的强度降低，使建筑物产生不均匀的沉陷。在气温低、冻结深度大的地区，冻害使墙体开裂的情况较多，应引起足够的重视。

7.3.4.2 地基土冻胀性分类

影响冻胀的因素主要是土的粒径大小、土中含水量的多少以及地下水补给条件等。对于结合水含量极少的粗粒土，因不发生水分迁移，故不存在冻胀问题。处于坚硬状态的黏性土，因为结合水的含量很少，冻胀作用也很微弱。若地下水位高或通过毛细水能使水分向冻结区补充，则冻胀较严重。地基规范根据冻土层的平均冻胀率的大小，把地基分为不冻胀、弱冻胀、冻胀、强冻胀和特强冻胀 5 个等级。

7.3.4.3 考虑冻胀的基础最小埋深

当建筑基础底面下允许有一定厚度的冻土层时，基础最小埋深 $d_{\min}$ 应满足下式。

$$d_{\min}=Z_d-h_{\max} \tag{7-1}$$

式中 Z_d——设计冻深，m；

$h_{\max}$——基础底面下允许残留冻土层的最大厚度，m 按表 7-4 采用。

表 7-4　建筑基底下允许残留冻土层厚度 $h_{\max}$　单位：m

冻胀性	基础形式	采暖情况	基底平均压力 (kPa)						
			90	110	130	150	170	190	210
弱冻胀土	方形基础	采暖	—	0.94	0.99	1.04	1.11	1.15	1.20
		不采暖	—	0.78	0.84	0.91	0.97	1.04	1.10
	条形基础	采暖	—	>2.50	>2.50	>2.50	>2.50	>2.50	>2.50
		不采暖	—	2.20	2.50	>2.50	>2.50	>2.50	>2.50
冻胀土	方形基础	采暖	—	0.64	0.70	0.75	0.81	0.86	—
		不采暖	—	0.55	0.60	0.65	0.69	0.74	—
	条形基础	采暖	—	1.55	1.79	2.03	2.26	2.50	—
		不采暖	—	1.15	1.35	1.55	1.75	1.95	—
强冻胀土	方形基础	采暖	—	0.42	0.47	0.51	0.56	—	—
		不采暖	—	0.36	0.40	0.43	0.47	—	—
	条形基础	采暖	—	0.74	0.88	1.00	1.13	—	—
		不采暖	—	0.56	0.66	0.75	0.84	—	—
特强冻胀土	方形基础	采暖	0.30	0.34	0.38	0.41	—	—	—
		不采暖	0.24	0.27	0.31	0.34	—	—	—
	条形基础	采暖	0.43	0.52	0.61	0.70	—	—	—
		不采暖	0.33	0.40	0.47	0.53	—	—	—

注　1. 本表只计算法向冻胀力，如果基侧存在切向冻胀力，应采取防切向力措施。

2. 本表不适用于宽度小于 0.6m 的基础，矩形基础可取短边尺寸按方形基础计算。

3. 表中数据不适用于淤泥、淤泥质土和欠固结土。

4. 表中基底平均压力数值为永久荷载标准值乘以 0.9，可以内插。

7.3.4.4 地基防冻害措施

在冻胀、强冻胀、特强冻胀地基上，应采用以下防冻害措施。

（1）对在地下水位以下的基础，基础侧面应回填非冻胀性的中砂或粗砂，其厚度不应小于 10cm。对地下水位以下的基础，可采用桩基础、自锚式基础（冻土层下有扩大板或扩底短桩）或采取其他有效措施。

（2）宜选择地势高、地下水位低、地表排水良好的建筑场地。对低洼场地，宜在建筑物四周向外一倍冻深距离范围内，使室外地坪至少高于自然地面300～500mm。

(3) 防止雨水、地表水、生产废水、生活污水浸入建筑地基，设置排水设施。

(4) 强冻胀性土和特强冻胀性土地基上的基础应设置钢筋混凝土圈梁和基础梁，并控制上部建筑物长高比，增强房屋整体刚度。

(5) 当独立基础联系梁下或桩基础承台下有冻土时，应在梁或承台下留有相当于该土层冻胀量的空隙，以防止因土的冻胀将梁或承台拱裂。

(6) 外门斗、室外台阶和散水坡等部位宜与主体结构断开，散水坡分段不宜超过1.5m，坡度不宜小于3%，其下宜填入非冻胀性材料。

(7) 对跨年度施工的建筑，入冬前应对地基采取相应的防护措施；按采暖设计的建筑物，当冬期不能正常采暖时，也应对地基采取保温措施。

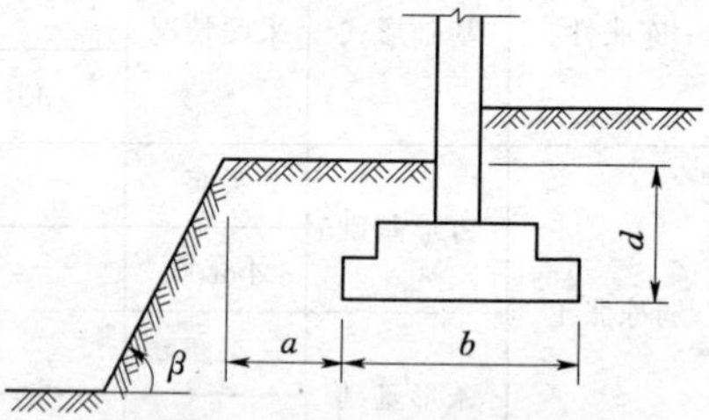

图7-13 基础底面外边缘线至坡顶的水平距离示意图

7.3.5 稳定性要求

位于稳定土坡坡顶上的建筑，当垂直于坡顶边缘线的基础底面边长小于或等于3m时，其基础底面外边缘线至坡顶的水平距离（见图7-13）应符合下式要求，但不得小于2.5m。

条形基础

$$a \geqslant 3.5b - d/\tan\beta \tag{7-2}$$

矩形基础

$$a \geqslant 2.5b - d/\tan\beta \tag{7-3}$$

式中 a——基础底面外边缘线至坡顶的水平距离；

b——垂直于坡顶边缘线的基础底面边长；

d——基础埋置深度；

β——边坡坡角。

当基础底面外边缘线至坡顶的水平距离不满足式（7-2）、式（7-3）的要求时，可根据基底平均压力，地基稳定性采用圆弧滑动面法进行验算。最危险的滑动面上诸力对滑动中心所产生的抗滑力矩与滑动力矩之比应大于或等于1.2。

当边坡坡角大于45°，坡高大于8m时，还应按最危险的滑动面上诸力对滑动中心所产生的抗滑力矩与滑动力矩之比应大于或等于1.2验算坡体稳定性。

7.4 地基承载力的确定

地基承载力是指地基所能承受的荷载能力，以单位面积上的荷载（单位为kPa或kN/m^2）表示。根据地基基础设计的基本原则，地基基础必须保证在基底压力作用下，地基不发生剪切破坏和丧失稳定性，并具有足够的安全度。因此，在进行地基设计时必须将承载力限制在某一限度内，并据此对各级建筑物进行地基承载力的验算。

地基承载力特征值，其含义是在地基发挥正常使用功能时允许采用的抗力设计值，即在保证地基稳定的条件下，使建筑物的沉降量不超过允许值的地基承载能力。

地基承载力特征值的确定在地基基础设计中是一个非常重要且十分复杂的问题，它与土的物理、力学性质指标有关，还与基础形式、底面尺寸、埋深、建筑类型、结构特点及施工等因素有关。确定地基承载力特征值的方法可归纳为以下3类。

(1) 根据现场载荷试验或其他原位试验结果确定。

(2) 根据地基土强度理论确定。

(3) 根据当地工程实践经验确定。

以上3类方法各有所长，互为补充，必要时可按多种方法综合确定。

7.4.1 土的地基承载力

见4.5节。

7.4.2 岩石地基承载力特征值的确定

对完整、较完整和较破碎的岩石的地基承载力特征值，可根据室内饱和单轴抗压试验强度按下式计算

$$f_a=\psi_r f_{rk} \tag{7-4}$$

式中 f_a——岩石地基承载力特征值，kPa；

f_{rk}——岩石饱和单轴抗压强度标准值，kPa；

ψ_r——折减系数。根据岩石完整程度及结构面的间距、宽度、产状和组合，由地区经验确定。无经验时，完整岩石取0.5，较完整岩石取0.2～0.5，较破碎岩石取0.1～0.2。此系数为考虑施工因素及建筑物使用后风化作用影响。

对完整、较完整和较破碎的岩石地基承载力特征值也可根据地区经验取值，若无地区经验，可由平板载荷试验确定。岩石地基承载力不进行深宽修正。

7.5 基础尺寸的确定

基础尺寸是指基础底面的长度、宽度和基础高度。应根据已确定的基础类型、埋置深度、地基承载力特征值和作用在基础底面的荷载值，进行基础尺寸设计。

7.5.1 轴心荷载作用下的基础底面尺寸的确定

7.5.1.1 基础底面积

在初步选择基础类型和埋置深度后，就可以根据持力层的承载力特征值计算基础底面尺寸。如果地基受力范围内存在承载力明显低于持力层的下卧层，则所选择的基底尺寸还须满足对软弱下卧层验算的要求。此外，必要时还应对地基变形或地基稳定性进行验算。作用在基底形心的荷载只有竖向荷载，没有力矩荷载情况下，为轴心受压基础，如图7-14所示。

在轴心荷载作用下，基础底面上的平均压力应小于或等于修正后的地基承载力特征值，即

$$p_k=\frac{(F_k+G_k)}{A}\leqslant f_a \qquad (7-5)$$

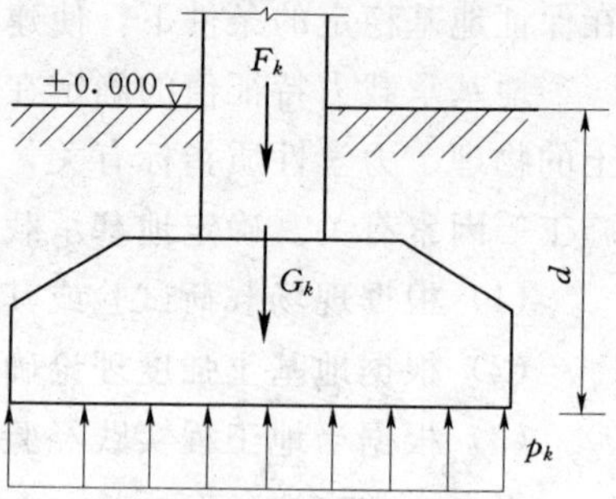

图 7-14 轴心受压基础

式中 p_k——相应于荷载效应标准组合时，基础底面处的平均压力值，kPa；

f_a——修正后的地基承载力特征值，kPa；

F_k——相应于荷载效应标准组合时，上部结构传至基础顶面的竖向力值，kN；

G_k——基础自重和基础上的土重，一般取 $G_k=\gamma_G dA$，kN；

γ_G——基础及回填土的平均重度，kN/m^3，一般取 $\gamma_G=20kN/m^3$ 计算；

A——基础底面积，m^2；

d——基础平均埋深，m。

中心荷载作用下的基础底面积 A 计算公式为

$$A\geqslant\frac{F_k}{f_a-\gamma_G d} \qquad (7-6)$$

对于独立基础，轴心荷载作用下常采用正方形基础，基础边长为

$$b=\sqrt{A}\geqslant\sqrt{\frac{F_k}{f_a-\gamma_G d}} \qquad (7-7)$$

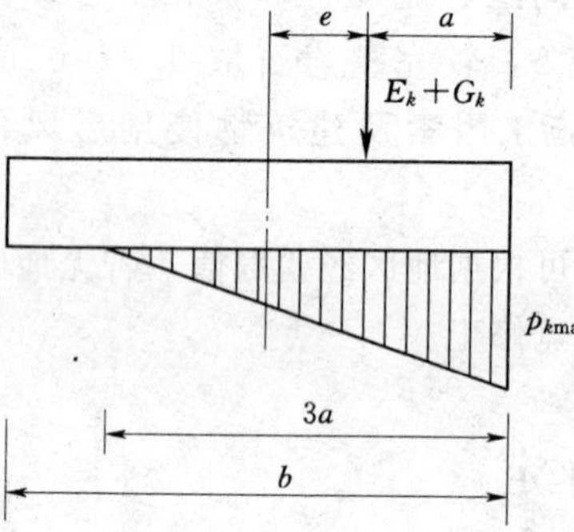

图 7-15 偏心受压基础

对于墙下条形基础（$l/b\geqslant10$），沿基础长度方向取 1m 作为计算单元，荷载也为相应的线荷载（kN/m），则条形基础基底宽度为

$$b\geqslant\frac{F_k}{f_a-\gamma_G d} \qquad (7-8)$$

最后确定的基底尺寸 b 和 l 均应为 100mm 的倍数。

7.5.1.2 偏心荷载作用下基础尺寸

当传至基础顶面的荷载除了轴心荷载外，还有弯矩 M 或水平力 V 作用时，基底反力假定呈梯形分布。如图 7-15 所示。

基底压力计算除了满足式（7-6）以外，还应符合式（7-9）要求。

$$p_{kmax}\leqslant1.2f_a \qquad (7-9)$$

式中 p_{kmax}——相应于荷载效应标准组合时，按直线分布假设计算的基底边缘处的最大压力值。

对于单向偏心基础，当偏心矩 $e\leqslant b/6$ 时，基底最大（小）压力可按式（7-10）计算。

$$\left.\begin{aligned}p_{k\min}^{k\max}&=\frac{F_k+G_k}{bl}\left(1\pm\frac{6e}{b}\right)\\e&=M_k/(F_k+G_k)\end{aligned}\right\} \qquad (7-10)$$

如图 7－16 所示，当 $p_{k\min}<0$，或 $e>b/6$ 时，$p_{k\max}$ 计算式为

$$p_{k\max}=\frac{2(F_k+G_k)}{3la} \tag{7-11}$$

式中　l——垂直于偏心方向的基础边长，m；

b——平行于偏心方向的基础边长，m；

a——合力作用点至基础底面最大压力边缘的距离，m；

M_k——相应于荷载效应标准组合时，基础所有荷载对基底形心的合力矩，kN·m；

e——偏心矩，m；

$p_{k\min}$，$p_{k\max}$——相应于荷载效应标准组合时，基底边缘处的最小、最大压力值，kPa。

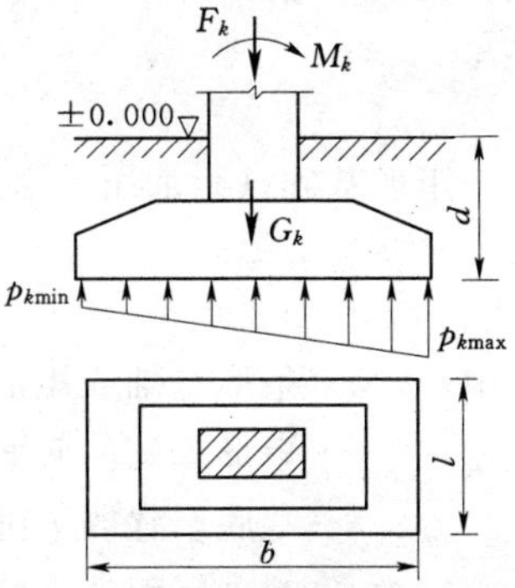

图 7－16　偏心荷载（$e>b/6$）基底压力计算

为了保证基础不致过分倾斜，通常要求 $e\leqslant b/6$ 或 $p_{k\min}>0$。在中、高压缩性地基上或有吊车的厂房柱基础，$e\leqslant b/6$；对低压缩性地基上的基础，当考虑短暂作用的偏心荷载时，可放宽至 $p_{k\min}\leqslant 0$，但宜将偏心距控制在 $b/4$ 内。

7.5.1.3　基础高度 h

基础高度 h 通常小于基础埋深 d，这是为了防止基础露出地面，遭受人来车往、日晒雨淋的破坏，在基础顶面覆盖一层保护基础的土层，此保护层的厚度 d_0 通常大于 10～15cm。因此，基础高度为基础埋深和保护层厚度之差，即 $h=d-d_0$。

若基础的材料采用刚性材料，如砖、砌石或素混凝土时，基础高度设计应注意使基础台阶宽高比满足刚性角 α 要求，以避免刚性材料被拉裂。

7.5.2　验算地基软弱下卧层承载力

承载力显著低于持力层承载力的下卧层称为软弱下卧层。当地基受力层范围内存在软弱下卧层时，在验算持力层承载力后，还必须对软弱下卧层进行承载力验算，要求作用在软弱下卧层顶面处的附加应力与自重应力之和不超过修正后的承载力特征值。即

$$p_z+p_{cz}\leqslant f_{az} \tag{7-12}$$

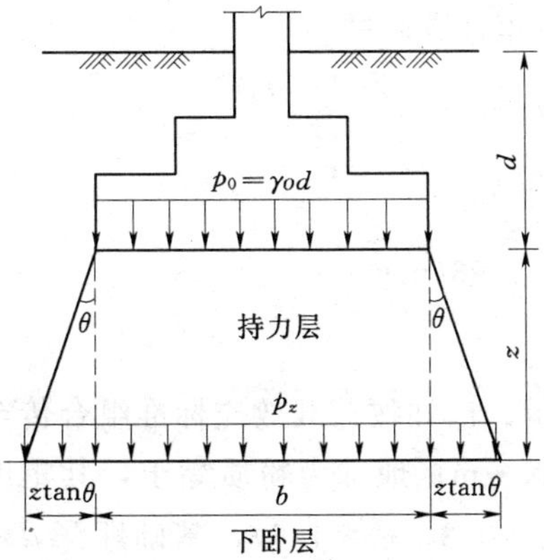

图 7－17　验算软弱下卧层计算图示

式中　p_z——相应于荷载效应标准组合时软弱下卧层顶面处的附加压力值，kPa；

p_{cz}——软弱下卧层顶面处土的自重压力值，kPa；

f_{az}——软弱下卧层顶面处经深度修正后的承载力特征值，kPa。

关于附加压力 p_z 的计算，通过试验研究并参照双层地基中附加应力分布的理论解答，提出按扩散角原理的简化计算方法，如图 7－17 所示。假设基底处的附加压力（$p_0=p_k-p_c$）往下传递时，按压力扩散角 θ 向外扩散至软弱下卧层表面，根据基底与软弱下卧层

顶面处扩散面积上的附加压力相等的条件，可得到附加压力 p_z 的计算公式。

条形基础

$$p_z=\frac{b(p_k-p_c)}{b+2z\tan\theta} \tag{7-13}$$

矩形基础（附加压力沿两个方向扩散）

$$p_z=\frac{lb(p_k-p_c)}{(b+2z\tan\theta)(l+2z\tan\theta)} \tag{7-14}$$

式中 b——条形基础或矩形基础的底面宽度，m；

l——矩形基础的底面长度，m；

z——基底至软弱下卧层顶面的距离，m；

p_c——基础底面处土的自重压力值，kPa；

p_z——相对于荷载效应标准组合时，基础底面处的平均压力值，kPa；

θ——地基压力扩散角，查表 7-5。

表 7-5　　**地基压力扩散角 θ**　　单位：(°)

E_{s1}/E_{s2}	z/b	
	0.25	0.50
3	6	23
5	10	25
10	20	30

注　1. E_{s1} 为上层土压缩模量；E_{s2} 为下层土压缩模量。

2. 当 $z/b<0.25$ 时，一般取 $\theta=0°$，必要时由试验确定；$z/b>0.5$ 时，θ 值不变。

【例 7-1】　墙下条形基础在荷载效应标准值组合时，作用在基础顶面上的轴向力 $F_k=280\text{kN/m}$，基础埋深 $d=1.5\text{m}$，室内外高差 0.6m，地基为黏土（$\eta_b=0.3$，$\eta_d=1.6$），其重度 $\gamma=18\text{kN/m}^3$，地基承载力特征值 $f_{ak}=150\text{kPa}$，求该条形基础宽度。

【解】　(1) 求修正后的地基承载力特征值。假定基础宽度 $b<3\text{m}$，因埋深 $d>0.5\text{m}$，进行地基承载力深度修正。

$$F_a=f_{ak}+\eta_d\gamma_m(d-0.5)=150+1.6\times18\times(1.5-0.5)=178.8(\text{kPa})$$

(2) 求基础宽度。因为室内外高差 0.6m，故基础自重计算高度

$$d=1.5+\frac{0.6}{2}=1.8(\text{m})$$

基础宽度

$$b\geqslant\frac{F_k}{f_a-\gamma_G d}=\frac{280}{178.8-20\times1.8}=1.96(\text{m})$$

取 $b=2\text{m}$，由于与假定相符，最后取 $b=2\text{m}$。

【例 7-2】　某柱下矩形独立基础，如图 7-18 所示。已知按荷载效应标准组合传至基础顶面的内力值 $F_k=920\text{kN}$，$V_k=15\text{kN}$，$M_k=235\text{kN}\cdot\text{m}$；地基为粉质黏土，其重度为 $\gamma=18.5\text{kN/m}^3$，地基承载力特征值 $f_{ak}=180\text{kPa}$（$\eta_b=0.3$，$\eta_d=1.6$），基础埋深 $d=1.2\text{m}$，试确定基础底面尺寸。

【解】 (1) 求修正后的地基承载力特征值。假定基础宽度 $b<3\text{m}$，则

$$
\begin{aligned}
f_a &= f_{ak}+\eta_d\gamma_m(d-0.5)\\
&=180+1.6\times18.5\times(1.2-0.5)\\
&=200.72(\text{kPa})
\end{aligned}
$$

(2) 初步按轴心受压基础估算基底面积。

$$A_0=\frac{F_k}{f_a-\gamma_G d}=\frac{920}{200.72-20\times1.2}=5.2(\text{m}^2)$$

考虑偏心荷载的影响，将底面积 A_0 增大 20%，则 $A=5.2\times1.2=6.24$ (m^2)。取基底长短边之比 $l/b=2$，得 $b=\sqrt{\frac{A}{2}}=1.77\text{m}$，取 $b=1.8\text{m}$，$l=3.6\text{m}$。

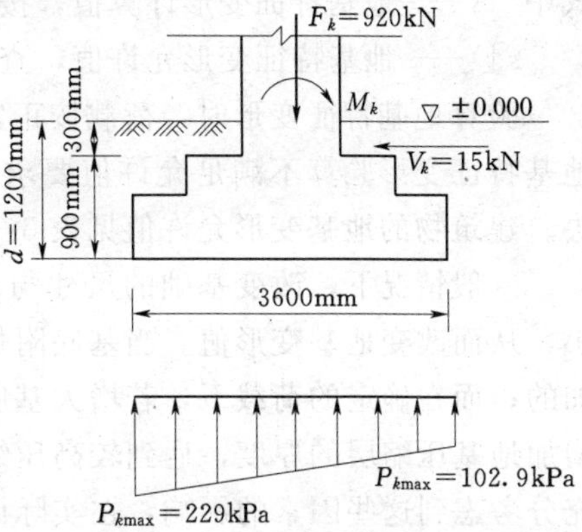

图 7-18 [例 7-2] 图

(3) 验算地基承载力。基础及其台阶上土重

$$G_k=\gamma_G Ad=20\times3.6\times1.8\times1.2=155.52(\text{kN})$$

基底处力矩

$$M_k=235+15\times0.9=248.5(\text{kN}\cdot\text{m})$$

偏心矩

$$e=\frac{M_k}{F_k+G_k}=\frac{248.5}{920+155.52}=0.23\leqslant0.6(\text{m})$$

基底边缘最大压力

$$P_{k\max}=\frac{F_k+G_k}{A}\left(1+\frac{6e}{l}\right)=\frac{920+155.52}{3.6\times1.8}\times\left(1+\frac{6\times0.23}{3.6}\right)=229\text{kPa}\leqslant1.2f_a=240.86(\text{kPa})$$

满足要求，故基底尺寸长 $l=3.6\text{m}$，$b=1.8\text{m}$ 合适。

7.6 地基变形的计算和验算

按地基承载力选定的基础底面尺寸，一般可保证建筑物在防止地基剪切破坏方面具有足够的安全，但并不能保证地基变形方面的安全。控制地基变形是地基基础设计必须考虑的另一个基本问题。

《建筑地基基础设计规范》(GB 50007—2002) 规定：对设计等级为甲级、乙级的建筑地基均应按地基变形设计；对荷载较大、土层不均匀、地基承载力不高、设计等级为丙级的建筑物，为了保证工程的安全，除满足地基承载力要求外，还需进行地基变形验算。

验算时，首先应根据建筑物的结构特点、安全使用要求及地基的工程特征确定某一变形特征作为变形验算的控制条件。对于砌体承重结构应由局部倾斜控制，对于框架结构和单层排架结构应由相邻柱基的沉降差控制，对于多层或高层建筑和高耸结构应由倾斜值控制。

地基特征变形验算公式如下。

$$s<[s] \tag{7-15}$$

式中　s——地基特征变形计算值，按规范中建议的分层总和法计算；

$[s]$——地基特征变形允许值，查表 3－7。

验算地基特征变形时，荷载按正常使用极限状态下荷载效应的准永久组合值计算。当地基特征变形验算不满足允许值要求时，通常先考虑能否适当调整基础底面尺寸予以解决。建筑物的地基变形允许值见表 3－7。

一般情况下，改变基础的尺寸与布置方式可以有效地调整基底附加应力的分布与大小，从而改变地基变形值。当基底附加应力相同时，地基的变形是随基底尺寸的增大而增加的；而在确定的荷载下，若增大基底尺寸，将会使地基变形量减小，但加大基底面积会增加地基压缩层的厚度，遇到较高压缩性的土层，也会造成地基变形量的增加。因此，要充分考虑到这些因素的影响，在实际设计中，常常会产生仅依靠调整基底尺寸还不能使地基变形满足要求的情况，这时需要采取其他措施，如改变基础埋深、更换基础类型、修改上部结构形式等，以满足地基变形控制的要求。

7.7　浅基础设计

7.7.1　无筋扩展基础的设计

7.7.1.1　无筋扩展基础的构造要求

无筋扩展基础所用材料的抗压强度较高，抗拉、抗剪强度低，当基础有挠曲变形时，拉应力就会超过材料的抗拉强度而产生裂缝。因此，必须控制基础内的拉应力和剪应力。如图 7－19（a）所示，基础一侧的大放脚，在基底反力作用下，如同倒置的短悬壁板，当设计的台阶根部高度较小时，就会弯曲拉裂或剪裂。

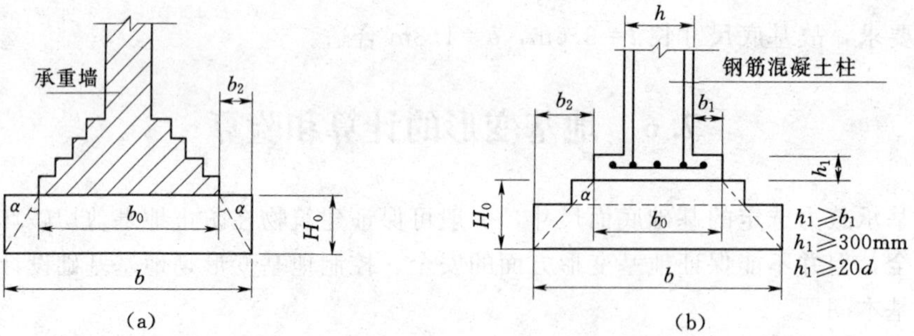

图 7－19　无筋扩展基础构造示意图

（a）墙下扩展基础；（b）柱下扩展基础

无筋扩展基础通过控制材料强度等级和台阶宽高比（台阶的宽度与高度之比）来确定基础的截面尺寸，无需进行内力分析和截面强度计算。如图 7－19（b）所示，要求基础每个台阶的宽高比不得超过表 7－6 所列的允许值。即满足式（7－16）要求

$$\frac{b_2}{h_0} \leqslant \tan\alpha \tag{7-16}$$

由于台阶宽高比的限制，无筋扩展基础的高度一般都较大，但不应大于基础埋深；否

则，应加大基础埋深或选择刚性角较大的基础类型（如混凝土基础）；如仍不满足，可采用钢筋混凝土基础。当基础抗压强度低于墙或柱结构强度时，或者基础由不同材料叠合组成时，需进行接触面上的抗压验算。

表 7-6　　无筋扩展基础台阶宽高比的允许值

基础材料	质量要求	台阶宽高比的允许值		
		$p_k \leqslant 100$	$100 < p_k \leqslant 200$	$200 < p_k \leqslant 300$
混凝土基础	C15 混凝土	1∶1.00	1∶1.00	1∶1.25
毛石混凝土基础	C15 混凝土	1∶1.00	1∶1.25	1∶1.50
砖基础	砖不低于 MU10 砂浆不低于 M5	1∶1.50	1∶1.50	1∶1.50
毛石基础	砂浆不低于 M 5	1∶1.25	1∶1.50	—
灰土基础	体积比 3∶7 或 2∶8 的灰土，其最小干密度：粉土 15.5kN/m^3，粉质黏土 15.0kN/m^3，黏土 14.5kN/m^3。	1∶1.25	1∶1.50	—
三合土基础	体积比为 1∶2∶4～1∶3∶6（石灰∶砂∶骨料），每层虚铺约 220mm，夯至 150mm。	1∶1.50	1∶2.00	—

注　1. p_k 为荷载效应标准组合时基础底面处平均压力，kPa。
2. 阶梯形毛石基础的每阶伸出宽度不宜大于 200mm。
3. 当基础由不同材料叠合组成时，应对接触部分作抗压验算。
4. 对混凝土基础、当基础底面处于平均压力值超过 300kPa 时，还应进行抗剪验算。

为节约材料和施工方便，基础常做成阶梯形。分阶时，每一台阶除应满足台阶宽高比的要求外，还须符合构造要求。

7.7.1.2　无筋扩展基础的设计计算

1. 初步选定基础高度

混凝土基础的高度不宜小于 200mm；三合土基础和灰土基础，基础高度应为 150mm 的倍数；砖基础的高度应符合砖的模数，在布置基础剖面时，大放脚的每皮宽度和高度均应满足要求。

2. 确定基础宽度

无筋扩展基础底面宽度 b，受材料刚性角的限制，应符合式（7-17）要求。

$$b \leqslant b_0 + 2H\tan\alpha \tag{7-17}$$

式中　b_0——基础顶面处的墙体宽度或柱脚宽度，m；

H——基础高度，m；

α——基础的刚性角，$\tan\alpha$ 即为台阶宽高比的允许值，可按表 7-6 采用。

采用无筋扩展基础的钢筋混凝土柱，当柱纵向钢筋在柱脚内的竖向锚固长度不满足锚固要求时，可沿水平方向弯折，弯折后的水平锚固长度不应小于 $10d$，也不应大于 $20d$。

【例 7-3】　某承重砖墙混凝土基础的埋深为 1.5m，上部结构传来的压力 $F_k=200$kN/m。持力层为粉质黏土，天然重度 17kN/m^3；孔隙比 $e=0.843$，液性指数 $I_l=0.76$，承载力特征值 $f_{ak}=150$kPa，地下水位在基础底面以下，试设计此基础。

【解】（1）修正后的地基承载力特征值。按基础宽度 b 小于 3m 考虑，不作宽度修

正。根据土的和液性指数查表得 $\eta_d=1.6$，则

$$f_a=f_{ak}+\eta_d\gamma_m(d-0.5)=150+1.6\times17.5\times(1.5-0.5)=178(\text{kPa})$$

(2) 确定基础宽度。

$$b\geqslant\frac{F_k}{f-\gamma_G d}=\frac{200}{178-20\times1.5}=1.35(\text{m})$$

初选基础宽度为 1.40m。

(3) 基础剖面尺寸。选定基础高度 $H=300\text{mm}$，大放脚采用标准砖砌筑，每皮宽度 $b_1=60\text{mm}$，$h_1=120\text{mm}$，共砌五皮，大放脚的底面宽度 $b_0=240+2\times5\times60=840$(mm)。

(4) 按台阶的宽高比要求验算基础的宽度。

基础采用 C10 混凝土浇筑，基底的平均压力为

$$p_k=\frac{F_k+G_k}{A}=\frac{200+20\times1.4\times1.5}{1.4\times1.0}=172.8(\text{kPa})<f_a$$

查表 7-6 得台阶的允许宽高比 $\tan\alpha=1.0$，则

$$b\leqslant b_0+2H\tan\alpha=0.84+2\times0.3\times1.0=1.44(\text{m})$$

取基础宽度为 1.40m 满足设计要求。

7.7.2 钢筋混凝土扩展基础的设计

钢筋混凝土扩展基础外伸宽度大于基础高度，基础材料承受拉应力。适用于上部结构荷载较大，偏心荷载或承受弯矩、水平荷载的建筑物基础。在地基表层土质较好、下层土质软弱的情况，利用表层好土层设计浅埋基础，最适宜采用钢筋混凝土扩展基础。

7.7.2.1 扩展基础的构造要求

1. 墙下钢筋混凝土条形基础

墙下钢筋混凝土条形基础一般采用阶梯形、锥形和矩形断面。锥形基础的边缘高度不宜小于 200mm，也不宜大于 500mm；阶梯形基础的每阶高度，宜为 300～500mm；基础高度小于 250mm 时，也可做矩形的等厚度板。

通常在底板下宜设 C10 素混凝土垫层。垫层厚度一般为 100mm，两边伸出基础底板一般为 100mm。

底板受力钢筋直径不宜小于 10mm，间距不宜大于 200mm，也不宜小于 100mm。底板纵向分布钢筋直径不宜小于 8mm，间距不大于 300mm，每延米分布钢筋的面积应不小于受力钢筋面积的 1/10。当基础宽 $b\geqslant2.5\text{m}$ 时，底板受力钢筋的长度可取宽度的 0.9，并宜交错布置。钢筋的保护层，当设垫层时不宜小于 40mm，无垫层不小于 70mm。

混凝土强度等级不应低于 C20。

当地基软弱时，为了减少不均匀沉降的影响，基础断面可采用带肋梁的底板，肋梁的纵向钢筋和箍筋按经验确定，或按弹性地基梁计算。

其他构造要求详见《建筑地基基础设计规范》(GB 50007—2002)。

2. 柱下钢筋混凝土独立基础

柱下钢筋混凝土独立基础除了满足墙下条形基础的一般要求外，还要满足如下要求。

矩形独立基础底面的长边与短边的比值 l/b，一般取 1～1.5。阶梯形基础每阶高度一

般为 300～500mm。基础的阶数可根据基础的高度设置，当 $H \leqslant 500$mm 时，宜分为一级；当 500mm$\leqslant H \leqslant$900mm 时，宜分为两级；当 $H \geqslant 900$mm 时，宜分为三级。锥形基础的边缘高度，一般不宜小于 200m，也不宜大于 500mm；锥形坡度角一般取 25°；锥形基础的顶部每边宜沿柱边放出 50mm。

柱下钢筋混凝土独立基础的受力钢筋应双向配置。当基础宽度大于或等于 2.5m 时，底板受力钢筋的长度可取边长或宽度的 0.9，并交错布置。对于现浇柱基础，如基础不与柱同时现浇，则应设置插筋，插筋在柱内的纵向钢筋连接宜优先采用焊接或机械连接的接头，插筋的直径、钢筋的种类、根数及其间距应与柱内的纵向钢筋相同，插筋的下端宜做成直钩，放在基础底板钢筋网上。当符合下列条件之一时，可仅将四角的插筋伸至底板钢筋网上，其余插筋锚固在基础底面以下 l_a 或 l_{aE}（有抗震设防要求时）处，如图 7-20 所示。

（1）柱为轴心受压或小偏心受压，基础高度大于等于 1200mm。

（2）柱为大偏心受压，基础高度大于 1400mm。

其他构造要求详见《建筑地基基础设计规范》(GB 50007—2002)。

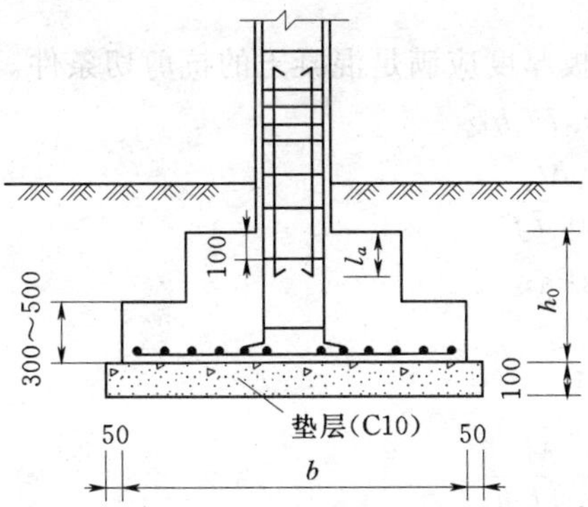

图 7-20　现浇柱的基础中插筋构造示意图（单位：mm）

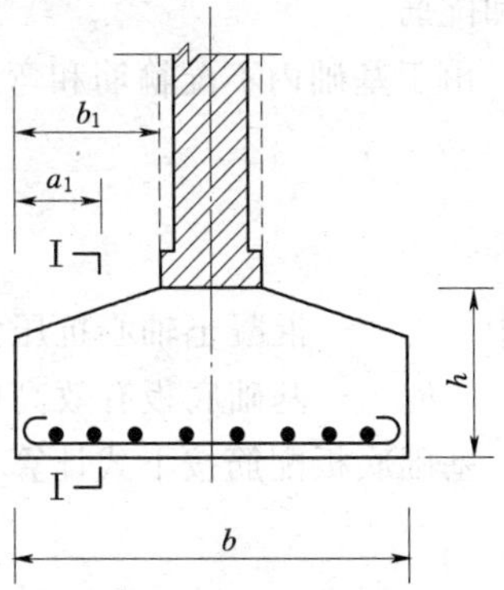

图 7-21　墙下条形基础

a_1—任意截面Ⅰ-Ⅰ至基底边缘最大反力处的距离

7.7.2.2　扩展基础的设计计算

1. 墙下钢筋混凝土条形基础

基础结构计算内容一般有两方面，其一是按剪切条件确定基础台阶或基础底板的高度，据工程设计经验，基础底板高度一般不小于基础宽度的 1/8；其二是受弯计算确定底板横向配筋。

在净反力作用下，基础底板受力仍是一块倒悬臂板，剪切和弯矩的控制截面（见图 7-21)应符合下列规定：①当墙体材料为混凝土时，取 $a_1 = b_1$；②当墙体材料为砖砌体且放脚宽度不大于 1/4 砖长时，取 $a_1 = b_1 + 0.06$（m)。

（1）轴心荷载作用。墙下条形基础在均布荷载 F 作用下的受力分析可简化为如图 7-21 所示，其受力情况如同受 p_j 作用的倒置悬臂梁。p_j 是指由上部结构荷载 F 在基底产生的净反力（不包括基础自重和基础台阶上回填土重所引起的反力)，若取墙沿墙长方向 l

$=1$m 的基础板分析，则

$$p_j=\frac{F}{bl}=\frac{F}{b} \tag{7-18}$$

式中 p_j——相应于荷载效应基本组合时的地基净反力值，kPa；

b——墙下钢筋混凝土条形基础宽度，m；

F——上部结构传至基础顶面的荷载，kN/m。

在 p_j 作用下，将在基础底板内产生弯矩 M 和剪力 V，其值在悬臂板根部最大。

$$V_1=\frac{1}{2}p_j(b-a) \tag{7-19}$$

$$M_1=\frac{1}{8}p_j(b-a)^2 \tag{7-20}$$

式中 M_1——基础底板根部的弯矩值，kN·m；

V_1——基础底板根部的剪力值，kN；

a——砖墙厚，m。

为了防止因 V、M 作用而使底板发生冲切破坏和弯曲破坏，基础底板应有足够的厚度和配筋。

由于基础内不配箍筋和弯筋，故基础底板厚度应满足混凝土的抗剪切条件。

$$V_1\leqslant 0.7f_ch_0 \tag{7-21}$$

或

$$h_0\geqslant\frac{V_1}{0.7f_c} \tag{7-22}$$

式中 f_c——混凝土轴心抗压强度设计值，kPa；

h_0——基础底板有效高度，m。

基础底板配筋按下式计算。

$$A_s=\frac{M}{0.9f_yh_0} \tag{7-23}$$

式中 A_s——每米长基础底板受力钢筋截面积，m；

f_y——钢筋抗拉强度设计值，kPa。

(2) 偏心荷载作用。先计算基底净反力的偏心距 e_{j0}。

$$e_{j0}=\frac{M}{F}\left(\text{一般要求 } e_{j0}\leqslant\frac{b}{6}\right) \tag{7-24}$$

基础边缘处的最大和最小净反力为

$$p_{j\min}^{j\max}=\frac{F}{bl}\left(1\pm\frac{6e_{j0}}{b}\right) \tag{7-25}$$

基础的高度和配筋计算同轴心荷载作用。

【例 7-4】 某多层住宅的承重砖墙厚 240mm，作用于基础顶面的荷载 $F_k=240$ kN/m，基础埋深 $d=0.8$m，经深度修正后的地基承载力特征值 $f_a=150$kPa，试设计钢筋混凝土条形基础。

【解】 (1) 选择基础材料。拟采用混凝土为 C20，钢筋 HPB235 级，并设置 C10 厚 100mm 的混凝土垫层，设一个砖砌的台阶，如图 7-22 所示。

(2) 确定条形基础宽度。

$$b \geqslant \frac{F_k}{f_a - \gamma_G d} \quad \frac{240}{150-20\times 80}=1.79(\text{m})$$

取 $b=1.8\text{m}$。

(3) 确定基础高度。

按经验 $h=b/8=180/8=22.5$ (cm)。

取 $h=30\text{cm}$

$$h_0=30-4=26 \text{ (cm)}$$

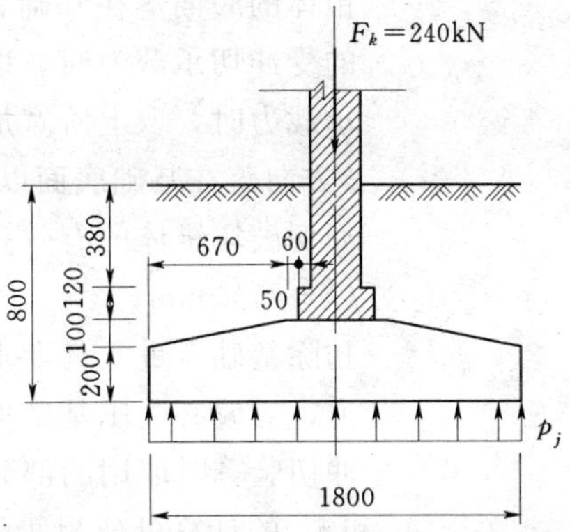

图 7-22 [例 7-4] 图（单位：mm）

地基净反力

$p_j=F/b=1.35\times240/1.8=180$ (kN/m)

控制截面剪力

$V=p_j a_1=180\times(0.9-0.12)=140.4$ (kN)

混凝土抗剪强度

$$V_c=0.7f_t b h_0=0.7\times1.1\times1.0\times260=200.2 \text{ (kN)} > V=140.4 \text{ (kN)}$$

满足要求。

(4) 计算底板配筋。

控制截面弯矩

$$M=\frac{1}{2}p_j a_1^2=\frac{1}{2}\times180\times(0.9-0.12)^2=54.8(\text{kN}\cdot\text{m})$$

$$A_s=\frac{M}{0.9h_0 f_y}=\frac{34.6\times10^6}{0.9\times260\times210}=1115 \text{ (mm}^2\text{)}$$

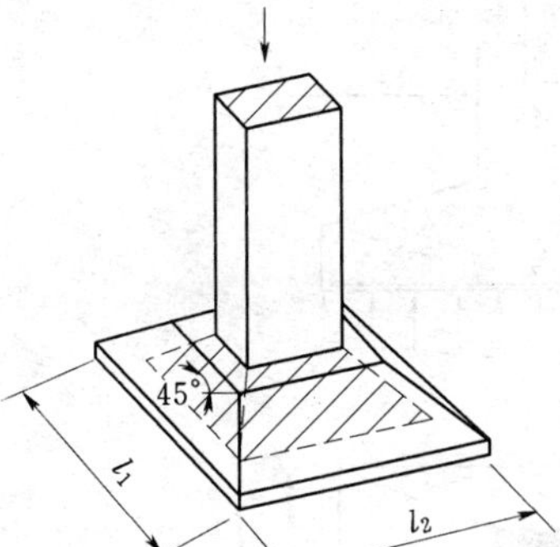

图 7-23 冲切破坏锥体

选 $\phi12$@100mm，实际配 $A_s=1131\text{mm}^2$ 分布筋选 $\phi8$@250mm。

2. 柱下钢筋混凝土独立基础

(1) 基础高度的确定。基础在柱荷载作用下，如果沿柱周边的基础高度不够，就会发生如图 7-23 所示的冲切破坏，即沿柱边 45°方向斜面拉裂。

为保证基础不发生冲切破坏，必须使冲切面外的地基净反力产生的冲切力小于或等于冲切面处混凝土的受冲切承载力，即

$$F_l \leqslant 0.7\beta_{hp} f_t a_m h_0 \tag{7-26}$$

$$F_l = p_j A_l \tag{7-27}$$

式中 F_l——相应于荷载效应基本组合时作用在 A_l 上的地基土净反力设计值；

β_{hp}——受冲切承载力截面高度影响系数，当 $h\leqslant800$mm 时，$\beta_{hp}=1.0$；当 $h\geqslant2000$mm 时，$\beta_{hp}=0.9$，其间按线性内插法取用；

f_t——混凝土轴心抗拉设计强度；

a_m——冲切破坏锥体最不利一侧计算长度，$a_m=(a_t+a_b)/2$；

a_t——冲切破坏锥体最不利一侧斜截面的上边长，当计算柱与基础交接处的受冲切承载力时，取柱宽，当计算基础变阶处的受冲切承载力时，取上阶宽；

a_b——冲切破坏锥体最不利一侧斜截面在基础底面积范围内的下边长，当冲切破坏

锥体的底面落在基础底面以内时［见图 7－24（a）］，计算柱与基础交接处的受冲切承载力时，取柱宽加两倍基础有效高度，计算基础变阶处的受冲切承载力时，取上阶宽加两倍该处的基础有效高度，当冲切破坏锥体的底面在 l 方向落在基础底面以外时［见图 7－24（b）］，即 $a+2h_0 \geqslant l$ 时，$a_b=l$；

h_0——冲切破坏锥体的有效高度，有垫层时，$h_0=(h-45)$ mm，无垫层时，$h_0=(h-75)$ mm；

p_j——扣除基础自重及其上土重后相应于荷载效应基本组合时地基土单位面积净反力，对偏心受压基础可取基础边缘处用最大地基土单位面积净反力；

A_l——冲切验算时取用的部分基底面积（图 7－24 中的阴影面积）。

关于 A_l 和 a_m 的计算可分为两种情况。

1）当 $l>a_t+2h_0$ 时［见图 7－24（a）］。

$$A_t=A_{AGHF}-(A_{BGD}+A_{DHE})=(b/2-h/2-h_0)l-(l/2-\alpha_t/2-h_0)^2 \tag{7-28}$$

$$a_m=\frac{a_t+(a_t+2h_0)}{2}=a_t+h_0 \tag{7-29}$$

2）当 $l \leqslant a_t+2h_0$ 时［见图 7－24（b）］

$$A_l=A_{AGHF}=[(b/2-h/2)-h_0]l \tag{7-30}$$

$$a_m=(a_t+l)/2 \tag{7-31}$$

如要验算台阶处的冲切强度时，将式（7－28）～式（7－31）中 h、a_t、h_0 分别换为台阶的长边、宽边和台阶处的有效高度即可。

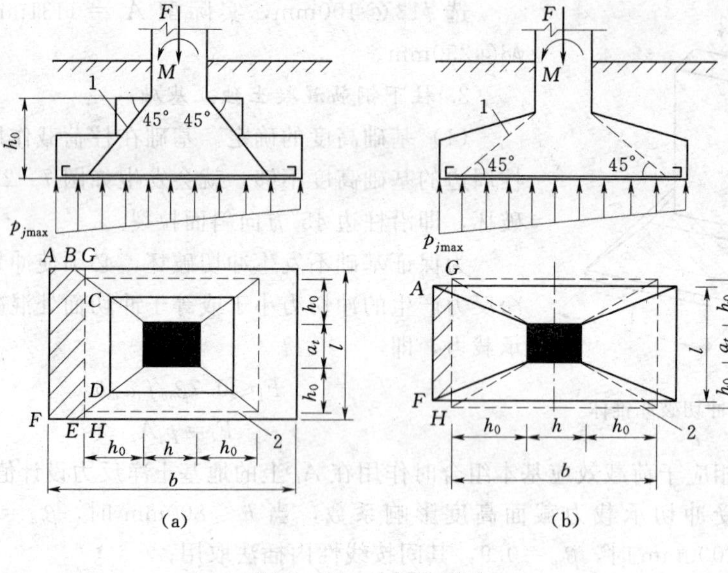

图 7－24　冲切计算图

（a）冲切锥体落在基础底面内；（b）冲切锥体落在基础底面外

1—冲切破坏锥体最不利一侧的斜截面；2—冲切破坏锥体的底面线

（2）内力计算及配筋。基础底板在荷载效应基本组合时的净反力作用下，如同固定于台阶根部或柱边的倒置悬臂板，一般属于双向受弯构件，弯矩控制截面在柱边缘处或变阶处，如图 7 - 25 所示的中心受压基础。

将基底分成 4 块梯形面积，截面Ⅰ-Ⅰ的弯矩

$$M_{\mathrm{I}}=p_{\mathrm{I}}A_{1234}\cdot a_1 \tag{7-32}$$

$$A_{1234}=(l+a_t)(b-b_t)/4 \tag{7-33}$$

a_1 为梯形面积形心到Ⅰ-Ⅰ截面的距离。

$$a_1=\left[\frac{2}{3}\left(\frac{2l+a_t}{a_t+l}\right)\frac{b-b_t}{2}\times\frac{1}{2}\right]=\frac{1}{6}(b-b_t)\left(\frac{2l+a_t}{a_t+l}\right) \tag{7-34}$$

所以

$$M_{\mathrm{I}}=\frac{p_j}{24}(b-b_t)^2(2l+a_t) \tag{7-35}$$

同理

$$M_{\mathrm{II}}=\frac{p_j}{24}(l-a_t)^2(2b+b_t) \tag{7-36}$$

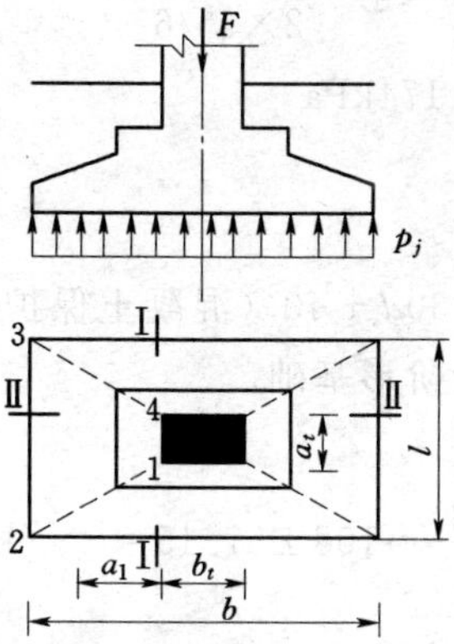

图 7 - 25　基础弯矩计算图

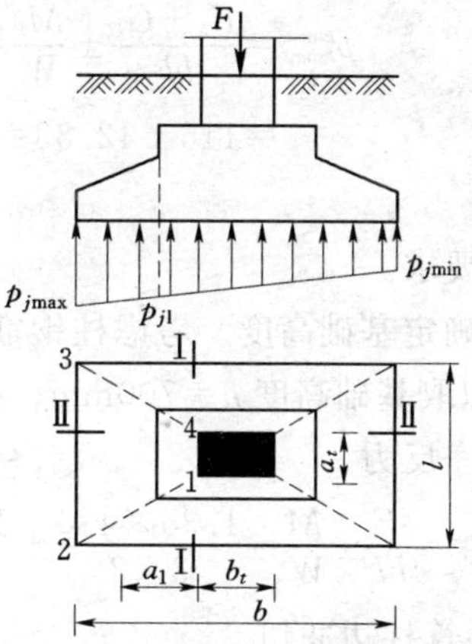

图 7 - 26　偏心受压基础弯矩计算图

对偏心受压基础，基底压力呈梯形分布时，如图 7 - 26 所示。

将（$p_{j\max}+p_{jz}$）/2 代换式（7 - 35）中的 p_j，将（$p_{j\max}+p_{j\min}$）/2 代换式（7 - 36）中的 p_j 可分别得到偏心受压基础的弯矩计算公式

$$M_{\mathrm{I}}=\frac{p_{j\max}+p_{j\mathrm{I}}}{48}(b-b_t)^2(2l+a_t) \tag{7-37}$$

$$M_{\mathrm{II}}=\frac{p_{j\max}+p_{j\min}}{48}(l-a_t)^2(2b+b_t) \tag{7-38}$$

计算柱边处时，还需将 M_{I}、M_{II} 式中 a_t、b_t 换成柱长、宽计算弯矩，并与 M_{I} 或 M_{II} 比较，取大者配筋。

应指出，式（7 - 35）～式（7 - 38）适用于矩形基础台阶的宽高比小于或等于 2.5 和偏心矩小于或等于 $b/6$ 基础长度的情况。

基础底板两个方向上的钢筋面积可近似按式（7 - 39）计算

$$A_{s\mathrm{I}}=\frac{M_{\mathrm{I}}}{0.9h_0f_y} \tag{7-39}$$

$$A_{s\text{II}}=\frac{M_{\text{II}}}{0.9(h_0-d)f_y} \quad (7-40)$$

其中，d 为 b 方向上的钢筋直径。

【例 7-5】 某多层框架结构柱 400mm×600mm，配有 8ϕ22mm 纵向受力筋；相应于荷载效应标准组合时柱传至地面处的荷载值轴心压力 $F_k=480$kN，弯矩 $M_k=55$kN·m，水平力 $Q_k=40$kN，基础埋深 1.8m，采用 C20 混凝土和 HPB235 级钢筋，设置 C10 厚 100mm 的混凝土垫层，已知经深度修正后的地基承载力特征值 $f_a=145$kPa，试设计该柱基础。

【解】 (1) 确定基础底面积。

$$A=(1.1\sim1.4)\frac{F_k}{f_a-\gamma_G d}=(1.1\sim1.4)\times\frac{480}{145-20\times1.8}=4.8\sim6.2(\text{m}^2)$$

取 $l=2.0$m，$b=3.0$m

验算承载力

$$p_{k\min}^{k\max}=\frac{F_k+G_k}{bl}\pm\frac{M_k}{W}=\frac{480+20\times2\times3\times1.8}{3\times2}\pm\frac{55+40\times1.8}{2\times3^2/6}$$

$$=116\pm42.33=^{158.3}_{73.7}(\text{kPa})<1.2f_a=174\text{kPa}$$

$$p=116\text{kPa}<f_a$$

满足要求。

(2) 确定基础高度。考虑柱钢筋锚固直线段长度：$30d+40$（混凝土保护层）≈700(mm)，拟取基础高度 $h=700$mm，初步拟定采用二级台阶形基础。

基底净反力

$$p_{j\min}^{j\max}=\frac{F}{bl}\pm\frac{M}{W}=\frac{1.35\times480}{3\times2}\pm\frac{1.35\times(55+48\times1.8)}{2\times3^2/6}=108\pm57.15=^{165.2}_{50.9}(\text{kPa})$$

1) 验算柱边冲切。

$$h_0=700-45=655\text{mm}\approx0.66\text{m}$$

$$F_l=p_{j\max}A_j=165.2\times[(1.5-0.3-0.66)\times2-(1-0.2-0.66)^2]=175.1(\text{kN})$$

$$0.7\beta_{hp}f_t a_m h_0=0.7\times1.0\times1100\times(0.4+0.66)\times0.66=538.7(\text{kN})>F_l=175.1\text{kN}$$

满足要求。

2) 验算台阶处的冲切。

$$h_{01}=350-45=305\ (\text{mm})$$

$$F_{b\text{I}}=p_{j\max}A_{\text{I}}=165.2\times(1.5-0.9-0.31)\times2-(1-0.6-0.31)^2=94.5(\text{kN})$$

$$0.7\beta_{hp}f_t a_m h_0=0.7\times1.0\times1100\times\frac{1}{2}\times(1.2+1.2+2\times0.31)\times0.31$$

$$=360.4(\text{kN})>F_{b\text{I}}=94.5\text{kN}$$

满足要求。

(3) 基础底板配筋。

柱边弯矩

$$M_{\text{I}}=\frac{1}{48}(p_{j\max}+p_{j\text{I}})(b-b_t)^2(2a_t+l)$$

$$=\frac{1}{48}(165.2+119.5)(3-0.5)^2(2\times2+0.4)=150.3(\text{kN}\cdot\text{m})$$

$$M_{\text{II}}=\frac{1}{48}(p_{j\max}+p_{j\min})(l-a_t)^2(2b+b_t)$$

$$=\frac{1}{48}(165.2+50.9)(2-0.4)^2(2\times3+0.6)=76.1(\text{kN}\cdot\text{m})$$

$A_{s\text{I}}=\dfrac{M_{\text{I}}}{0.9h_0f_y}=\dfrac{150.3\times10^6}{0.9\times655\times210}=1214(\text{mm}^2)$，配 $\phi10$ @130mm。

$A_{s\text{II}}=\dfrac{M_{\text{II}}}{0.9(h_0-d)f_y}=\dfrac{76.1\times10^6}{0.9\times645\times210}=624(\text{mm}^2)$，配 $\phi10$ @200mm。

7.8 梁板式基础的简化计算

7.8.1 柱下钢筋混凝土条形基础设计

当地基土软弱而荷载较大时，采用柱下独立基础地基承载力不能满足要求时，或者为了防止基础产生过大的不均匀沉降等原因，可将同一排的柱下独立基础连通，做成柱下钢筋混凝土条形基础。

7.8.1.1 适用范围

柱下条形基础主要用于柱距较小的框架结构，也可用于排架结构，它可以是单向的，也可以是十字交叉形的。单向条形基础一般沿房屋的纵向布置，这是因为房屋纵向跨数多、跨距小，且沉陷挠曲主要发生在纵向。当单向条形基础不能满足地基承载力的要求，或者需要调整地基变形时，采用十字交叉条形基础。柱下条形基础承受柱子传下的集中荷载，其基底反力的分布受基础和上部结构刚度的影响，呈非线性分布。当条形基础截面高度很大时，例如达到柱距的 1/3～1/2 时，具有极大的刚度和调整地基变形的能力。

7.8.1.2 构造要求

柱下条形基础的截面形状一般为倒 T 形，由翼板和肋梁组成，如图 7－27 所示。

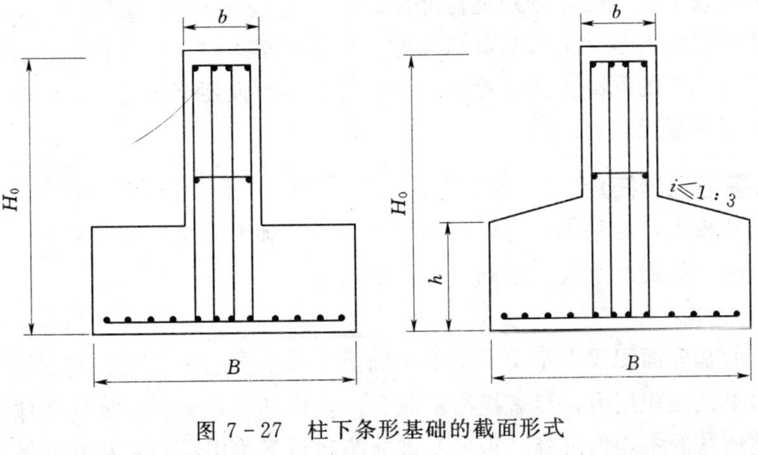

图 7－27 柱下条形基础的截面形式

其构造除应满足钢筋混凝土扩展基础的要求外，尚应符合下列要求条件。

(1) 肋梁高度 H_0 一般取 1/8～1/4 的柱距，这样的高度一般能满足截面的抗剪要求。柱荷载较大时，可取 1/6～1/4 柱距；在建筑物次要部位和柱荷载较小时，可取不小于 1/8～1/7柱距。

(2) 翼板厚度 h 不宜小于 200mm。当翼板厚度为 200～250mm 时，宜用等厚度翼板；当翼板厚度大于 250mm 时，宜用变厚度翼板，其坡度宜小于或等于 1∶3。

(3) 端部宜向外伸出悬臂，悬臂长度一般为第一跨跨距的 0.25 倍。悬臂的存在有利于降低第一跨弯矩，减少配筋，也可以用悬臂调整基础形心。

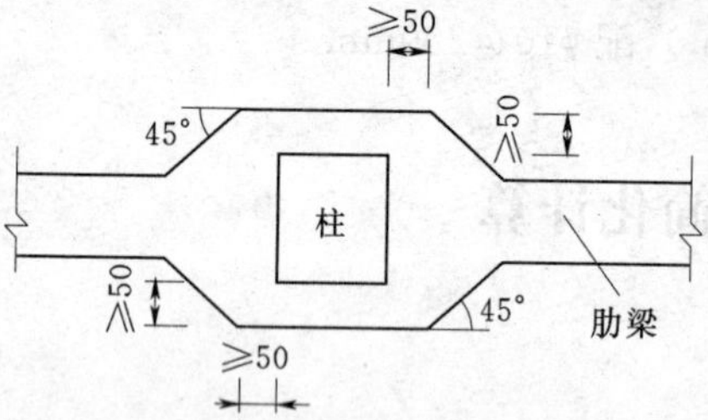

图 7-28 现浇柱与条形基础梁交接处平面尺寸（单位：mm）

(4) 肋梁顶、底部纵向受力钢筋除满足计算要求外，顶部钢筋按计算配筋全部贯通，底部通长钢筋不少于底部受力钢筋截面总面积的 1/3。这是考虑使基础拉、压区的配筋量较为适中，并考虑了基础可能受到的整体弯曲影响。考虑柱下条形基础可能承受扭矩，肋梁内的箍筋应做成封闭式，直径不小于 8mm。当梁高大于 700mm 时，应在梁的两侧放置不小于 $\phi10$ 的腰筋。

(5) 现浇柱与条形基础梁的交接处，其平面尺寸不应小于图 7-28 的规定。

(6) 混凝土强度等级不低于 C20。

7.8.1.3 设计计算要点

进行柱下条形基础计算时，除按柱下独立基础计算抗冲切、抗弯曲和抗剪切以外，尚应遵循下列规定。

(1) 在比较均匀的地基上，上部结构刚度较好，荷载分布较均匀，且条形基础梁的高度不小于 1/6 柱距时，地基反力可按直线分布，条形基础梁的内力可按连续梁计算，此时边跨跨中弯矩及第一内支座的弯矩值宜乘以 1.2 的系数；否则，宜按弹性地基梁计算。

(2) 对交叉条形基础，交点上的柱荷载，可按交叉梁的刚度或变形协调的要求，进行分配。其内力可按上述规定，分别进行计算。

(3) 验算柱边缘处基础梁的受剪承载力，当存在扭矩时，尚应作抗扭计算。

(4) 当条形基础的混凝土强度等级小于柱的混凝土强度等级时，尚应验算柱下条形基础梁顶面的局部受压承载力。

7.8.2 筏形基础设计简介

如上部荷载较大，地基承载力较低，采用一般基础不能满足设计要求时，可将基础底面扩大成连续的钢筋混凝土板式基础，即筏形基础。

7.8.2.1 适用范围

筏形基础的基底面积较十字交叉条形基础更大，不仅能承受更大的建筑物荷载，还能减少地基土的单位面积压力，显著提高承载力。筏形基础还具有较大的整体刚度，在一定程度上能调整地基的不均匀沉降。筏形基础能跨越地下浅层小洞穴和局部软弱层，提供比较宽敞的地下使用空间，因此在多、高层建筑中被广泛采用。

7.8.2.2 构造与计算要求

(1) 筏形基础分为梁板式和平板式两种类型，其选型应根据工程地质、上部结构体系、柱距、荷载大小以及施工条件等因素确定。

(2) 筏形基础的平面尺寸，应根据地基土的承载力、上部结构的布置及荷载分布等因素按规范有关规定确定。对单幢建筑物，在地基土比较均匀的条件下，基底平面形心宜与结构竖向永久荷载重心重合。当不能重合时，在荷载效应准永久组合下，偏心距 e 宜符合式（7-41）要求。

$$e \leqslant 0.1W/A \qquad (7-41)$$

式中 W——与偏心距方向一致的基础底面边缘抵抗矩；

A——基础底面积。

(3) 筏形基础的混凝土强度等级应不低于 C30。当有地下室时应采用防水混凝土，防水混凝土抗渗等级应根据地下水的最大水头与防渗混凝土厚度的比值，按现行《地下工程防水技术规范》(GB 50108—2008) 选用，但不应小于 0.6MPa。必要时宜设架空排水层。

(4) 采用筏形基础的地下室，地下室钢筋混凝土外墙厚度不应小于 250mm，内墙厚度不应小于 200mm。墙的截面设计除满足承载力要求外，尚应考虑变形、抗裂及防渗等要求。墙体内应设置双面钢筋，竖向和水平钢筋的直径不应小于 12mm，间距不应大于 300mm。

(5) 地下室底层柱，剪力墙与梁板式筏基的基础梁连接构造符合下列要求。

1) 柱、墙的边缘至基础梁边缘的距离不应小于 50mm，如图 7-29 所示。

2) 当交叉基础梁的宽度小于柱截面的边长时，交叉基础梁连接处应设置八字角，柱角与八字角之间的净距不宜小于 50mm [见图 7-29 (a)]。

3) 单向基础梁与柱的连接，可按图 7-29 (b)、(c) 采用。

4) 基础梁与剪力墙的连接，可按图 7-29 (d) 采用。

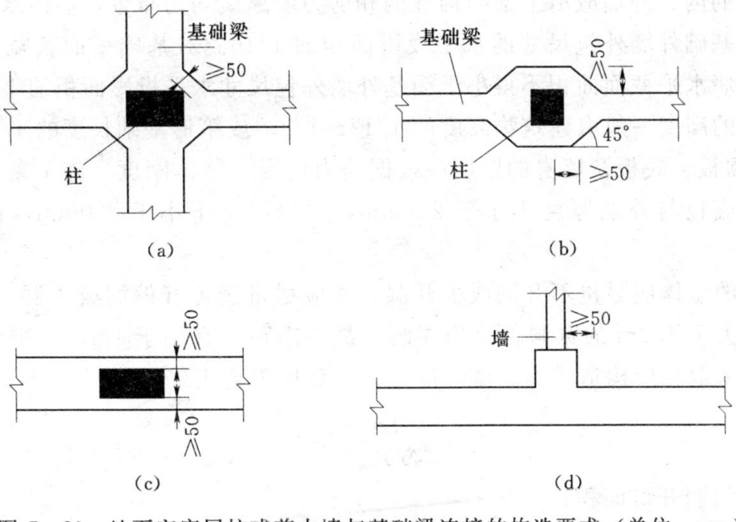

图 7-29 地下室底层柱或剪力墙与基础梁连接的构造要求（单位：mm）

(6) 筏板与地下室外墙的接缝、地下室外墙沿高度外的水平接缝应严格按施工缝要求施工，必要时可设通长止水带。

(7) 高层建筑筏形基础与裙房基础之间的构造应符合下列要求。

1) 当高层建筑与相连的裙房之间设置沉降缝时，高层建筑基础的埋深应大于裙房基础的埋深至少 2m。当不满足要求时必须采取有效措施。沉降缝地面以下用粗砂填实。

2) 当高层建筑与相连的裙房之间不设置沉降缝时，宜在裙房一侧设置后浇带，后浇带的位置宜设在距主楼边柱的第二跨内。后浇带混凝土宜根据实测沉降值并计算后期沉降差能满足设计要求后方可进行浇筑。

3) 当高层建筑与相连的裙房之间不允许设置沉降缝和后浇带时，应进行地基变形验算，验算时需考虑地基与结构变形的相互影响并采取相应的有效措施。

(8) 筏形基础地下室施工完毕后，应及时进行基坑回填工作。回填基坑时，应先清除基坑中的杂物，并应在相对的两侧或四周同时回填并分层夯实。

7.8.3 箱形基础设计简介

7.8.3.1 适用范围

箱形基础是由钢筋混凝土的顶板、底板及纵、横墙板组成的具有极大刚度的箱式结构，在承受上部结构传来的荷载和不均匀地基反力引起的整体弯曲的同时，其顶板和底板还分别受到顶板荷载与地基反力引起的局部弯曲，能有效地扩散上部结构传递的荷载，调整地基的不均匀沉降。适用于软弱地基上的高层、重型或对不均匀沉降有严格要求的建筑物、需要地下室的各类建筑物、上部结构荷载大、地基土较软弱或不均匀的建筑物和地震烈度高的重要建筑物。

7.8.3.2 构造要求

采用箱形基础时，上部结构体型应力求简单、规则，平面布局尽量对称，基底平面形心应尽量与上部结构竖向荷载中心重合。当偏心较大时，可使基础底板四周伸出不等长的悬臂以调整底面的形心，偏心距不宜大于 $0.1W/A$，W 为基底的抵抗矩，A 为基底面积。

箱形基础的内、外墙应沿上部结构柱网和剪力墙纵横均匀布置，墙体水平截面总面积不宜小于箱形基础外墙外包尺寸的水平投影面积的 1/10。对基础平面长宽比大于 4 的箱形基础，其纵墙水平截面面积不得小于箱基外墙外包尺寸水平投影面积的 1/18。

箱形基础的高度一般取建筑物高度的 1/12～1/8，或箱形基础长度的 1/18～1/16，并不小于 3m。顶板、底板及墙身的厚度应根据受力情况、整体刚度、施工条件及防水要求等确定。一般底板与外墙厚度不小于 250mm，内墙厚度不小于 200mm，顶板厚度不小于 150mm。

箱形基础的墙体应尽量不开洞或少开洞，并应尽量避免开偏洞或边洞、高度大于 2m 的高洞、宽度大于 1.2m 的宽洞。两相邻洞口最小净距不宜小于 1m，否则洞间墙体应按柱子计算，并采取相应构造措施。墙体的开口系数应符合正式要求。

$$\alpha=\sqrt{\frac{A_0}{A_w}}\leqslant 0.4 \tag{7-42}$$

式中 A_0——门洞开口面积；

A_w——墙体面积（柱距与箱形基础全高的乘积）。

箱形基础的顶板、底板及内外墙一般采用双面双向分离式配筋。墙体中的配筋中墙身竖向钢筋不宜小于 $\phi12@200$，其他部位不宜小于 $\phi10@200$。顶板底板配筋不宜小于 $\phi14@$

200。在两片钢筋网之间应设置架立钢筋，架立钢筋间距不大于 800mm。

箱形基础的混凝土强度等级不应低于 C20，并宜采用防水混凝土，其抗渗等级不低于 S6。

当箱形基础埋置于地下水位以下时，要重视施工阶段中的抗浮稳定性。一般采用井点降水法，使地下水位维持在基底以下以保证施工。在箱基封底、地下水位回升以前，上部结构应有足够的重量，保证抗浮稳定系数不小于 1.2，否则应另拟抗浮措施。

箱形基础的具体设计计算可参考《高层建筑箱形与筏形基础技术规范》（JGJ 6—99）等相关规范与资料。

7.9 减小基础不均匀沉降的措施

基础总是要产生沉降和不均匀沉降，但过量的沉降往往会使建筑物开裂、破坏，以致影响使用，建于软弱或不均匀地基上的建筑物尤其如此。所以设计地基与基础时，应采取各种必要的措施以减少建筑物的不均匀沉降。单纯从地基基础的角度出发，通常的解决办法有采用柱下条形基础、筏形基础和箱形基础，采用桩基础或其他深基础，以及采用各种地基处理方法，但这些方法往往造价偏高。因此，我们可以考虑从地基、基础、上部结构相互作用的观点出发，选择合理的建筑、结构、施工措施，降低对地基基础处理的要求和难度，降低造价，同时达到减轻房屋不均匀沉降的目的。

7.9.1 建筑措施

1. 建筑物的体型应尽量简单

建筑物体型指其平面形状与立面轮廓。设计建筑物时，应力求避免平面形状复杂和立面高差悬殊的体型。平面形状复杂的建筑物，如工字形、T 形、L 形等，在纵、横单元交叉处基础密集，地基中各单元荷载产生的附加应力互相重叠，使该处的局部沉降量增加；同时，此类建筑物整体刚度差，刚度不对称，当地基出现不均匀沉降时，容易产生扭曲应力，因而建筑物更容易开裂。建筑物高低（或轻重）变化太大，地基各部分所受的荷载轻重不同，自然也容易出现过量的不均匀沉降。在选择建筑物体型时，力求做到以下两个方面。

（1）平面形状简单，如“一”字形建筑物。

（2）立面高差不宜过大，砌体承重结构房屋高差不宜超过 1～2 层。

2. 设置沉降缝

当地基不均匀、建筑物平面形状复杂或长度过大、高差悬殊等情况不可避免时，可在建筑物的适当部位设置沉降缝，以有效减小不均匀沉降的危害。沉降缝是从屋面到基础把建筑物断开，将建筑物划分成若干个长高比小、体型简单、整体刚度好、结构类型相同、自成沉降体系的独立单元。根据《建筑地基基础设计规范》（GB 50007—2002），沉降缝的位置应设置在下列部位。

（1）建筑物平面的转折部位。

（2）高度差异与荷载差异处。

（3）长高比过大的砌体承重结构或钢筋混凝土框架的适当部位。

(4) 地基土压缩性显著差异处。

(5) 建筑结构或基础类型不同处。

(6) 分期建造房屋的交界处。

沉降缝要求有一定的宽度，以防止缝两侧单元发生互倾，沉降时造成单元结构间的挤压破坏。一般沉降缝的宽度，两三层房屋为 50～80mm；四五层房屋为 80～120mm；六层及以上房屋不小于 120mm。

沉降缝应按相应的构造要求处理，沉降缝可结合伸缩缝设置，在抗震区结合抗震缝设置。

3. 控制相邻建筑基础的间距

建筑物作用于地基的荷载，不仅使建筑物下面的土层受到压缩，而且使周围一定范围内的土层也受到其基底压力扩散的影响而产生压缩变形，这种影响随距离的增加而减小。如两建筑物距离过近，就可能产生附加沉降，使建筑物发生倾斜或开裂。

为避免相邻建筑物影响的损害，建筑物基础之间要有一定的净距，其值视地基的压缩性、建筑物规模和重量以及被影响建筑物的刚度等因素而定。当在软弱地基上建造相邻建筑，或在已有房屋旁建造房屋或构筑物，相邻建筑物基础间的净距应符合表 7-7 的规定。

表 7-7 相邻建筑物基础间的净距 单位：m

影响建筑的预估平均沉降量 S (mm)	被影响建筑的长高比	
	$2.0 \leqslant L/h < 3.0$	$3.0 \leqslant L/h < 5.0$
70～150	2～3	3～6
160～250	3～6	6～9
260～400	6～9	9～12
>400	9～12	≥12

注 1. 表中 L 为房屋长度或沉降缝分割的单元长度，m；h 为自基础底面起算的房屋高度，m。
2. 当被影响建筑的长高比为 $1.5 < L/h < 2.0$ 时，其间隔距离可适当缩小。

4. 控制建筑物的长高比

长高比 L/h 是建筑物总长度 L 与由基底算起的总高度 h 之比，它是决定砖石结构房屋刚度的一个主要因素。L/h 越小，建筑物的刚度就越好，调整地基不均匀边形的能力就越大。3 层和 3 层以上的房屋，L/h 宜小于或等于 2.5，当 L/h 超过 2.5 时，为减少不均匀沉降带来的不利影响，房屋的纵墙应尽量做到不转折或少转折，内横墙间距不要过大，必要时应适当加强基础。如经计算，房屋预估沉降量在 12cm 以下时，一般情况下长高比可不受限制。

5. 合理布置纵横墙

纵横墙的连接和房屋的楼（屋）面共同形成了砌体承重结构的空间刚度。当砌体承重房屋长高比（建筑物长度或沉降单元长度与自基底面算起的总高度之比）较小时，建筑物的整体刚度较大，能较好地防止不均匀沉降的危害。相反，长高比大的建筑物，整体刚度小，纵墙很容易因挠屈变形过大而开裂。

合理布置纵横墙，是增强砌体承重结构房屋整体刚度的重要措施之一。一般房屋的纵向刚度较弱，故地基不均匀沉降的损害主要表现为纵墙的挠屈破坏。内、外纵墙的中断、转折或开洞过大，都会削弱建筑物的纵向刚度。当遇到地基不良时，应尽量使内外纵墙都贯通，加强整体性。另外，缩小横墙的间距，也可有效地改善房屋的整体性，从而增强调整不均匀沉降的能力。

6. 调整建筑物的局部标高

由于沉降会改变建筑物原有标高，严重时将影响建筑物的正常使用，甚至导致管道等设备的破坏。设计时可采取下列措施调整建筑物的局部标高。

(1) 根据预估沉降，适当提高室内地坪和地下设施的标高。

(2) 将相互有联系的建筑物各部分（包括设备）中预估沉降较大者的标高适当提高。

(3) 建筑物与设备之间应留有足够的净空。

(4) 如管道穿过建筑物时，应留有足够尺寸的孔洞，可采用柔性管道接头。

7.9.2 结构措施

1. 调整荷载和减轻自重

基底压力中，建筑物自重（包括基础及回填土重）所占的比例很大，一般工业建筑约占 40%～50%，一般民用建筑可高达 60%～80%。因而，可以首先从减轻建筑物自重着手减少建筑物沉降量，措施如下。

(1) 减轻墙体重量。许多建筑物，特别是民用建筑物的自重，大部分以墙体重量为主，例如：砌体承重结构房屋，墙体重量占结构总重量的一半以上。为了减少这部分重量，宜选择轻型高强墙体材料，如：轻质高强混凝土墙板、各种空心砌块、多孔砖及其他轻质墙等，都能不同程度地达到减少自重的目的。

(2) 选用轻型结构。采用预应力钢筋混凝土结构、轻钢结构及各种轻型空间结构。

(3) 减少基础和回填土重量，首先是尽可能考虑采用浅埋基础（例如：钢筋混凝土独立基础、条形基础、壳体基础）；如果要求大量抬高室内地坪时，底层可考虑用架空层代替室内后填土。

2. 设置圈梁

对于砌体承重房屋，不均匀沉降的损害突出地表现为墙体的开裂。因此，实践中宜在基础顶面附近、门窗顶部、楼（屋）面处设置圈梁，每道圈梁应尽量贯通外墙、承重内纵墙及主要内横墙，并在平面内形成闭合的网状系统，增强建筑物的整体性，防止或减少因基础不均匀沉降产生的裂缝。这是砌体承重结构防止出现裂缝和阻止裂缝开展的一项十分有效的措施，在地震区还可以起到抗震作用。

3. 减小或调整基底附加应力

(1) 减小基底附加压力。除了采用本节“减轻建筑物自重”减小基底附加压力外，还可设置地下室（或半地下室架空层），以挖除的土重去“补偿”一部分甚至全部的建筑物重量，达到减小沉降的目的。

(2) 改变基底尺寸。按照沉降控制的要求，选择和调整基础底面尺寸，针对具体工程的不同情况考虑，荷载大的基础采用较大基底面积，尽量做到有效又经济合理。

(3) 对不均匀沉降要求严格或重要的建筑物，选用较小的基底压力（地基承载力）。

7.9.3 施工措施

在软弱地基上进行施工建设时，采用合理的施工顺序和施工方法至关重要，这是减少和调整不均匀沉降的措施之一。

1. 按照先重（高）后轻（低）的顺序施工

当拟建的相邻建筑物之间轻（低）高（重）悬殊时，一般按照先重后轻的顺序进行施工，必要时还应在重的建筑物竣工后，间歇一段时间再施工轻的邻近建筑物。重要的主体建筑和轻的主体建筑与轻的附属部分相连时，也按上述原则处理。

2. 注意堆载、沉桩和降水等对邻近建筑物的影响

在已建成的建筑物周围，不宜堆放大量的建筑材料或土方等重物，以免地面堆载引起建筑物产生附加沉降。拟建的密集建筑群内，如有采用桩基础的建筑，桩的设置应首先进行，并注意采用合理的沉桩顺序。在进行降低地下水位及开挖深基坑时，应密切注意对临近建筑物可能产生的不利影响，必要时可以采用设置截水帷幕、控制基坑变形量等措施。

3. 注意保护坑底土体

在淤泥及淤泥质土地基上开挖基坑时，要注意尽可能不扰动坑底土，且应避免坑底土体受雨水浸泡。通常的做法是：在坑底保留大约 200mm 厚的原土层，待施工混凝土垫层时，才用人工挖去。如发现坑底软土被扰动，可挖去扰动部分，用砂、碎石等回填处理。

本 章 小 结

1. 浅基础的类型与构造

浅基础按建筑材料可分为砖石基础、灰土基础、混凝土基础或毛石混凝土基础、钢筋混凝土基础等；按基础的结构形式可分为独立基础、条形基础、十字交叉基础、筏形基础、箱形基础等。

2. 基础埋置深度的确定

基础的埋置深度一般指室外设计地面到基础底面的距离。影响基础埋置深度的因素有以下几个方面：①建筑物的用途和基础构造；②荷载的大小和工程地质、水文地质条件；③相邻建筑物的基础埋深；④地基土的冻胀和融陷。

3. 基础底面尺寸的确定及地基变形的验算

在基础类型和埋置深度初步确定后，应根据基础上作用的荷载、埋置深度和地基承载力特征值确定基础尺寸，包括基础底面面积和基础高度。一般步骤为，先初步确定埋置深度和基础底面尺寸，然后计算地基承载力特征值，再根据地基承载力特征值校核基础底面尺寸。如设计不能满足地基要求，应重新选择较大尺寸或改变埋置深度后再次验算，直到满足设计要求为止，并验算地基软弱下卧层承载力，进行地基变形的计算和验算。

4. 浅基础设计

常见浅基础——无筋扩展基础和钢筋混凝土扩展基础的构造要求与设计计算。

5. 梁板式基础的简化计算

柱下钢筋混凝土条形基础、筏形基础、箱形基础等梁板式基础的适用范围、构造要求简介及设计计算要点。

6. 减轻不均匀沉降的措施

减轻建筑物不均匀沉降的措施有建筑措施、结构措施、施工措施。

复习思考题

1. 地基基础的设计有哪些要求和基本规定？
2. 浅基础的类型有哪些？各自的特点是什么？
3. 影响基础埋深的主要因素有哪些？
4. 在中心荷载及偏心荷载作用下，基础底面积如何确定？
5. 为什么要验算地基的软弱下卧层？
6. 无筋扩展基础有哪些类型？主要应满足哪些构造要求？
7. 何谓扩展基础？它们的基础高度如何确定？
8. 减少基础不均匀沉降应采取哪些有效措施？

习题

1. 某柱下单独基础底面尺寸 $l \times b = 1.6\text{m} \times 2\text{m}$，上部结构传来的轴向力 $F_k = 220\text{kN}$，基础埋深 1.8m，室内外高差 0.6m，地基土为黏土（$\eta_b = 0$，$\eta_d = 1.1$），重度 $\gamma = 18\text{kN/m}^3$，地基承载力特征值 $f_{ak} = 105\text{kPa}$，试求修正后的地基承载力特征值，并验算地基承载力是否满足？

2. 某办公楼柱下单独基础，已知传至基础顶面的内力值 $F_k = 300\text{kN}$，$M_k = 40\text{kN} \cdot \text{m}$，地基土为黏土，其重度 $\gamma = 19\text{kN/m}^3$，地基承载力特征值 $f_{ak} = 180\text{kPa}$（$\eta_b = 0.3$，$\eta_d = 1.6$），基础埋深 $d = 1.9\text{m}$，试确定基础底面积尺寸。

3. 某柱下方形底面基础，底面边长 2.8m，基础埋深 1.8m，柱作用在基础顶面的轴心荷载标准组合值 $F_k = 1250\text{kN}$，第一层土为黏土，厚度 3.8m，天然重度 $\gamma = 18\text{kN/m}^3$，地基承载力特征值 $f_{ak} = 160\text{kPa}$，深度修正系数 $\eta_d = 1.6$；黏土层下为淤泥层，天然重度 $\gamma = 17\text{kN/m}^3$；地基承载力特征值 $f_{ak} = 80\text{kPa}$，深度修正系数 $\eta_d = 1.0$，取地基压力扩散角为 $\theta = 22°$（见图 7-30）。试分别验算地基持力层及下卧层是否满足承载力要求。

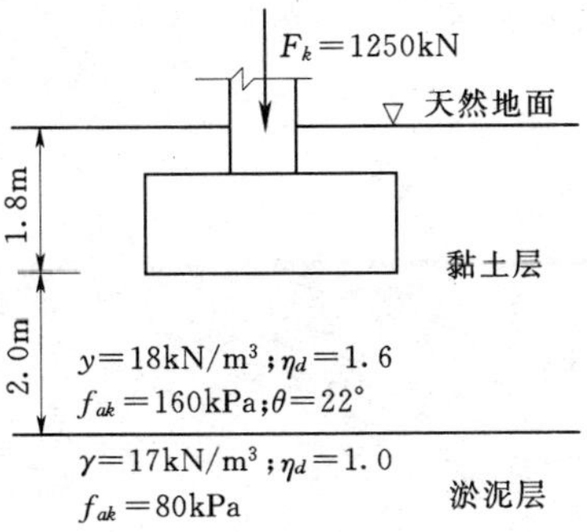

图 7-30 习题 3 图

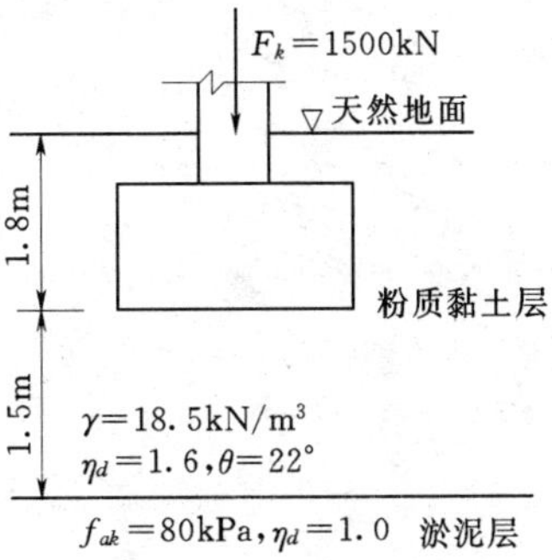

图 7-31 习题 4 图

4. 某柱下矩形底面基础，底面尺寸 $l \times b = 3.2\text{m} \times 2.8\text{m}$，基础埋深 1.8m，柱作用在基础顶面的轴心荷载标准组合值 $F_k = 1500\text{kN}$，第一层土为粉质黏土，厚度 3.3m，天然重度 $\gamma = 18.5\text{kN/m}^3$，深度修正系数 $\eta_d = 1.6$；粉质黏土层下为淤泥层，地基承载力特征值 $f_{ak} = 80\text{kPa}$，深度修正系数 $\eta_d = 1.0$，取地基压力扩散角 $\theta = 22°$（见图 7-31）。试问：

（1）粉质黏土层的地基承载力特征值（修正前）为多少时能满足承载力要求？

（2）验算下卧层承载力是否满足要求。

5. 某住宅砖墙承重，外墙厚 0.37m，上部结构传来轴向力 $F_k = 210\text{kN}$，基础埋深 $d = 1.6\text{m}$，室内外高差为 0.3m，地基土为粉土，其重度 $\gamma = 18\text{kN/m}^3$，经修正后的地基承载力特征值 $f_a = 210\text{kPa}$，基础材料采用毛石，砂浆采用 M5，试设计此墙下条形基础，并绘出基础剖面图形。

第 8 章　桩基础及其他深基础

本章要点

- 了解桩基础的定义、作用及分类；熟悉桩基础的使用范围和桩的荷载传递机理。
- 熟悉单桩竖向承载力的确定方法，了解群桩竖向承载力的计算方法。
- 熟悉桩的构造要求和基桩及承台的验收，了解承台的设计及桩基的施工。
- 了解桩的设计程序，熟悉基桩检测的工作程序。
- 了解沉井基础、地下连续墙等深基础形式。

基础按照埋置深度和施工方法的不同分为浅基础和深基础。建筑物应充分利用天然地基的承载能力，优先采用浅地基。在场地土软弱时，应对地基进行处理，然后修建基础。当上部软弱土层较厚、建筑物荷载巨大，对变形与稳定有较高要求以及因为技术、经济、施工期限等原因无法或不宜采用人工地基时，就要采用深基础。

习惯上将埋置深度较浅、可以用比较简便的施工方法来修建的基础称为浅基础；而将采用桩基础、沉井基础、墩基础和地下连续墙等某些特殊的施工方法修建的基础称为深基础。

与浅基础相比较，深基础具有以下特点：①埋置深度大于 5m 或大于基础宽度；②入土深度（如桩长 l）与基础结构宽度（如桩径 d）之比（即 l/d）较大，因此在决定深基础承载力时，基础侧面的摩阻力不能忽略；③因为埋深较大，所以通常采用特定的施工机械或手段，把基础结构置入深部较好的地层中（如沉井和地下连续墙等）；④浅基础的地基破坏模式有整体剪切破坏、局部剪切破坏和冲剪破坏 3 种形式，而深基础下的地基往往只发生冲剪破坏。

8.1　桩基础基本知识

8.1.1　桩基础的定义与作用

桩基础，是由埋设在地基中多根具有一定刚度的杆件（称为桩群）和把桩群联合起来共同工作的桩台（称为承台）两部分组成。

桩基础的作用是将荷载传至地下较深处承载性能好的土层，以满足承载力和沉降的要求。桩基础的承载能力高，能承受竖直荷载，也能承受水平荷载，能抵抗上拔荷载也能承受振动荷载，是应用最广泛的深基础形式。本章以桩基础为主要内容。

桩基础的内容较多，可参考的规范、规程主要有《建筑桩基技术规范》（JGJ 94—2008）、《建筑地基基础设计规范》（GB 50007—2002）、《建筑地基基础工程施工质量验收规范》(GB 50202—2002)、《建筑基桩检测技术规范》(JGJ 106—2003) 等，本章中主要介绍桩基础的设计、施工和检测，在学习和工作中要充分利用、参考各类规范、规程和地方标准。

8.1.2 桩基础的适用范围

桩基础的适用范围主要为：①上部土层软弱不能满足承载力和变形要求、而下部存在较好的土层时，用桩穿越软弱土层，将荷载传递给深部硬层；②一定深度范围内不存在较理想的持力层，用桩使荷载沿着桩杆依靠桩侧摩阻力渐渐传递；③基础需要承受向上的力，用桩依靠桩杆周围的负摩阻力来抵抗向上的力，即“抗拔桩”；④基础需要承受水平方向的分力时，可用抗弯的竖桩来承担；⑤用竖桩或斜桩组成的桩群，构成一个结构体系，共同承担竖向和侧向力；⑥浅层存在较好土层，但考虑其他因素，仍采用桩基础，如港口、水利、桥梁工程中结构物基础周围的地基土宜受侵蚀或冲刷时，应采用桩基础，精密仪器和动力机械设备等对基础有特殊要求时，常用桩基础；⑦考虑建筑物受相邻建筑物、地面堆载以及施工开挖、打桩等影响，采用浅基础将会产生过量倾斜或沉降时，用桩基础；⑧建筑物下存在液化土、湿陷性黄土、季节性冻土、膨胀土等时，采用桩基将荷载传递至深部密实稳定土层。

8.1.3 桩基础的分类

桩基础有许多不同的类型，它们可以从不同的方面按照不同的方法进行分类。如根据承台与地面相对位置的不同，分为低承台与高承台桩基。当桩承台底面位于土中时，称为低承台桩基；当桩承台底面高出土面以上时，称为高承台桩基。在房屋建筑和水工建筑物中最常用的都是低承台桩基，而高承台桩基常用于港口、码头、海洋工程及桥梁工程中。《建筑桩基技术规范》(JGJ 94—2008) 从以下几方面对桩进行分类。

8.1.3.1 按承载性状分类

(1) 摩擦型桩：桩顶竖向荷载主要由桩侧阻力承受，又可细分为摩擦桩和端承摩擦桩。

(2) 端承型桩：桩顶竖向荷载主要由桩端阻力承受，又可细分为端承桩和摩擦端承桩。

8.1.3.2 按桩的使用功能分类

(1) 竖向抗压桩（抗压桩）：一般房屋建筑物，在正常工作时，主要承受上部结构传来的垂直荷载，如图 8-1 (a) 所示。

(2) 竖向抗拔桩（抗拔桩）：受浮力作用的构筑物在自身重量作用下不能稳定而在底板下设置的锚桩，如图 8-1 (b) 所示。

(3) 水平受荷桩：港口工程的板桩、基坑工程的支护桩等，如图 8-1 (c)、(d) 所示。

(4) 复合受荷桩：承受水平、竖向荷载均较大的桩。

8.1.3.3 按桩身材料分类

(1) 混凝土桩：分为混凝土预制桩和混凝土灌注桩两类，是目前应用最广泛的桩型。

(2) 钢桩：主要有钢管桩、H 型钢桩和钢轨桩。

(3) 组合材料桩：用两种材料组合的桩，例如钢管桩内填充混凝土，或上部为钢管桩下部为混凝土桩等形式的组合。

8.1.3.4 按成桩方法分类

(1) 非挤土桩：在成桩过程中将相应于桩身体积的土挖出来，因而桩周和桩底土有应

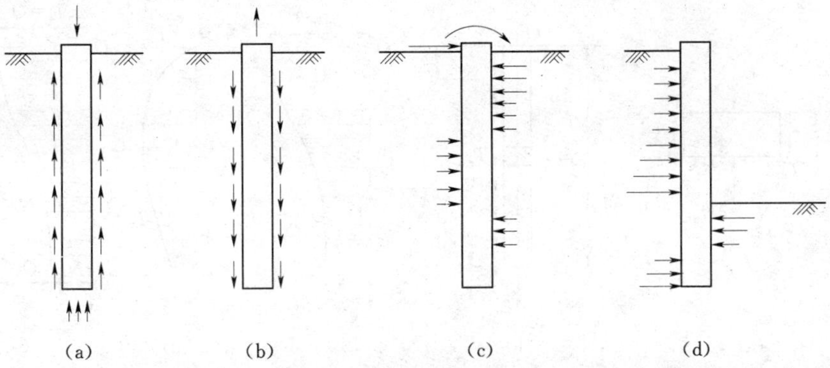

图 8-1　不同功能的桩

(a) 抗压桩；(b) 抗拔桩；(c) 横向荷载主动桩；(d) 横向荷载被动桩

力松弛现象，常见的非挤土桩有挖孔桩、钻孔桩等。

(2) 部分挤土桩：成桩过程中，挤土作用轻微，桩周土的工程性质变化不大，常见的桩型有预钻孔打入式预制桩等。

(3) 挤土桩：在成桩过程中，桩周土被挤开，使土的工程性质与天然状态相比有较大变化，常见的挤土桩有打入或压入的预制混凝土桩、封底钢管桩、混凝土管桩和沉管式灌注桩。

8.1.3.5　按桩径大小分类

(1) 小桩：$d \leqslant 250$mm。

(2) 中等直径桩：250mm$< d <$800mm。

(3) 大直径桩：$d \geqslant 800$mm。

8.1.4　桩的荷载传递机理

在轴向荷载作用下，桩身将发生弹性压缩，同时桩顶部分荷载通过桩身传递到桩底，致使桩底土层发生压缩变形，这两者之和构成桩顶荷载轴向位移。桩与桩周土体紧密接触，当桩相对于土向下位移时，土对桩产生向上作用的桩侧摩阻力。在桩顶荷载沿桩身向下传递的过程中，必须不断地克服这种阻力，故桩身截面轴向力随深度逐渐减小，传至桩底截面的轴向力为桩顶荷载减去全部桩侧阻力，并与桩底支承反力（即桩端阻力）大小相等、方向相反。通过桩侧阻力和桩端阻力将荷载传递给土体。或者说，土对桩的支承力由桩侧阻力和桩端阻力两部分组成。

如图 8-2 所示，竖直单桩在桩顶轴向力 $N_0=Q$ 作用下，桩身任一深度 z 处横截面上所引起的轴力 N_a 将使该截面向下位移 δ_z，桩端下沉 δ_l，导致桩身侧面与桩周土之间相对滑移，其大小制约着土对桩侧向上作用的摩阻力 T_z 的发挥程度。由深度 z 处桩段微元 d_z 上力的平衡条件

$$N_z-\gamma_z u_p dz-(N_a+dN_z)=0 \tag{8-1}$$

可得桩侧摩阻力 T_z 与桩身轴力 N_a 的关系为

$$T_z=-\frac{1}{u_p}\frac{\mathrm{d}N_a}{dz} \tag{8-2}$$

式中 T_z 也就是桩侧单位面积上的荷载传递量，u_p 为桩的周长。桩底的轴力 N_l 即为桩端

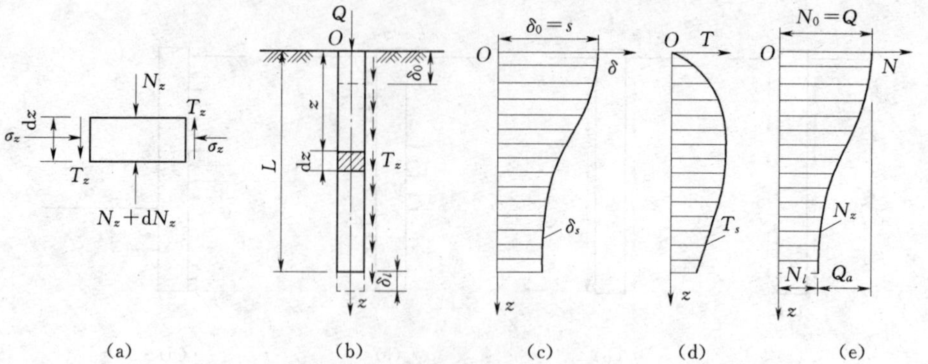

图 8-2　单桩轴向荷载传递

(a) 微桩段的作用力；(b) 轴向受压的单桩；(c) 截面位移曲线；(d) 摩阻力分布曲线；(e) 轴力分布曲线

阻力 $Q_p=N_l$，而桩侧总阻力 $Q_a=Q-Q_p$。

由于桩身截面位移 δ_z 应为桩顶位移 $\delta_0=s$ 与 z 深度范围内的桩身压缩量之差，所以

$$\sigma_s = s-\frac{1}{A_p E_p}\int_0^z N_s \mathrm{d}z \tag{8-3}$$

式（8-3）中，A_p 及 E_p 为桩身横截面面积和弹性模量，若取 $z=l$，则上式变为桩端位移（即桩的刚体位移）表达式。

单桩静载荷试验时，除了测定桩顶荷载 Q 作用下的桩顶沉降 s 外，若通过沿桩身若干截面预先埋设的应力量元件（传感器），获得桩身轴力 N_s 分布图，则可利用式（8-2）及式（8-3）作出摩阻力 T_z 和截面位移 δ_z 的分布图。

8.1.5　桩侧负摩阻力

桩土之间相对位移的方向决定了桩侧摩阻力的方向。对于竖向抗压桩，当桩土层相对于桩侧向下位移时，桩侧摩阻力方向向下，称为负摩阻力。通常，在下列情况下考虑桩侧负摩阻力作用。

(1) 桩穿越较厚松散填土、自重湿陷性黄土、欠固结土层进入相对较硬土层时。

(2) 桩周存在软弱土层，邻近桩侧地面承受局部较大的长期荷载，或地面大面积堆积荷载（包括填土）时。

(3) 由于降低地下水位，使桩周土中有效应力增大，并产生显著压缩沉降时。

要确定桩侧负摩阻力的大小，首先就得确定产生负摩阻力的深度及其强度大小。桩身负摩阻力并不一定发生于整个软弱压缩土层中，而是在桩周土相对桩产生下沉的范围内，它与桩周土的压缩、固结、桩身压缩及桩底沉降等直接有关。图 8-3 给出了穿过软弱压缩土层而达到坚硬土层的竖向荷载桩的荷载传递情况。由图可见，在 l_a 深度内桩周土相对于桩侧向下位移，桩侧摩阻力朝下，为负摩阻力；在 l_a 深度以下，桩截面相对于桩周土向下位移，桩侧摩阻力朝上，为正摩阻力；而在 l_a 深度处桩周土与桩截面沉降相等，两者无相对位移发生，其摩阻力为零，这种摩阻力为零的点称为中性点。图 8-3（b）和图 8-3（c）分别为桩侧摩阻力和桩身轴力的分布曲线，其中 F_n 为负摩阻力引起的桩身最大轴力，或称下拉荷载；F_s 为总的正摩阻力。在中性点处桩身轴力达到最大值（$Q+$

F_n），而桩端总阻力则等于 $Q+(F_n-F_s)$。

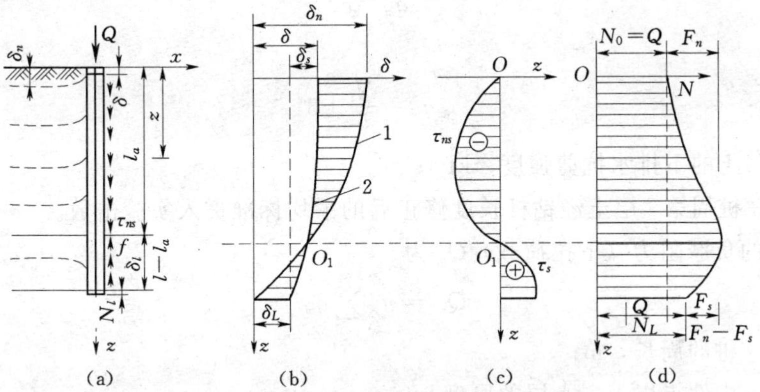

图 8-3　在产生负摩阻力时的荷载传递图

（a）单桩；（b）位移曲线；（c）桩侧摩阻力分布曲线；（d）桩身轴力分布曲线

1—土层竖向位移曲线；2—桩的截面位移曲线

桩周土层的固结随时间而变化，故土层的竖向位移和桩身截面位移都是时间的函数。因此，在桩顶荷载 Q 的作用下，中性点位置、摩阻力以及轴力等也都相应发生变化。当桩截面位移在桩顶荷载作用下稳定后，则土层固结的程度和速率是影响 F_n 大小和分布的主要因素。固结程度高、地面沉降大，则中性点往下移；固结速率大，则 F_n 增长快。但 F_n 的增长需经过一定的时间才能达到极限值。在该过程中，桩身在 F_n 作用下产生压缩，随着 F_n 的产生和增大，桩端处轴力增加，沉降也相应增大，由此导致桩土相对位移减少，而逐渐达到稳定状态。

中性点深度 l_a 应按桩周土层沉降与桩的沉降相等的条件确定，也可参照表 8-1 确定。

表 8-1　　中性点深度比 l_a/l

持力层土类	黏性土、粉土	中密以上砂	砾石、卵石	基　岩
l_a/l	0.5～0.6	0.7～0.8	0.9	1.0

注　桩穿越自重湿陷性黄土时，l_a 按表列值增大 10%（持力层为基岩者除外）。

实测资料表明，单桩负摩阻力标准值 q_{ni} 可按式（8-4）计算。

$$q_{ni}=\zeta_n\sigma_i \tag{8-4}$$

式中　ζ_n——桩周负摩阻力系数，可按表 8-2 取用；

σ_i——桩周第 i 层土平均竖向有效上覆压力，kPa。

表 8-2　　负摩阻力系数 ζ_n

桩周土类	饱和软土	黏性土、粉土	砂土	自重湿陷性黄土
ζ_n	0.15～0.25	0.25～0.40	0.35～0.50	0.20～0.35

注　1. 同一类土中，打入桩或沉管灌注桩取较大值；钻、挖孔灌注桩取较小值。

2. 填土按土的类别取较大值。

此外，也可根据土的类别，按下列经验公式计算

软土或中等强度黏土

$$q_{ni}=c_u \tag{8-5}$$

砂土

$$q_{ni}=\frac{N_i}{5}+3 \tag{8-6}$$

式中 c_u——土的不排水抗剪强度，kPa；

N_i——桩周第 i 层土经钻杆长度修正后的平均标准贯入实验击数。

桩侧总的负摩阻力（下拉荷载）Q_n 为

$$Q_n = u_p \sum q_{ni} l_i \tag{8-7}$$

式中 u_p——桩的周长，m；

l_i——中性点以上各土层的厚度，m。

国外有的学者认为，当桩穿过 10m 以上可压缩土层且地面每年下沉超过 20mm，或者为端承桩时，应计算下拉荷载 Q_n，一般其安全系数可取 1.0。

在桩基设计中，应尽量采取措施减小负摩阻力。例如，在预制桩表面涂一薄层沥青，或者对钢桩再加一层厚度为 3mm 的塑料薄膜（兼作防锈蚀用），对现场灌注桩也可在桩与土之间灌注土浆等方法，来消除或降低负摩阻力的影响。

8.2 单桩竖向承载力的确定

桩基础最常用的是抵抗竖向荷载，单桩竖向承载力由桩身材料强度和地基土对桩的支承力两方面决定，单桩竖向承载力为两者中的最小值。通常，因为桩身强度远大于土，桩身材料往往不能充分发挥，桩的承载力主要由地基土的支承力所控制。但对于端承桩、细长桩以及桩身质量有缺陷的桩，桩的承载力则要通过材料强度控制。根据地基土对桩的支承能力确定单桩的竖向承载力的方法很多，如静载荷试验法、经验参数法、静力触探法、静力计算法、高应变动测法等。无论由桩身材料强度或地基土对桩的支承力哪方面决定单桩竖向承载力，均应满足变形的要求。

8.2.1 根据桩身材料强度确定

理论和经验表明，一般情况，低桩承台下的单桩有土的侧向约束，在竖向压力作用下，桩不会发生压屈失稳。因此，由材料强度确定单桩竖向承载力时，可将桩视为轴心受压杆件。

$$Q\leqslant\psi_c f_c A_{ps} \tag{8-8}$$

式中 Q——相应于荷载效应基本组合时的单桩轴向力设计值；

ψ_c——基桩成桩工艺系数，对于混凝土预制桩、预应力混凝土空心桩取 0.85，干作业非挤土灌注桩取 0.90，泥浆护壁和套管护壁非挤土灌注桩、部分挤土灌注桩、挤土灌注桩取 0.7～0.8，软土地区挤土灌注桩取 0.60；

f_c——混凝土轴心抗压强度设计值；

A_{ps}——桩身截面面积。

当桩顶以下 $5d$ 范围的桩身螺旋式箍筋间距不大于 100mm 时，还应考虑纵向主筋对承载力的贡献。

$$Q \leqslant \psi_c f_c A_{ps} + 0.9 f'_y A'_s \tag{8-9}$$

式中 f'_y——纵向主筋抗压强度设计值；

A'_s——纵向主筋截面面积。

对于高承台基桩，桩身穿越可液化土或不排水抗剪强度小于 10kPa 的软弱土层的基桩，桩身没有侧向约束或约束很小，还必须考虑桩的偏心受压、压屈稳定问题，具体可参见《桩基规范》(JGJ 94—2008)。

8.2.2 静载荷试验法

(1) 静载荷试验是最常用的确定单桩竖向承载力的方法。这种方法由于是通过试验在现场直接获得数据，结果可靠。对于一级建筑物，必须通过静载荷试验。在同一条件下的试桩数量，不宜小于总数的 1%，并不应少于 3 根。工程桩总数在 50 根以内时，不应少于 2 根。对于地基条件复杂，桩施工质量可靠性低等情况下的二级建筑物桩基也必须做静载荷试验。

对于预制桩，因为成桩时土中产生孔隙水压力，土体强度因扰动而降低，为使静载荷试验结果接近真实情况，宜在成桩后间隔一段时间试验。具体规定为“开始试验时间：预制桩在砂土中入土 7d 后，如为黏性土应视土的强度恢复而定，一般不少于 15d，对于饱和软黏土不得少于 25d。”对于灌注桩，应在桩身混凝土达到设计强度后，方可进行静载荷试验。

(2) 静载荷试验装置。试验装置主要由加荷装置、反力装置和量测装置 3 部分组成。如图 8-4 所示。

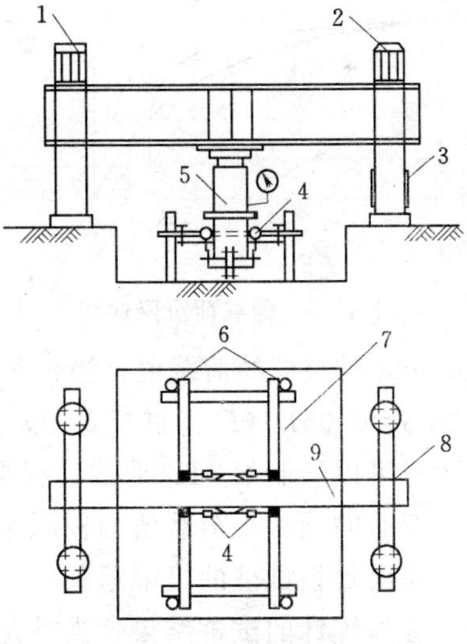

图 8-4 竖向静载试验装置

1—厚钢板；2—硬木包钢皮；3—锚筋；4—百分表；5—千斤顶；6—基准桩；7—基准梁（一端固定，一端可水平移动）；8—次梁；9—主梁

加荷装置一般为置于桩顶的油压千斤顶，对桩顶施加压力。千斤顶平放于试桩中心，一个千斤顶不够时，可采用多个，但应将千斤顶并联同步工作，并使千斤顶的合力通过试桩中心。千斤顶的反力由加载反力装置提供，加载反力装置根据现场条件一般可采用锚桩横梁反力装置、压重平台反力装置或锚桩压重联合反力装置 3 种形式中的一种。反力装置所提供的反力应不小于预估最大试验荷载的 1.2～1.5 倍。采用锚桩横梁反力装置时，可单独设置锚桩，也可以用工程桩作为锚桩，此时，锚桩数量不得少于 4 根，且应对试验过程锚桩上拔量进行监测。采用压重平台反力装置时，压重应在试验开始前一次加上，并均匀稳固放置于平台上。

量测装置包括荷载量测仪表和沉降量测仪表。荷载可用放置于千斤顶上的应力环、应变式压力传感器直接测定，也可以用连于千斤顶上的压力表测定油压，根据千斤顶率定曲线换算荷载。试桩沉降一般采用百分表或电子位移计测量。对于大直径桩应在其 2 个正交直径方向对称安置 4 个位移测试仪表，中等和小直径桩径可安置 2 个或 3 个位移测试仪表。沉降测定平面离桩顶距离不应小于 0.5 倍桩径，固定和支撑百分表的夹具和基准梁在构造上应确保不受气温、振动及其他外界因素影响而发生竖向变位。

试桩、锚桩（压重平台支墩）和基准桩之间的中心距离应符合《建筑基桩检测技术规范》(JGJ 106—2003) 规定。

(3) 试验加载方法。采用慢速维持荷载法，即逐级加载，每级荷载达到相对稳定后加下一级荷载，直到试桩破坏，然后分级卸载到零。当考虑结合实际工程桩的荷载特征可采用多循环加、卸载法（每级荷载达到相对稳定后卸载到零）。当考虑缩短试验时间，对于工程桩的检验性试验，可采用快速维持荷载法，一般为每隔 1 小时加一级荷载。

(4) 加卸载与沉降观测。

加载分级：每级加载为预估极限荷载的 1/15～1/10，每一级可按 2 倍分级荷载加荷。

沉降观测：每级加载后间隔 5min、10min、15min 各测读一次，以后每隔 15min 测读一次，累计 1h 后每隔 30min 测读一次。每次测读数据记入试验记录表。

沉降相对稳定标准：每一小时的沉降不超过 0.1mm，并且连续出现两次（由 1.5h 内连续 3 次观测值计算)，认为已达到相对稳定，可加下一级荷载。

终止加载条件：当出现下列情况之一时，即可终止加载。①某级荷载作用下，沉降量为前一级荷载作用下沉降量的 5 倍；②某级荷载作用下，沉降量大于前一级荷载作用下沉降量的 2 倍，且经 24h 尚未达到相对稳定；③已达到锚桩最大抗拔力或压重平台的最大重量时。

卸载与卸载沉降观测：每级卸载值为每级加载值的 2 倍。每级卸载后隔 15min 测读一次残余沉降，读两次后，隔 30min 再读一次，即可卸下一级荷载，全部卸载后，隔 3～4h 后再读一次。

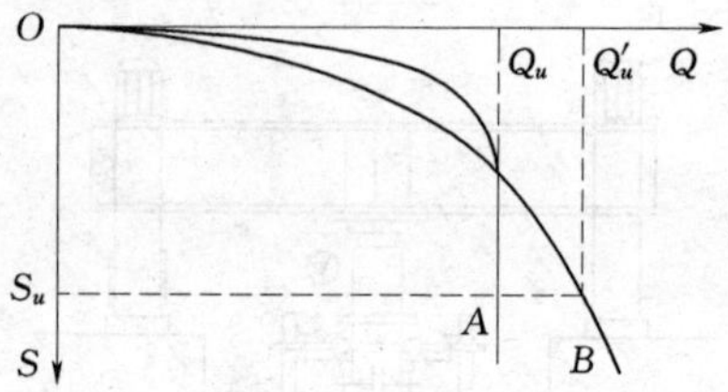

图 8-5　静载荷沉降曲线

(5) 按试验结果确定单桩承载力。由桩的静载荷试验结果绘制出荷载与桩顶沉降关系的 $Q—S$ 曲线，根据 $Q—S$ 曲线特性，采用下述方法确定单桩竖向极限承载力，如图 8-5 所示。

对于陡降型 $Q—S$ 曲线取 $Q—S$ 曲线发生明显陡降的起始点。

对于缓变型 $Q—S$ 曲线可根据沉降量确定，宜取 $S=40$mm 时对应的荷载值；当桩长大于 40m 时，宜考虑桩身弹性压缩量；对于大直径柱，可取 $S=0.05D$（D 为桩端直径）所对应的荷载值。

也可以绘制 $S—\lg t$ 曲线，根据沉降随时间的变化特征，取 $S—\lg t$ 曲线尾部出现明显向下弯曲的前一级荷载值为极限承载力。

测出每根试桩的极限承载力 Q_{ui} 后，通过统计确定单桩竖向极限承载力的标准值 Q_{uk}。

参加统计的试桩结果，当满足其极差不超过平均值的 30%时，取其平均值为单桩竖向极限承载力标准值。即

$$Q_{uk}=\frac{1}{n}\sum_{i=1}^{n}Q_{ui} \tag{8-10}$$

当极差超过平均值的 30%时，应分析极差过大的原因，结合工程具体情况综合确定，必要时可增加试桩数量。对桩数为 3 根或 3 根以下的桩下承台，或工程桩抽检数量少于 3

表 8-4 桩的极限端阻力标准值 q_{pk} (kPa)

土名称	土的状态（桩型）		混凝土预制桩桩长 l (m)				泥浆护壁钻(冲)孔桩桩长 l (m)				干作业钻孔桩桩长 l (m)		
			$l\leqslant9$	$9<l\leqslant16$	$16<l\leqslant30$	$l>30$	$5\leqslant l<10$	$10\leqslant l<15$	$15\leqslant l<30$	$30\leqslant l$	$5\leqslant l<10$	$10\leqslant l<15$	$15\leqslant l$
黏性土	软塑	$0.75<I_L\leqslant1$	210～850	650～1400	1200～1800	1300～1900	150～250	250～300	300～450	300～450	200～400	400～700	700～950
	可塑	$0.50<I_L\leqslant0.75$	850～1700	1400～2200	1900～2800	2300～3600	350～450	450～600	600～750	750～850	500～700	800～1100	1000～1600
	硬可塑	$0.25<I_L\leqslant0.5$	1500～2300	2300～3300	2700～3600	3600～4400	800～900	900～1000	1000～1200	1200～1400	850～1100	1500～1700	1700～1900
	硬塑	$0<I_L\leqslant0.25$	2500～3800	3800～5500	5500～6000	6000～6800	1100～1200	1200～1400	1400～1600	1600～1800	1600～1800	2200～2400	2600～2800
粉土	中密	$0.75\leqslant e\leqslant0.9$	950～1700	1400～2100	1900～2700	2500～3400	300～500	500～650	650～750	750～850	800～1200	1200～1400	1400～1600
	密实	$e<0.75$	1500～2600	2100～3000	2700～3600	3600～4400	650～900	750～950	900～1100	1100～1200	1200～1700	1400～1900	1600～2100
粉砂	稍密	$10<N\leqslant15$	1000～1600	1500～2300	1900～2700	2100～3000	350～500	450～600	600～700	650～750	500～950	1300～1600	1500～1700
	中密、密实	$N>15$	1400～2200	2100～3000	3000～4500	3800～5500	600～750	750～900	900～1100	1100～1200	900～1000	1700～1900	1700～1900
细砂	中密、密实	$N>15$	2500～4000	3600～5000	4400～6000	5300～7000	650～850	900～1200	1200～1500	1500～1800	1200～1600	2000～2400	2400～2700
中砂			4000～6000	5500～7000	6500～8000	7500～9000	850～1050	1100～1500	1500～1900	1900～2100	1800～2400	2800～3800	3600～4400
粗砂			5700～7500	7500～8500	8500～10000	9500～11000	1500～1800	2100～2400	2400～2600	2600～2800	2900～3600	4000～4600	4600～5200
砾砂	中密、密实	$N>15$	6000～9500		9000～10500		1400～2000		2000～3200		3500～5000		
角砾、圆砾		$N_{63.5}>10$	7000～10000		9500～11500		1800～2200		2200～3600		4000～5500		
碎石、卵石		$N_{63.5}>10$	8000～11000		10500～13000		2000～3000		3000～4000		4500～6500		
全风化软质岩		$30<N\leqslant50$	4000～6000				1000～1600				1200～2000		
全风化硬质岩		$30<N\leqslant50$	5000～8000				1200～2000				1400～2400		
强风化软质岩		$N_{63.5}>10$	6000～9000				1400～2200				1600～2600		
强风化硬质岩		$N_{63.5}>10$	7000～11000				1800～2800				2000～3000		

注 1. 砂土和碎石类土中桩的极限端阻力取值，宜综合考虑土的密实度，桩端进入持力层的深度比 h_b/d，土愈密实，h_b/d 愈大，取值愈高。

2. 预制桩的岩石极限端阻力指桩端支承于中、微风化基岩表面或进入强风化岩、软质岩一定深度条件下极限端阻力。

3. 全风化、强风化软质岩和全风化、强风化硬质岩指其母岩分别为 $f_{rk}\leqslant15$MPa、$f_{rk}>30$MPa 的岩石。

根时，应取低值。

单桩竖向承载力特征值 R_a 应按式（8 - 11）确定。

$$R_a = \frac{1}{K} Q_{uk} \tag{8-11}$$

式中　K——安全系数，取 $K=2$。

8.2.3　经验公式法

经验公式确定单桩竖向极限承载力标准值 Q_{uk} 是一种沿用多年的传统方法。《建筑桩基技术规范》（JGJ 94—2008）在《建筑地基基础设计规范》（GB 50007—2002）的基础上，积累了更为丰富的资料，使这种方法适用于各种类型的桩，用极限设计的形式表示。

（1）一般预制桩与灌注桩的竖向承载力标准值。单桩极限承载力由总桩侧摩阻力和总桩端阻力组成，即

$$Q_{uk} = Q_{sk} + Q_{pk} = u \sum l_i q_{sik} + A_p q_{pk} \tag{8-12}$$

式中　Q_{sk}、Q_{pk}——单桩的总极限侧阻力标准值和总极限端阻力标准值；

q_{sik}、q_{pk}——桩周第 i 层土的极限侧阻力标准值和桩端持力层极限端阻力标准值，无经验时可参照表 8 - 3、表 8 - 4 选用；

u——桩周长；

l_i——按土层划分的第 i 层土桩长。

表 8 - 3　桩的极限侧阻力标准值 q_{sik}　　单位：kPa

土的名称	土的状态		混凝土预制桩	泥浆护壁钻(冲)孔桩	干作业钻孔桩
填土	—		22～30	20～28	20～28
淤泥	—		14～20	12～18	12～18
淤泥质土	—		22～30	20～28	20～28
黏性土	流塑	$I_L>1$	24～40	21～38	21～38
	软塑	$0.75<I_L\leqslant 1$	40～55	38～53	38～53
	可塑	$0.50<I_L\leqslant 0.75$	55～70	53～68	53～66
	硬可塑	$0.25<I_L\leqslant 0.5$	70～86	68～84	66～82
	硬塑	$0<I_L\leqslant 0.25$	86～98	84～96	82～94
	坚硬	$I_L\leqslant 0$	98～105	96～102	94～104
红黏土	$0.7<\alpha_w\leqslant 1$		13～32	12～30	12～30
	$0.5<\alpha_w\leqslant 0.7$		32～74	30～70	30～70
粉土	稍密	$e>0.9$	26～46	24～42	24～42
	中密	$0.75\leqslant e\leqslant 0.9$	46～66	42～62	42～62
	密实	$e<0.75$	66～88	62～82	62～82
粉细砂	稍密	$10<N\leqslant 15$	24～48	22～46	22～46
	中密	$15<N\leqslant 30$	48～66	46～64	46～64
	密实	$N>30$	66～88	64～86	64～86

续表

土的名称	土的状态		混凝土预制桩	泥浆护壁钻(冲)孔桩	干作业钻孔桩
中砂	中密	$15<N\leqslant30$	54～74	53～72	53～72
	密实	$N>30$	74～95	72～94	72～94
粗砂	中密	$15<N\leqslant30$	74～95	74～95	76～98
	密实	$N>30$	95～116	95～116	98～120
砾砂	稍密	$5<N_{63.5}\leqslant15$	70～110	50～90	60～100
	中密、密实	$N_{63.5}>15$	116～138	116～130	112～130
圆砾、角砾	中密、密实	$N_{63.5}>10$	160～200	135～150	135～150
碎石、卵石	中密、密实	$N_{63.5}>10$	200～300	140～170	150～170
全风化软质岩	—	$30<N\leqslant50$	100～120	80～100	80～100
全风化硬质岩	—	$30<N\leqslant50$	140～160	120～140	120～150
强风化软质岩	—	$N_{63.5}>10$	160～240	140～200	140～220
强风化硬质岩	—	$N_{63.5}>10$	220～300	160～240	160～260

注 1. 对于尚未完成自重固结的填土和以生活垃圾为主的杂填土，不计算其侧阻力。

2. α_w 为含水比，$\alpha_w=\omega/\omega_L$，ω 为土的天然含水量，ω_L 为土的液限。

3. N 为标准贯入击数；$N_{63.5}$ 为重型圆锥动力触探击数。

4. 全风化、强风化软质岩和全风化、强风化硬质岩系指其母岩分别为 $f_{rk}\leqslant15$MPa、$f_{rk}>30$MPa 的岩石。

(2) 大直径桩（$d\geqslant800$mm）竖向承载力标准值。

$$Q_{uk}=Q_{sk}+Q_{pk}=u\sum\psi_{si}l_iq_{sik}+\psi_pA_pq_{pk} \tag{8-13}$$

式中 q_{sik}——桩侧第 i 层土的极限侧阻力标准值，如无当地经验值时，可参照表 8-3 选用，对于扩底桩变截面以上 $2d$ 长度范围不计侧阻力；

q_{pk}——桩径为 800mm 的极限端阻力标准值，对于干作业（清底干净）可采用深层载荷板试验确定；当不能进行深层载荷板试验时，可按表 8-5 取值；

ψ_{si}、ψ_p——大直径桩侧阻力、端阻力尺寸效应系数，按表 8-6 取值。

表 8-5　干作业（清底干净，$D=800$mm）极限端阻力标准值 q_{pk}　　单位：kPa

土名称		状态		
黏性土		$0.25<I_L\leqslant0.5$	$0<I_L\leqslant0.25$	$I_L\leqslant0$
		800～1800	1800～2400	2400～3000
粉土		——	$0.75\leqslant e\leqslant0.9$	$e<0.75$
		——	1000～1500	1500～2000
砂土、碎石类土		稍密	中密	密实
	粉砂	500～700	800～1100	1200～2000
	细砂	700～1100	1200～1800	2000～2500
	中砂	1000～2000	2200～3200	3500～5000
	粗砂	1200～2200	2500～3500	4000～5500
	砾砂	1400～2400	2600～4000	5000～7000
	角砾、圆砾	1600～3000	3200～5000	6000～9000
	碎石、卵石	2000～3000	3300～5000	7000～11000

注 1. 当桩进入持力层深度 h_b 分别为：$h_b\leqslant D$，$D<h_b\leqslant4D$，$h_b\geqslant4D$ 时，q_{pk} 可分别取较低、中、高值。

2. 砂土密实度可根据标准锤击数 N 判定：$N\leqslant10$ 为松散，$10<N\leqslant15$ 为稍密，$15<N\leqslant30$ 为中密，$N>30$ 为密实。

3. 当桩的长径比 $l/d\leqslant8$ 时，q_{pk} 宜取较低值。

4. 当对沉降要求不严时，可适当提高 q_{pk} 值。

表 8-6　大直径灌注桩侧阻力尺寸效应系数 ψ_{si} 及端阻力尺寸效应系数 ψ_p

土类别	黏性土、粉土	砂土、碎石类土
ψ_{si}	$\left(\frac{0.8}{d}\right)^{1/5}$	$\left(\frac{0.8}{d}\right)^{1/3}$
ψ_p	$\left(\frac{0.8}{D}\right)^{1/4}$	$\left(\frac{0.8}{D}\right)^{1/3}$

注　d 为桩身直径，D 为桩端直径。

(3) 钢管桩竖向承载力标准值。

$$Q_{uk}=Q_{sk}+Q_{pk}=u\sum q_{sik}l_i+\lambda_p q_{pk}A_p \tag{8-14}$$

$$h_b/d<5\text{ 时}\quad \lambda_p=0.16\frac{h_b}{d} \tag{8-15}$$

$$h_b/d\geqslant 5\text{ 时}\quad \lambda_p=0.8 \tag{8-16}$$

式中　q_{sik}、q_{pk}——取与混凝土预制桩相同值；

λ_p——桩端土塞效应系数，对于闭口钢管桩 $\lambda_p=1$，对于敞口钢管桩宜按式（8-15）、式（8-16）计算；

h_b——桩端进入持力层深度；

d——钢管桩外直径，mm。

对于带隔板的半敞口钢管桩，以等效直径 d_e 代替 d 确定 λ_p；$d_e=d/\sqrt{n}$；其中 n 为桩端隔板分割数，如图 8-6 所示。

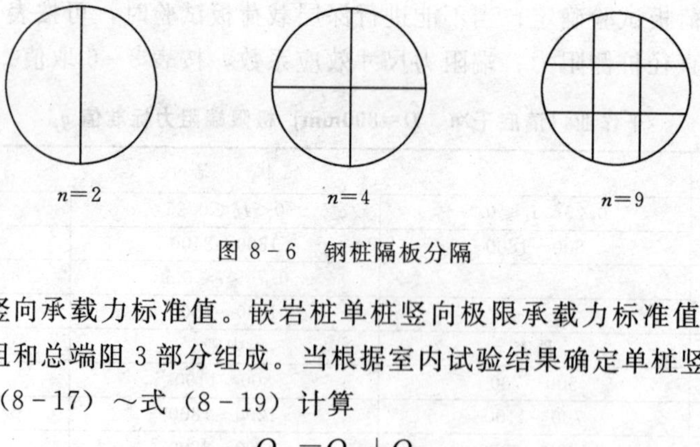

图 8-6　钢桩隔板分隔

(4) 嵌岩桩竖向承载力标准值。嵌岩桩单桩竖向极限承载力标准值，由桩周土总侧阻、嵌岩段总侧阻和总端阻 3 部分组成。当根据室内试验结果确定单桩竖向极限承载力标准值时，可按式（8-17）～式（8-19）计算

$$Q_{uk}=Q_{sk}+Q_{rk} \tag{8-17}$$

$$Q_{sk}=u\sum q_{sik}l_i \tag{8-18}$$

$$Q_{rk}=\zeta_r f_{rk}A_p \tag{8-19}$$

式中　Q_{sk}、Q_{rk}——土的总极限侧阻力标准值、嵌岩段总极限侧阻力标准值；

q_{sik}——桩周第 i 层土的极限侧阻力；无当地经验时，可根据成桩工艺按表 8-3 取值；

f_{rk}——岩石饱和单轴抗压强度标准值，黏土岩取天然湿度单轴抗压强度标

准值；

ζ_r——桩嵌岩段侧阻和端阻综合系数，与嵌岩深径比 h_r/d、岩石软硬程度和成桩工艺有关，按表 8-7 采用；表中数值适用于泥浆护壁成桩，对于干作业成桩（清底干净）和泥浆护壁成桩后注浆，ζ_r 应取表列数值的 1.2 倍。

表 8-7　　桩嵌岩段侧阻和端阻综合系数 ζ_r

嵌岩深径比 h_r/d	0	0.5	1.0	2.0	3.0	4.0	5.0	6.0	7.0	8.0
极软岩、软岩	0.6	0.80	0.95	1.18	1.35	1.48	1.57	1.63	1.66	1.70
较硬岩、坚硬岩	0.45	0.65	0.81	0.90	1.00	1.04	—	—	—	—

注　1. 极软岩、软岩指 $f_{rk}\leqslant 15$MPa；较硬岩、坚硬岩指 $f_{rk}\leqslant 30$MPa，介于两者之间可内插取值。

2. h_r 为桩身嵌岩深度，当岩面倾斜时，以坡下方嵌岩深度为准；当 h_r/d 为非表列数值时，ζ_r 可内插取值。

【例 8-1】　某预制桩采用 C30 混凝土，尺寸为 300mm×300mm，桩长 10m，穿越厚度 $l_1=3$m，液性指数 $I_L=0.75$ 的黏性土，进入密实的中砂层，长度 $l_2=7$m。桩基同一承台中采用 3 根桩，桩顶离地面 1.5m。试确定该预制桩的竖向极限承载力标准值和单桩竖向承载力特征值。

【解】　(1) 确定单桩极限承载力标准值。

1) 按桩身材料强度由式 (8-8) 进行计算。

$$Q\leqslant\psi_c f_c A_{ps}=0.85\times15\times300\times300=1012.5\text{kN}$$

2) 按经验公式 (8-12) 计算单桩承载力标准值。

由表 8-3 查得桩的极限侧阻力标准值 q_{sik} 为：

黏土层：$I_L=0.75$，$q_{sik}=50$kPa；

中砂层：密实，$q_{sik}=80$kPa；

桩的入土深度 $l=1.5+3+7=11.5\text{m}\approx10\text{m}$，查得预制桩桩长为 10m 时 q_{sik} 的修正系数为 1.0。

由表 8-4 查得桩的极限端阻力标准值 q_{pk} 为：密实中砂，$l=11.5$m，查得 $q_{pk}=5500\sim7000$kPa，取 $q_{pk}=6000$kPa。

故单桩极限承载力标准值为：

$$Q_{uk}=Q_{sk}+Q_{pk}=u\sum l_i q_{sik}+A_p q_{pk}=4\times0.3\times(50\times3+80\times7)+6000\times0.3^2$$

$$=852+540=1392\ (\text{kN})$$

应取二者中小值，故单桩极限承载力标准值为 $Q_{uk}=1147.5$kN

(2) 确定单桩竖向承载力特征值。

$$R_a=\frac{1}{K}Q_{uk}=\frac{1}{2}\times1147.5=573.8\ (\text{kN})$$

8.3 群桩竖向承载力的计算

8.3.1 群桩效应

实际工程中，大多为多根桩共同作用形成群桩基础。群桩基础承受竖向荷载后，由于承台、桩、土的相互作用使其桩侧阻力、桩端阻力、沉降等性状发生变化而与单桩明显不同，承载力往往不等于各单桩承载力之和，群桩沉降也明显超过单桩，这种现象称为群桩效应。设计时需要综合考虑，确定桩基的竖向承载力特征值。

通常将群桩基础中的单桩称为基桩；低承台群桩基础中包含承台底土阻力的基桩称为复合基桩；考虑由承台底地基土与桩共同承受荷载的桩基础称为复合桩基。

群桩效应在承载特性上表现为：①桩侧阻力产生“削弱效应”，桩侧阻力需要在桩土间发生一定相对位移时才能充分发挥出来，而相邻桩和低承台限制了桩土间（特别是群桩上部）的桩土位移，致使桩侧阻力不能充分发挥；②桩端阻力产生“增强效应”，受相邻桩和低承台反力的影响，桩端土侧向挤出受到制约，桩端阻力得以提高；③群桩桩顶荷载分配受群桩侧阻力和端阻力因群桩效应而产生的变化综合影响，刚性承台群桩的桩顶荷载分配规律是，中心桩最小，角桩最大，边桩次之；④桩端在持力层中产生贯入变形及桩身的压缩变形，产生承台土反力，使得桩间土出现相对压缩。承台反力分担上部荷载，起到增大群桩承载力的作用。

8.3.2 群桩的承载力

群桩效应受土性、桩距、桩数、桩的长径比、成桩方法等多种因素影响。因此，用群桩效应系数来度量侧阻、端阻、承台底土阻力等因群桩效应而降低或提高的幅度。但各影响因素对群桩效应特性的影响效果又各自不同，以往的桩基规范采用分项群桩效应系数——桩侧阻群桩效应系数 η_s、桩端阻群桩效应系数 η_p、桩侧阻端阻综合群桩效应系数 η_{sp} 和承台底土阻力群桩效应系数 η_c，计算起来非常复杂。《建筑桩基技术规范》（JGJ 94—2008）简化了计算，只考虑承台效应系数 η_c 计算复合基桩的竖向承载力特征值。

$$R=R_a+\eta_c f_{ak}A_c \tag{8-20}$$

式中 η_c——承台效应系数，按表 8-8 取值；

f_{ak}——承台下 1/2 承台宽度且不超过 5m 深度范围内各层土的地基承载力特征值按厚度加权的平均值；

A_c——计算基桩所对应的承台底净面积，$A_c=(A-nA_{ps})/n$，n 为承台下的桩数；

A_{ps}——桩身截面面积；

A——承台计算域面积，对于柱下独立桩基，A 为承台总面积，对于桩筏基础，A 为柱、墙筏板的 1/2 跨距和悬臂边 2.5 倍筏板厚度所围成的面积，桩集中布置于单片墙下的桩筏基础，取墙两边各 1/2 跨距围成的面积，按条形承台计算 η_c。

表 8-8　　承台效应系数 η_c

B_c/l \ s_a/d	3	4	5	6	>6
≤0.4	0.06～0.08	0.14～0.17	0.22～0.26	0.32～0.38	0.50～0.80
0.4～0.8	0.08～0.10	0.17～0.20	0.26～0.30	0.38～0.44	
>0.8	0.10～0.12	0.20～0.22	0.30～0.34	0.44～0.50	
单排桩条形承台	0.15～0.18	0.25～0.30	0.38～0.45	0.50～0.60	

注　1. s_a/d 为桩中心距与桩径之比；B_c/l 为承台宽度与桩长之比。当计算基桩为非正方形排列时，$s_a=\sqrt{A/n}$，A 为承台计算域面积，n 为总桩数。

2. 对于桩布置于墙下的箱、筏承台，η_c 可按单排桩条形承台取值。

3. 对于单排桩条形承台，当承台宽度小于 $1.5d$ 时，η_c 按非条形承台取值。

4. 对于采用后注浆灌注桩的承台，η_c 宜取低值。

5. 对于饱和黏性土中的挤土桩基、软土地基上的桩基承台，η_c 宜取低值的 0.8 倍。

承台土阻力发挥值与桩距、桩长、承台宽、桩排列、承台内外面积有关，当承台底面以下存在可液化土、湿陷性黄土、高灵敏度软土、欠固结土、新填土，或可能出现震陷、降水、沉桩过程产生高孔隙水压和土体隆起时，在设计时不考虑承台土阻力，即不考虑承台效应，取 $\eta_c=0$，将其作为安全系数保留。

《建筑桩基技术规范》（JGJ 94—2008）规定：对于端承型桩基、桩数少于 4 根的摩擦型柱下独立桩基、或由于地层土性、使用条件等因素不考虑承台效应时，基桩竖向承载力特征值应取单桩竖向承载力特征值。而对于符合下列条件之一的摩擦型桩基，宜考虑承台效应确定其复合基桩的竖向承载力特征值：①上部结构整体刚度较好、体型简单的建（构）筑物；②对差异沉降适应性较强的排架结构和柔性构筑物；③按变刚度调平原则设计的桩基刚度相对弱化区；④软土地基的减沉复合疏桩基础。

8.3.3　群桩地基沉降验算

桩基一般只按照承载能力进行计算，但当桩端持力层为软土，或建筑物对沉降有特殊要求，或摩擦型群桩基础时，应对群桩进行沉降验算。

8.3.3.1　计算方法

工程中计算桩基沉降量，采用假想实体法，即将桩台、桩群和桩间土作为一个整体，假想为一埋深为 $H_\omega+l$，基底边长为承台底面边长的实体深基础（其中 H_ω 为承台埋深，l 为桩长），如图 8-7 所示。按与浅基础相同的计算方法和步骤计算出桩底平面下由附加应力引起的压缩层厚度内的变形量，引入桩基等效沉降系数 e 进行修正，即得桩基最终沉降量

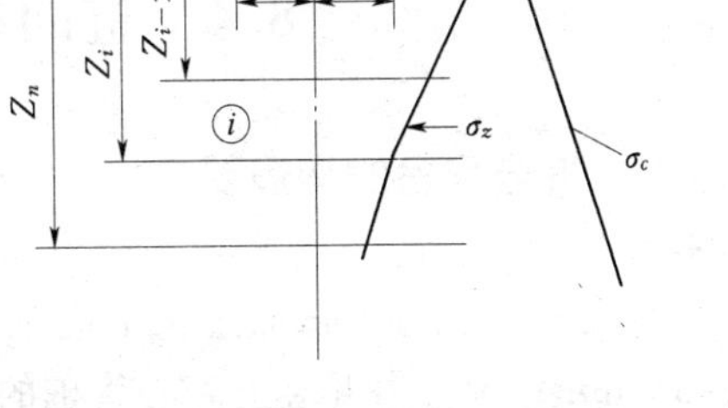

图 8-7　桩基沉降计算简图

$$s=\psi\psi_s s' \tag{8-21}$$

式中　s'——按假想实体分层总和法算得的桩基沉降量，计算深度 z_0 按应力比值法确定；

ψ——桩基沉降计算经验系数；

ψ_s——桩基等效沉降系数，按《建筑桩基技术规范》（JGJ 94—2008）有关规定计算。

8.3.3.2 容许变形值

建筑物桩基的容许变形值如无当地经验时，可按表 8－9 规定采用。

表 8－9 建筑桩基沉降允许变形值

变形特征		容许值
砌体承重结构基础的局部倾斜		0.002
各类建筑相邻柱（墙）基的沉降差		
（1）框架、框架—剪力墙、框架—核心筒结构		$0.002l_0$
（2）砌体墙填充的边排柱		$0.0007l_0$
（3）当基础不均匀沉降时不产生附加应力的结构		$0.005l_0$
单层框架结构（柱距为 6m）柱基的沉降量（mm）		120
桥式吊车轨面的倾斜（按不调整轨道考虑）		
纵向		0.004
横向		0.003
多层和高层建筑基础的整体倾斜	$H_g \leqslant 24$	0.004
	$24 < H_g \leqslant 60$	0.003
	$60 < H_g \leqslant 100$	0.0025
	$H_g > 100$	0.002
高耸结构基础的整体倾斜	$H_g \leqslant 20$	0.008
	$20 < H_g \leqslant 50$	0.006
	$50 < H_g \leqslant 100$	0.005
	$100 < H_g \leqslant 150$	0.004
	$150 < H_g \leqslant 200$	0.003
	$200 < H_g \leqslant 250$	0.002
高耸结构基础的沉降量（mm）	$H_g \leqslant 100$	350
	$100 < H_g \leqslant 200$	250
	$200 < H_g \leqslant 250$	150
体型简单的剪力墙结构高层建筑桩基最大沉降量（mm）	—	200

注 l_0 为相邻柱（墙）二测点间距离，H_g 为自室外地面起算的建筑物高度（m）。

对于表中未包括的建筑物桩基容许变形值，可根据上部结构对桩基变形的适应能力和使用上的要求确定。一般验算因地质条件不均匀、荷载差异很大、体型复杂等因素引起的地基变形时，对砌体承重结构应由局部倾斜控制；对框架结构和单层排架结构由相邻桩基的沉降差控制；而对于多层或高层建筑和高耸结构应由倾斜值控制。

8.4 桩的构造要求及施工、验收

8.4.1 桩与承台的构造要求

8.4.1.1 预制桩

混凝土预制桩的截面边长不应小于 200mm；预应力混凝土预制桩的截面边长不宜小于 350mm；预应力混凝土离心管桩的外径不宜小于 300mm。预制桩的混凝土强度等级不宜低于 C30，采用静压法沉桩时，可适当降低，但不宜低于 C20，预应力混凝土桩的混凝土强度等级不宜低于 C40，预制桩纵向钢筋的混凝土保护层厚度不宜小于 30mm。

桩身配筋应按吊运、打桩及桩在建筑物中受力等条件计算确定。预制桩的最小配筋率不宜小于 0.80％。如采用静压法沉桩时，其最小配筋率不宜小于 0.4％，主筋直径不宜小于 ϕ14mm，打入桩柱顶（2～3）d 长度范围内箍筋应加密，并设置钢筋网片。预应力混凝土预制桩宜优先采用先张法施加预应力。预应力钢筋宜选用冷拉Ⅲ级、Ⅳ级或Ⅴ级钢筋。

预制桩的分节长度应根据施工条件及运输条件确定。接头不宜超过 2 个，预应力管桩接头数量不宜超过 4 个。预制桩的桩尖可将主筋合拢焊在桩尖辅助钢筋上，在密实砂和碎石类土中，可在桩尖处包以钢钣桩靴，加强桩尖。

8.4.1.2　灌注桩

1. 一般规定

灌注桩混凝土强度等级不得低于 C_{25}，混凝土预制桩尖强度等级不得小于 C_{30}；主筋的混凝土保护层厚度，不应小于 35mm，水下灌注混凝土，不得小于 50mm。

配筋率：当桩身直径为 300～2000mm 时，截面配筋率可取 0.65%～0.20%（小桩径取高值，大桩径取低值）；对受水平荷载特别大的桩、抗拔桩和嵌岩端承桩根据计算确定配筋率；

配筋长度：①端承桩宜沿桩身通长配筋；②受水平荷载的摩擦型桩（包括受地震作用的桩基），配筋长度宜采用 4.0/a（a 为桩的水平变形系数），对于单桩竖向承载力较高的摩擦端承桩宜沿深度分段变截面配通长或局部长度筋，对承受负摩阻力和位于坡地岸边的基桩应通长配筋；③专用抗拔桩应通长配筋，因地震作用、冻胀或膨胀力作用而受拔力的桩，按计算配置通长或局部长度的抗拉筋。

对于受水平荷载的桩，主筋不宜小于 8ϕ12mm，对于抗压桩和抗拔桩，主筋不应小于 6ϕ10mm，纵向主筋应沿桩身周边均匀布置，其净距不应小于 60mm，并尽量减少钢筋接头。

箍筋采用 ϕ6～8@200～300mm，宜采用螺旋式箍筋；受水平荷载较大的桩基和抗震桩基，桩顶 $5d$ 范围内箍筋应适当加密；当钢筋笼长度超过 4m 时，应每隔 2m 左右设一道 ϕ12～18mm 焊接加劲箍筋。

2. 桩身按构造要求配筋的规定

当桩身混凝土具有足够的承受竖向荷载和横向荷载的能力时［判断方法详见《建筑桩基技术规范》(JGJ 94—2008)］，桩身可根据构造配筋要求进行配筋。

一级建筑桩基，应配置桩顶与承台的连接钢筋笼，其主筋采用 6～10 根 ϕ12～14mm，配筋率不小于 0.2%，锚入承台 30 倍主筋直径，伸入桩身长度不小于 10 倍桩身直径，且不小于承台下软弱土层层底深度。

二级建筑桩基，根据桩径大小配置 4～8 根 ϕ10～12mm 的桩顶与承台连接钢筋，锚入承台至少 30 倍主筋直径且伸入桩身长度不小于 $5d$，对于沉管灌注桩，配筋长度不应小于承台软弱土层层底深度。

三级建筑桩基可不配构造钢筋。

8.4.2　承台的设计

承台设计是桩基设计的一个重要组成部分，承台应具有足够的强度和刚度，以便于把上部结构的荷载可靠地传递给各桩，并将各桩连成整体。

8.4.2.1　承台设计计算

承台设计要确定承台的平面尺寸、承台厚度和承台配筋。

当完成确定桩数及布置桩位的任务后，即可确定承台的平面尺寸。此项工作常需反复进行，当不能满足桩基础的各项验算指标时，就需进行修改，直到全部满足为止。

由于桩的承载力都比较大，所以承台可能产生弯曲破坏、冲切破坏、剪切破坏、局部受压破坏等情况，因此应对上述情况进行计算，承台的计算包括：①受弯计算；②受冲切计算；③受剪切计算；④局部受压计算。其中，承台的厚度一般按照冲切和剪切的条件确定。

承台的受力计算在《建筑桩基技术规范》（JGJ 94—2008）和各类参考书中均有详细讲解，在实践中可具体参考。

8.4.2.2 承台的构造要求

（1）桩基承台的构造尺寸，除满足抗冲剪、抗剪切、抗弯和上部结构的要求外，还应满足以下要求。

1）为满足桩顶嵌固和抗冲切的需要，承台最小宽度不应小于500mm，承台边缘至桩中心的距离不宜小于桩的直径或边长，且边缘挑出部分不应小于150mm。考虑到墙体和承台梁共同工作可增强承台梁的整体刚度，并不至于产生桩顶对承台梁的冲切破坏，对于条形承台梁边缘挑出部分不应小于75mm。

2）为满足承台的基本刚度、梁与承台的连接等构造要求，条形承台和柱下独立桩基承台的厚度不应小于300mm。

3）为满足桩与承台的连接、板的必要刚度、防水等基本需要，筏形、箱形承台板的厚度应满足整体刚度、施工条件及防水要求。对于桩布置于墙下或基础梁下的情况，承台板厚度不宜小于250mm，且板厚与计算区段最小跨度之比不宜小于1/20。

4）柱下单桩基础，宜按连接柱、连系梁的构造要求将连系梁高度范围内桩的圆形截面改变成方形截面。

（2）承台混凝土强度等级不宜小于C15，采用Ⅱ级钢筋时，混凝土强度等级不宜低于C20。承台底面钢筋的混凝土保护层厚度不宜小于70mm。当设素混凝土垫层时，保护层厚度可适当减小；垫层厚度宜为100mm，强度等级宜为C7.5。

（3）承台的钢筋配置除满足计算要求外，还应符合下列规定。

1）承台梁的纵向主筋直径不宜小于ϕ12mm，架立筋直径不宜小于ϕ10mm，箍筋直径不宜小于ϕ6mm。

2）柱下独立桩基承台的受力钢筋应通长配置，矩形承台板配筋宜按双向均匀布置，钢筋直径不宜小于ϕ10mm，间距应满足100～200mm。对于三桩承台，应按三向板带均匀配置，最里面三根钢筋相交围成的三角形应位于柱截面范围以内，如图8-8所示。

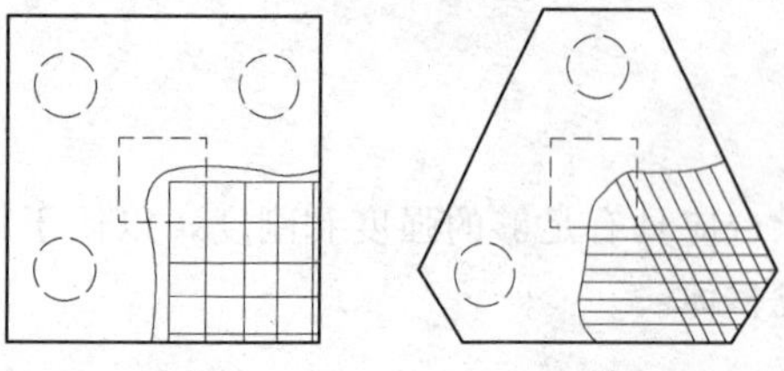

(a)　　(b)

图8-8　柱下独立桩基承台配筋

（a）短形承台；（b）三桩承台

3）筏形承台板的分布构造钢筋，可采用ϕ10～12mm，间距150～200mm。当仅考虑局部弯曲作用按倒楼盖法计算内力时，考虑到整体弯矩的影响，纵横两方向的支座钢筋还应有1/3～1/2且配筋率不小于0.15%，贯通全跨配置。跨中钢筋应按计算配筋率全部连通。

4）箱形承台顶、底板的配筋，应综合考虑承受整体弯曲钢筋的配置部位，以充分发挥各截面钢筋的作用。当仅按局部弯曲作用计算内力时，考虑到整体弯曲的影响，钢筋配置量除符合局部弯曲计算要求外，纵横两方向支座钢筋尚应有 1/3～1/2 且配筋率分别不小于 0.15％、0.10％贯通全跨配置，跨中钢筋应按实际配筋率全部连通。

（4）桩与承台的连接。

1）为降低桩顶固端弯矩，提高群桩的水平承载能力，桩顶嵌入承台的长度对于大直径桩，不宜小于 100mm；对于中等直径桩不宜小于 50mm。但也不宜过大，否则，会降低承台的有效高度，不利于承台抗冲剪、抗剪切、抗弯。

2）为承受偶然发生的不大的拔力，混凝土桩的桩顶主筋应伸入承台内，其锚固长度不宜小于 35 倍主筋直径，但不宜过大，例如预制桩，会导致破桩头的工作量和造价相应增加。对于抗拔桩基，由于承受较大拔力，为确保桩顶主筋有足够的握裹力不致从承台中拔出，主筋锚入承台不应小于 40 倍主筋直径。预应力混凝土桩可采用钢筋与桩头钢钣焊接的连接方法。钢桩可采用在桩头加焊锅型钣或钢筋的连接方法。

（5）承台之间的连接。

1）为传递、分配柱底剪力、弯矩，增强整个建筑物桩基的协同工作能力，柱下单桩宜在桩顶两个互相垂直方向上设置连系梁。但当桩柱截面面积之比较大（一般大于 2）且桩底剪力和弯矩较小时可不设连系梁。

2）两桩桩基的承台，在其长向的抗剪、抗弯能力较强，一般无需设置承台之间的联系梁；而其短向抗弯刚度较小，宜设置连系梁；当短向的柱底剪力和弯矩较小时可不设连系梁。

3）地震作用下，建筑物各独立承台之间所受剪力、弯矩是非同步的，因此对于有抗震要求的柱下独立桩基承台，纵横方向宜设置连系梁，以利于传递和分配剪力和弯矩。

4）为利于直接传递柱底剪力、弯矩，连系梁顶面宜与承台顶位于同一标高。联系梁的截面一般以柱底剪力作用于梁端，按受压确定其截面尺寸，根据受拉确定配筋。为保证连系梁的刚度，最小尺寸规定为：宽度不宜小于 250mm，其高度可取承台中心距的 1/15～1/10。

5）连系梁配筋应根据计算确定，不宜小于 4ϕ12。

（6）承台的最小高度是 500mm，因此，承台埋深应不小于 600mm。. 在季节性冻土及膨胀土地区，其承台埋深及处理措施，应按现行《建筑地基基础设计规范》（GB 50007—2002）和《膨胀土地区建筑技术规范》（GBJ 112—87）等有关规定执行。

8.4.3 桩基施工

8.4.3.1 灌注桩施工

灌注桩在桩基工程中的应用非常广泛，尤其是高承载力桩和大直径超长桩，或者是在复杂地质条件、不利环境条件下成桩，灌注桩是其他桩型无法代替的。

1. 不同桩型的适应条件

灌注桩的成孔工艺，应根据桩所穿越土层的性质、桩端持力层的条件、地下水位情况等综合比较确定。

（1）泥浆护壁钻（冲）孔灌注桩。适用于地下水位以下的黏性土、粉土、砂土、填土、碎（砾）石土及风化岩层，以及地质情况复杂、夹层多、风化不均、软硬变化较大的岩层。冲孔灌注桩除适应上述地质情况外，还能穿透旧基础、大孤石等障碍物，但在岩溶发育地区应慎重使用。

(2) 沉管灌注桩。适用于黏性土、粉土、淤泥质土、砂土及填土，在厚度较大、灵敏度较高的淤泥和流塑状态的黏性土等软弱土层中采用时，应制定质量保证措施，并经工艺试验成功后方可实施。夯扩桩适用于桩端持力层为中、低压缩性黏性土、粉土、砂土、碎石类土，且其埋深不超过 20m 的情况。

(3) 干作业成孔灌注桩。适用于地下水位以上的黏性土、粉土、填土、中等密实以上的砂土、风化岩层。人工挖孔灌注桩在地下水位较高，特别是有承压水的砂土层、滞水层、厚度较大的高压缩性淤泥层和流塑淤泥质土层中施工时，必须有可靠的技术措施和安全措施。

2. *施工方法*

(1) 泥浆护壁钻（冲）孔灌注桩。利用钻机（如螺旋钻、振动钻、冲抓锥钻、螺旋水冲钻等）钻土成孔，然后清除孔底残渣，安放钢筋笼，浇筑混凝土。有的钻机成孔后，可撑开钻头的钻孔刀刃使之旋转切土扩大桩孔，浇灌混凝土后在底端形成扩大桩端，但扩底直径不宜大于 3 倍桩身直径。支盘桩则是在桩身一定部位扩大桩径，使桩身呈现波浪型，有利于发挥桩的承载性能，是一种新的桩型。

目前国内的钻（冲）孔灌注桩多采用泥浆护壁，泥浆应选用膨润土或高塑性黏土在现场加水搅拌制成。其施工工序如图 8－9 所示。常用桩径为 800mm、1000mm、12000mm 等。其最大的优点是入土深、能进入岩层、刚度大、承载力高、桩身变形小，并可以方便地进行水下作业。

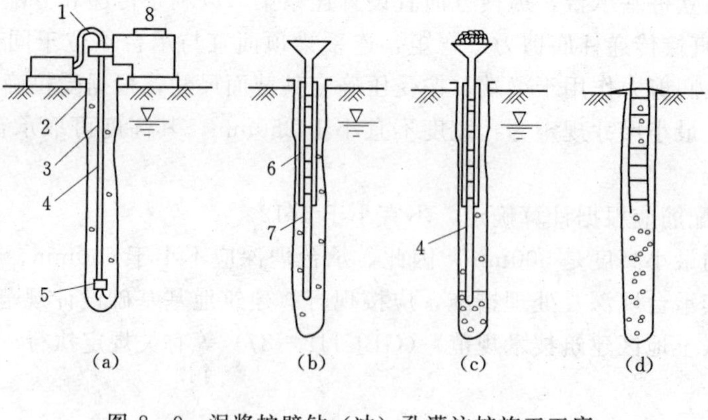

图 8－9　泥浆护壁钻（冲）孔灌注桩施工工序

(a) 成孔；(b) 下钢筋笼和导管；(c) 浇灌水下混凝土；(d) 成桩

1—泥浆泵或高压水泵；2—护筒；3—钻杆；4—泥浆；5—钻头；

6—钢筋笼；7—导管；8—钻机

(2) 沉管灌注桩。利用锤击或振动等方法沉管成孔，然后浇筑混凝土，拔出套管，其施工工序如图 8－10 所示。一般分为单打、复打（浇灌混凝土并拔管后，立即在原位再次沉管及浇灌混凝土）和反插法（灌满混凝土后，先振动再拔管，一般拔 0.5～1.0m，再反插 0.3～0.5m）3 种。复打后的桩横截面面积增大，承载力提高，但其造价也相应提高。

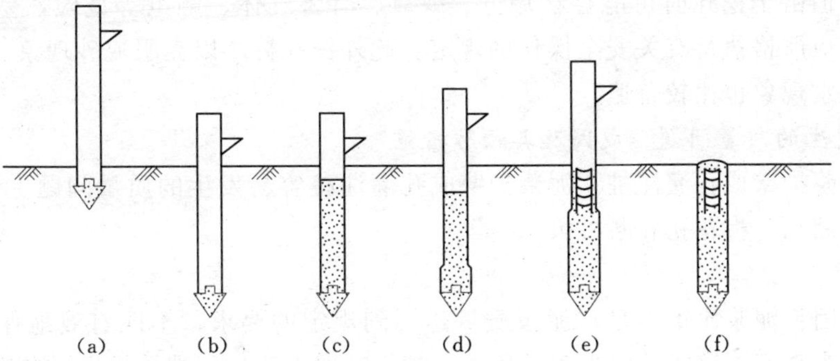

图 8-10 沉管灌注桩施工工序

(a) 打桩机就位；(b) 沉管；(c) 浇筑混凝土；(d) 边拔管、边振动；(e) 安放钢筋笼，继续浇筑混凝土；(f) 成型

锤击沉管灌注桩的常用桩径（预制桩尖的直径）为 300～500mm，桩长常在 20m 以内，可打至硬塑黏土层或中粗砂层。其优点是设备简单、打桩进度快、成本低。但在软硬土层交界处或软弱土层处易发生缩颈现象，此时通常可放慢拔管速度，加大灌注管内混凝土量。此外，也可能由于邻桩挤压或其他振动作用等各种原因使土体上隆，引起桩身受拉出现断桩现象，或出现局部夹土、混凝土离析及强度不足等质量事故。

振动沉管灌注桩的钢管底端带有活瓣桩尖（沉管时桩尖闭合，拔管时活瓣张开以便浇灌混凝土），或套上预制混凝土桩尖。桩径一般为 400～500mm，常用振动锤的振动力为 70kN、100kN 和 160kN。在黏性土中，其沉管穿透力比锤击沉管灌注桩稍差，承载力也比锤击沉管灌注桩要低。

内击式沉管灌注桩的优点是混凝土密实且与土层紧密接触，同时桩头扩大，承载力较高，效果较好，但穿越厚砂层能力较低，打入深度难以掌握。施工时，先在竖起的钢套筒内放进约 1m 高的混凝土或碎石，用吊锤在套筒内锤打，形成“塞头”，然后锤打时，塞头带动套筒下沉，至设计标高后，吊住套筒，浇灌混凝土并继续锤击，使塞头脱出筒口，形成扩大的桩端，其直径可达桩身直径的 2～3 倍，当桩端不再扩大而使套筒上升时，开始浇筑桩身混凝土（需配筋时先吊放钢筋笼），同时边拔套筒边锤击，直达所需高度为止。

(3) 干作业成孔灌注桩。干作业成孔灌注桩俗称挖孔桩，采用人工或机械挖掘成孔，逐段边开挖边支护，达到所需深度后再进行扩孔、安放钢筋笼及灌注混凝土而成。其施工工序如图 8-11 所示。

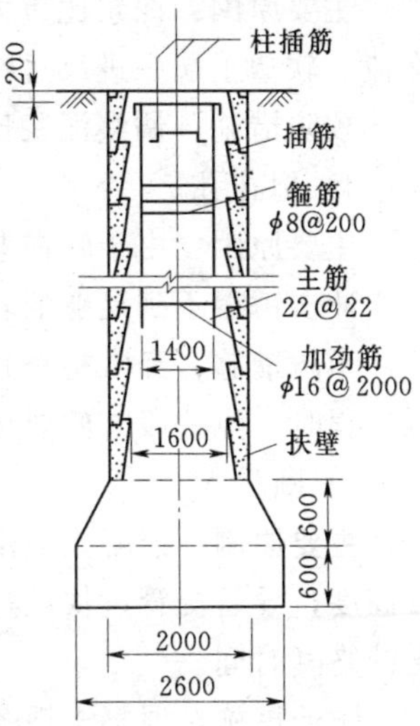

图 8-11 人工挖孔桩示例（单位：mm）

挖孔桩内径一般应大于 800mm，开挖直径大于 1000mm，护壁厚大于 100mm，每节高 500～1000mm，可用混凝土或砖砌筑，桩身长度宜限制在 40m 以内。

挖孔桩可直接观察地层情况，孔底易清除干净，设备简单，噪音小，场区内各桩可同时施工，且桩径大、适应性强，比较经济。但由于挖孔时可能存在塌方、缺氧、有害气体、触电等危险，易造成安全事故，因此，应严格执行有关安全操作的规定。此外挖孔桩难以克服流砂现象，在地下水丰富的地区涌水现象也比较普遍。

3. 易发生的质量问题、成因及其预防措施

（1）泥浆护壁成孔灌注桩。泥浆护壁成孔灌注桩容易发生的质量问题主要有：塌孔、桩孔倾斜、缩孔、梅花孔和断桩等。

1）塌孔。

主要原因：泥浆比重不足，泥浆质量达不到规定的要求，不能有效地保证孔壁的稳定；孔内水头高度不够或孔内出现承压水；护筒埋置太浅，下端孔坍塌；在松散砂层中钻进时，进尺速度太快或空转时间过长；钻进过程中遇到溶洞、溶沟、溶槽、非填充性土洞，使得孔内泥浆突然流失；冲击（抓）锥或抽渣筒倾倒，撞击孔壁；钢筋笼下放时撞击孔壁；爆破处理孔内孤石、探头石时，炸药量过大，造成过大的振动。

预防措施：根据土层性质，选择合理的泥浆配合比；严格按规范和相关施工工艺要求进行施工；注意观察孔内泥浆高度变化，监控泥浆质量。

2）桩孔倾斜。

主要原因：钻孔中遇到较大孤石或探头石；钻进时遇带有倾斜度的软硬地层交界处、岩石倾斜处，或在粒径大小悬殊的砂卵石层中钻进，钻头所受的阻力不均；扩孔较大，钻头偏离方向；钻机底座未放置水平或产生不均匀下陷；钻杆弯曲，接头不直。

预防措施：安装钻机要放置水平，在施工过程中经常检查、校正机座的平整度、钻杆的垂直度；必须在钻架上增添导向架，控制钻杆上的提引水龙头，使其沿导向架向下钻进；钻杆、接头应逐个检查，及时调整；及时调查或更换已弯曲的钻杆；在有倾斜的软硬地层钻进时，控制进尺和降低钻速；或回填片、卵（碎）石，冲平后再钻进。

3）缩孔。

主要原因：泥浆比重太小、孔径较大，造成土中应力释放和松弛；黏性土遇水膨胀；在流、软塑土层中进尺过快。

预防措施：调整泥浆比重；控制进尺速度；终孔前上下反复扫孔。

4）梅花孔。

主要原因：由于转向装置失灵，泥浆太稠，阻力大，冲击锤不能自由转动；冲程太小，冲击锤得不到足够的转动时间，变换不了冲击位置。

预防措施：经常检查转向装置是否灵活；选用适当黏度和比重的泥浆，适时掏渣；用低冲程时，隔一段时间要更换高一些的冲程，使冲击锤有足够的转动时间。

5）断桩。

主要原因：混凝土坍落度太小或骨料太大，使导管堵塞；首灌量不能满足导管最小埋管高度；导管提管过快或过慢；浇筑混凝土时因故中断；混凝土灌注时间过长，超过混凝土的终凝时间。

防治措施：混凝土坍落度应严格按设计或规范要求控制；应确保混凝土浇筑的连续性；浇筑时随时掌握导管埋入深度；当混凝土灌注时间超过6h，宜加入缓凝剂。

（2）沉管灌注桩。沉管灌注桩容易发生的质量问题有：缩颈、断桩、桩身加泥等。

1）缩颈：成形后的桩身局部小于设计要求。

主要原因：套管拔出速度过快，由于管内混凝土尚未凝固，在超孔隙水压力下，把局部桩体挤成缩颈；在流塑状态的淤泥质土中，由于套管在该层发生的振荡作用，使混凝土不能顺利灌入，被淤泥质土填充进来，形成在该层缩颈；由于振动、挤土造成混凝土未硬结的相邻桩孔颈缩小。

预防措施：控制拔管速度，一般土层以1m/min为宜，软弱土层和软硬交界处宜控制在0.3～0.88m/min；在软弱土层中施工桩距较密的桩时应采取跳打措施；混凝土充盈系数（实灌混凝土体积与理论体积之比）不得小于1.0，且应满足设计计算的灌入量。

2）断桩。

主要原因：桩距过小，相邻桩在混凝土未达到一定强度时，由于振动或挤抬作用将邻桩拉断；由于振动波在不同土层中的传播速度不同，在二层土交界处产生剪切力将桩剪断；拔管速度太快，混凝土未及时流出管外，形成断桩；桩过密，成桩速度过快，挤土效应导致地面隆起、桩拔断。

预防措施：同控制缩颈方法；在桩多且过密时，应控制施工速度和采取合理的成桩路线。

3）桩身夹泥。

主要原因：采用反插法时，活瓣向外张开过大，把孔壁周围泥挤进桩身；采用复打法时，套管上的泥未清理干净，把套管上的泥带入桩身混凝土；拔管速度过快，而混凝土坍落度太小，在饱和的淤泥质土层中施工，混凝土尚未流出，土即涌入桩身。

预防措施：采用反插法时，反插深度不宜超过活瓣长度的2/3；采用复打法时，复打前应将套管上的泥清理干净；混凝土要搅拌均匀，和易性要好，坍落度符合设计要求；在饱和淤泥质土层中施工时，控制好拔管速度。

（3）干作业成孔灌注桩。干作业成孔灌注桩由于不是水下灌注混凝土，也没有挤土效应，成桩质量比前两种灌注桩更有质量保证，它可能发生的质量问题是：孔底虚土过厚、桩身混凝土质量差、塌孔等。

1）孔底虚土过厚。

主要原因：钻头对孔底和孔壁的扰动，造成孔壁和孔底土的松动，在成孔过程中或成孔过程后土体出现坍落；孔口土未及时清理干净，积土回落；提钻、下笼时孔口土或孔壁土被碰撞掉入孔内；孔壁暴露时间过长，孔壁土坍落。

预防措施：根据不同工程地质条件，选用不同型式的钻头；及时清理孔口和孔底虚土，防止孔口土回落孔底；成好的孔应及时灌注桩身混凝土。

2）桩身混凝土质量差。

主要原因：混凝土浇筑时没有按操作工艺要求进行施工，深处的混凝土得不到振实，使混凝土不密实，出现蜂窝、空洞；浇筑混凝土时，孔壁受到振动使孔壁土掉入孔内；下放钢筋笼时碰撞孔壁，使土掉入空内，造成桩身夹土；对于较长的桩浇筑混凝土，没有使用溜槽、导筒，浇筑时产生离析；混凝土本身质量有问题。

预防措施：严格按混凝土操作规程施工，保证混凝土浇筑质量符合要求；为保证混凝土的和易性，可掺入外加剂；桩身混凝土必须边灌注边振捣和振捣密实；为防止混凝土离析，当高度超过 3m，应用串筒，串筒末端离孔底高度不宜大于 2m。

3）塌孔。

主要原因：成孔过程中遇到较厚的砂卵石、卵石或流塑淤泥质土层等不利成孔的土层；降、止水措施不当，在局部滞水的作用下，造成坍塌；成孔后孔壁暴露时间过长。

预防措施：遇不良地层时，应采取相应的护壁措施，或改用其他成桩工艺；采用合理有效的降、止水措施；成孔后应及时浇筑混凝土。

4. 成桩质量检查

灌注桩的成桩质量检查主要包括成孔及清孔、钢筋笼制作及安放、混凝土搅制及灌注等 3 个工序过程的质量检查。

（1）混凝土搅制应对原材料质量与计量、混凝土配合比、坍落度、混凝土强度等级等进行检查。

（2）钢筋笼制作应对钢筋规格、焊条规格、品种、焊口规格、焊缝长度、焊缝外观和质量、主筋和箍筋的制作偏差等进行检查。

（3）在灌注混凝土前，应严格按照有关施工质量要求对已成孔的中心位置、孔深、孔径、垂直度、孔底沉渣厚度、钢筋笼安放的实际位置等进行认真检查，并填写相应质量检查记录。

8.4.3.2 预制桩施工

预制桩可用混凝土、钢材或木材在现场或工厂制作，然后以锤击（通过锤击或辅以高压射水使桩沉入土中）、振动打入（将大功率振动器置于桩顶，利用内装偏心块旋转时产生的竖向振动力使桩沉入土中）、静压（利用静力压桩机将桩压入土中）或旋入等方法设置就位。

1. 施工方法

混凝土预制桩的施工工序为：桩的制作，桩的起吊、运输和堆存，接桩和沉桩。

（1）混凝土预制桩的制作。混凝土预制桩可以在工厂或施工现场预制，但预制场地必须平整、坚实。制桩模板可用木模板或钢模，必须保证平整牢靠，尺寸准确。此外，《建筑桩基设计规范》（JGJ 94—2008）对混凝土预制桩的主筋焊接、钢筋骨架允许偏差、桩的单节强度、浇筑顺序、制作允许偏差均有详细规定，施工时应严格遵守。

（2）混凝土预制桩的起吊、运输和堆存。混凝土预制桩达到设计强度的 70%方可起吊，达到 100%才能运输。桩起吊时应采取相应措施，保持平稳，保护桩身质量。水平运输时，应做到桩身平稳放置，无大的振动，严禁在场地上以直接拖拉桩体方式代替装车运输。

桩的堆存应符合下列规定：①堆存场地必须平整、坚实；②垫木与吊点应保持在同一横断平面上，且各层垫木应上下对齐；③堆放层数不宜超过 4 层。

（3）混凝土预制桩的连接。混凝土预制桩的连接方法有焊接、法兰接及硫黄胶泥锚接 3 种，前两种可用于各类土层；硫黄胶泥锚接适用于软土层，且对一级建筑桩基或承受拔力的桩宜慎重选用。

《建筑桩基设计规范》（JGJ 94—2008）对混凝土预制桩的接桩材料和接桩质量均有详细规定，施工时应严格遵守。

(4) 混凝土预制桩的沉桩。沉桩前必须处理架空（高压线）和地下障碍物，场地应平整，排水应畅通，并满足打桩所需的地面承载力。

桩锤的选用应根据地质条件、桩型、桩的密集程度、单桩竖向承载力及现有施工条件等决定。

桩打入时应符合：①桩帽或送桩帽与桩周围的间隙应为5～10mm；②锤与桩帽，桩帽与桩之间应加设弹性衬垫，如硬木、麻袋、草垫等；③桩锤、桩帽或送桩和桩身在同一中心线上；④桩插入时的垂直度偏差不得超过0.5%。

打桩顺序为：①对于密集桩群，自中间向两个方向或向四周对称施打；②当一侧毗邻建筑物时，由毗邻建筑物处向另一方向施打；③根据基础的设计标高，宜先深后浅；④根据桩的规格，宜先大后小，先长后短。

桩停止锤击的控制原则：①桩端（指桩的全断面）位于一般土层时，以控制桩端设计标高为主，贯入度可作参考；②桩端达到坚硬、硬塑的黏性土、中密以上粉土、砂土、碎石类土、风化岩时，以贯入度控制为主，桩端标高可作参考；③贯入度已达到而桩端标高未达到时，应继续锤击3阵，按每阵10击的贯入度不大于设计规定的数值加以确认，必要时施工控制贯入度应通过试验与有关单位会商确定。

当遇到贯入度剧变，桩身突然发生倾斜、移位或有严重回弹，桩顶或桩身出现严重裂缝、破碎等情况时，应暂停打桩，并分析原因，采取相应措施。

当采用内（外）射水法沉桩时，应符合下列规定：①水冲法打桩适用于砂土和碎石土；②水冲至最后1～2m时，应停止射水，并用锤击至规定标高，停锤控制标准应符合桩停止锤击的控制原则。

预制桩在沉桩过程中为避免或减小沉桩挤土效应和对邻近建筑物、地下管线等的影响，施打大面积密集桩群时，可采取下列辅助措施：①预钻孔沉桩，孔径约比桩径（或方桩对角线）小50～100mm，深度视桩距和土的密实度、渗透性而定，深度宜为桩长的1/3～1/2，施工时应随钻随打，桩架宜具备钻孔锤击双重性能；②设置袋装砂井或塑料排水板，以消除部分超孔隙水压力，减少挤土现象；③设置隔离板桩或地下连续墙；④开挖地面防震沟可消除部分地面震动，可与其他措施结合使用，沟宽0.5～0.8m，深度按土质情况以边坡能自立为准；⑤限制打桩速率；⑥沉桩过程应加强邻近建筑物，地下管线等的观测、监测。

静力压桩适用于软弱土层，当存在厚度大于2m的中密以上夹砂层时，不宜采用静力压桩。

静力压桩应符合下列规定：压桩机应根据土质情况配足额定重量；桩帽、桩身和送桩的中心线应重合；节点处理应避免桩尖接近硬持力层或桩尖处于硬持力层中接桩，且满足混凝土预制桩的连接规定；压同一根（节）桩应缩短停顿时间。

2. 成桩质量检查

混凝土预制桩和钢桩成桩质量检查主要包括制桩、打入（静压）深度、停锤标准、桩位及垂直度检查。

(1) 预制桩应按选定的标准图或设计图制作，其偏差应符合《建筑桩基设计规范》(JGJ 94—2008) 的相关要求。

(2) 沉桩过程中的检查项目应包括每米进尺锤击数、最后1m锤击数、最后3阵贯入度及桩尖标高、桩身（架）垂直度等。

8.4.4 基桩及承台的验收

8.4.4.1 验收时间

当桩顶设计标高与施工场地标高相近时，桩基工程的验收应待成桩完毕后验收；当桩顶设计标高低于施工场地标高时，应待开挖到设计标高后进行验收。

8.4.4.2 验收的一般规定

对预制打入桩、静力压桩，应提供经确认的施工过程有关系数。施工完成后还需进行桩顶标高、桩位偏差等检验。

对混凝土灌注桩，应提供经确认的施工过程有关参数，包括原材料力学性能检验报告、试件留置数量及制作养护方法、混凝土抗压强度试验报告、钢筋笼制作质量检查报告。施工完成后尚应进行桩顶标高、桩位偏差等检验。

人工挖孔时，应进行桩端持力层检验。单柱单桩的大直径嵌岩桩，应视岩性检验桩底下 $3d$ 或5m深度范围内有无空洞、破碎带、软弱夹层等不良地质条件。

施工完成后的工程桩应进行桩身质量检验。直径大于800mm的混凝土嵌岩桩应采用钻孔抽芯法或声波透射法检测，检测桩数不得少于总桩数的10%，且每根柱下承台的抽检桩数不得少于1根。直径不大于800mm的桩及直径大于800mm的非嵌岩桩，可根据桩径和桩长的大小，结合桩的类型和实际需要采用钻孔抽芯法或声波透析法或可靠的动测法进行检测，检测桩数不得少于总桩数的10%。

施工完成后的工程应进行竖向承载力检验。竖向承载力检验的方法和数量可根据地基基础设计等级和现场条件，结合当地可靠的经验和技术确定。复杂地质条件下的工程桩竖向承载力的检验宜采用静荷载试验，检验桩数不得少于同条件下总桩数的1%，且不得少于3根。大直径嵌岩桩的承载力可根据终孔时桩端持力层岩性报告和桩身质量检验报告核验。

8.4.4.3 验收资料

(1) 基桩工程验收时应包括下列资料：①工程地质勘察报告、桩基施工图、图纸会审纪要、设计变更单及材料代用通知单等；②经审定的施工组织设计、施工方案及执行中的变更情况；③桩位测量放线图，包括工程桩位线复核签证单；④成桩质量检查报告；⑤单桩承载力检测报告；⑥基坑挖至设计标高的基桩竣工平面图及桩顶标高图。

(2) 承台工程验收时应包括下列资料：①承台钢筋、混凝土的施工与检查记录；②桩头与承台的锚筋、边桩离承台边缘距离、承台钢筋保护层记录；③承台厚度、长宽记录及外观情况描述等。

8.5 桩基础设计

在进行设计之前，要注意收集资料，包括岩土工程勘察资料、建筑物的有关资料（结构形式、平面布置、荷载、使用要求等）、建筑场地与环境条件的情况、本地区施工技术设备条件等，并应对供设计选用的各种桩型及其实施的可能性进行了解。桩基础设计步骤如图 8-12 所示。

8.5.1 选择桩材、桩型及其几何尺寸

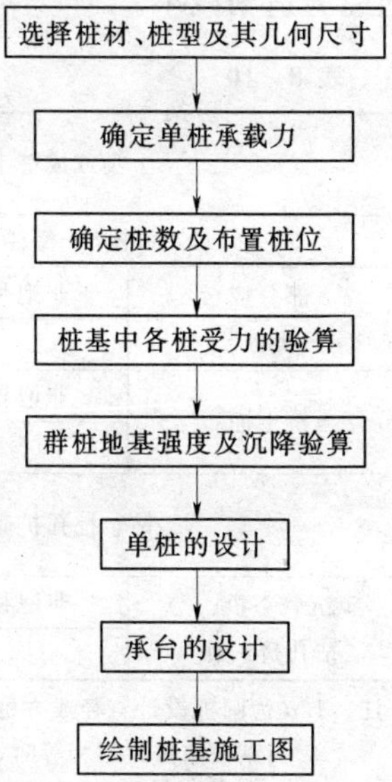

图 8-12 桩基础设计步骤

8.5.1.1 桩材与桩型

就我国而言，目前应用最广泛的是钢筋混凝土桩，以及为适应不同地质条件而使用的各种类型的钢桩、组合桩等。选择桩的材料，要考虑建筑物形式、地质条件、工艺要求、本地区经验等，也要考虑经济因素。而桩型的选择也应从建筑物的实际情况出发，结合当地的施工条件和场地地质情况等进行综合考虑。桩材与桩型的选择是密不可分的，《建筑桩基设计规范》(JGJ 94—2008) 的附录 A——《桩型与成桩工艺选择》可供选择时参考。如本地区无该类桩型或工艺使用经验可借鉴时，应进行必要的试验。

同一结构单元应尽量避免出现两种不同类型的桩。

8.5.1.2 桩的几何尺寸

桩的几何尺寸包括桩长和桩的截面尺寸。桩长的确定关键在于持力层的选取，一般应选取较硬土层作为桩端持力层。为提高桩的承载力和减小沉降，桩端全断面进入持力层的深度应根据地质条件来确定，对于黏性土、粉土不宜小于 $2d$（d 为桩径），砂土不宜小于 $1.5d$，碎石类土不宜小于 $1d$。当存在软弱下卧层时，桩基以下硬持力层厚度不宜小于 $4d$。当桩端持力层较厚且施工条件许可时，桩端全断面进入持力层的深度宜达到桩端阻力的临界深度。

8.5.2 确定单桩承载力

按 8.2 节方法确定。

8.5.3 确定桩数及布置桩位

8.5.3.1 桩数

根据单桩承载力设计值和上部结构物荷载确定桩数。

中心荷载时

$$n \geqslant \frac{F_k + G_k}{R} \tag{8-22}$$

偏心荷载时

$$n \geqslant \mu \frac{F_k + G_k}{R} \tag{8-23}$$

式中 n——桩数；

F_k——荷载效应标准组合下，作用于桩基承台顶面的竖向力；

G_k——桩基承台和承台上土的自重标准值；地下水位以下部分应扣除水的浮力；

R——桩基中复合基桩或基桩的竖向承载力特征值；

μ——系数，一般取 1.1～1.2。

8.5.3.2 桩位

合理地布置桩位是使桩基安全经济的重要环节，考虑原则是：确定桩的中心距，桩的

最小中心距应符合表 8－10 的规定；当施工中采取减小挤土效应的可靠措施时，可根据当地经验适当减小。

表 8－10　　基桩的最小中心距

土类或成桩工艺		排数不少于 3 排且桩数不少于 9 根的摩擦型桩基	其他情况
非挤土灌注桩		3.0d	3.0d
部分挤土桩	非饱和土、饱和非黏性土	3.5d	3.0d
	饱和黏性土	4.0d	3.5d
挤土桩	非饱和土、饱和非黏性土	4.0d	3.5d
	饱和黏性土	4.5d	4.0d
钻、挖孔扩底桩		2D 或 D＋2.0m（当 D＞2m）	1.5D 或 D＋1.5m（当 D＞2m）
沉管夯扩、钻孔挤扩桩	非饱和土、饱和非黏性土	2.2D 且 4.0d	2.0D 且 3.5d
	饱和黏性土	2.5D 且 4.5d	2.2D 且 4.0d

注　1. d 为圆桩设计直径或方桩设计边长，D 为扩大端设计直径。
2. 当纵横向桩距不相等时，其最小中心距应满足"其他情况"一栏的规定。
3. 当为端承桩时，非挤土灌注桩的"其他情况"一栏可减少至 2.5d。

桩距保持在（3～4）d 为宜。在平面上的布置多采用行列式，也可采用梅花式，可等距排列也可不等距排列，如图 8－13 所示。排列基桩时，宜使桩群承载力合力点与长期荷载重心重合，以使各桩受力均匀；并尽量将桩布置在靠近承台的外围部分，使桩基受水平力和力矩较大方向有较大的截面模量。

对于桩箱基础，宜将桩布置于墙下，对于带梁（肋）桩筏基础，宜将桩布置于梁（肋）下；对于大直径桩宜采用一柱一桩。

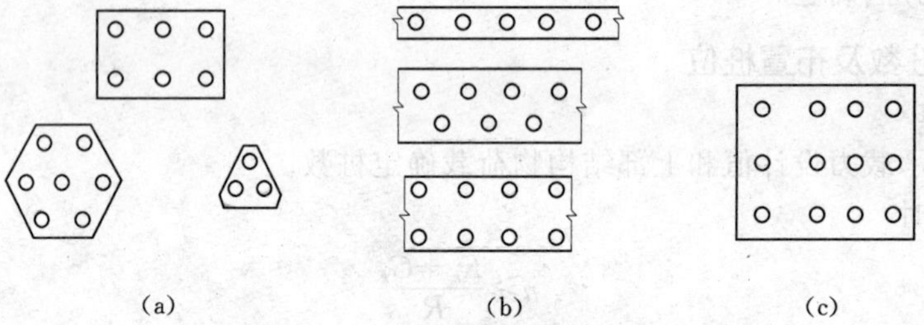

图 8－13　桩的平面布置示例

（a）柱下桩基，按相等桩距排列；（b）墙下桩基，按相等桩距排列；（c）柱下桩基，按不等桩距排列

8.5.4　桩基中各桩受力的验算

确定单桩承载力设计值和初步选定桩的布置以后，按照荷载效应要小于或等于抗力效应的原则验算桩基中各桩所承受的外力。

轴心受压时

$$N_k \leqslant R \tag{8-24}$$

其中

$$N_k = (F_k + G_k)/n \tag{8-25}$$

偏心受压时

$$N_{k\max} \leqslant 1.2R \tag{8-26}$$

其中

$$N_{ik} = (N_k + G_k)/n + M_x Y_i / \sum Y_i^2 + M_y X_i / \sum X_i^2 \tag{8-27}$$

式中 R——桩基中复合基桩或基桩的竖向承载力实际值；

$N_{k\max}$——偏心竖向力作用下受力最大的桩基设计值；

M_x、M_y——荷载效应标准组合下，作用于承台底面，通过桩群形心的 X、Y 轴弯矩值，计算中取绝对值；

X_i、Y_i——第 i 基桩至 X、Y 轴的距离，如图 8-14 所示。

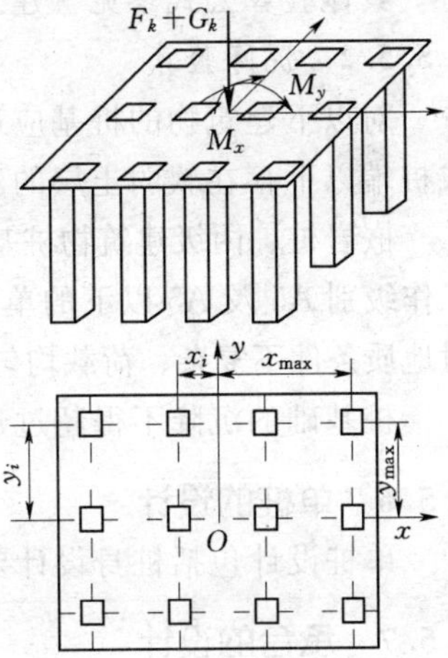

图 8-14 桩基偏心受压计算简图

8.5.5 群桩地基强度及沉降验算

8.5.5.1 地基强度

进行桩基础设计时，桩基础应有足够的强度、刚度和耐久性；而对地基而言，桩端持力层应有足够的强度以保证不产生过大的变形。当桩尖支承在低压缩性土层时，一般可不做沉降计算。但是在存在一定厚度硬夹层的地基中，为减小桩长投资，或由于沉桩（管）穿透硬层困难，可考虑将桩端置于软层以上的有限厚度硬层中。此时，应验算桩端平面下受力层范围内存在的软弱下卧层的承载力，如果软弱下卧层不会因为承载力不足而导致持力层发生冲剪破坏，那么就可以选择该硬层作为群桩的持力层。根据冲剪破坏的模式分为以下两种情况进行验算。

1. 整体冲剪破坏

对于桩距 $s_a \leqslant 6d$ 的群桩基础，群桩、桩间土、硬持力层冲剪体形成如同实体墩基而整体冲剪破坏。其剪切破坏面发生于桩群外围表面，冲切锥体锥面与竖直线成 θ 角（压力扩散角）。θ 角随硬层与软弱层压缩模量比 E_{s1}/E_{s2} 及桩端下硬持力层的相对厚度而变化。验算的原则是冲切锥体底面压应力设计值不超过软弱下卧层的承载力设计值［见图 8-15（a）］。

2. 各基桩单独冲剪破坏

对于桩距 $s_a > 6d$、且各基桩桩端的压力扩散线不相交于硬持力层，即硬持力层厚度 $t <（s_a - D_e）\cot\theta/2$ 时（其中 D_e 为桩端等代直径，对于圆形桩端，$D_e = D$，对于方形桩，$D_e = 1.13b$，b 为桩的边长；θ 为桩端压力扩散角），各基桩呈单独冲剪破坏［见图 8-15（b）］。

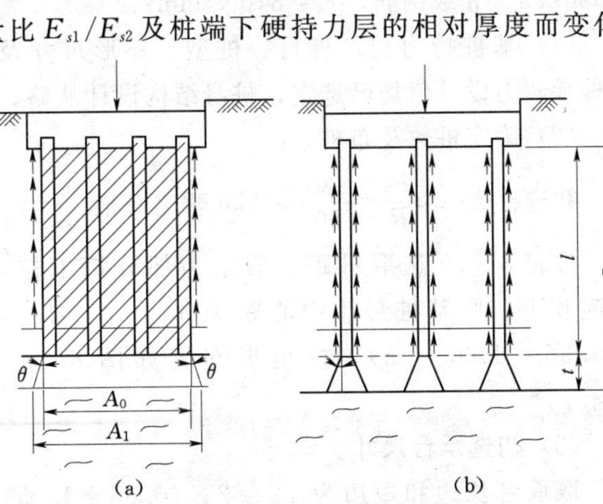

图 8-15 软弱下卧层承载力验算

(a) 整体冲剪破坏；(b) 基桩冲剪破坏

具体验算公式参见《建筑桩基设计规范》(JGJ 94—2008) 的相关条文。

8.5.5.2　沉降验算

对以下建筑物的桩基应进行沉降验算：①甲级建筑物桩基；②体型复杂、荷载不均匀或桩端以下存在软弱土层的乙级建筑物桩基；③摩擦型桩基。

嵌岩桩、丙级建筑物桩基、对沉降无特殊要求的条形基础下不超过两排桩的桩基、吊车工作级别 A5 及 A5 以下的单层工业厂房桩基，可不进行沉降验算。当有可靠地区经验时，对地质条件不复杂、荷载均匀、对沉降无特殊要求的端承型桩基也可不进行沉降验算。

桩基础的沉降不得超过建筑物地基沉降的允许值。沉降验算见 8.3 节。

8.5.6　单桩的设计

单桩设计包括桩身设计要求、配筋计算等。

8.5.7　承台的设计

承台设计是桩基设计的一个重要组成部分，承台应具有足够的强度和刚度，以便于把上部结构的荷载可靠地传递给各桩，并将各桩连成整体。具体步骤为：首先，根据桩的平面布置，初步拟定承台的轮廓尺寸及承台底标高；其次，验算作用于单位桩上的竖向和横向荷载；最后，验算承台尺寸及结构强度。

8.5.8　绘制桩基施工图

进行完全部计算和验算后，根据结果绘制桩基施工图。

【例 8-2】　某建筑桩基如图 8-16 所示，柱截面尺寸为 450mm×600mm，作用在基础顶面的荷载标准值为：F_k＝2800kN，M_k＝210kNm（作用于长边方向），H_k＝145kN，拟采用截面积为 350mm×350mm 的预制混凝土方桩，桩长 12m，已确定基桩竖向承载力特征值 R＝500.0kN，水平承载力特征值 R_b＝45kN，承台混凝土强度等级为 C20，配置Ⅱ级钢筋，试设计该桩基础（不考虑承台效应）。

【解】　C20 混凝土，f_t ＝ 1100kPa，f_c ＝ 10000kPa。Ⅱ级钢筋，f_y＝310N/mm²。

(1) 基桩持力层、桩材、桩型、外形尺寸及单桩承载力设计值均已选定，桩身结构设计从略。

(2) 确定桩数及布桩。

初选桩数 $n \geqslant \frac{F_k}{R} = \frac{2800}{500} = 5.6$ 暂定 6 根。

按表 8-10 选取桩距。假定为部分挤土桩，非饱和土，则基桩最小中心距为 $3d$。$s=3d=3\times 0.35=1.05$ (m)，按矩形布置如图 8-16 所示。

(3) 初选承台尺寸。

取承台长边和短边为：$a=2\times(0.35+1.05)=2.8$(m)，$b=2\times 0.35+1.05=1.75$(m)

承台埋深 1.3m，承台高 0.8m，桩顶伸入承

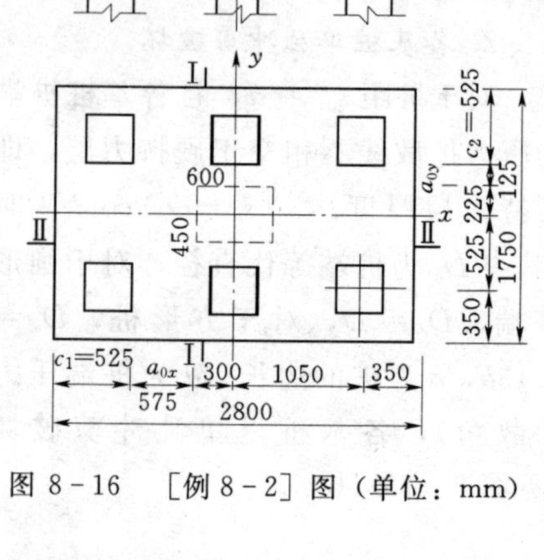

图 8-16　[例 8-2] 图（单位：mm）

台 50mm，钢筋保护层取 35mm，则承台有效高度为：

$$h_0=0.8-0.050-0.035=0.715\ (\text{m})\ =715\ (\text{mm})$$

(4) 计算桩顶荷载设计值。

取承台及其上土的平均重度 $\gamma_G=20\text{kN/m}^2$，则桩顶平均竖向力设计值为

$$N_k=\frac{F_k+G_k}{n}=\frac{2800+20\times2.8\times1.75\times1.3}{6}=487.9\text{kN}<R=500\text{kN}$$

$$N_{k\min}^{k\max}=N_k\pm\frac{(M+Hh)x_{\max}}{\sum x_i^2}=487.9\pm\frac{(210+145\times0.8)\times1.05}{4\times1.05^2}$$

$$=487.9\pm77.6=\begin{cases}565.5\ (\text{kN})\ <1.2R=600\ (\text{kN})\\410.3\ (\text{kN})\ >0\end{cases}$$

符合式 (8-24) 和式 (8-26) 的要求。

基桩水平力设计值　　$H_1=H_k/n=145/6=24.2(\text{kN})$

其值远小于单桩水平承载力特征值 $R_b=45\text{kN}$，因此无须验算考虑群桩效应的基桩水平承载力设计值。

(5) 承台受冲切承载力验算。

1) 柱边冲切，按《建筑桩基设计规范》(JGJ 94—2008) 式 (5.9.7-1) ～式 (5.9.7-4) 可求得冲跨比 λ 和冲切系数 β

$$\lambda_{0x}=\frac{a_{0x}}{h_0}=\frac{0.575}{0.715}=0.804(<1.0)$$

$$\beta_{0x}=\frac{0.84}{\lambda_{0x}+0.2}=\frac{0.84}{0.804+0.2}=0.837$$

$$\lambda_{0y}=\frac{a_{0y}}{h_0}=\frac{0.125}{0.715}=0.175\ (<0.25)\text{，取 }\lambda_{0y}=0.25$$

$$\beta_{0x}=\frac{0.84}{\lambda_{0y}+0.25}=\frac{0.84}{0.2+0.25}=1.867$$

$$2[\beta_{0x}(b_c+a_{0y})+\beta_{0y}(h_c+a_{0x})]\beta_{hp}f_th_0$$

$$=2[0.837\times(0.450+0.125)+1.867\times(0.600+0.575)\times1.0\times1100\times0.715$$

$$=4207.8\text{kN}>F_l=2800-0=2800(\text{kN})$$

满足要求。

2) 角桩向上冲切，按《建筑桩基设计规范》(JGJ 94—2008) 式 (5.9.8-1) ～式 (5.9.8-3) 进行验算

$$C_1=C_2=0.525\text{m},a_{1x}=a_{0x},\lambda_{1x}=\lambda_{0x},a_{1y}=a_{0y},\lambda_{1y}=\lambda_{0y}$$

$$\beta_{1x}=\frac{0.56}{\lambda_{1x}+0.2}=\frac{0.56}{0.804+0.2}=0.558$$

$$\beta_{1y}=\frac{0.56}{\lambda_{1y}+0.2}=\frac{0.56}{0.25+0.2}=1.244$$

$$[\beta_{1x}(C_2+\alpha_{1y}/2)+\beta_{1y}(C_1+\alpha_{1x}/2)]f_t h_0$$
$$=[0.558\times(0.525+0.125/2)+1.200\times(0.525+0.575/2)]\times1100\times0.715$$
$$=1052.8\text{kN}>N_1=N_{k\max}=565.5(\text{kN})$$

满足要求。

(6) 承台受剪切承载力计算。

根据《建筑桩基设计规范》(JGJ 94—2008) 式 (5.9.10-1) ～式 (5.9.10-3)，剪跨比与以上冲跨比相同，因此对Ⅰ—Ⅰ斜截面

$$\lambda=\frac{a_{0x}}{h_0}=\frac{0.575}{0.715}=0.804$$

故剪切系数

$$\alpha=\frac{1.75}{\lambda+1}=\frac{1.75}{0.804+1}=0.97$$

受剪切承载力界面高度影响系数

$$\beta_{hs}=\left(\frac{800}{h}\right)^{\frac{1}{4}}=\left(\frac{800}{800}\right)^{\frac{1}{4}}=1.0$$

$$\beta_{hs}\alpha f_t b_0 h_0=1.0\times0.97\times1100\times1.75\times0.715=1335.1(\text{kN})>2N_{k\max}=2\times565.5=1131(\text{kN})$$

Ⅱ—Ⅱ斜截面验算从略。

(7) 承台受弯承载力计算。

由《建筑桩基设计规范》(JGJ 94—2008) 式 (5.9.2-1) ～式 (5.9.2-2)

$$M_x=\sum N_i y_i=(565.5+487.9+410.3)\times0.300=439.1(\text{kN}\cdot\text{m})$$

$$A_s=\frac{M_x}{0.9f_y h_0}=\frac{439.1\times10^6}{0.9\times310\times715}=2201(\text{mm}^2)$$

选用 22 ⌀ 12，$A_s=2488\text{mm}^2$，沿平行 y 轴方向均匀布置。

$$M_y=\sum N_i x_i=2\times565.5\times0.750=848.3(\text{kN}\cdot\text{m})$$

$$A_s=\frac{M_y}{0.9f_y h_0}=\frac{848.3\times10^6}{0.9\times310\times715}=4252(\text{mm}^2)$$

选用 14 ⌀ 20，$A_s=4398\text{mm}^2$，沿平行 x 轴方向均匀布置。

8.6 基 桩 检 测

为了确保基桩的质量，为设计和施工验收提供可靠依据，应对基桩质量进行检测。

8.6.1 检测目的与方法

《建筑基桩检测技术规范》(JGJ 106—2003) 规定基桩检测方法应根据检测目的按表 8-11 选择。

表 8-11　检测方法及检测目的

检测方法	检测目的
单桩竖向抗压静载试验	确定单桩竖向抗压极限承载力； 判定竖向抗压承载力是否满足设计要求； 通过桩身内力及变形测试，测定桩侧、桩端阻力； 验证高应变法的单桩竖向抗压承载力检测结果
单桩竖向抗拔静载试验	确定单桩竖向抗拔极限承载力； 判定竖向抗拔承载力是否满足设计要求； 通过桩身内力及变形测试，测定桩的抗拔摩阻力
单桩水平静载试验	确定单桩水平临界和极限承载力，推定土抗力参数； 判定水平承载力是否满足设计要求； 通过桩身内力及变形测试，测定桩身弯矩和挠曲
钻芯法	检测灌注桩桩长、桩身混凝土强度、桩底沉渣厚度，判定或鉴别桩底岩土性状，判定桩身完整性类别
低应变法	检测桩身缺陷及其位置，判定桩身完整性类别
高应变法	判定单桩竖向抗压承载力是否满足设计要求； 检测桩身缺陷及其位置，判定桩身完整性类别； 分析桩侧和桩端土阻力
声波透射法	检测灌注桩桩身混凝土的均匀性、桩身缺陷及其位置，判定桩身完整性类别

8.6.2　基桩检测工作程序

基桩检测工作程序如图 8-17 所示。

8.6.3　常用方法简介

基桩检测按照检测目的可分为基桩承载力检测和桩身完整性检测。

1. 基桩承载力检测

基桩承载力检测方法可分为静载试验法和动载试验法。

(1) 静载试验法。在桩顶部逐级施加竖向压力、竖向上拔力和水平推力，观测桩顶部随时间产生的沉降、上拔位移和水平位移，以确定相应的单桩竖向抗压承载力、单桩竖向抗拔承载力和单桩水平承载力的试验方法。静力试验法根据检测目的不同分为单桩竖向抗压静载试验、单桩竖向抗拔静载试验、单桩水平静载试验。

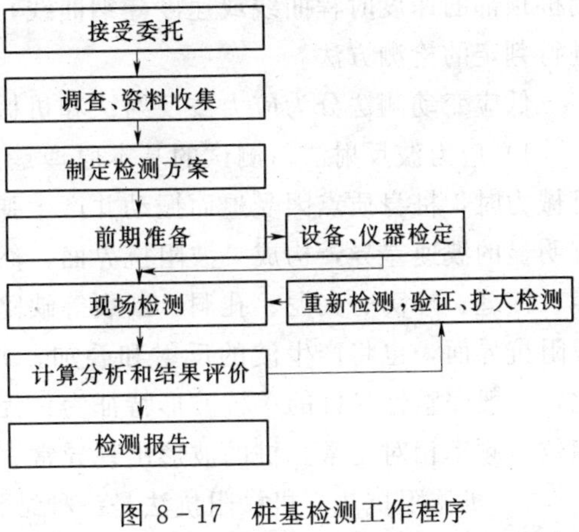

图 8-17　桩基检测工作程序

静载试验法是最传统的桩基检测方法，均采用千斤顶加载，需要反力装置和量测装置。受试验吨位限制，对于特大承载力的桩无法实现加载，近几年出现的自平衡测试方法，是在基桩底部（根据基桩受力情况也可埋设在中部）埋设千斤顶，利用桩端阻力（千斤顶埋设在中部时还包括千斤顶以下的侧壁摩阻力）与千斤顶以上侧壁摩阻力之间平衡来测试基桩的竖向承载力，不需要反力装置，具有技术先进、测试自动化、省时、省力、安全、不受场地条件限制、多根桩可同时测试等优点，具有良好的经济效益和社会效益。

（2）动载试验法。

1）可采用可靠的动载试验法进行单桩竖向承载力检测的桩基有：工程桩施工前已进行单桩静载试验的一级建筑桩基；地质条件较好的、桩的施工质量可靠的二级建筑桩基；三级建筑桩基；一、二级建筑桩基静载试验的辅助检测。

2）高应变动力试桩法。高应变动力试桩法是利用重锤冲击桩顶，实测桩顶部的速度和力时程曲线，通过波动理论分析，对单桩竖向抗压承载力和桩身完整性进行判定的检测方法。

高应变动力试桩法的基本原理是：用重锤冲击桩顶，使桩—土产生足够大的相对位移，以充分激发桩周土阻力和桩端承载力。通过安装在桩顶以下桩身两侧的力和加速度传感器接收桩的应力波信号，应用应力波理论处理分析力和速度时程曲线，从而判定桩的承载力。

高应变动力试桩系统由锤击装置、传感器、数据采集与分析及数据显示输出等部分组成。

2. 桩身完整性检测

使桩身完整性恶化，在一定程度上引起桩身结构强度和耐久性降低的桩身断裂、裂缝、缩颈、夹泥（杂物）、空洞、蜂窝、松散等现象统称桩身缺陷。桩身完整性是反映桩身截面尺寸相对变化、桩身材料密实性和连续性的综合定性指标。

桩身完整性检验的方法主要有低应变动测法、高应变动测法、钻芯法、声波透射法等。

（1）低应变动测法。低应变动测法是采用低能量瞬态或稳态激振方式在桩顶激振，实测桩顶部的速度时程曲线或速度导纳曲线，通过波动理论分析或频域分析，对桩身完整性进行判定的检测方法。

低应变动测法分为应力波反射法和机械阻抗法。

1）应力波反射法。测试的基本原理是：把桩看作一维弹性杆件，当在桩顶施加某一机械力时，桩身质点因受迫而振动并产生弹性波沿桩体向下传播到桩端，由于桩端与土层有明显的波速差异，构成一波阻抗界面，然后有一部分弹性波反射回桩顶。当桩间存在裂缝、接缝、蜂窝、夹泥、孔洞、断裂等缺陷而产生波阻抗界面时，波从桩顶向下传播遇到波阻抗界面，也将产生波的反射和叠加，并被安置在桩顶的高灵敏度传感器所接收。因此，一般完整性良好的单桩波形特征为：无缺陷反射波存在，波形受到干涉，波的振幅、相位、频率相对正常。桩的波形出现异常、缺陷严重时，易形成多次反射，振幅较大。

2）机械阻抗法。机械阻抗法是一种结构动态分析方法。桩的动态特性与桩身混凝土的完整性和桩—土相互作用的特性密切相关。机械阻抗法的基本原理是：通过测定施加给桩的激励（输入）函数和桩的动态响应函数来识别桩的动态特性，通过对桩动态特性的分析计算，即可判定桩身混凝土的浇筑质量、缺陷的类型及其在桩身中的位置或桩的实际长度。

根据激振方式的不同，机械阻抗法分稳态机械阻抗法和瞬间机械阻抗法两种。前者由激振器产生的简谐垂直力通过力传感器作用在桩顶上；后者由瞬时锤击力作用于桩头上，并测定锤击力的大小和时间特性。

（2）高应变动测法。根据一维行波理论可知，在锤击力所产生的压力波向下传播时，会在桩截面突然增大（或减小）处产生一个压力（或拉力）回波，这一压力（或拉力）回波返回到桩顶时，将使桩顶处的力增加（或减小），使速度减小（或增加）。利用这一基本原理，就可在实测的力波曲线和速度波曲线中，根据两者的相对变化关系来判别桩身的各种情况。同时可计算相应的桩身结构完整性系数，根据桩身结构完整性系数值的大小，判别桩身不同程度的缺陷。而缺陷位置也可利用应力波在桩中的传播速度和压力（拉力）回波到达桩所需要的时间来确定。

高应变动测法适用于桩长较大或桩周土阻力相对较大的工程桩的桩身完整性检测。

（3）钻芯法。钻芯法是用钻机钻取芯样以检测桩长、桩身缺陷、桩底沉渣厚度以及桩身混凝土的强度、密实性和连续性，判定桩底岩土性状的方法。

利用钻机等设备直接钻取桩身混凝土芯样进行目测判别，并取代表性芯样进行强度检验。目测判别能够判断桩身是否有断桩、夹泥、混凝土密实度及桩底沉渣厚度，而芯样的强度检验能够判别桩身混凝土是否达到设计强度要求，可以达到检验桩身完整性、桩身混凝土强度是否符合设计要求，桩底沉渣是否符合设计及施工验收规范要求，桩端持力层是否符合设计要求，施工记录桩长是否属实，成孔深度是否符合设计要求等目的，是一种较为可靠直观的方法。

（4）声波透射法。声波透射法是在预埋声测管之间发射并接收声波，通过实测声波在混凝土介质中传播的声时、频率和波幅衰减等声学参数的相对变化，对桩身完整性进行检测的方法。

声波透射法原理是：利用多个预埋管或钻孔，在一个孔内由超声脉冲发射源在桩身混凝土内激发高频弹性脉冲波，在另一个孔内用高精度的接收系统记录该脉冲波在混凝土内传播过程中表现的波动特性。当混凝土内存在不连续或破损界面时，将产生波的透射和反射，使接收到的透射波能量明显降低，当混凝土内存在松散、蜂窝、孔洞等严重缺陷时，将产生波的散射和绕射，根据波的初至到达时间和波的能量衰减特性、频率变化及波形畸变程度等特征，可以获得测区范围内混凝土的密实度参数，测试记录不同测面、不同高度上的波动特征，经过处理分析就能判别测区内混凝土的参考强度和内部存在缺陷的大小及空洞位置。预埋管的数量根据桩径的大小确定，测管数量越多，测区覆盖面积就越大。

钻芯法、声波透射法适用于大直径桩的桩身完整性检测。

8.7 其他深基础简介

8.7.1 沉井基础

（1）沉井基础的特点。沉井基础是在场地条件和技术条件受限制时常常采用的一种深基础形式，由混凝土或钢筋混凝土浇筑成的井筒状结构物，通过井内挖土，依靠井筒自身重量克服井壁摩阻力下沉至设计标高，然后经过混凝土封底成为建（构）筑物的基础。具有埋置深度可以很大、整体性强、稳定性好、承载面积大、能承受较大的垂直荷载和水平荷载的特点。沉井既是基础，又是施工时的挡土和挡水围堰结构物。在河中有较大卵石不便桩基施工时以及需要承受巨大的水平力和上拔力时优势非常明显，因此在桥梁工程中应用较广。同时，沉井施工对周边环境影响较小，且内部空间可以利用，因此常作为工业建筑物的基础。

（2）沉井的构造。沉井结构一般由刃脚、井壁、隔墙、井孔、底梁、封底混凝土与顶盖等组成，如图 8－18 所示。

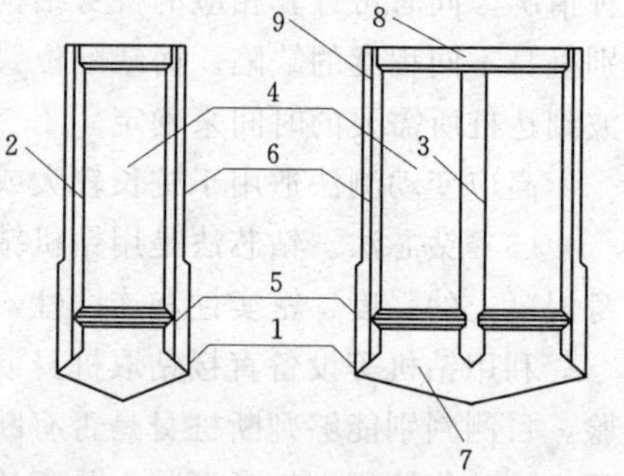

图 8－18　沉井的构造

1—刃脚；2—井壁；3—隔墙；4—井孔；5—凹槽；6—射水管组兼探测管；7—封底混凝土；8—顶盖；9—环墙

（3）沉井基础的应用范围主要为：①桥梁墩台、锚碇基础；②水工、市政工程中的给、排水泵站；③平面尺寸紧凑的重型结构物（如烟囱、重型设备）的基础；④地下仓库、油库、泵房、水池、以及盾构隧道、顶管的工作井和接收井，矿用竖井等地下工程；⑤房屋纠偏的挖土井；⑥临近建筑物的深基础等。

（4）沉井施工的主要工序。主要分为沉井制作和沉井下沉两个主要部分。应根据沉井的形状、平面尺寸、下沉深度、工程地质和水文地质情况、环境条件、设计要求、施工设备及施工单位的施工经验等来确定沉井施工的工序。一般而言其主要施工工序如下（见图 8－19）：

1）整平场地，就地制造沉井。

2）制造第一节沉井。由于沉井自重较大，刃脚踏面尺寸较小，应力集中，场地土往往承受不了这样大的压力，因此应将场地平整夯实。

3）拆模及抽垫。混凝土达到设计强度的 70%后可拆除模板，强度达设计强度后才可能抽撤垫木。抽撤垫木应按照一定的顺序，原则是避免引起沉井开裂、移动或倾斜。抽除一根垫木后应立即用砂回填进去并捣实。

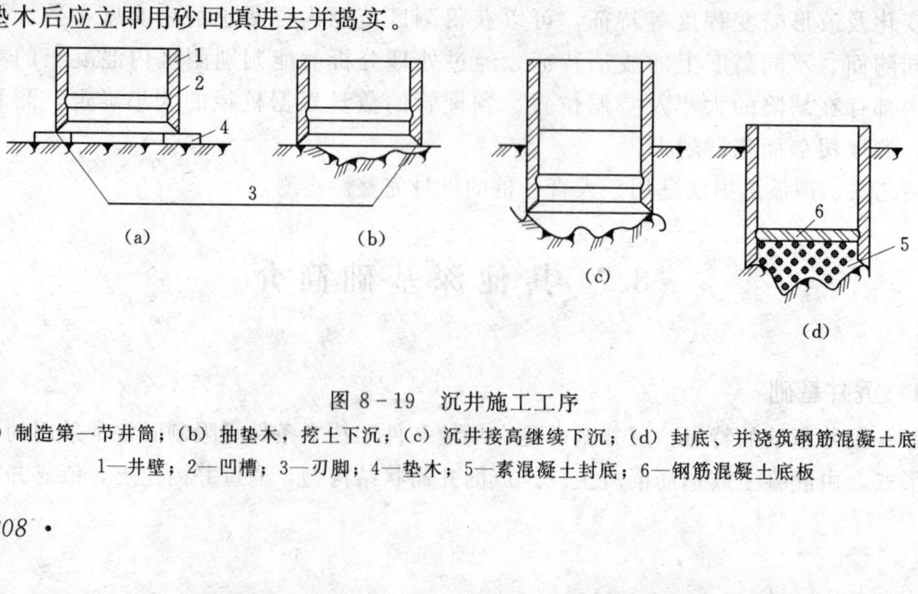

图 8－19　沉井施工工序

(a) 制造第一节井筒；(b) 抽垫木，挖土下沉；(c) 沉井接高继续下沉；(d) 封底、并浇筑钢筋混凝土底板

1—井壁；2—凹槽；3—刃脚；4—垫木；5—素混凝土封底；6—钢筋混凝土底板

4）沉井下沉。在井孔内挖土，使沉井利用自重克服井壁与周围土的摩阻力而下沉。挖土方法可分为排水挖土和不排水挖土两种。为避免下沉过程中沉井发生倾斜，应对称挖土。

5）接筑井壁。下沉到沉井顶面离地面1～2m时，需要接筑沉井，每节沉井以2～6m高为宜。

6）沉井封底。下沉到设计标高后，对基底地质情况进行检验，当检验符合要求后，清理和处理井底地基，进行沉井封底施工。封底方法分为干封法和水下封底法。

8.7.2 地下连续墙

地下连续墙是20世纪50年代出现的一种新型支护结构，最早应用于土坝的防渗墙施工，后来逐渐演变为一种新的地下墙体和基础类型。近年来，地下连续墙施工已经推广到工业与民用建筑、市政城建、矿山等工程中，目前已经成为深基础施工的一项重要手段。

地下连续墙的施工方法是利用专门的成槽机械钻进或冲进，使用泥浆护壁。在土中开挖出一段窄长的深槽后，吊入预先制作的钢筋笼，用导管法浇筑混凝土，形成一个单元槽段。各单元槽段之间以各种特定的接头方式实现联结，形成一道现浇壁式地下连续墙，如图8-20所示。

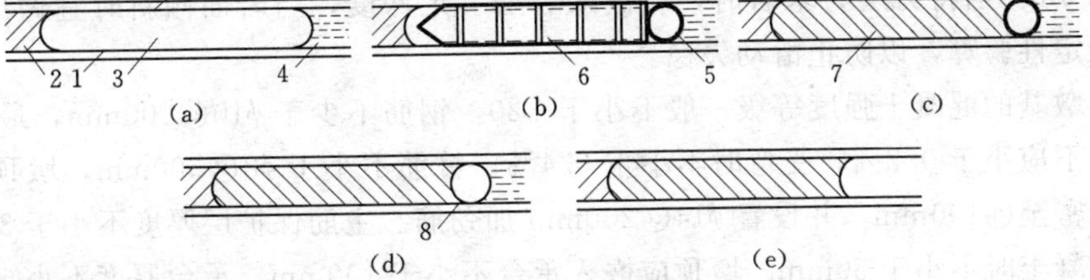

图8-20　槽段连接

(a) 挖出单元槽段；(b) 先放接头管，再放钢筋笼；(c) 浇筑槽段混凝土；(d) 拔出接头管；(e) 形成弧形接头

1—导墙；2—已完成槽段；3—已挖好槽段；4—未开挖段；5—接头管；6—钢筋笼；7—混凝土；8—圆孔

地下连续墙的技术优点：①无噪音、无振动，特别适宜于城市内与密集的建筑群中施工；②开挖基坑无需放坡，土方量小。无需设置井点降低地下水位。浇筑混凝土无需支模和养护，因而可使成本降低；③施工可以全盘机械化，工效高，施工速度快；④兼具防渗、截水、承重、挡土、抗滑、防爆等功能，适用范围广。

地下连续墙具有其他深基础所不具备的优点，并且可以兼作地下主体结构的一部分或单独作为地下结构的外墙，成为一种多功能、新型的地下结构型式和施工技术，开始取代某些传统的深基础结构和深基础施工方法，日益得到广泛的应用。

8.7.3 墩基础

墩是一种利用机械或人工在地基中开挖成孔后灌注桩混凝土形成的大直径桩基础，由于其直径粗大如墩，故称为墩基础。

目前，对于墩与大直径桩尚缺乏明确界限，有文献建议，当直径$d>150$cm时，可称为墩柱式基础。

墩基础的功能与桩相似，其底面可以扩大成钟形，形成扩底墩。墩的底部直径最大已达7.5m，其深度一般为20～40m，最大可达60～80m。支承于硬土层中的墩基础，其承载力可达（10～40）$\times 10^3$kN，若支承于基岩的扩底墩，可承受高达（60～70）$\times 10^3$kN的垂直荷载，而且沉降量极小。

墩基础能较好地适应复杂的地质条件，常用于高层建筑中柱下基础。墩身可穿越浅部不良地基达到深部基岩或坚实土层，并可通过扩底工艺获得很高的单墩承载力。墩的直径较大，混凝土用量大，施工时有一定难度，不宜用于荷载较小的小型工程及相当深度内无坚硬持力层的地区。当地下水位较高，水量较大时其施工比较困难，也不宜采用。

选用墩基必须详细掌握工程地质和水文地质资料以及施工设备和技术条件，进行多方案论证比较，当确实经济合理，技术可行时，方能采用。

与其他深基础相比较，墩基具有如下特点。

（1）墩基础承载力高，原则上采用一柱一墩，墩的深度不宜超过30m。扩底墩的中心距不宜小于1.5D（D为扩底直径），D/d不宜大于3.0，扩大头斜面高宽比h/b不宜小于1.5，具体数值应根据持力层土体稳定条件确定。

（2）墩基持力层必须承载力较高且具有一定厚度，其厚度不得小于（1.5～2.0）D，并保证土层在扩底施工时具有足够的稳定性。墩底一般可做成锅底状，进入持力层深度不宜小于0.5m。当持力层为基岩时，应嵌入岩层一定深度，当岩面倾斜时宜做成台阶状，并进行稳定性验算，以防止滑动失稳。

（3）墩基的混凝土强度等级一般不小于C20，钢筋不少于ϕ10@200mm，最小配筋率当受压时不应小于0.2%，受弯时不小于0.4%。箍筋不小于ϕ8@300mm，墩顶1.5m范围内应加密至@100mm，并设置ϕ14@200mm加劲筋。主筋保护层厚度不小于35mm，水下浇筑混凝土时不小于50mm。墩顶应嵌入承台不小于100mm，承台厚度不小于300mm，墩边至承台边的距离不小于200mm。此外，还宜在墩的双向设置拉梁，拉梁配筋可按所连柱子轴力值的10%设置。

（4）由于墩基承载力高，多为一柱一墩，一旦发生质量问题，承载力将达不到设计要求或留下施工隐患，其后果严重且难以处理。因此，设计时必须明确规定施工和质检方案，提出监控指标及安全、技术措施，并预计到可能出现的不利变化及人为因素的影响，以确保墩基的施工质量。

本章小结

桩基础，是由埋设在地基中多根具有一定刚度的杆件（称为桩群）和把桩群联合起来共同工作的桩台（称为承台）两部分组成。桩基础的作用是将荷载传至地下较深处承载性能好的土层，以满足承载力和沉降的要求。

桩基础分类，按承载性状分为摩擦型桩、端承型桩；按桩的使用功能分为竖向抗压桩、竖向抗拔桩、水平受荷桩、复合受荷桩；按桩身材料分为混凝土桩、钢桩、组合材料桩；按成桩方法分为非挤土桩、部分挤土桩、挤土桩。

桩基础最常用的是抵抗竖向荷载，单桩竖向承载力由桩身材料强度和地基土对桩的支承力两方面决定，单桩竖向承载力为两者中的最小值。

静载荷试验是最常用的确定单桩竖向承载力的方法。

群桩地基强度根据冲剪破坏的模式分为以下两种情况进行验算：整体冲剪破坏、各基桩单独冲剪破坏。

桩的设计步骤为选择桩材、桩型及其几何尺寸，确定单桩承载力，确定桩数及布置桩位，桩基中各桩受力的验算，群桩地基强度及沉降验算，单桩设计，承台设计，绘制桩基施工图。

基桩检测按照检测目的可分为基桩承载力检测和桩身完整性检测。基桩承载力检测分为静载试验法和动载试验法。桩身完整性检测的方法主要有低应变动测法、高应变动测法、钻芯法、声波透射法等。

复习思考题

1. 试述桩基的适用条件。
2. 何为群桩效应？如何验算桩基承载力？
3. 设计中如何选择桩径、桩长及桩的类型？
4. 试述桩基的沉降验算方法。
5. 承台的尺寸如何确定？应做哪些验算？
6. 简述灌注桩与预制桩应用范围。
7. 常用的桩基检测方法有哪些？
8. 桩基设计的步骤是什么？
9. 简述深基础与浅基础的区别，沉井基础和地下连续墙的施工工艺。

习题

1. 某预制桩基础，截面尺寸 0.3m×0.3m，C30 混凝土（$f_c=15\text{N/mm}^2$），桩长 15m，承台底面埋深 2.0m，土层分布如图 8-21 所示，参数见表 8-12，试计算单桩承载力特征值。

表 8-12　　习题 1 土层参数

土层	γ (kN/m³)	I_l	e	E_s (MPa)	f_{ak} (kPa)	q_{sik} (kPa)	q_{pk} (kPa)
填土	18						
黏土	18.9	1.0	0.85		100	36	
粉土	18			9		64	2100
淤泥质黏土	18.5			1.8	60		

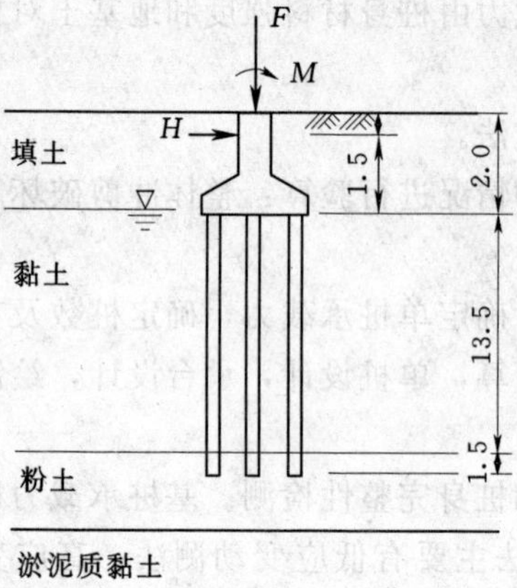

图 8-21　习题 1 图（单位：m）

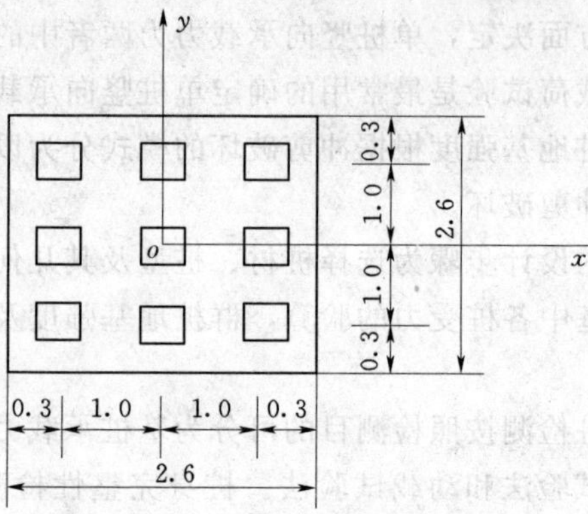

图 8-22　习题 2 图（单位：m）

2. 如图 8-22 所示，条件同上题，荷载效应基本组合下，承台上作用竖向轴力设计值 $F=4000\text{kN}$，弯矩设计值 $M=400\text{kN}\cdot\text{m}$，水平力设计值 $H=50\text{kN}$，试计算桩数和验算复合基桩承载力是否满足设计要求。

3. 条件同上题，桩端持力层下有淤泥质黏土软弱下卧层，试验算软弱下卧层的承载力是否满足要求。

第9章 地 基 处 理

本章要点

- 了解地基处理的目的和意义，掌握地基处理方法的选用原则和步骤。
- 掌握换土垫层法、碾压法、夯实法、排水固结预压法、挤密法、振冲法、高压喷射注浆法与水泥土搅拌法等地基处理方法的原理、适用范围及计算。
- 熟悉水泥粉煤灰碎石桩、锚杆静压桩、树根桩等地基处理方法。

9.1 概 述

地基是否良好，广义地讲就是能否满足建（构）筑物的变形和承载能力要求。当建筑物的地基存在着强度不足、压缩性过大或不均匀时，为保证建筑物的安全与正常使用，有时必须考虑对地基进行人工处理。随着我国经济建设的发展和科学技术的进步，高层建筑物和重型结构物对地基的强度和变形要求越来越高。因此，地基处理也就越来越广泛和重要。

我国各地自然地理环境不同，土质各异，地基条件区域性较强，因而使地基基础这门学科特别复杂。我们不但要善于针对不同的地质条件、不同的结构物选定最合适的基础形式、尺寸和布置方案，而且要善于选取最恰当的地基处理方法。

9.1.1 建筑物地基面临的问题

建筑物的地基面临的问题主要有以下5方面。

（1）强度及稳定性问题。若地基的抗剪强度不足以支承上部荷载，地基就会产生局部剪切或整体滑动破坏，将影响建筑物的正常使用，甚至成为灾难。

（2）压缩及不均匀沉降问题。当地基在上部荷载作用下产生严重沉降或不均匀沉降时，就会影响建筑物的正常使用，甚至发生整体倾斜、墙体开裂、基础断裂等事故。

（3）渗漏问题。如水库地基渗漏严重，会发生水量损失。

（4）液化问题。在强烈地震作用下，会使地下水位以下的松散细粉砂和粉土液化，使地基丧失承载力。

（5）特殊土的特殊问题。当遇到湿陷性黄土或膨胀性大的膨胀土时，同样会引起建筑物发生不均匀沉降。

当建筑物的天然地基存在上述5类问题之一或其中几个时，即需采取地基处理措施以保证建筑物的安全与正常使用。地基与建筑物的关系极为密切，地基问题常常是造成工程事故的主要原因。

9.1.2 地基处理的目的与意义

地基处理的目的是针对地基所面临的问题，利用换填、夯实、挤密、排水、胶结、加筋和热学等方法对地基土进行加固，以改良地基土的工程特性。地基处理方法主要包括以下5个方面。

（1）提高地基的抗剪切强度。地基的剪切破坏以及在土压力作用下的稳定性，取决于地基土的抗剪强度。地基的剪切破坏表现在：建筑物的地基承载力不够；由于偏心荷载及侧向土压力的作用使结构物失稳；由于填土或建筑物荷载，使邻近地基产生隆起；土方开挖时边坡失稳；基坑开挖时坑底隆起。地基的剪切破坏反映了地基土的抗剪强度不足。因此，为了防止剪切破坏以及减轻土压力，需要采取一定措施增加地基土的抗剪强度。

（2）降低地基的压缩性。地基的压缩性表现在建筑物的沉降量和差异沉降量大；由于有填土或建筑物荷载，使地基产生固结沉降；作用于建筑物基础的负摩阻力引起建筑物的沉降；大范围地基的沉降和不均匀沉降；基坑开挖引起邻近地面沉降；由于降水地基产生固结沉降。地基的压缩性反映在压缩模量指标的大小。因此，需要采取措施使地基土的压缩模量提高，借以减少地基的沉降和不均匀沉降，且还起到防止侧向流动（塑性流动）产生的剪切变形的作用。

（3）改善地基的透水特性。地基的透水性表现在堤坝等基础产生的地基渗漏；基坑开挖工程中，因土层内夹薄层粉砂或粉土而产生流砂或管涌等。这些都是在地下水的运动中所出现的问题，需要采取措施使地基土降低透水性或减轻其水压力。

（4）改善地基的动力特性。地基的动力特性表现在地震时饱和松散粉细砂（包括部分粉土）产生液化；由于交通荷载或打桩等原因，使邻近地基产生振动下沉。为此，需要采取措施以防止地基液化，并改善其振动特性以提高地基的抗震性能。

（5）改善特殊土的不良地基特性。主要是消除或减小黄土的湿陷性或膨胀土的膨胀性等。

9.1.3 地基处理的方法

地基处理的方法分类多种多样，按处理深度可分为浅层处理和深层处理；按时间可分为临时处理和永久处理；按土的性质可分为砂性土处理和黏性土处理；按地基处理的作用机理大致可分为土质改良、土的置换、土的补强。

地基处理的基本方法，无非是置换、夯实、挤密、排水、胶结、加筋和热学等方法，如表9-1所示。值得注意的是，很多地基处理的方法具有多种处理效果。如碎石桩具有置换、挤密、排水和加筋的多重作用；石灰桩又挤密又吸水，吸水后又进一步挤密等，因而一种处理方法可能具有多种处理效果。因此，我们在选择地基处理的方法时，要综合考虑其所获得的多种处理效果。

表9-1　　软弱土地基处理方法分类表

编号	分类	处理方法	原理及作用	适用范围
1	碾压及夯实	重锤夯实法，机械碾压法，振动压实法，强夯法（动力固结）	利用压实原理，通过机械碾压夯击，把表层地基土压实，强夯则利用强大的夯击能，在地基中产生强烈的冲击波和动应力，使土体动力固结密实	碎石、砂土、粉土、低饱和度的黏性土、杂填土等。对饱和黏性土可采用强夯法

续表

编号	分 类	处理方法	原理及作用	适用范围
2	换土垫层	砂石垫层、素土垫层，灰土垫层，矿渣垫层	以砂石、素土、灰土和矿渣等强度较高的材料，置换地基表层软弱土，提高持力层的承载力，减少沉降量	暗沟、暗塘等软弱土地基
3	排水固结	天然地基预压，砂井预压，塑料排水板预压，真空预压，降水预压	通过改善地基排水条件和施加预压荷载，加速地基土的固结和强度增长，提高地基的稳定性，并使基础沉降提前完成	饱和软弱土层；对于渗透性很低的泥炭土，则应慎重
4	振密挤密	振冲挤密，灰土挤密桩，砂桩，石灰桩，爆破挤密	采用一定的技术措施，通过振动或挤密，使土体孔隙减少，强度提高；也可在振动挤密的过程中，回填砂、砾石、灰土、素土等，与地基土组成复合地基，从而提高地基的承载力，减少沉降量	松砂、粉土、杂填土及湿陷性黄土
5	置换及拌入	振冲置换，深层搅拌，高压喷射注浆，石灰桩等	采用专门的技术措施，以砂、碎石等置换软弱土地基中部分软弱土，或在部分软弱土地基中掺入水泥、石灰或砂浆等形成加固体，与周边土组成复合地基，从而提高地基的承载力，减少沉降量	黏性土、冲填土、粉砂、细砂等
6	土工聚合物	土工膜、土工织物、土工格栅等合成物	一种用于土工的化学纤维新型材料，可用于排水、隔离、反滤和加固补强等方面	软土地基、填土及陡坡填土、砂土
7	其他	灌浆，冻结，托换技术，纠偏技术	通过独特的技术措施处理软弱土地基	根据建筑物和地基基础情况确定

9.1.4 地基处理方案的选用及步骤

1. 在选择地基处理方案前应完成的工作

（1）搜集详细的岩土工程勘察资料、上部结构及基础设计资料等。

（2）根据工程的要求和采用天然地基存在的主要问题，确定地基处理的目的、处理范围和处理后要求达到的各项技术经济指标等。

（3）结合工程情况，了解当地地基处理经验和施工条件，对于有特殊要求的工程，还应了解其他地区相似场地上同类工程的地基处理经验和使用情况等。

（4）调查邻近建筑、地下工程和有关管线等情况。

（5）了解建筑场地的环境情况。

在施工中对各个环节的质量标准要严格掌握，如换土垫层压实时的最优含水量和最大干重度，堆载预压的填土速率和边桩位移控制。施工结束后应按国家规定进行工程质量检验和验收。

2. 地基处理方案的选用

地基处理方案应与工程的规模、特点和地基土的类别相适应。具体选用方案时要考虑以下因素。

（1）上部结构的要求。

（2）处理后土的加固深度。

（3）能使用的材料。

(4) 能选用的机械设备，并掌握加固原理与技术。

(5) 对施工工期的要求，应留有余地。

(6) 专业技术施工队伍的素质。

(7) 周围环境因素和邻近建筑的安全。

(8) 施工技术条件与经济技术比较，尽量节省材料和资金。

在选择地基处理方案时，应考虑上部结构、基础和地基的共同作用，并经过技术经济比较，选用处理地基或加强上部结构和处理地基相结合的方案。

总之，应做到技术先进、经济合理、安全实用、确保质量、因地制宜、就地取材、保护环境、节约资源。

3. *地基处理方法的确定步骤*

(1) 根据结构类型、荷载大小及使用要求，结合地形地貌、地层结构、土质条件、地下水特征、环境情况和对邻近建筑的影响等因素进行综合分析，初步选出几种可供考虑的地基处理方案，包括选择两种或多种地基处理措施组成的综合处理方案。

(2) 对初步选出的地基处理方案，分别从加固原理、适用范围、预期处理效果、耗用材料、施工机械、工期要求和对环境的影响等方面进行技术经济分析和对比，选择最佳的地基处理方法。

(3) 对已选定的地基处理方法，宜按建筑物地基基础设计等级和场地复杂程度，在有代表性的场地上进行相应的现场试验或试验性施工，并进行必要的测试，以检验设计参数和处理效果。如达不到设计要求，应查明原因，修改设计参数或调整地基处理方法。

经处理后的地基，当按地基承载力确定基础底面积及埋深而需要对地基承载力特征值进行修正时，应符合下列规定：①基础宽度的地基承载力修正系数应取零；②基础埋深的地基承载力修正系数应取 1.0。

选定了地基处理方案后，地基加固处理应尽量提早进行，地基加固后强度的提高往往需要一定时间，随着时间的延长，强度会继续增长。施工时应调整施工速度，确保地基的稳定和安全。还要在施工过程中加强管理，以防止由于管理不善而导致处理失败。

经地基处理的建筑物应在施工期间进行沉降观测，要对被加固的软弱地基进行现场勘探，以便及时了解地基加固效果、修正加固设计、调整施工速度。有时在地基加固前，为了保证对邻近建筑物的安全，还要对邻近建筑物进行沉降和裂缝等观测。

9.2 换土垫层法

9.2.1 换土垫层法的适用范围

当软弱土地基的承载力和变形满足不了建筑物的要求，而软弱土层的厚度又不很大时，将基础底面以下处理范围内的软弱土层部分或全部挖去，然后分层换填强度较大的砂、碎石或灰土等其他性能稳定、无侵蚀性材料，并夯击、碾压至密实的一种地基处理方法。

《建筑地基处理技术规范》(JGJ 79—2002) 中规定：换土垫层法适用于淤泥、淤泥质土、湿陷性黄土、素填土、杂填土地基及暗沟、暗塘等浅层处理。

垫层的作用主要有以下几个方面。

（1）提高浅层地基的承载力。浅基础的地基承载力与持力层的抗剪强度有关。如果以抗剪强度较高的砂或其他填筑材料代替软弱的土，可提高地基的承载力，避免地基破坏。

（2）减小沉降量。一般地基浅层部分沉降量在总沉降量中所占的比例是比较大的，以条形基础为例，在相当于基础宽度的深度范围内的沉降量约占总沉降量的50%左右。如以密实砂或其他填筑材料代替上部软弱土层，就可以减少这部分的沉降量。由于砂垫层或其他垫层对应力的扩散作用，使作用在下卧层土上的压力较小，这样也会相应减少下卧层土的沉降量。

（3）加速软弱土层的排水固结。建筑物的不透水基础直接与软弱土层相接触时，在荷载的作用下，软弱土层地基中的水被迫绕基础两侧排出，因而使基底下的软弱土不易固结，形成较大的压力，还可能导致由于地基强度降低而产生塑性破坏的危险。砂垫层和砂石垫层等垫层材料透水性大，软弱土层受压后，垫层可作为良好的排水面，可以使基础下面的空隙水压力迅速消散，加速垫层下软弱土层的固结和提高其强度，避免地基土塑性破坏。

（4）防止冻胀。因为粗颗粒的垫层材料孔隙大，不易产生毛细管现象，因此可以防止寒冷地区土中结冰所造成的冻胀。这时，砂垫层的底面应满足当地冻结深度的要求。

（5）消除膨胀土的胀缩作用。在膨胀土地基上可选用砂、碎石、块石、煤渣、粉煤灰混合物或灰土等材料作为垫层以消除胀缩作用，但垫层厚度应依据变形计算确定，一般不少于0.3m，且垫层宽度应大于基础宽度，而基础的两侧宜用与垫层相同的材料回填。

工程中常用的垫层有：砂垫层、砂卵石垫层、碎石垫层、灰土或素土垫层、煤渣垫层及其他性能稳定、无侵蚀性的材料做成的垫层。

9.2.2 垫层设计要点

垫层的设计不但要满足建筑物对地基变形及稳定的要求，而且应符合经济合理的原则。

设计内容主要是确定垫层断面的厚度和宽度。根据建筑物对地基变形及稳定的要求，对于换土垫层，既要求有足够的厚度置换可能被剪切破坏的软弱土层，又要有足够的宽度以防止砂垫层向两侧挤动。对于有排水要求的垫层来说，除要求有一定厚度和宽度外，还需形成一个排水面，促进软弱土的固结，提高强度，以满足上部结构的要求。

1. 垫层厚度的确定

根据填层作用的原理，砂填层厚度必须满足在建筑物荷载作用下垫层本身不应产生冲剪破坏，同时通过垫层的应力也不会使下卧层产生局部剪切破坏，即应满足对软弱下卧层验算的要求。

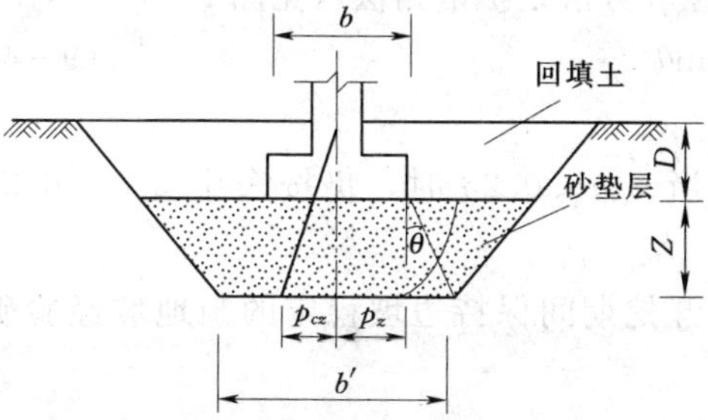

图 9-1 砂垫层剖面图

垫层厚度 z（见图 9-1）应根据需置换软弱土的深度和垫层底部下卧土层的承载力确定，并符合下式要求

$$p_z + p_{cz} \leqslant f_{az} \tag{9-1}$$

式中 p_z——相应于荷载效应标准组合时，垫层底面处的附加压力值，kPa；

p_{cz}——垫层底面处土的自重压力值，kPa；

f_{az}——垫层底面处经深度修正后的地基承载力特征值，kPa。

垫层底面处的附加压力值 p_z 可按压力扩散角进行简化计算

条形基础

$$p_z = \frac{b(p_k - p_c)}{b + 2z\tan\theta} \tag{9-2}$$

矩形基础

$$p_z = \frac{bl(p_k - p_c)}{(b + 2z\tan\theta)(l + 2z\tan\theta)} \tag{9-3}$$

式中 b——矩形基础或条形基础底面的宽度，m；

l——矩形基础底面的长度，m；

p_k——相应于荷载效应标准组合时，基础底面处的平均压力值，kPa；

p_c——基础底面处土的自重压力值，kPa；

z——基础底面下垫层的厚度，m；

θ——垫层的压力扩散角，(°)，砂填层的压力扩散角按表 9-2 选用。

表 9-2 垫层的压力扩散角 θ 单位：(°)

换填材料 / z/b	中砂、粗砂、砾砂、圆砾、角砾、石屑、卵石、碎石、矿渣	粉质黏土、粉煤灰	灰土
0.25	20	6	28
<0.50	30	23	

注 1. 当 $z/b<0.25$，除灰土材料均取 $\theta=28°$外，其余材料均取 $\theta=0°$，必要时，宜由试验确定。

2. 当 $0.25<z/b<0.50$ 时，θ 值可内插求得。

计算时，先假设一个垫层的厚度，然后验算；如不符合要求，则改变厚度，重新验算，直至满足要求为止。一般砂垫层的厚度为 1～2m 左右，过薄垫层（<0.5m）的作用不显著；垫层太厚（>3m）则施工较困难。

2. 砂垫层宽度的确定

砂垫层的宽度一方面要满足应力扩散的要求，另一方面防止垫层向两边挤动。关于宽度的计算，目前还缺乏可靠的理论方法，常用的经验方法是扩散角法（见图 9-1）。

$$b' \geqslant b + 2z\tan\theta \tag{9-4}$$

式中 b'——垫层底面宽度，m；

θ——压力扩散角，可按表 9-2 采用；当 $z/b<0.25$ 时，仍按表中 $z/b=0.25$ 取值。

砂垫层顶面宽度可从垫层两侧向上，按基坑开挖期间保持边坡稳定的当地坡经验确定。垫层顶面每边超出基础底边不小于 300mm。

9.2.3 垫层承载力确定

垫层的承载力宜通过现场载荷试验确定，并应进行下卧层承载力的验算。

9.2.4 沉降计算

对于重要的建筑或垫层下存在软弱下卧层的建筑，还应进行地基变形计算。建筑物基础沉降等于垫层自身的变形量 s_1 与下卧土层的变形量 s_2 之和。

对超出原地面标高的垫层或换填材料的密度高于天然土层密度的垫层，宜早换填并考虑其附加的荷载对建造的建筑物及邻近建筑物的影响。

9.3 碾压法与夯实法

碾压与夯实是修路、筑堤、加固地基表层最常用的地基处理方法。通过处理，可使填土或地表疏松土的孔隙体积减小，密实度提高。目前国内常用的有机械碾压法、振动压实法、重锤夯实法和强夯法等。

9.3.1 碾压法

9.3.1.1 机械碾压法

机械碾压法是利用压路机、羊足碾、平碾、振动碾等机械将地基土压实。常用于处理一定含水量的填土地基或杂填土地基，碾压后，土体孔隙体积减小，密实程度提高。压实可以降低土的压缩性，提高其抗剪强度，减弱土的透水性，使经过处理的表层土成为能承担较大荷载的地基持力层，作为建筑物的地基。

对于大面积填土，应分层碾压；对于杂填土地基，应把影响深度以上部分挖去，然后逐层回填碾压；对于黏性土地基的碾压，一般用质量为 $8\times10^3\sim15\times10^3$kg 的平碾（或振压机）或 12×10^3kg 的羊足碾，每层铺土厚度为 20～30cm，碾压数遍。

碾压效果主要决定于被压实土的含水量和压实机械的压实能力。在实际工程中若要求获得较好的压实效果，可以通过现场碾压试验，根据碾压机械的压实能力，控制碾压土的含水量，选择适合的分层碾压厚度和遍数。关土黏性土的碾压，通常用 80～100kN 的平碾压或 120kN 的羊足碾，每层铺土厚度约为 200～300mm，碾压 8～12 遍。碾压质量以压实系数 λ_c 和现场含水量控制，压实系数为控制的干密度与最大干密度的比值，在主要受力层范围内一般要求 $\lambda_c>0.97$（砌体承重结构和框架结构），或 $\lambda_c>0.96$（排架结构）。

9.3.1.2 振动压实法

振动压实法是通过振动机振动松散地基，使土颗粒受到振动移至稳固位置，减小土的空隙而压实的方法，可用于处理砂土和由炉灰、炉渣、碎砖等组成的杂填土地基。振动压实法的有效压实深度可达 1.5m。

竖向振动力（50～100kN）由偏心块产生，振动压实的效果与振动力的大小、填土成分和振动时间有关。当杂填土的颗粒或碎块较大时，应采用振动力较大的机械。

一般来说，振动时间越长，效果越好，但振动超过一定时间后振实效果将趋于稳定。

在施工前应进行试振，找出振实稳定所需要的时间，振实范围应从基础边缘放出 0.6m 左右，先振基槽两边，后振中间。经过振实的杂填土地基，承载力可达 100～120kPa。

9.3.2 强夯法

强夯法又称动力固结法，是用起重机械将 80～400kN 的夯锤起吊到 6～30m 高度后，将夯锤自由落下，产生强大的冲击能量和振动，对地基进行强力夯实，从而提高地基承载力，降低压缩性。强夯法是工程中最常用的地基处理方法之一。

9.3.2.1 强夯法的特点与适用范围

1. 强夯法的特点

(1) 施工工艺和施工设备简单，适用土质范围广，加固效果显著，可取得较高的承载力。

(2) 具有工效高、施工速度快、节省加固原材料、施工费用低、耗用劳力少等优点。

强夯法还可改善地基土液化性能和消除湿陷性黄土的湿陷性；同时，夯击还提高了土的均匀程度，减少可能出现的差异沉降。

2. 强夯法的适用范围

(1) 加固碎石土、砂土、低饱和度粉土、黏性土、湿陷性黄土、素填土、杂填土、工业废渣等地基。

(2) 防治粉土及粉砂的液化。对于饱和软黏土，如采取一定技术措施也可采用此法进行加固，另外，还可用于水下夯实。

但强夯法对工程周围建筑物和设备有一定的振动影响，应采取防振、隔振措施。

9.3.2.2 强夯法施工技术参数

强夯法施工技术参数包括：单位夯击能、夯击点的布置及间距、单点夯击击数与夯击遍数、夯击间隔时间、处理范围、加固影响深度。

1. 单位夯击能

锤重与落距的乘积称为夯击能。强夯法的单位夯击能（指单位面积上所施加的夯击能），应根据地基土类别、结构类型、荷载大小和处理深度等综合考虑，并通过现场试夯确定。一般对粗粒土可取 1000～3000kN・m/m^2，细粒土取 1500～4000kN・m/m^2。

2. 夯击点的布置及间距

夯击点的布置应根据基础型式和加固要求而定。对大面积地基，夯点一般采用等边三角形、等腰三角形或正方形布置；对条形基础，夯点可成行布置；对独立柱基础，可按柱网设置采取单点或成组布置，并在基础下面布置夯点。

夯击点间距通常可取夯锤直径的 2.5～3.5 倍，第一遍夯击点间距为 5～9m，第二遍夯击点位于第一遍夯击点之间。以后各遍夯击点间距可适当减小。对处理深度较大或单击夯击能较大的工程，第一遍夯击点间距宜适当增大。

3. 单点夯击击数与夯击遍数

单点夯击击数指单个夯点一次连续夯击的次数。夯击遍数是对整个场地完成全部夯击点称为一遍，单点夯击遍数加满夯夯击遍数为整个场地的夯击遍数。

单点夯击击数应按现场试夯得到的夯击击数和夯沉量关系曲线确定，且应同时满足以下几个条件。

(1) 最后两击的平均夯沉量不大于 50mm，当单击夯击能量较大时，夯沉量不大于 100mm。

(2) 夯坑周围地面不应发生过大隆起。

(3) 不因夯坑过深而发生提锤困难。

每夯击点的夯击数一般为3～10击。夯击遍数应根据地基土的性质确定，一般可取2～3遍，最后再以较低能量（如前几遍能量的1/5～1/4，击数为2～4击）满夯一遍，以加固前几遍之间的松土和被振松的表层土。

4. 夯击间隔时间

两遍夯击之间应有一定的时间间隔，以利于土中超静孔隙水应力的消散，待地基稳定后再夯下遍，一般两遍之间间隔为1～4周；透性较差的黏性土不少于3周；对无地下水或地下水在地面以下5m，含水量较低的碎石类土和透水性强的砂土，可取1～2天间隔时间，甚至不需间隔时间，夯完一遍后，将土推平，连续夯击。

5. 处理范围

强夯处理范围应大于建筑物基础范围，每边超出基础外缘的宽度宜为设计处理深度的1/3～1/2，并不小于3m。

6. 加固影响深度

强夯法的有效加固深度 H 与夯实击能的关系，可用经验公式估算，即

$$H=\alpha\sqrt{mh} \tag{9-5}$$

式中 α——系数，对软黏土取0.5，对黄土可取0.34～0.5；

m——夯锤重，kN；

h——落距，m。

9.3.2.3 质量控制

夯击前后应对地基土进行测试。包括：室内土工试验、现场标准贯入、静力触探、旁压试验及现场载荷试验等，检验地基的处理效果。

检测要求：①每个建筑物地基的检测点数不少于3处，检测深度和位置按设计要求；②测定每点夯击后的地基平均变形值，以检测强夯效果。

因强夯后土体的强度随夯击后间歇时间的增加而增加，故测试工作宜在强夯后1～4周进行。

9.4 排水固结预压法

排水固结预压法是利用地基排水固结的特性，通过施加预压荷载，并增设各种排水条件（砂井和排水垫层等排水体），以加速饱和软黏土固结，提高土体强度的一种软土地基处理方法。

9.4.1 加固原理与应用条件

1. 加固原理

饱和软黏土地基在荷载作用下，孔隙水不断地排出，孔隙体积逐渐减小，地基发生固结变形；同时，随着超静孔隙水应力逐渐消散，有效应力逐渐提高，地基土的强度逐渐增长，地基变形也会相应减小。

2. 适用范围

排水固结预压法主要适用于处理淤泥、淤泥质土及其他饱和软黏土。对于砂类土和粉

土，因透水性良好，无需用此法处理；对于含砂夹层的黏性土，因其具有较好的横向排水性能，可以不用竖向排水体（砂井等）处理，也能获得良好的加固效果。

9.4.2 堆载预压法

堆载预压法是在建筑物施工前，在地基表面分级堆土或加其他荷重，使地基土压密、沉降、固结，待达到预定的强度变形标准后再卸载，建造建（构）筑物。从而提高地基强度和减少建筑物建成后的沉降量。

1. 堆载预压法的特点

(1) 使用的材料、机具和方法简单直接，施工操作方便。

(2) 堆载预压需要一定时间，对厚度大的饱和软黏土，排水固结所需的时间很长。

(3) 需要大量堆载材料，在使用上受到一定限制。

2. 堆载预压法适用范围

各类软弱地基，包括天然沉积土层和人工冲填土层，如沼泽土、淤泥、淤泥质土以及水力冲填土，广泛用于冷藏库、油罐、机场跑道、集装箱码头等沉降要求比较高的地基。

3. 堆载预压法材料

堆载材料一般以散料为主，如采用施工场地附近的土、砂、石子、砖、石块等。堤坝、路基的预压可用其填土本身作为堆载；大型油罐、水池地基，常以容器充水对地基进行预压。

9.4.3 砂井堆载预压法

在软弱地基中用钢管打孔、灌砂，设置砂井作为竖向排水通道，并在砂井顶部设置砂垫层作为水平排水通道，在砂垫层上部堆载以增加土中附加应力，使土体中孔隙水较快地通过砂井和砂垫层排出，以达到加速土体固结，提高地基土强度的目的（见图 9-2）。

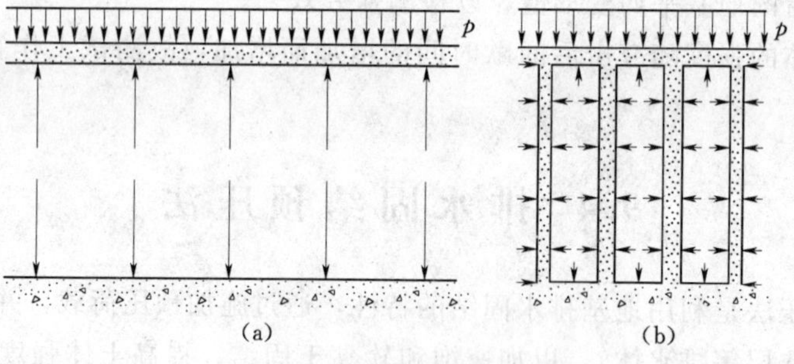

图 9-2 砂井堆载预压法图

(a) 竖向排水情况；(b) 砂井地基排水情况

9.4.3.1 特点及适用范围

1. 砂井堆载预压法的特点

(1) 可加速饱和软黏土的排水固结（沉降速度可加快 2.0～2.5 倍），提高地基的抗剪强度和承载力，防止地基土滑动破坏。

(2) 施工机具和方法简单，能就地取材，缩短工期，降低工程造价。

2. 砂井堆载预压法适用范围

加固透水性低的饱和软黏土，用于机场跑道、工业建筑、油罐、水池、水工建筑、道路、码头、岸坡等工程地基处理。对于泥炭等有机沉积土地基则不适用。

9.4.3.2 砂井的构造和布置

(1) 砂井的直径和间距。砂井的直径和间距由黏性土层的固结特性和施工期限确定。常用直径为300～400mm。砂井的间距常为砂井直径的6～9倍，一般不应小于1.5m。

(2) 砂井长度。软黏土层不厚、底部有透水层时，砂井应穿透软黏土层；软黏土层较厚，但间有砂层或砂透镜体时，砂井应尽可能打至砂层或砂透镜体；软黏土层很厚，其中又无透水层时，可按地基的稳定性及建筑物变形量要求来决定砂井长度；路堤、土坝、岸坡、堆料场等，砂井长度应通过稳定分析确定，砂井长度应超过最危险滑动面的深度。砂井长度一般为10～20m。砂井常按梅花形和正方形布置。

9.4.3.3 砂垫层

在砂井顶面应铺设排水砂垫层，以连通各个砂井形成通畅的排水面，将水排到场地以外。

砂垫层厚度一般为0.3～0.5m，水下施工时，砂垫层厚度一般为1m左右。为节省砂子，也可采用连通砂井的纵横砂沟代替整片砂垫层，砂沟的高度一般为0.5～1.0m，宽度取砂井直径的2倍。

9.4.4 真空预压法

真空预压法以大气压力作为预压荷载，先在需加固的软土地基表面铺设一层透水砂垫层，再在其上覆盖数层不透气的塑料薄膜或橡胶布，四周密封，与大气隔绝，在砂垫层内埋设渗水管道，然后与真空泵连通，进行抽气，使透水材料保持较高的真空度，在土体中产生负的孔隙水应力，将土中孔隙水和空气逐渐吸出，从而使土体固结。

真空预压法适用于能在加固区形成（包括采取措施后形成）稳定负压边界条件的软土地基。且由于真空预压法不增加剪应力，地基不会产生破坏，所以适用于很软弱的黏土地基。

真空预压法处理地基必须设置排水竖井。设计内容包括：竖井断面尺寸、间距、排列方式和深度的选择；预压区面积和分块大小；真空预压工艺；要求达到的真空度和土层的固结度；真空预压和建筑物荷载下地基的变形计算；真空预压后地基土的强度增长计算等。

砂井的砂料应选用中粗砂，其渗透系数应大于1×10^{-2}cm/s。

真空预压区边缘应大于建筑物基础轮廓线，每边增加量不得小于3.0m。每块预压面积宜尽可能大且呈方形。

真空预压的膜下真空度应稳定地保持在650mmHg以上，且应均匀分布，竖井深度范围内土层的平均固结度应大于90%。

当建筑物的荷载超过真空预压的压力，且建筑物对地基变形有严格要求时，可采用真空—堆载联合预压法，其总压力宜超过建筑物的荷载。

当遇到表层存在良好的透气层或在处理范围内有充足水源补给的透水层时，应采取有效措施隔断透气层或透水层。

9.5 挤密法和振冲法

挤密法是指在软弱土层中挤土成孔，从侧向将土挤密，然后再将碎石、砂、灰土、石灰或炉渣等填料充填密实，形成柔性的桩体，与原地基形成复合地基，从而改善地基的工程性能。

9.5.1 挤密砂桩

9.5.1.1 作用原理

(1) 在松散砂土中的作用。由于成桩方法不同，在松散砂土中成桩时对周围砂层产生挤密作用和振密作用。采用冲击法或振动法往砂土中下沉桩管和拔管成桩时，由于桩管下沉对周围砂土产生很大的横向挤压力，使砂土孔隙比减小，密度增大。有效挤密范围可达3～4倍桩径。当采用振动法往砂土中下沉桩管和逐步拔管成桩时，下沉桩管对周围砂层产生振密作用，有效振密范围可达6倍桩径左右。振密比挤密作用更显著，其主要特点是砂桩周围一定距离内地面发生较大的下沉。

(2) 在软弱黏性土中的作用。由于软黏土的透水性很小，成桩时并不能导致土体孔隙水迅速排出使孔隙比减小，土体密实。而是密实的砂桩在软弱黏性土中取代了同体积的软弱黏性土，起置换作用并形成“复合地基”，使地基承载力提高，沉降变小。同时，砂桩在软弱黏性土地基中像砂井一样起排水作用，从而加快地基的固结沉降速率。

9.5.1.2 砂桩设计要点

由于砂桩在松散砂土中和软弱黏性土中的作用原理不同，因此砂桩间距计算方法也有不同。在砂土地基中，基本假定是挤密后土体中土颗粒增加而体积不变，控制加固后的孔隙比，从而根据设计要求的孔隙比计算桩距 L。

按三角形布置时

$$L=0.95d\sqrt{\frac{1+e_0}{e_0-e_1}} \tag{9-6}$$

按正方形布置时

$$L=0.89d\sqrt{\frac{1+e_0}{e_0-e_1}} \tag{9-7}$$

式中 L——桩距，m；

d——桩径，m；

e_0、e_1——天然地基土的孔隙比和设计要求的孔隙比。

9.5.2 挤密土桩和灰土桩

土、灰土或石灰、粉煤灰混合物（简称二灰）挤密桩是利用沉管 、冲击、爆破等方法将钢管打入土中侧向挤密成孔，然后在孔中分层填土、灰土或二灰土，夯实而成的桩，它与周边土共同组成复合地基，承受上部荷载。

9.5.2.1 特点及适用范围

(1) 土和灰土挤密桩的主要特点。

1）土和灰土挤密桩成桩时为横向挤密，可以达到所要求的干密度指标，消除地基土的湿陷性，提高承载力，降低压缩性。

2）与换土垫层相比，不需大量开挖回填，土方工程量小；处理深度较大，可达12～15m；成桩材料可就地取材，降低工程造价，二灰桩可利用工业废料粉煤灰，变废为宝。

3）机具简单，施工方便，工效高。

（2）土和灰土挤密桩的适用范围。土和灰土（或二灰土）挤密桩适于加固地下水位以上的湿陷性黄土、素填土、杂填土等地基，可处理的深度为5～15m。当以消除地基土的湿陷性为主要目的时，宜选用土挤密桩法；当以提高地基土的承载力或增强其水稳定性为主要目的时，宜选用灰土挤密桩法；当地基土的含水量大于24%、饱和度大于65%时，不宜选用灰土挤密桩法或土挤密桩法。

9.5.2.2　桩的构造和布置

（1）桩孔直径：根据工程量、挤密效果、施工设备、成孔方法等情况而定，一般选用30～60cm。

（2）桩长：根据土质情况、桩处理地基深度、工程要求和成孔设备等因素确定，一般为5～15m。

（3）桩距和排距：桩孔一般按梅花形布置，其间距 s 可按下列公式计算。

$$s=0.95d\sqrt{\frac{\bar{\lambda}_c\gamma_{d\max}}{\bar{\lambda}_c\gamma_{d\max}-\bar{\gamma}_d}} \tag{9-8}$$

式中　$\bar{\lambda}_c$——平均挤密系数；

$\gamma_{d\max}$——桩间土的最大干重度，kN/m³；

$\bar{\gamma}_d$——地基挤密前土的平均干重度，kN/m³。

（4）处理宽度：处理地基的宽度应大于基础的宽度。局部处理时，对非自重湿陷性黄土、素填土、杂填土等地基，每边超出基础的宽度不应小于0.25b（b为基础短边宽度），并大于0.5m；对自重湿陷性黄土地基不应小于0.75b，并大于1.0m。

9.5.3　振冲法

9.5.3.1　振冲法加固机理

振冲法是以起重机吊起振冲器，潜水电机带动偏心块，使振动器产生高频振动，同时启动水泵，通过喷嘴喷射高压水流，用循环水带出孔中稠泥浆；在边振边冲的共同作用下，将振动器沉到土中的预定深度；经清孔后，从地面向孔内逐段填入砂石；或不加填料，使土体在振动作用下被挤密实，达到要求的密实度后即可提升振动器。

9.5.3.2　振冲法的分类

振冲法按加固机理和效果的不同，分为振冲置换法和振冲密实法两类。

（1）振冲置换法是在地基中借振冲器成孔，振密填料置换，形成一群以碎石、砂砾等散粒材料组成的桩体，与原地基土一起构成复合地基，使其排水性能得到很大改善，加速土层固结，使承载力提高，沉降量减少，它又名振冲置换碎石桩法。

（2）振冲密实法主要是利用振动和高压水流使砂颗粒重新排列、相互挤密、孔隙减少，从而提高砂层本身的承载力和抗液化能力，它又名振冲挤密砂桩法。振冲密实法桩根据砂土质的不同，又有加填料和不加填料两种。

9.5.3.3 振冲法加固地基的特点

(1) 技术可靠，机具设备简单，操作技术易于掌握，施工简便。

(2) 因地制宜，就地取材，可采用碎石、卵石、砂、矿渣等作填料。

(3) 加固速度快，节约投资，碎石桩具有良好的透水性，加速地基固结，地基承载力可提高 1.2～1.35 倍。

(4) 振冲过程中的预震效应，可增加砂土地基抗液化能力。

9.5.3.4 振冲法的适用范围

振冲法适用于处理砂土、粉土、粉质黏土、素填土和杂填土等地基。对于处理不排水抗剪强度不小于 20kPa 的饱和黏性土和饱和黄土地基，应在施工前通过现场试验确定其适用性。不加填料振冲加密适用于处理黏粒含量不大于 10%的中砂、粗砂地基。

9.5.4 复合地基的变形模量和地基承载力

9.5.4.1 变形模量

软弱地基经振冲加固后，变成碎石桩与桩间挤密土组成的物理力学性质各异的"复合地基"，如图 9-3 所示。

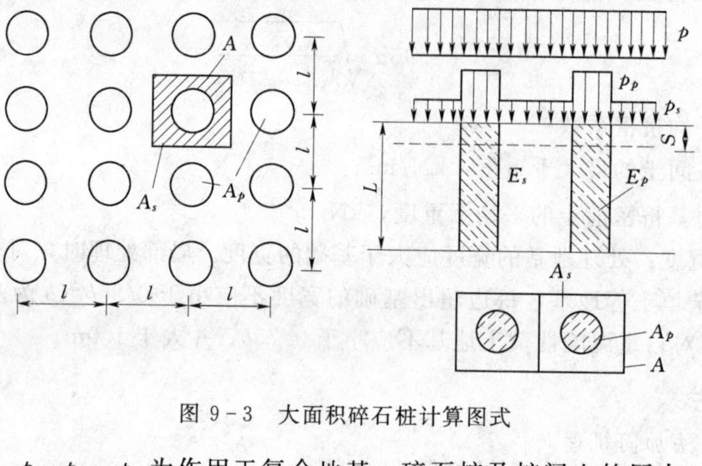

图 9-3 大面积碎石桩计算图式

图 9-3 中，p、p_p、p_s 为作用于复合地基、碎石桩及桩间土的压力，t/m^2；L 为碎石桩的桩长，m；l 为碎石桩的桩距，m；A 为一根碎石桩所承担的加固面积，m^2；$A=A_p+A_s$；A_p 为一根碎石桩的面积，m^2；A_s 为一根碎石桩所承担的加固范围内土的面积，m^2。

当荷载 p 作用于复合地基上时，假定基础是刚性的，则在地表面的平面内碎石桩和桩间土的沉降相同。由于 $E_p>E_s$，荷载将向碎石桩上集中，与此相应地，作用于桩间土上的荷载降低，这就是复合地基提高承载力的基本原理。

在单根碎石桩所承担的加固面积 A（$A=A_p+A_s$）范围内复合地基的变形模量 E，是由碎石桩的变形模量 E_p 和桩间土的变形模量 E_s 所组成。当 A 不变时，随着 A_p 增大，A_s 的减小，则 E 必然增大；反之，则必然减小。因此，在设计上可用碎石桩和桩间土的面积加权平均法确定复合地基的 E 值。

$$E=\frac{E_pA_p+E_sA_s}{A} \tag{9-9}$$

9.5.4.2　地基承载力

根据复合地基的平衡方程式

$$pA=p_pA_p+p_sA_s$$

得到

$$p=(p_pA_p+p_sA_s)/A$$

将应力集中比 $n=\frac{p_p}{p_s}$，置换率 $\alpha=\frac{A_p}{A_s}$代入上式，则

$$p=[\alpha_s(n-1)+1]p_s \tag{9-10}$$

由上式可知，只要经荷载试验实测出 p_p 和 p_s，就可求得复合地基极限承载力。

9.6　高压喷射注浆法与水泥土搅拌法

9.6.1　高压喷射注浆法

高压喷射注浆法又称旋喷法，是利用钻机把带有特殊喷嘴的注浆管钻进至土层的预定位置后，用高压脉冲泵，将水泥浆液通过钻杆下端的喷射装置，以高速高压射流喷入土体，冲击切削土层，使喷射流射程内的土体遭受破坏，同时，钻杆边转动边提升，使土体与水泥浆充分搅拌混合，凝聚固结后即在地基中形成一定强度的水泥土混合体，从而使地基得到加固。

9.6.1.1　高压喷射注浆法的分类

根据使用机具设备不同，高压喷射注浆法分为单管法、二重管法和三重管法。①单管法是用一根单管喷射高压水泥浆液作为喷射流，由于高压浆液射流在土中衰减快，破碎土的有效射程短，成桩直径一般为0.3～0.8m；②二重管法是用同轴双通道二重注浆管同时喷射高压浆液和压缩空气，形成复合喷射流，成桩直径1m左右；③三重管法是用同轴三重注浆管同时喷射高压水流、压缩空气和水泥浆液。

根据注浆形式分为：①旋转喷射注浆（旋喷法）；②定向喷射注浆（定喷法）；③在某一角度范围内摆动喷射注浆（摆喷法）。

根据加固体形状可分为立柱、壁状和块状等。

9.6.1.2　特点及适用范围

（1）高压喷射注浆具有以下特点。

1）提高地基土的抗剪强度，改善土的变形性质。

2）利用小直径钻孔旋喷形成比孔径大8～10倍的大直径固结体；可通过调节喷嘴的旋喷速度、提升速度、喷射压力及旋转角度形成各种形状桩体；可制成垂直桩、斜桩或连续墙，并获得需要的强度。

3）可用于已有建筑物地基加固而不扰动附近土体，施工噪音低，振动小。

4）用于各种软弱土层，可控制加固范围。

5）设备轻便，机械化程度高，能在狭窄场地施工。

6）施工简便，操作容易，速度快，效率高，用途广，成本低。

（2）适用范围：适用于淤泥、淤泥质土、流塑、软塑或可塑黏性土、粉土、砂土、黄土、素填土和碎石土等地基。当土中含有较多的大粒径块石、大量植物根茎或有机质时，以及地下水流速过大和已涌水的工程，应根据现场试验确定其适用性。

高压喷射注浆法可用于既有建筑和新建建筑的地基处理、深基坑侧壁挡土或挡水、基坑底部防止管涌与隆起、坝的防渗加固等。

9.6.2 水泥土搅拌法

水泥土搅拌法系利用水泥（石灰）等材料作为固化剂，通过深层搅拌机在地基深部，就地将软土和固化剂（浆体或粉体）强制拌和，利用固化剂和软土发生一系列物理化学反应，使其凝结成具有整体性、水稳性好和强度较高的水泥土（灰土）。

9.6.2.1 水泥土搅拌法的加固机理

水泥加固土由于水泥用量少（8%～18%），水泥水化反应完全是在土粒周围产生的，水泥与软黏土拌和后，水泥中的矿物和土中水发生强烈的水解和水化反应，生成水化物。

石灰加固土除利用生石灰的吸水、膨胀和发热性能外，还利用石灰与软黏土发生离子交换和化学反应达到加固地基的目的。

9.6.2.2 水泥土搅拌法的特点

（1）在地基加固过程中无振动、无噪音、无污染。

（2）对被加固土体无侧向挤压，对邻近建筑物影响很小。

（3）提高地基强度效果显著。

（4）施工工期短，造价低廉。

9.6.2.3 适用范围

水泥土搅拌法适用于处理正常固结的淤泥与淤泥质土、粉土、饱和黄土、素填土、黏性土以及无流动地下水的饱和松散砂土等地基。当地基土的天然含水量小于30%（黄土含水量小于25%）、大于70%或地下水的pH值小于4时不宜采用干法（即粉体搅拌法）。

9.6.2.4 复合地基承载力

深层搅拌桩复合地基承载力可按下式计算。

$$f_{spk}=m\left[\frac{R_a}{A_p}+\beta(1-m)f_{sk}\right] \tag{9-11}$$

式中 f_{spk}——复合地基的承载力特征值；

m——面积置换率；

R_a——单桩竖向承载力特征值；

A_p——桩的截面积；

β——折减系数；

f_{sk}——处理后桩间上承载力特征值，宜按当地经验取值，如无经验时，可取天然地基承载力。

R_a 应通过现场单桩载荷试验确定。初步设计值也可按照式（9－12）估算，并同时满足式（9－13）的要求，应使由桩身材料确定的单桩承载力大于（或等于）由桩周土和桩端土的抗力所提供的单桩承载力。

$$R_a = u_p \sum_{i=1}^{n} q_{si} l_i + \alpha q_p A_p \tag{9-12}$$

$$R_a = \eta f_{cu} A_p \tag{9-13}$$

式中 f_{cu}——与搅拌桩桩身水泥土配比相同的室内加固土试块（边长为 70.7mm 的立方体，也可采用边长为 50mm 的立方体）在标准养护条件下 90d 龄期的立方体抗压强度平均值，kPa；

η——桩身强度折减系数，干法可取 0.20～0.30，湿法可取 0.25～0.33；

u_p——桩的周长，m；

n——桩长范围内所划分的土层数；

q_{si}——桩周第 i 层土的侧阻力特征值，对淤泥可取 4～7kPa，对淤泥质土可取 6～12kPa，对软塑状态的黏性土可取 10～15kPa，对可塑状态的黏性土可以取 12～18kPa；

l_i——桩长范围内地 i 层土的厚度，m；

q_p——桩端地基土未经修正的承载力特征值，kPa，可按现行国家标准《建筑地基基础设计规范》(GB 50007—2002) 的有关规定确定；

α——桩端天然地基土的承载力折减系数，可取 0.4～0.6，承载力高时取低值。

水泥土搅拌桩平面布置可根据上部结构及加固目的的要求，采用柱状、壁状、格栅状、块状等形式，可只在基础范围内布桩，可采用正方形或梅花形布桩形式。

9.7 其他地基处理方法

9.7.1 水泥粉煤灰碎石桩

水泥粉煤灰碎石桩简称 CFG 桩，是在碎石桩基础上加进一些石屑、粉煤砂和少量水泥，加水拌和制成的一种具有一定黏结强度的桩，也是近年来新开发的一种地基处理技术。通过改变水泥掺量及配比，可使桩体强度等级在 C5～C20 之间变化。这种地基加固方法吸取了振冲碎石桩和水泥搅拌桩的优点。第一，施工工艺与普通振动沉管灌注桩一样，工艺简单，与振冲碎石桩相比，无场地污染，振动影响也较小；第二，所用材料仅需少量水泥，便于就地取材，基础工程不会与上部结构争“三材”，这也是比水泥搅拌桩优越之处；第三，受力特性与水泥搅拌桩类似。

CFG 桩在受力特性方面介于碎石桩和钢筋混凝土桩之间。与碎石桩相比，CFG 桩桩身具有一定的刚度，不属于散体材料桩，其桩体承载力取决于桩侧摩阻力和桩端端承载力之和或桩体材料强度。当桩间土不能提供较大侧限力时，CFG 桩复合地基承载力高于碎石桩复合地基。与钢筋混凝土相比，桩体强度和刚度比一般混凝土小得多，这样有利于充分发挥桩体材料的潜力，降低地基处理费用。

CFG 桩适用于处理黏性土、粉土、砂土和已自重固结的素填土等地基。对淤泥质土应按地区经验或通过现场试验确定其适用性。CFG 桩应选择承载力相对较高的土层作为桩端持力层。

9.7.1.1 加固原理

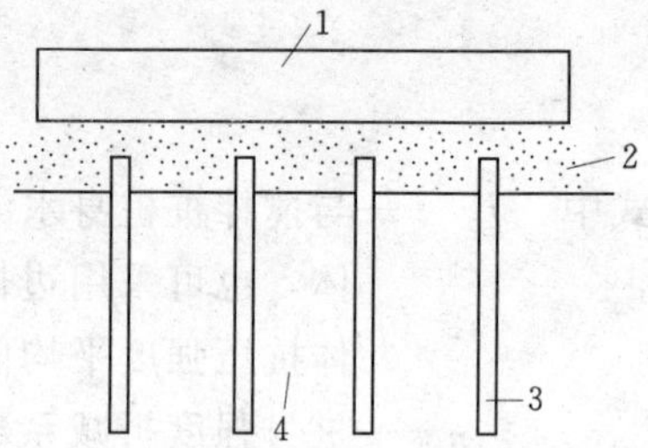

图 9-4 CFG 桩加固软弱地基示意图

1—基础；2—褥垫；3—桩；4—土层

CFG 桩加固软弱地基，桩和桩土一起通过褥垫层形成 CFG 桩复合地基。如图 9-4 所示。此处的褥垫层不是基础施工时通常做的 10cm 厚的素混凝土垫层，而是由粒状材料组成的散体垫层。由于 CFG 桩系高黏结强度桩，褥垫层是桩和桩间土形成复合地基的必要条件，亦即褥垫层是 CFG 桩复合地基不可缺少的一部分。

其加固软弱地基主要有 3 种作用：桩体作用、挤密作用、褥垫层作用。

9.7.1.2 水泥粉煤灰碎石桩的施工工艺

（1）长螺旋钻孔灌注成桩，适用于地下水位以上的黏性土、粉土、素填土、中等密实以上的砂土。

（2）长螺旋钻孔、管内泵压混合料灌注成桩，适用于黏性土、粉土，以及对噪声或泥浆污染要求严格的场地。

（3）振动沉管灌注桩，适用于粉土、黏性土及素填土地基。

施工注意事项：冬期施工时混合料入孔温度不得低于 5℃，对桩头和桩间土应采取保温措施；清土和截桩时，不得造成桩顶标高以下桩身断裂和扰动桩间土；褥垫层铺设宜采用静力压实法，当基础底面下桩间土的含水量较小时，也可采用动力夯实法，夯填度（夯实后的褥垫层厚度与虚铺厚度的比值）不得大于 0.9；施工垂直度偏差不应大于 1%；对满堂布桩基础，桩位偏差不应大于 0.4 倍桩径；对条形基础，桩位偏差不应大于 0.25 倍桩径，对单排布桩桩位偏差不应大于 60mm。

9.7.2 锚杆静压桩

9.7.2.1 加固原理

锚杆静压桩是锚杆和静力压桩两项技术巧妙结合而形成的一种桩基施工新工艺，它是对需进行地基基础加固的既有建筑物基础上按设计开凿压桩孔和锚杆孔，用黏结剂埋好锚杆，然后安装压桩架与建筑物基础连为一体，利用既有建筑物自重作反力，用千斤顶将预制桩段压入土中，桩段间用硫黄胶泥或焊接连接。当压桩力或压入深度达到设计要求后，将桩与基础用微膨胀混凝土浇筑在一起，桩即可受力，从而达到提高地基承载力和控制沉降的目的。

9.7.2.2 锚杆静压桩法的特点及应用

锚杆静压桩施工机具简单，施工作业面小，施工方便灵活，技术可靠，效果明显，施工时无振动，无污染，对原有建筑物中的生活或生产秩序影响小。锚杆静压桩适用范围广，可适用于黏性土、淤泥质土、杂填土、粉土、黄土等地基。

锚杆静压桩技术除应用于已有建筑物地基加固外，也应用于新建建（构）筑物基础工程。在闹市区旧城改造中，限于周围交通条件难以运进打桩设备，或施工场地狭窄，打桩施工工作面不够时，可采用锚杆静压桩技术进行桩基施工。对于新建建筑物，在基础施工时可按设计预留压桩孔和预埋锚杆，待上部结构施工至 3～4 层时，再利用建筑物自重作为压桩反力开始压桩。

9.7.3 树根桩

树根桩是一种小直径钻孔灌注桩，其直径通常为100～250mm，有时也有采用300mm。先利用钻机钻孔，满足设计要求后，放入钢筋或钢筋笼，同时放入注浆管，用压力注入水泥浆或水泥砂浆而成桩，亦可放入钢筋笼后再灌入碎石，然后注入水泥浆或水泥砂浆而成桩。小直径钻孔灌注桩也称为微型桩。小直径钻孔灌注桩可以竖向、斜向设置，网状布置如树根状，故称为树根桩。

树根桩技术的特点是：机具简单，施工场地小；施工时振动和噪声小，施工方便；施工时因桩孔很小，故对墙身和地基土产生的次应力很小，所以托换加固时对墙身不存在危险；不扰动地基土和干扰建筑物的正常使用。树根桩适用于碎石土、砂土、粉土、黏性土、湿陷性黄土和岩石等各类地基土；树根桩不仅可承受竖向荷载，还可承受水平向荷载。

树根桩一般为摩擦桩，与地基土体共同承担荷载，可视为刚性桩复合地基。对于网状树根桩，可视为修筑在土体中的三维结构，设计时以桩和土间的相互作用为基础，由桩和土组成复合土体共同作用，将桩与土体围起来的部分视为一个整体结构，其受力犹如重力式挡土结构。

树根桩与桩间土共同承担荷载，树根桩的承载力发挥还取决于建筑物所能容许承受的最大沉降值。容许的最大沉降值越大，树根桩承载力发挥度越高。反之，树根桩承载力发挥度越低。承担同样的荷载，当树根桩承载力发挥度低时，则要求设置较多的树根桩数。

树根桩施工时如不下套管会出现缩颈或塌孔现象时，应将套管下到产生缩颈或塌孔的土层深度以下；注浆时注浆管的埋设应离孔底标高200mm，从开始注浆起，对注浆管要进行不定时的上下松动，在注浆结束后要立即拔出注浆管，每拔1m必须补浆一次，直至拔出为止；注浆施工时应防止出现穿孔和浆液沿砂层大量流失的现象，可采用跳孔施工、间歇施工或增加速凝剂掺量等措施来防范；额定注浆量不超过按桩身体积计算量的3倍，当注浆量达到额定注浆量时应停止注浆；注浆后由于水泥浆收缩较大，故在控制桩顶标高时，应根据桩截面和桩长的大小，采用高于设计标高5%～10%的施工标高。压力注浆使桩的外侧与土体紧密结合，使桩具有较高的承载力。

本 章 小 结

建筑物的地基面临的问题有：①强度及稳定性问题；②压缩及不均匀沉降问题；③渗漏问题；④液化问题；⑤特殊土的特殊问题。

改良地基土的工程特性的方法主要包括：①提高地基的抗剪切强度；②降低地基的压缩性；③改善地基的透水特性；④改善地基的动力特性；⑤改善特殊土的不良地基特性。

在选择地基处理方案时，应考虑上部结构、基础和地基的共同作用，并经过技术经济比较，选用处理地基或加强上部结构和处理地基相结合的方案。

换土垫层法适用于淤泥、淤泥质土、湿陷性黄土、素填土、杂填土地基及暗沟、暗塘等浅层处理。垫层的作用主要有：①提高浅层地基的承载力；②减小沉降量；③加速软弱土层的排水固结；④防止冻胀；⑤消除膨胀土的胀缩作用。

强夯法夯击点的布置应根据基础型式和加固要求而定。大面积地基，夯点一般采用等边三角形、等腰三角形或正方形布置；条形基础，夯点可成行布置；独立柱基础，按柱网设置采取单点或成组布置，并在基础下面布置夯点。

堆载预压法分为：砂井堆载预压法、真空预压法。

挤密法是指在软弱土层中挤土成孔，从侧向将土挤密，然后再将碎石、砂、灰土、石灰或炉渣等填料充填密实，形成柔性的桩体，与原地基形成复合地基，从而改善地基的工程性能。

振冲法是以起重机吊起振冲器，潜水电机带动偏心块，使振动器产生高频振动，同时启动水泵，通过喷嘴喷射高压水流，用循环水带出孔中稠泥浆；在边振边冲的共同作用下，将振动器沉到土中的预定深度；经清孔后，从地面向孔内逐段填入砂石；或不加填料，使土体在振动作用下被挤密实。

水泥土搅拌法适用于处理正常固结的淤泥与淤泥质土、粉土、饱和黄土、素填土、黏性土以及无流动地下水的饱和松散砂土等地基。

水泥粉煤灰碎石桩简称 CFG 桩，受力特性方面介于碎石桩和钢筋混凝土桩之间。CFG 桩适用于处理黏性土、粉土、砂土和已自重固结的素填土等地基。

复习思考题

1. 试述地基处理的目的及一般方法。
2. 试述换填法处理原理及适用范围。如何计算垫层宽度和厚度？
3. 试述强夯法加固地基的机理和适用条件。
4. 振冲法及挤密法的加固机理是什么？
5. 高压喷射注浆法与深层搅拌法加固各有哪些不同特点？

第10章 区域性地基

本章要点

- 掌握湿陷性黄土地基的特性及其评价。
- 掌握膨胀土地基的特性与评价。
- 掌握红黏土地基和山区地基的特点。
- 熟悉对各种特殊土地基采取的工程措施。

10.1 湿陷性黄土地基

10.1.1 湿陷性黄土的基本性质及影响因素

10.1.1.1 概述

黄土是一种特殊的第四纪大陆松散堆积物，含有大量的碳酸盐类，在天然状态下，具有肉眼可见的大孔隙，并存在竖向节理，颗粒组成以粉粒为主，呈黄色或褐黄色。黄土是在干旱或半干旱条件下形成的，在天然状态下，其强度高、压缩性较低，通常被认为是一种较好的地基土。

所谓湿陷性，是黄土浸水后在外荷载或自重的作用下发生下沉的现象。湿陷性黄土泛指饱和的结构不稳定的黄土，在自重压力或自重压力与附加压力作用下，受水浸湿后，土的结构迅速破坏，发生显著的附加下沉。这种特性给结构物带来不同程度的危害，使路基或结构物大幅度沉降、折裂、倾斜，严重影响安全和使用。广泛分布于我国东北、西北、华中和华东部分地区的黄土多具湿陷性。湿陷性黄土又分为自重湿陷性和非自重湿陷性黄土。在黄土自重应力下浸湿后发生湿陷的称为自重湿陷性黄土。在土自重应力作用下受水浸湿后不发生湿陷，而要在大于上覆土的自重应力（包括土的自重应力和附加应力）受水浸湿时才发生湿陷的，为非自重湿陷性黄土。

10.1.1.2 湿陷发生的原因

构成黄土结构体系的是骨架颗粒，它的形态和连接形式影响到结构体系的胶结程度，它的排列方式决定着结构体系的稳定性。湿陷性黄土一般都形成粒状架空点接触或半胶结形式，湿陷程度与骨架颗粒的强度、排列紧密情况、接触面积和胶结物的性质和分布情况有关。黄土在形成时是极松散的，靠颗粒的摩擦和少量水分的作用略有连接，但水分逐渐蒸发后，体积有所收缩，胶体、盐分、结合水集中在较细颗粒周围，形成一定的胶结连接。经过多次的反复湿润干燥过程，盐分积累增多，部分胶体陈化，逐渐加强胶结而形成较松散的结构形式。季节性的短期降雨把松散的粉粒黏结起来，而长期的干旱气候又使土中水分不断蒸发，于是少量的水分连同溶于其中的盐分便集中在粗粉粒的接触点处，可溶盐类逐渐浓缩沉淀而形成为胶结物。随着含水量的减少土粒彼此靠近，颗粒间的分子引力以及结合水和毛细水的连接力也逐渐增大，这些因素都增强了土粒之间抵抗滑移的能力，阻止了土体的自重压密，形成了以粗粉粒为主体骨架的多孔隙结构。当黄土受水浸湿时，结合水膜增厚楔入颗粒之间，于是结合水连接消失，盐类溶于水中，骨架强度随之降低，土体在上覆土层的自重压力或在自重压力与附加压力共同作用下，其结构迅速破坏，土粒向大孔滑移，粒间孔隙减小，从而导致大量的附加沉陷。

10.1.1.3 影响黄土湿陷性的因素

黄土中胶结物含量大，黏粒含量多，则黄土结构致密，湿陷性弱；反之，结构疏松、强度低，湿陷性强。此外，对于黄土中的盐类，如以难溶的碳酸钙为主，则湿陷性弱；而以其他碳酸盐、硫酸盐和氯化物等易溶盐为主，则湿陷性强。

黄土的湿陷性与孔隙比和含水量大小有关。天然孔隙比 e 越大、天然含水量 ω 越小，湿陷性越强。饱和度 $S_r \geqslant 80\%$ 的黄土，称为饱和黄土，其湿陷性已退化。在天然含水量相同时，黄土的湿陷变形随湿度的增加而增大。

黄土的湿陷性还与外加压力有关。外加压力越大，湿陷量越大。

10.1.2 黄土湿陷性评价

黄土地基的湿陷性评价包括下述几个方面内容：判别黄土是否具有湿陷性；若为湿陷性再进一步判定湿陷性黄土场地的湿陷类型为自重湿陷还是非自重湿陷；判定湿陷性黄土的湿陷程度类别。

湿陷系数、湿陷起始压力是表明湿陷性黄土湿陷变形特征的两个主要指标。

10.1.2.1 指标计算

1. 湿陷系数 δ_s

湿陷性的有无和强弱按某一给定压力作用下土体浸水后的湿陷系数值来衡量。湿陷系数由室内压缩试验确定。在压缩试验仪中将原状试样逐级加压到规定的压力 P，待压缩稳定后测得试样高度 h_p，再加水浸湿，测得下沉稳定后的高度 h'_p，湿陷性系数按式（10-1）计算。

$$\delta_s=\frac{h_p-h'_p}{h_0} \tag{10-1}$$

式中 h_0——土样的原始高度，mm；

h_p——土样在无侧向膨胀条件下，在规定试验压力 P 的作用下压缩稳定后的高度，mm；

h'_p——在压力作用下的土样进行浸水达到湿陷稳定后的土样高度，mm。

湿陷系数 δ_s 为单位厚度土层浸水后在规定压力下产生的湿陷量，它定量地表示了土样所代表黄土层的湿陷程度，所以有关规范规定，在一定压力作用下，$\delta_s \geqslant 0.015$ 时定为湿陷性黄土，否则定为非湿陷性黄土。

2. 湿陷起始压力 p_{sh}

使黄土产生湿陷的临界压力称为湿陷起始压力 p_{sh}，不同的黄土其 p_{sh} 不同。若 p_{sh} 小于上覆土的饱和自重时，则该土层在上覆土层自重压力的作用下湿水即发生湿陷，称为自重湿陷性黄土。如果土的 p_{sh} 大于上覆土的饱和自重，则土层在上覆土自重压力作用下不发生湿陷，称为非自重湿陷性黄土。

在黄土地区修建结构物，应首先考虑选用非湿陷性黄土地基。如基础位于湿陷性黄土上，则应尽量利用非自重湿陷性黄土地基，因为这种地基的处理与自重湿陷性黄土地基相比，要求较低。

10.1.2.2 湿陷类型划分

自重湿陷黄土场地在没有外荷载作用时，仅在上覆土的自重作用下，浸水后就会发生剧烈湿陷，导致建筑物开裂、沉陷等，甚至一些很轻的建筑也不可避免，而在非自重湿陷性场地则极少发生这种情况，因此要对不同建筑场地的湿陷类型进行明确划分。

划分建筑场地的湿陷类型按实测自重湿陷量或室内压缩试验的计算自重湿陷量判定。

实测自重湿陷量是根据现场试坑浸水试验确定。这个方法比较符合实际情况，但常受现场条件或工期限制而不易做到，宜在高层建筑及重要建筑中采用。

计算自重湿陷量计算公式如下。

$$\Delta_{zs} = \beta_0 \sum_{i=1}^{n} \delta_{zsi} h_i \tag{10-2}$$

式中 δ_{zsi}——第 i 层土的自重湿陷系数；

h_i——第 i 层土厚度，cm；

β_0——因土质而异的修正系数，对陇西地区可取 1.5，对陇东陕北地区可取 1.2，关中地区可取 0.7，其他地区可取 0.5。

当实测自重湿陷量或计算自重湿陷量小于 7cm 时，为非自重湿陷性黄土场地；大于 7cm 时，为自重湿陷性黄土场地。

10.1.2.3 湿陷等级划分

湿陷性黄土地基的湿陷等级，应按基底下各土层累计的总湿陷量 Δ_s 划分，其计算公式如下

$$\Delta_s = \sum_{i=1}^{n} \beta \delta_{si} h_i \tag{10-3}$$

式中 δ_{si}——第 i 层土的湿陷系数；

h_i——第 i 层土的厚度，cm；

β——考虑地基的侧向挤出和浸水几率等因素的修正系数，基底下 5m 深度内取 1.5；5m 深度以下，非自重湿陷性场地可不计算，自重湿陷性场地按式(10-2)中的修正系数取值。

总湿陷量仅表示湿陷性黄土地基在规定的压力作用下，经充分浸水后可能发生的湿陷量，它只能概略地反映出地基湿陷的严重程度，而并非是建筑物地基的实际湿陷量。在地基勘察时，按总湿陷量和自重湿陷量来划分地基的湿陷等级，供建筑物设计时根据湿陷等级考虑相应的措施。湿陷等级越高，设计措施要求也越高。湿陷性黄土地基的湿陷等级分为 4 级，具体参见表 10-1。

表 10-1　湿陷性黄土地基的湿陷等级

Δ_s (cm) \ Δ_{zs} (cm) \ 湿陷类型	非自重湿陷性地基	自重湿陷性地基	
	≤7	7<Δ_{zs}≤35	>35
≤30	Ⅰ（轻微）	Ⅱ（中等）	—
30<Δ_s≤60	Ⅱ（中等）	Ⅱ或Ⅲ	Ⅲ（严重）
>60	—	Ⅲ（严重）	Ⅳ（很严重）

注　1. 当湿陷量 30cm<Δ_s≤50cm、计算自重湿陷量 7cm<Δ_{zs}≤30cm 时，可判定为Ⅱ级。
　　2. 当总湿陷量 Δ_s≥50cm、计算自重湿陷量 Δ_{zs}≥30cm 时，可判定为Ⅲ级。

10.1.3　湿陷性黄土地基的工程措施

现行黄土规范按建筑物的重要性、地基受水浸湿可能性的大小以及在使用上对不均匀沉降限制的严格程度，将建筑分为甲、乙、丙、丁 4 类。具体划分如下。

(1) 甲类建筑。包括高度大于 40m 的高层建筑；高度大于 50m 的构筑物；高度大于 100m 的高耸结构；特别重要的建筑；地基受水浸湿可能性大的建筑；对不均匀沉降有严格限制的建筑。

(2) 乙类建筑。包括高度为 24～40m 的高层建筑；高度为 30～50m 的构筑物；高度为 50～100m 的高耸结构；地基受水浸湿可能性较大的重要建筑；地基受水浸湿可能性大的一般建筑。

(3) 丙类建筑。除乙类以外的一般建筑和构筑物。

(4) 丁类建筑。次要建筑。

在湿陷性黄土地区进行建筑物设计时，应根据建筑类型、场地湿陷类型、地基湿陷等级、地基处理后的剩余湿陷量，并结合当地建筑经验和施工条件等因素确定工程措施，以保证建筑物的安全可靠和正常使用。如甲类建筑通过地基处理消除地基的全部湿陷量或用桩基穿透全部湿陷性土层，乙、丙类建筑通过地基处理消除地基的部分湿陷量，而对丁类建筑的地基一律不处理。

在湿陷性黄土地基上进行建筑时，必须查明地基的湿陷类型和湿陷程度。对于非自重湿陷性黄土地基，设计时可将建筑物的荷载与上覆土重之和控制在湿陷起始压力以内，这样可以使建筑物地基遇水时不致产生湿陷。当湿陷起始压力过小而难以满足上述要求时，或者在自重湿陷性黄土地基上进行建筑时，则要根据建筑物的重要性和地基的湿陷等级采取相应的地基处理、防水和结构等措施。

地基处理可以全部或部分消除建筑物地基的湿陷性，是防止或减轻湿陷、保证建筑物安全的可靠措施。防水措施是防止或减少建筑物地基受水浸湿引起湿陷，以保证安全使用的重要措施。结构措施是减少建筑物差异沉降或使其适应地基变形的措施，以弥补地基处理和防水措施的不足。

(1) 地基处理措施。①处理全部湿陷性土层，采用桩基将建筑物的荷重支撑在下部非湿陷性土层的地基上，这种方法适用于重要的建筑物或湿陷性黄土层较薄的场地；②处理一定深度内湿陷性土层，采用夯、压、挤密或换土的方法消除一定深度内土层的湿陷性，控制剩余湿陷量在不致危害建筑物安全使用的程度内。

(2) 防水措施。防止或减少建筑物地基受水浸湿的防护措施。如使贮水构筑物和输水管道离开建筑物一定距离，以免漏水殃及建筑物地基，或增设防止漏水和检查漏水的设施等。

(3) 结构措施。减少建筑物不均匀沉降和使建筑物能适应地基局部湿陷变形的措施，如选用适宜的上部结构和基础型式，以加强结构的整体性和刚度。

10.2 膨胀土地基

10.2.1 膨胀土的基本性质及影响因素

10.2.1.1 膨胀土的基本性质

膨胀土指土中黏粒成分主要由亲水性矿物组成，并具有显著的吸水膨胀和失水收缩变形特性的高塑性黏土，呈黄、黄褐、红褐、灰白或花斑等色，结构致密，为坚硬或硬塑状态。

膨胀土的分布很广泛，广西、云南、湖北、安徽、四川、河南、山东等20多个省、市均有分布，美国50个州中有膨胀土的占40个，此外在印度、澳大利亚、南美洲、非洲和中东广大地区，也都有不同程度的分布。

膨胀土裂隙发育，呈半坚硬状态，易给人以良好地基的假象。1938年发现轻型砖砌房屋大量破坏以后，这种现象才引起岩土工程界的注意。实际上膨胀土是一种具有较大反复胀缩变形的高塑性黏土，当利用这种土作为建筑物地基时，如果没有采取必要的措施，往往会造成建筑物的基础外移、房屋开裂（山墙倒八字形缝，外纵墙下部水平缝）、地坪开裂等事故。据不完全统计，我国在膨胀土地区修建的各类工业与民用建筑物，因地基土胀缩变形而导致损坏或破坏的超过1000万m^2。

在膨胀土地区进行建设，要通过勘察工作对膨胀土做出必要的判断和评价，以便采取相应的设计和施工措施，从而保证建筑物的安全和正常使用。

10.2.1.2 影响膨胀土胀缩变形的主要原因

1. 内在因素

(1) 矿物及化学成分。膨胀土主要由蒙脱石、伊利石等矿物成分组成，亲水性强，胀缩变形大。蒙脱石矿物亲水性强，具有既易吸水又易失水的强烈活动性。伊利石亲水性比蒙脱石低，但也有较高的活动性。膨胀土化学成分以氧化硅、氧化铝和氧化铁为主，氧化硅含量越大，胀缩量越大。

(2) 黏粒含量。黏土的颗粒细小，比表面积大，因而具有很大的表面能，对水分子和水中阳离子的吸附能力强。因此，黏粒含量越多，胀缩性越强。

(3) 土的天然孔隙比。土的胀缩表现在土体积的变化。对含有一定矿物成分的黏土来说，当其在同样的天然含水量条件下浸水时，土的孔隙比越小，膨胀性越大，收缩性越小；反之，土的孔隙比越大，膨胀性越小，收缩性越大。因此，在一定条件下，土的天然孔隙比是影响胀缩变形的一个重要因素。

(4) 含水量。土中原有的含水量与膨胀所需的含水量相差越大，遇水后土的膨胀越大，而失水后土的收缩越小。

（5）土的结构。土的结构强度越大，土体限制胀缩变形的能力就越大。当土的结构受到破坏后，土的胀缩性随之增强。

2. 外在因素

外在因素即水对膨胀土的作用。主要包括以下几个方面。

（1）气候条件。包括降雨量、蒸发量、气温、相对湿度、地温等。雨季土中水分增加，土体产生膨胀；旱季水分减少，土体产生收缩。

（2）地形地貌。对同类膨胀土地基，地势低处的胀缩变形比高处的小，这是由于高地的临空面大，地基土中水分蒸发条件好，含水量变化幅度大，胀缩变形也较剧烈。

（3）周围阔叶树的影响。在炎热和干旱地区，当无地表水或地下水补给时，由于阔叶树树根吸水，会加剧地基土的干缩变形，使在树木近旁的房屋产生裂缝。

（4）日照程度。对建筑物来说，日照的时间和强度也是不可忽略的因素。调查表明，房屋向阳面开裂较多，背阴面开裂较少。

10.2.2 膨胀土的胀缩性指标和地基评价

10.2.2.1 膨胀土的胀缩性指标

（1）自由膨胀率 δ_{ef}。指研磨成粉末的干燥土样浸泡于水中，经充分吸水膨胀后所增加的体积与原干体积的百分比。按下式计算

$$\delta_{ef}=\frac{V_W-V_0}{V_0}\times100\% \tag{10-4}$$

式中 V_0——试样原有的体积，mL；

V_W——膨胀稳定后测得试样的体积，mL。

自由膨胀率是一个重要的指标，可用来初步判别是否为膨胀土。一般来说，自由膨胀率大的土，其膨胀性也较强。

（2）不同压力下的膨胀率 δ_{ep}。指不同压力作用下，处于侧限条件下的原样土样在浸水后，其单位体积的膨胀量。按式（10-5）计算

$$\delta_{ep}=\frac{h_W-h_0}{h_0}\times100\% \tag{10-5}$$

式中 h_W——压力 p_i 作用下，侧限条件下土样浸水膨胀稳定后的高度；

h_0——试验开始时土样的原始高度。

膨胀率反映了在不同压力作用下膨胀土膨胀后孔隙比的变化。膨胀率和压力之间是反向变化的关系，压力越小，膨胀率越大。

（3）线缩率 δ_s。指土的垂直收缩变形与原始高度之百分比。按式（10-6）计算

$$\delta_s=\frac{h_0-h}{h_0}\times100\% \tag{10-6}$$

式中 h——试验中某次测得的土样高度；

h_0——试验开始时土样的原始高度。

（4）收缩系数 λ_s。原状土样在直线收缩阶段内，含水量每减少 1%时，所对应的竖向线缩率的改变值。按式（10-7）计算

$$\lambda_s = \frac{\Delta\delta_s}{\Delta_\omega} \tag{10-7}$$

式中 Δ_ω——收缩过程中，直线变化阶段内，两点含水量之差；

$\Delta\delta_s$——两点含水量之差对应的竖向线缩率之差值。

10.2.2.2 膨胀土地基的评价

1. 膨胀土的判别

膨胀土的判别是膨胀土地基勘察、设计的首要问题。凡具有下列工程地质特征的场地，且自由膨胀率 $\delta_{ef} \geqslant 40\%$ 的土判定为膨胀土。

(1) 裂隙发育，常有光滑面和擦痕，有的裂隙中充填着灰白、灰绿色黏土。在自然条件下呈坚硬或硬塑状态。

(2) 多出露于二级或二级以上阶地、山前和盆地边缘丘陵地带，地形平缓，无明显自然陡坎。

(3) 常见浅层塑性滑坡、地裂，新开挖坑（槽）壁易发生坍塌等。

(4) 建筑物裂缝随气候变化而张开和闭合。

2. 膨胀土的膨胀潜势

通过上述方法判别膨胀土后，还要进一步确定膨胀土的胀缩强弱程度，不同胀缩性能的膨胀土对建筑物的危害程度有明显的差别。自由膨胀率能较好地反映土中的黏性矿物成分、颗粒组成、化学成分和交换阳离子性质的基本特征。自由膨胀率较小的膨胀土，膨胀潜势较弱，建筑物破坏轻微；自由膨胀率高的土，具有较强的膨胀潜势，则较多的建筑物将遭到严重破坏。按自由膨胀率的大小划分膨胀潜势的强弱，以判别膨胀土的胀缩性高低，见表 10-2。

3. 膨胀土地基的胀缩等级

以 50kPa 压力下测定的土的膨胀率，计算地基分级变形量，作为划分胀缩等级的标准，表 10-3 给出了膨胀土地基的胀、缩等级。

表 10-2　膨胀土的膨胀潜势分类

自由膨胀率	膨胀潜势
$40\% \leqslant \delta_{ef} < 65\%$	弱
$65\% \leqslant \delta_{ef} < 90\%$	中
$\delta_{ef} \geqslant 90\%$	强

表 10-3　膨胀土地基的胀缩等级

地基分级变形量 s_c (mm)	级　别	破坏程度
$15 \leqslant s_c < 35$	Ⅰ	轻微
$35 \leqslant s_c < 70$	Ⅱ	中等
$s_c \geqslant 70$	Ⅲ	严重

表中地基分级变形量 s_c 按下列 3 种情况分别计算。

(1) 当离地表 1m 处地基土的天然含水量等于或接近最小值时，或地面有覆盖且无蒸发可能时，以及建筑物在使用期间，经常有水浸湿的地基，可按膨胀变形量计算。

$$s_e = \psi_e \sum_{i=1}^{n} \delta_{epi} h_i \tag{10-8}$$

式中 s_e——地基土的膨胀变形量，mm；

ψ_e——计算膨胀变形量的经验系数，宜根据当地经验确定，若无可依据经验时，3 层及 3 层以下建筑物可采用 0.6；

δ_{epi}——基础底面下第 i 层土在该层土的平均自重压力与平均附加压力之和作用下的膨胀率，由室内试验确定；

h_i——第 i 层土的计算厚度，mm；

n——自基础底面至计算深度内所划分的土层数，计算深度应根据大气影响深度确定，有浸水可能时可按浸水影响深度确定。

(2) 当离地表 1m 处地基土的天然含水量大于 1.2 倍塑限含水量时，或直接受高温作用的地基，可按收缩变形量计算。

$$s_s = \psi_s \sum_{i=1}^{n} \lambda_{si} \Delta\omega_i h_i \tag{10-9}$$

式中 s_s——地基土的收缩变形量，mm；

ψ_s——计算收缩变形量的经验系数，宜根据当地经验确定，若无可依据经验时，三层及三层以下建筑物可采用 0.8；

λ_{si}——第 i 层土的收缩系数，应由室内试验确定；

$\Delta\omega_i$——地基土收缩过程中，第 i 层土可能发生的含水量变化的平均值（以小数表示）；

n——自基础底面至计算深度内所划分的土层数，计算深度应根据大气影响深度确定，有热源影响时应按热源影响深度确定。

(3) 其他情况下可按胀缩变形量计算。

$$s = \psi \sum_{i=1}^{n} (\delta_{epi} + \lambda_{si} \Delta\omega_i) h_i \tag{10-10}$$

式中 s——地基土的胀缩变形量，mm；

ψ——计算胀缩变形量的经验系数，可取 0.7。

10.2.3 膨胀土地基的工程措施

10.2.3.1 设计措施

场地选择。建筑场地应尽量选在地形条件比较简单、土质比较均匀、胀缩性较弱并便于排水且地面坡度小于 14°的地段。应尽量避开复杂地形、可能发生浅层滑坡及地下水位变化剧烈等地段。

建筑措施。对变形有严格要求的建筑物应布置在膨胀土埋藏较深、胀缩等级较低或地形较平坦的地段。同一建筑物地基土的分级变形量之差不宜大于 35mm，宜保持自然地形，避免大挖大填。建筑物的体型力求简单，避免凹凸曲折及高低不一；设置沉降缝；做好散水的设计和施工，散水宽度不小于 1.2m，外缘应超出基坑边外 30cm，坡度为 3%～5%。

结构处理。承重结构可采用拉结较好的实心砖墙，不得采用空斗墙、砌块墙或无砂混凝土砌体，不宜采用砖拱结构、无砂大孔混凝土或无砂中空砌块等结构。房屋顶层和基础顶部宜设置圈梁，其他各层可隔层或层层设置。砖混结构房屋的门窗等孔洞应采用钢筋混凝土过梁，且在底层窗台处设置通长的水平钢筋。钢和钢筋混凝土排架结构的山墙和内隔墙应采用与柱基相同的基础形式。

地基处理。常用的地基处理方法有换土、土性改良、预浸水、桩基等，具体选用应根据地基的胀缩等级、地方材料、施工条件、建筑经验等通过综合技术经济比较后确定。

10.2.3.2 施工措施

在膨胀土地基施工过程中，各种施工工艺的确定应以保证地基土中水分尽量少变化为原则，以减少土的胀缩变形，既要管理好施工用水，又要防止暴晒。建筑场地施工前，应先完成场地土方、挡土墙、护坡、防洪沟及排水沟等工程，使排水畅通、边坡稳定。施工用水应妥善管理，防止管网漏水。临时水池、洗料场、搅拌站与建筑物的距离不少于5m。应做好排水措施，防止施工用水流入基坑内。基坑施工宜采取分段快速作业，施工过程中，基坑不应暴晒或浸泡。被水浸泡后的软弱土层必须清除，雨季施工应有防水措施。基础施工完毕后，应迅速将基坑和室内回填土分层夯实，填土可用非膨胀土或掺有石灰的膨胀土。地坪面层施工时应尽量减少地基浸水，并应用覆盖物湿润养护。

10.3 红黏土地基

红黏土是指在炎热湿润气候条件下的石灰岩、白云岩等碳酸盐系的出露区经长期的成土化学风化作用（又称红土作用），形成的高塑性黏土物质，其液限一般大于50%，通常为红色，故称为红黏土。红黏土一般堆积于洼地和山麓坡地，上硬下软，具有明显的胀缩性，有时还呈紫红、棕红、黄褐等色。红黏土的颗粒经水流再次搬运到低洼处堆积成新的土层，其颜色较未搬运者浅，常含粗颗粒，但仍保持红黏土的基本特征，这种液限大于45%的坡、洪积黏土称为次生红黏土。在相同物理指标时，次生红黏土的力学性能低于红黏土。

红黏土及次生红黏土广泛分布于我国的云贵高原、四川东部、广西、粤北及鄂西、湘西等地区的低山、丘陵地带顶部和山间盆地、洼地、缓坡及坡脚地段。

10.3.1 红黏土的基本性质

红黏土的一般工程特点有以下几点。

（1）高分散性，大孔隙比。天然孔隙比一般为1.4～1.7，最高2.0，具有大孔性。

（2）天然含水量高，一般为40%～60%，高达90%。

（3）高塑性。液限一般为60%～80%，高达110%；塑限一般为40%～60%，高达90%；塑性指数一般为20～50。由于塑限很高，所以尽管天然含水量高，一般仍处于坚硬或硬塑状态，液性指数一般小于0.25，但是其饱和度一般在90%以上，因此，甚至坚硬红黏土也处于饱水状态。

从土的性质来说，红黏土是较好的建筑物地基，但也存在以下问题。

（1）湿胀干缩大。由于红黏土分布区潮湿多雨，其起始含水量远高于其缩限，在自然条件下失水，具有明显的收缩性和裂隙发育等特征。

（2）厚度分布不均匀。红黏土常为岩溶地区的覆盖层，因受基岩起伏的影响，其厚度不大，但变化较大。黔、桂、滇等地古溶蚀地面上堆积的红黏土层，由于基岩起伏变化及风化深度的不同，造成其厚度变化极不均匀，常见为5～8m，最薄为0.5m，最厚为20m。在水平方向常见咫尺之隔，厚度相差达10m之巨。土层中常有石芽、溶洞或土洞分布其间，给地基勘察、设计工作造成困难。

（3）沿深度含水量增加，土质由硬变软。红黏土沿深度自上而下含水量增加，土质由硬至软的明显变化。接近下卧基岩处，呈软塑或流塑状态，其强度低，压缩性较大。

（4）红黏土地区的岩溶现象一般较为发育。由于地表水和地下水的运动引起的冲蚀和潜蚀作用，红黏土层常有土洞存在，影响场地的稳定性。

10.3.2 红黏土地基的工程措施

因为各地区的地质条件有一定的差异，使得同一地区、同一成因和埋藏条件下的红黏土的地基承载力也有所不同。因此，在确定红黏土地基承载力时，应充分考虑地质条件、埋藏条件（如随埋深变化的湿度）和上部结构的情况。

为了有效地利用红黏土作为天然地基，针对其强度具有随深度递减的特征，在无冻胀影响地区、无特殊地质地貌条件和无特殊使用要求的情况下，基础宜尽量浅埋，把坚硬或硬塑状态的土层作为地基的持力层，既可充分利用表层红黏土的承载能力，又可节约基础材料，便于施工。此时，基础浅埋也不致由于地基土受大气变化影响而产生附加变形和强度问题。

红黏土一般强度高，压缩性低，对于一般建筑物，地基承载力往往由地基强度控制，而不考虑地基变形。但是，由于地形和基岩面起伏造成同一建筑地基上各部分红黏土厚度和性质很不均匀，从而产生过大的差异沉降，是天然地基上建筑物产生裂缝的主要原因。在这种情况下，按变形计算地基对于合理利用地基强度，正确反映上部结构及使用要求具有特别重要的意义，特别对5层以上建筑物及重要建筑物应按变形计算地基。同时，还应根据地基、基础与上部结构共同作用原理，适当加强上部结构刚度，提高建筑物对不均匀沉降的适应能力。

10.4 山 区 地 基

山区（包括丘陵地带）在我国分布很广，其气候多变，地形、地貌复杂，工程地质条件和水文地质条件亦很复杂，因此，在山区进行工程建设，选择适宜的建筑场地尤为重要。

山区地基由于工程地质条件复杂，与平原地基相比，具有如下特点。

（1）存在较多的不良地质现象。山区经常遇到的不良地质现象有滑坡、崩塌、断层、岩溶、土洞以及泥石流等，对建筑物构成直接的或潜在的威胁，给地基处理带来困难，若处理不当就有可能带来严重损害。勘察工作必须查明其分布范围，通过综合治理后方可进行建设。

（2）在建筑物地基压缩层内，岩土的性质不同，地基变形不均匀。山区除岩外，还可遇见各种成因类型的土层，如山顶的残积层、山麓的坡积层、山谷沟口的洪积和冲积层，在西南山区局部还存在第四纪冰川形成的冰渍层，这些岩土的力学性质往往差别很大，软硬不均，分布厚度也不均匀，构成山区不均匀岩土地基。

（3）水文地质条件特殊。南方地区一般雨水丰富，如果建设时破坏天然排水系统，则应考虑暴雨形成的洪水的排泄问题。北方地区由于天然植被较差、雨水集中、在山麓地带汇水面积大，如果风化物质丰富，应注意暴雨携带泥砂形成泥石流的防治问题。山区地下水常处于不稳定状态，受大气降水影响较大，设计施工时均应考虑。

（4）地形起伏大。山区地形高差一般较大，场地高低不平，往往沟谷纵横，陡坡很多。整平场地时挖高、填低很难避免，土石方工程量大，对填方及边坡的处理造成困难。位于斜坡及斜坡周边的建筑，应防止地基失稳，确保建筑物免遭损坏。

因此，山区（包括丘陵地带）地基的设计，应考虑下列因素。

（1）建设场区内，在自然条件下，有无滑坡现象，有无断层破碎带。

（2）施工过程中，挖方、填方、堆载和卸载等对山坡稳定性的影响。

（3）建筑地基的不均匀性。

（4）岩溶、土洞的发育程度。

（5）出现崩塌、泥石流等不良地质现象的可能性。

（6）地面水、地下水对建筑地基和建设场区的影响。

山区各种不良地质现象，对工程建设危害性大。以往在建设中由于对不良地质现象缺乏认识，工程建成后，有的被迫迁移，有的长期治理，给国家造成巨大损失。例如：某硫酸厂，建在一个滑坡体上，后因山体滑动，建筑物严重毁坏。类似情况的工程实例不胜枚举。

总之，在山区建设中，必须对建设场区的工程地质条件和水文地质条件做出评价，对有直接危害或潜在威胁的滑坡、泥石流、崩塌以及岩溶、土洞强烈发育地段，不得选为建设场地。如必须使用这类场地时，应采取可靠的防治措施。位于斜坡边缘的地基，应进行稳定性验算，当地基稳定条件不能满足设计要求时，可将建筑物平面向坡后移动，或采取其他加固措施，确保建筑物和斜坡的安全。

10.4.1 土岩组合地基

在建筑物地基的主要受力范围内，如存在下列情况之一时，属于土岩组合地基。

（1）下卧基岩表面坡度较大（>10%）的地基。

（2）石芽密布并有局部出露的地基。

（3）大块孤石或个别石芽出露的地基。

这类地基在山区建设中较多，其主要特征是地基在水平方向和竖直方向均有不均匀性。针对土岩地基的不同情况，应结合上部结构的特点采取相应的措施。

10.4.1.1 下卧基岩表面坡度较大的地基

此类地基在山区较为普遍，设计时除了要考虑由于上覆土层厚薄不均使建筑物产生的不均匀沉降外，还要考虑地基的稳定性，即上覆土层有无沿倾斜的基岩面产生滑动的趋势。

建筑物不均匀沉降的大小除与荷载的大小、分布情况和建筑结构形式等因素有关外，主要取决于3个因素：岩层表面的倾斜方向和程度、上覆土层的力学性能及岩层的风化程度和压缩性等，通常以前两种因素为主。当下卧基岩单向倾斜时，建筑物的主要危险是倾斜。评价这类地基主要是根据下卧基岩的埋藏条件和建筑物的性质。建在这类地基上的建筑物基础产生不均匀沉降时，裂缝多出现在基岩出露或埋藏较浅的部位。建筑物位于冲沟部位时，下卧基岩往往相向倾斜，成八字形，若岩层表面的倾斜平缓，而上覆土层的性质较好时，对中小型建筑物，可只采取某些结构措施适当加强上部结构的刚度，而不必处理地基。若下卧基岩的表面向两边倾斜时，地基的变形条件对建筑物最为不利，往往在双斜面交界部位出现裂缝，最简单的处理办法就是在这些部位用沉降缝隔开。

10.4.1.2 石芽密布并有局部出露的地基

石芽密布并有局部出露的地基是岩溶现象的反映（见图 10-1）。它的基本特点是基岩表面凹凸不平，基岩起伏较大，石芽之间多被红黏土所充填，在贵州、广西、云南等地最多。一般勘探方法不易查清基岩面的起伏变化。如贵州某厂，在勘察时将钻孔间距加密为每 6m 一孔，仍没有查清地基的全貌。因此，只能根据基坑开挖后的地基实际情况确定基础的埋置深度。

这类地基的变形问题，目前尚无理论计算公式。实践表明，由于充填在石芽间的红黏土压缩性较低、承载力较高，且由于石芽限制了岩间土的侧向膨胀，变形量总是小于同类土在无侧限压缩时的变形量。调查表明，建筑在这种地基上的大量中小型建筑物，虽然没有进行地基处理，但至今使用正常。

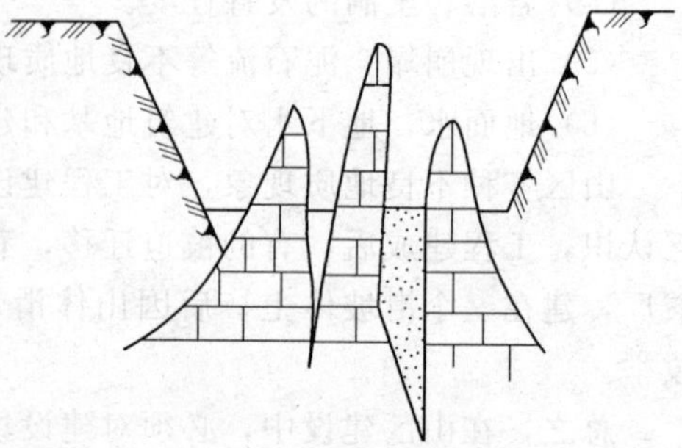

图 10-1 石芽密布地基

根据上述情况，规范规定：对于石芽密布并有出露，当石芽间距小于 2m，其间为硬塑或坚硬状态的红黏土时，对于房屋为 6 层和 6 层以下的砌体承重结构、3 层和 3 层以下的框架结构或具有 15t 和 15t 以下吊车的单层排架结构，其基底压力小于 200kPa，可不作地基处理。如不能满足上述要求时，可利用稳定可靠的石芽作支墩式基础，也可在石芽出露部位作褥垫。当石芽间有较厚的软弱土层时，可用碎石、土夹石等进行置换。

10.4.1.3 大块孤石或个别石芽出露的地基

这类地基的变形条件对建筑物最不利，如不妥善处理，极易造成建筑物开裂。对于这种地基，有关规范规定：当土层的承载力特征值大于 150kPa、房屋为单层排架结构或一、二层砌体承重结构时，宜在基础与岩石接触的部位采用褥垫进行处理。对于多层砌体承重结构，应根据土质情况，结合规范的其他相关规定综合处理。

基岩局部存在石芽，可将露出石尖凿至基底下 300～500mm，填以褥垫；若岩石露头宽度超过基础宽度时，垫层宽度每边应超出基础 200mm；如局部露头，可凿去部分石芽，使其平整；石芽较密，中间为坚实原土可不处理；如为软土可挖去，用碎石或土碎石混合物回填夯实；基础落在土层上，仅局部下卧层有石芽，可不处理；石芽密布均匀的，可在其上设梁、板以支承上部结构；石芽间填充物松软、埋藏深度不大于 3m，可用跨盖的方法处理。

10.4.2 岩溶

10.4.2.1 岩溶的形成和特征

岩溶（又名喀斯特）是可溶性岩层如石灰岩、泥灰岩、大理岩、石膏、岩盐层等，受水的化学和机械作用而形成的裂缝、溶沟、溶槽和溶洞，以及由于洞顶塌落而使地表产生陷穴等一系列现象和作用的总称。

我国岩溶地区分布很广，广西、贵州、云南、四川、湖南、广东、浙江、江苏、山东、山西等省（自治区）均有规模大小不等的岩溶地区，其中广西、贵州、云南、四川分布较广。

1. 岩溶主要的地表形态

（1）溶沟、溶槽、石芽和石林。地表水沿可溶性岩层表面的裂隙，进行溶蚀、冲蚀，使岩层表面形成大小不同的沟槽，分别称为溶沟和溶槽；溶沟、溶槽进一步发展后，沟槽间的石脊遭受切割破坏，残留的顶尖下粗的锥状柱体，称为石芽；石芽林称为石林。

（2）漏斗、落水洞、竖井。漏斗是指在水的腐蚀作用下，岩层塌陷成碗碟状或倒锥状的地貌形态；落水洞则指在溶蚀作用和机械腐蚀作用下形成的地表水能流向地下暗河或溶洞的通道；非地表水流入地下的通道的洞穴则称为竖井。

（3）溶蚀洼地、坡立谷。由于溶蚀作用而形成的面积为数平方公里的盆状洼地，称为溶蚀洼地；面积较大（数十或百余平方公里）、四周边缘陡峭而谷底平坦的封闭洼地则称为坡立谷。

2. 岩溶主要的地下形态

（1）溶蚀裂缝：水在岩层裂缝中流动，被溶蚀作用扩大的裂缝。

（2）溶洞、暗河、石钟乳、石笋：地下水在流动过程中，对岩石以溶蚀作用为主，间有冲蚀、潜蚀和塌陷作用而形成的地下洞穴，称为溶洞。溶洞的大小相差悬殊，形态千变万化，洞内一般有含 $CaCO_3$ 的水从洞顶滴下来形成石钟乳和石笋，石钟乳和石笋连接起来成为石柱；在溶洞中经常有流量较大的水流形成地下河，称为暗河。

根据上述的特征识别建筑场地是否是岩溶地区。如确定为岩溶地区，还必须进一步掌握岩溶发育、分布情况，合理地选择建筑场地、布置建筑物，防治岩溶可能造成的危害。

10.4.2.2 岩溶地基的稳定性评价

岩溶地基的稳定性评价，可分为建筑场地的稳定性评价和建筑地基的稳定性评价两部分。

1. 建筑场地的稳定性评价

选址和初勘阶段进行的地区性评价，着重从岩溶发育规律、分布情况及其稳定程度等方面对场地的岩土工程条件进行评价。即着重研究建筑场地形成岩溶的岩性和水的运动规律，并结合地貌、地质构造、岩溶发育过程以及岩溶形态的分布等进行综合分析，在较大的拟建范围内，按岩溶发育程度在平面上划出对建筑物稳定性影响不同的地段，用来作为选择建筑场地、总图布置的依据。其中下述地段属于建筑不利的地段。

（1）有浅层、处于极限平衡状态的洞体或溶洞群，洞径大、顶板破碎且可见变形迹象，洞底有新近塌落物等。

（2）地表水沿土中裂隙下渗或地下水自然升降变化使上覆土层被冲蚀，形成成片或成带土洞塌陷。

（3）有规模较大的浅隐伏岩溶如漏斗、洼地、槽谷中充填软弱土或地面出现明显变形现象。

（4）在有覆盖土地段内，降水工程的降落漏斗总最低动水位高于基岩层面的范围。

（5）岩溶通道排泄不畅或上涌导致暂时淹没。

2. 建筑地基的稳定性评价

在详勘阶段，针对具体建筑物下及其附近对稳定性有影响的个体岩溶形态进行评价，根据评价结论确定是否需要进行工程处理。目前岩溶地基的评价方法有定性评价和洞顶板稳定性验算两种。

(1) 定性评价。定性评价着重分析岩溶形态及各项地质条件，并考虑建筑物荷载的影响来判断地基稳定性。对于溶洞，应了解洞体大小、形状、顶板的厚度、底部的坡度和围岩体的结构及强度，结构面的多少及其分布与空间组合，研究洞内充填情况以及水的活动情况等因素，再结合洞体的埋深、上覆土的厚度、建筑物的基础形式、荷载条件等进行综合分析。

对存在岩溶洞穴的地基可按下列原则进行稳定性评价。

1) 对二级建筑物，当地基属下列条件之一时，可不考虑岩溶稳定性的不利影响。①基础底面土层厚度大于 3 倍独立基础宽度或 6 倍条形基础宽度，且不具备形成土洞或其他地面变形的条件。②基础底面与洞体顶板间岩土厚度虽小于上条所列基础宽度的倍数，但符合下列条件之一：洞穴或岩溶漏斗被密实的沉积物填满，其承载力超过 150kPa，且无被水冲蚀的可能；洞体为微风化岩石，顶板岩石厚度大于或等于洞跨；洞体较小，基础底面积大于洞的平面尺寸，并有足够的支承长度；宽、长小于 1.0m 的竖向溶蚀裂缝、落水洞、漏斗近旁地段。

2) 当满足不了上述条件时，可根据洞体大小、顶板形状、岩体结构及强度、洞内堆填及岩溶水活动等因素进行洞体稳定性分析。当判断顶板为不稳定，但洞内被密实堆填物充填且无水流活动时，可认为堆填物受力，根据其力学指标按不均匀地基评价。在有建筑经验地区，可按类比法进行稳定性评价。

基础近旁有裂隙及临空面时，应验算基底岩体向临空面倾覆或沿裂隙面滑移的可能性。

(2) 洞顶板稳定性验算。在有可能取得溶洞计算参数时，可将洞体顶板视为结构自承重体系进行结构力学分析，根据顶板形态、成拱条件及裂隙分布，将其作为梁板或拱壳进行受力计算。当有条件取得有代表性的参数时，亦可进行有限元分析。

10.4.2.3 岩溶地基的处理

在岩溶地区，如果基础底面以下的土层厚度大于地基沉降计算深度且不具备形成土洞的条件，或基础位于微风化的硬质岩表面，对于宽度小于 1m 的竖向溶蚀裂隙和落水洞近旁地段，可以不考虑岩溶对地基稳定性的影响。如果在不稳定的岩溶地区进行建筑，应结合岩溶的发育情况、工程要求、施工条件、经济与安全的原则，考虑采取如下处理措施。

(1) 对个体溶洞与溶蚀裂隙，可采用调整柱距、用钢筋混凝土梁板或桁架跨越的办法。当采用梁板和桁架跨越时，应查明支撑端岩体的结构强度及其稳定性。

(2) 对浅层洞体，若顶板不稳定可进行清、爆、挖、填处理，清除覆土，爆开顶板挖去软土，用块石、碎石、黏土或毛石混凝土等分层填实。若岩洞的顶板已被破坏，又有沉积物填充，当沉积物为软土时，除了采用前述挖、填处理外，还可根据溶洞和软土具体条件采用石砌筑、灌注桩、换土或沉井等办法处理。

(3) 溶洞大，顶板具有一定厚度，当稳定条件较差时，若能进入洞内，为了增加顶板岩体的稳定性，可用石砌筑、拱或用钢筋混凝土柱支撑，以增加顶板岩体的稳定性。采用此方法，应着重查明洞底的稳定性。

（4）地基岩体内的裂隙，可采用灌注水泥浆、沥青或黏土水泥浆等方法处理。

（5）地下水宜疏不宜堵，在建筑物地基内，宜用管道疏导。对建筑物附近排泄地表水的漏斗、落水洞以及建筑范围内的岩溶泉（包括季节性泉），应注意清理、疏导，防止水流堵塞，避免场地或地基被水淹没。

10.4.3 土洞

10.4.3.1 土洞的形成

土洞是岩溶地区上覆土层被地表水冲蚀或地下水潜蚀所形成的洞穴。这种洞穴进一步发展，其顶部土体会塌陷成土坑和碟形洼地。土洞顶部土体的这种塌陷称为地表塌陷。

土洞及其在地表引起的塌陷都属于岩溶现象，对建筑物的稳定性影响很大，在不同程度上威胁着建筑物的安全和正常使用。主要原因是土洞埋藏浅、分布密、发育快、顶板强度低。

土洞的形成和发展与地区的地貌、土层、地质构造、水的活动、岩溶发育、地表排水等多种条件有关，其中以黏土、岩溶的发育和水的活动为最主要的条件。

土质不同，土洞的发育程度不同。一般土洞多位于黏性土中，砂土及碎石土中比较少见。对于黏性土，由于土粒成分、土的黏聚力和透水性不同，土洞的形成情况也不一样。土粒细、黏性强、胶结好、透水性差的土层难以形成土洞；反之，土粒粗、黏性弱、透水性好、遇水易湿化崩解的土层就容易形成土洞。在溶沟、溶槽地带，经常有软黏土分布，其抵抗水冲蚀的能力弱，且处于地下水流首先作用的场所，往往是土洞发育的有利地带。

土洞的形成与岩溶的关系很密切。凡具备土洞发育条件的岩溶地区，一般都有土洞发育，因而土洞常分布在溶沟及溶槽两侧、石芽侧壁和落水洞上口等位置的土层中。

水的活动对土洞形成的影响，包括地表水和地下水两个方面。地表水下渗，土体内部被冲蚀淘空而逐渐形成土洞；地下水升降频繁或人工降低地下水位时，水对松软的土产生潜蚀作用，在岩土交界面处也会形成土洞。土洞逐渐扩大就会引起地表塌陷。

10.4.3.2 土洞和地表塌陷的处理

在建筑物地基范围内有土洞和地表塌陷时，必须认真进行处理，常用的措施如下。

（1）处理地表水和地下水。在建筑场地范围内做好地表水的截流、防渗、堵漏等工作，杜绝地表水渗入土层。这种措施对由地表水形成的土洞和地表塌陷，可以起到治本的作用。对形成土洞和塌陷的地表水，当地质条件许可时，可采用截流、改造的办法，防止土洞和地表塌陷的发展。

（2）挖填处理。这种措施常用于浅层土洞。对地表水形成的土洞的塌陷，应先挖除软土，后用块石、片石或毛石混凝土等回填。对地下水形成的土洞和塌陷，除挖除软土抛填块石外，还应做反滤层，面层用黏土夯实。

（3）灌砂处理。适用埋藏深、洞径大的土洞。施工时，在洞体范围内的顶板上钻两个或更多的钻孔，其中直径较小的孔（50mm）排气，直径较大的孔（大于 100mm）灌砂。灌砂的同时冲水，直到小孔冒砂为止。如果洞内有水，灌砂困难，可用 C15 的细石混凝土进行压力灌注，或灌注水泥、砾石也可。

（4）垫层处理。在基础底面下夯填黏性土、夹碎石作垫层，以提高基底标高，减小土洞顶板的附加压力，这样，以碎石为骨架可降低垫层的沉降量，并增加垫层的强度，碎石之间有黏性土充填，可避免地表水下渗。

（5）梁板跨越。当土洞发育剧烈，可用梁、板跨越土洞，以支承上部建筑物。采用这种方案时，应注意洞旁土体的承载力和稳定性。

（6）采用桩基或沉井。对重要建筑物，当土洞较深时，可采用桩或沉井穿过覆盖土层，将建筑物荷载传至稳定的岩层上。

以上对土洞的各种处理措施，一般需综合采用。

本 章 小 结

湿陷性黄土在天然状态下，其强度高，压缩性较低。在一定压力作用下受水浸湿，其结构迅速破坏而发生显著附加沉陷，导致建筑物破坏。湿陷系数、湿陷起始压力是表征湿陷性黄土湿陷变形特征的两个主要指标。湿陷性黄土地基的湿陷等级分为轻微、中等、严重、很严重 4 级。湿陷性黄土地基的设计和工程措施分为地基处理、防水措施和结构措施。

膨胀土一般指土中黏粒成分主要由强亲水性矿物组成，具有吸水膨胀、失水收缩的特性，具有较大反复胀缩变形的高塑性黏土。膨胀土的胀缩性由自由膨胀率、膨胀率、膨胀力、线缩率和收缩系数等胀缩性指标反映。膨胀土地基的工程措施包括设计措施和施工措施。

红黏土地基指在炎热湿润气候条件下的石灰岩、白云岩等碳酸盐系的出露区，在长期的成土化学风化作用下形成的高塑性黏土物质，其液限一般大于 50%，且通常呈红色。红黏土裂隙发育，作为建筑物的地基，在施工时和建筑物建成以后应做好防水排水措施，以免水分渗入地基中。

与平原地基相比，山区地基具有如下特点：存在较多的不良地质现象；岩土性质复杂；水文地质条件特殊；地形高差起伏较大。山区地基主要包括土岩组合地基、岩石地基、岩溶和土洞。对山区地基如不妥善处理，会引起建筑物不均匀沉降，使建筑物开裂、倾斜甚至破坏。在山区不良地质现象特别发育地段，一般不容许选作建筑场地，如因特殊需要必须使用这类场地时，应采取可靠的防治措施。

? 复习思考题

1. 什么叫湿陷性黄土？试述湿陷性黄土的工程特征。

2. 如何判别黄土地基的湿陷程度？怎样区分自重和非自重湿陷性场地？如何划分湿陷性黄土地基的等级？

3. 对湿陷性黄土地基而言，在防水和结构方面可采取哪些措施？可用哪些地基处理方法？

4. 试述膨胀土的特征。影响膨胀土胀缩变形的主要因素是什么？膨胀土地基对哪些房屋的危害最大？

5. 自由膨胀率、膨胀率、膨胀力和收缩系数的物理意义是什么？如何划分胀膨等级

6. 红黏土地基设计时应考虑哪些措施？

7. 山区地基的特点是什么？在土岩组合地基设计时要注意哪些问题？

第11章 岩 土 工 程

本章要点

- 熟悉岩土工程与岩土工程体制，了解注册岩土工程师的考试制度及考试内容。
- 了解基坑工程、地下洞室的分类和支护形式，熟悉滑坡的处理方法。

11.1 岩土工程与岩土工程体制

11.1.1 岩土工程的定义

中国土木建筑百科词典对岩土工程的释义为“以工程地质学、岩体力学、土力学与基础工程学科为基础理论，研究和解决工程建设中与岩土有关的技术问题的一门新兴的应用科学。”可以概括为3个层次：

1）岩土工程是以土力学、岩石力学、基础工程与工程为基础，并与工程地质学密切结合的综合性学科。

由于岩土工程涉及土和岩石两种性质不同的材料，解决土和岩石的工程问题不仅需要应用数学和力学，而且还需要运用地质学的知识和手段。因此，岩土工程并不是一门单一的学科，任何单一学科都不足以覆盖岩土工程丰富的内涵。

2）岩土工程以岩石和土的利用、整治或改造作为研究内容。

有许多学科都以土或岩石作为其研究对象，例如地质学、土壤学等，其研究内容各不相同。岩土工程研究土和岩石并不是从地学或农业的角度，而是从工学的角度，以工程建设为目的研究岩石和土的工程性质，当岩土的工程性质或岩土环境不能满足工程建设要求时，就需要采取工程措施对岩土进行整治和改造，不仅涉及对岩土性质的认识，而且需要研究采用有效的、经济的方法实现工程目的。

3）岩土工程服务于各类主体工程的勘察、设计与施工的全过程，是这些主体工程的组成部分。

岩土工程不是一门独立于土木工程学科之外的学科，而是寓于土木工程各主体工程之中的学科。但岩土工程又有其特有的、不同于上部结构的规律和研究方法，将它们的共同规律从各种主体工程中归纳出来进行研究，有助于更好地解决各类工程中的岩土工程问题，这是岩土工程学之所以能发展成为一门学科的客观基础。

岩土工程从工作内容来分分为岩土工程勘察、岩土工程设计、岩土工程工程施工、岩土工程检测和岩土工程管理等；以工程类型划分为岩土地基工程、岩土边坡工程、岩土洞室工程、岩土支护工程和岩土环境工程等。

11.1.2 岩土工程与工程地质的区别与联系

工程地质是地质学的一门分支学科，是研究与工程建设有关的地质问题的科学。工程地质学的产生源于土木工程的需要，其本质是地学的一门应用科学；岩土工程是土木工程的一个分支，其本质是一门工程技术。

按学科的分类，岩土工程学科是土木工程学科的一个分支学科，是以岩土为主要研究对象的工程学学科；而工程地质学科是地质学的一个分支学科，是研究工程中的地质问题的地学学科。

11.1.3 岩土工程体制

岩土工程体制是指在土木工程领域中，处理岩土工程问题的一种符合市场经济的运行机制，在业主、上部结构设计、岩土工程咨询之间建立相互配合协调的技术、经济关系的一种运行模式。

实行岩土工程体制的国家，岩土工程咨询公司或事务所所从事的技术工作不局限于勘察，而是涉及设计、施工和运行阶段等许多技术工作，覆盖了土木工程各个领域的岩土工程技术。其服务对象不分行业、其工作内容将地质调查和设计融为一体，且其技术人员具有地质和工程两方面的素养，是一种一揽子服务、全过程服务的技术咨询工作，成为岩土工程师从业的成功模型。

20 世纪 80 年代初期以前，我国的勘察体制基本上还是建国初期的前苏联模式，人们称之为“工程地质勘察体制”，即按行政部门进行工程项目的规划、勘察、设计与施工。对于岩土工程问题，也按行政部门建立了分属于勘察、设计单位的技术主管或智囊团。在这种体制下，岩土工程被分割在各个不同的行业中，在同一个行业中，统一的岩土工程技术工作又被分割在勘察和设计两大部门。

1986 年原国家计划委员会正式发文要求在全国逐步推广岩土工程体制。目前，我国的岩土工程界已出现了多方面的显著变化：①执业范围从单纯的勘察变为参与岩土工程勘察、设计、施工、检测与监理等全过程；②工程成果报告加深了针对工程的分析评价力度，量化地提出工程设计方案或工程处理的方案与具体建议，改变了勘察工作局限于“打钻、取样、试验、提报告”的局面。但是这些改革还没有从根本上解决原来的勘察、设计分工的主要弊端，没有触动部门条块分割的状况，没有完全建立岩土工程体制的基本框架。因此，我国岩土工程体制的建立，尚需一定时日。

11.1.4 注册岩土工程师

11.1.4.1 注册岩土工程师执业资格考试报考条件

凡中华人民共和国公民，遵守国家法律、法规，恪守职业道德，并具备相应专业教育和职业实践条件者，均可申请参加注册土木工程师（岩土）执业资格考试。

（1）具备以下条件之一者，可申请参加基础考试。

1）取得本专业或相近专业大学本科及以上学历或学位。

2）取得本专业或相近专业大学专科学历，从事岩土工程专业工作满 1 年。

3）取得其他工科专业大学本科及以上学历或学位，从事岩土工程专业工作满 1 年。

(2) 基础考试合格，并具备以下条件之一者，可申请参加专业考试。

1) 取得本专业博士学位，累计从事岩土工程专业工作满 2 年，或取得相近专业博士学位，累计从事岩土工程专业工作满 3 年。

2) 取得本专业硕士学位，累计从事岩土工程专业工作满 3 年，或取得相近专业硕士学位，累计从事岩土工程专业工作满 4 年。

3) 取得本专业双学士学位或研究生班毕业，累计从事岩土工程专业工作满 4 年，或取得相近专业双学士学位或研究生班毕业，累计从事岩土工程专业工作满 5 年。

4) 取得本专业大学本科学历，累计从事岩土工程专业工作满 5 年，或取得相近专业大学本科学历，累计从事岩土工程专业工作满 6 年。

5) 取得本专业大学专科学历，累计从事岩土工程专业工作满 6 年，或取得相近专业大学专科学历，累计从事岩土工程专业工作满 7 年。

6) 取得其他工科专业大学本科及以上学历或学位，累计从事岩土工程专业工作满 8 年。

11.1.4.2 考试内容、时间与分值

我国注册岩土工程师考试分两阶段进行，第一阶段是基础考试，在考生大学本科毕业后按相应规定的年限进行，其目的是测试考生是否基本掌握进入岩土工程实践所必须具备的基础及专业理论知识；第二阶段是专业考试，在考生通过基础考试，并在岩土工程工作岗位实践了规定年限的基础上进行，其目的是测试考生是否已具备按照国家法律、法规及技术规范进行岩土工程的勘察、设计和施工的能力和解决实践问题的能力。

(1) 基础考试。基础考试为闭卷考试，上午段主要测试考生对基础科学的掌握程度，考试学科分以下三大类。

1) 工程科学基础：数学、物理学、化学、理论力学、材料力学、流体力学。

2) 现代技术基础：电气与信息。

3) 工程管理基础：法律法规、工程经济。

上午考试 120 题，每题 1 分，共 120 分。

下午段主要测试考生对岩土工程直接有关专业理论知识的掌握程度，分 7 个科目：工程地质、土力学与地基基础、结构力学与结构设计、工程测量、计算机与数值方法、建筑施工与管理、职业法规。设 60 道题，每题 2 分，共 120 分。

(2) 专业考试。专业考试主要分 11 个科目：岩土工程勘察、岩土工程设计基本原则、浅基础、深基础、地基处理、土工结构与边坡防护、基坑工程与地下工程、特殊条件下的岩土工程、地震工程、岩土工程检测与监测、工程经济与管理。这些科目均为必答题。

专业考试分为 2 天，第一天为专业知识考试，第二天为专业案例考试，考试时间每天上、下午各 3 小时。第一天为知识概念性考题，上、下午各 70 题，前 40 题为单选题，每题分值为 1 分，后 30 题为多选题，每题分值为 2 分，试卷满分 200 分；第二天为案例分析题，上、下午各 30 题，实行 30 题选 25 题做答的方式，多选无效。如考生作答超过 25 道题，按题目序号从小到大的顺序对作答的前 25 道题计分及复评试卷，其他作答题目无效。每题分值为 2 分，满分 100 分。

11.1.4.3 执业范围

注册土木工程师（岩土）可在下列范围内开展执业工作。

(1) 岩土工程勘察。与各类建设工程项目相关的岩土工程勘察、工程地质勘察、工程水文地质勘察、环境岩土工程勘察、固体废弃物堆填勘察、地质灾害与防治勘察、地震工程勘察。

(2) 岩土工程设计。与各类建设工程项目相关的地基基础设计、岩土加固与改良设计、边坡与支护工程设计、开挖与填方工程设计、地质灾害防治设计、地下水控制设计(包括施工降水、隔水、回灌设计及工程抗浮措施设计等)、土工结构设计、环境岩土工程设计、地下空间开发岩土工程设计以及与岩土工程、环境岩土工程相关其他技术设计。

(3) 岩土工程检验、监测的分析与评价。与各类建设工程项目相关的地基基础工程、岩土加固与改良工程、边坡与支护工程、开挖与填方工程、地质灾害防治工程、土工构筑物工程、环境岩土工程以及地下空间开发工程的施工、使用阶段相关岩土工程质量检验及工程性状监测；地下水水位、水压力、水质、水量等的监测；建设工程对建设场地周边相邻建筑物、构筑物、道路、基础设施、边坡等的环境影响监测；其他岩土工程治理质量检验与工程性状监测。

(4) 岩土工程咨询。上述各类岩土工程勘察、设计、检验、监测等方面的相关咨询；岩土工程、环境岩土工程专项研究、论证和优化；施工图文件审查；岩土工程、环境岩土工程项目管理咨询；岩土工程、环境岩土工程风险管理咨询；岩土工程质量安全事故分析；岩土工程、环境岩土工程项目招标文件编制与审查；岩土工程、环境岩土工程项目投标文件审查。

(5) 住房和城乡建设主管部门对岩土工程专业规定的其他业务。

11.1.4.4 执业管理

(1) 注册土木工程师（岩土）必须受聘并注册于一个建设工程勘察、设计、检测、施工、监理、施工图审查、招标代理、造价咨询等单位方能执业。未取得注册证书和执业印章的人员，不得以注册土木工程师（岩土）的名义从事岩土工程及相关业务活动。

(2) 注册土木工程师（岩土）可在规定的执业范围内，以注册土木工程师（岩土）的名义在全国范围内从事相关执业活动。

注册土木工程师（岩土）执业范围不得超越其聘用单位的业务范围，当与其聘用单位的业务范围不符时，个人执业范围应服从聘用单位的业务范围。

(3) 注册土木工程师（岩土）执业制度不实行代审、代签制度。在规定的执业范围内，甲、乙级岩土工程的项目负责人须由本单位聘用的注册土木工程师（岩土）承担。

(4) 注册土木工程师（岩土）应在规定的技术文件上签字并加盖执业印章（以下统称“签章”)。凡未经注册土木工程师（岩土）签章的技术文件，不得作为岩土工程项目实施的依据。

(5) 注册土木工程师（岩土）执业签章的有关技术文件按照“注册土木工程师（岩土）签章文件目录（试行)”的要求执行。省级住房和城乡建设主管部门可根据本地实际情况，制定注册土木工程师（岩土）签章文件补充目录。

(6) 勘察设计单位内部质量管理可继续采用国家推行和单位现行的质量管理体系，实行法人负责的技术管理责任制。注册土木工程师（岩土）承担《勘察设计注册工程师管理规定》(中华人民共和国建设部令，第137号）规定的责任与义务，对其签章技术文件的技术质量负责。

(7) 注册土木工程师（岩土）在执业过程中，应及时、独立地在规定的岩土工程技术文件上签章，有权拒绝在不合格或有弄虚作假内容的技术文件上签章。聘用单位不得强迫注册土木工程师（岩土）在工程技术文件上签章。

(8) 注册证书和执业印章是注册土木工程师（岩土）的执业凭证，由注册土木工程师（岩土）本人保管和使用，其聘用单位不得以任何名义代为保管。

(9) 注册土木工程师（岩土）在注册有效期内完成的主要项目须填写《注册土木工程师（岩土）执业登记表》，在申请延续注册时报省级住房和城乡建设主管部门。

(10) 注册土木工程师（岩土）在注册有效期内调离聘用单位，应按照相关规定办理变更注册后方可执业。

(11) 注册土木工程师（岩土）注册年龄一般不得超过 70 岁。对超过 70 岁的注册土木工程师（岩土），注册部门原则上不再办理延续注册手续。个别年龄达到 70 岁，但身体状况良好、能完全胜任工作的注册土木工程师（岩土），由本人自愿提出申请，经省级住房和城乡建设主管部门批准，可以继续受聘执业。

(12) 注册土木工程师（岩土）办理退休手续后，可受聘于一个单位继续执业。受聘于原单位的，原执业印章继续有效；受聘于其他单位的，须提供退休证明和同新聘用单位签订聘用合同，并办理变更注册后方可执业。

(13) 县级以上住房和城乡建设主管部门负责对本行政区域内注册土木工程师（岩土）的执业活动进行监督检查，并依据国家有关法律、法规和《勘察设计注册工程师管理规定》（中华人民共和国建设部令，第 137 号）对违法违规行为进行处罚。

(14) 执业管理其他有关规定按照《勘察设计注册工程师管理规定》（中华人民共和国建设部令，第 137 号）执行。

11.2 岩土工程简介

11.2.1 基坑工程

基坑工程是为保证基坑施工、主体地下结构的安全和周边环境不受损害而采取的支护结构、加固、降水和土方开挖与回填等工程总称，包括勘察、设计、施工、监测等工作。

11.2.1.1 基坑的分类

1. 按开挖深度分类

一般把深度等于或大于 7m 的基坑称为深基坑。

2. 按开挖方式分类

按照土方开挖方式可以将基坑分作放坡开挖基坑和支护开挖基坑两大类。目前，在城市建设中，由于受周边环境条件所限，以支护开挖为主要形式。支护开挖基坑包括围护结构、支撑（或锚固）系统、土体开挖、土体加固、地下水控制、工程监测、环境保护等几个主要组成部分。

3. 按功能用途分类

基坑按照其功能用途可分为楼宇基坑、地铁站深基坑、市政工程地下设施深基坑、工业深基坑等。

4. 按安全等级分类

根据基坑的开挖深度 H、邻近建（构）筑物及管线至坑口的距离 a、工程地质、水文地质条件，按破坏后的严重程度将基坑工程分为3个安全等级，并分别对应于3个级别的重要性系数，见表11－1。因此，根据基坑工程的安全等级，基坑可分为一级基坑、二级基坑和三级基坑。

表 11－1　基坑侧壁安全等级及重要性系数

安全等级	重要性系数 γ_0	破坏后果	基坑分类
一级	1.10	支护结构破坏对基坑周边环境及地下结构施工影响很严重	一级基坑
二级	1.00	支护结构破坏对基坑周边环境及地下结构施工影响一般	二级基坑
三级	0.90	支护结构破坏对基坑周边环境及地下结构施工影响不严重	三级基坑

11.2.1.2　类型与适用范围

基坑开挖可以分为放坡开挖和支护开挖两大类。目前，在城市建设中，由于受周边环境条件所限，以支护开挖为主要形式。十多年来，我国深基坑支护结构的类型有了很大发展，已形成了我国的支护结构体系。

1. 水泥土挡墙

对于基坑开挖深度较浅，一般小于7m时，可用此支护结构，它既可挡土又可挡水，常用于沿海和南方地区，图11－1列举了常用的水泥挡土墙支护结构的布置形式。可以通过在墙体中插入钢管、钢筋、型钢、木棒、竹筋等方法来提高水泥土挡墙支护结构的刚度（抗弯强度），有时也可用砂、碎石等置换格栅式结构中的土，以增加结构的稳定性。

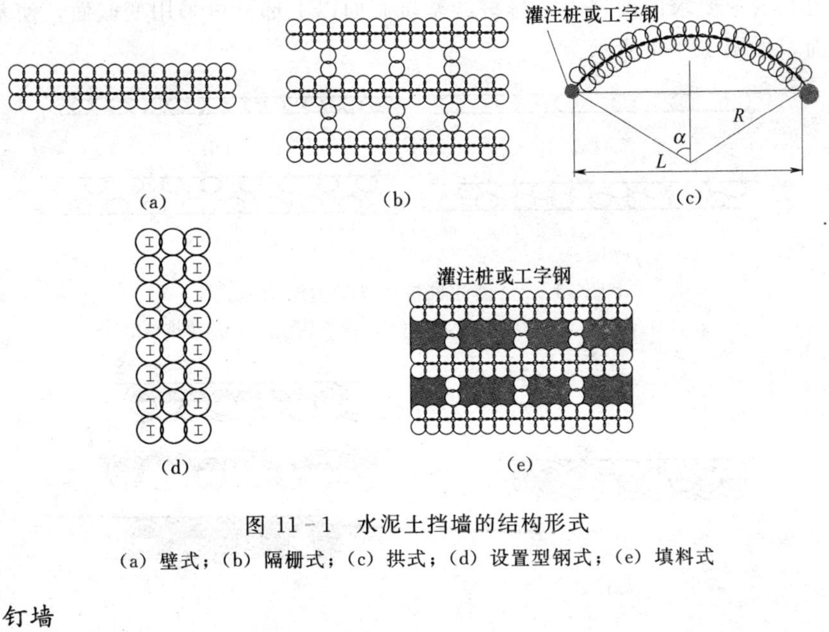

图 11－1　水泥土挡墙的结构形式

(a) 壁式；(b) 隔栅式；(c) 拱式；(d) 设置型钢式；(e) 填料式

2. 土钉墙

土钉墙亦称喷锚支护、土钉支护，如图11－2所示。此结构一般在地下水位较低的地区使用，如果地下水高或有上部滞水，则往往需要采取截水措施。目前，我国土钉墙支护基坑深度已达18m，但如果土层较差，则随着深度的增加必须采用其他辅助措施，以确保基坑安全。

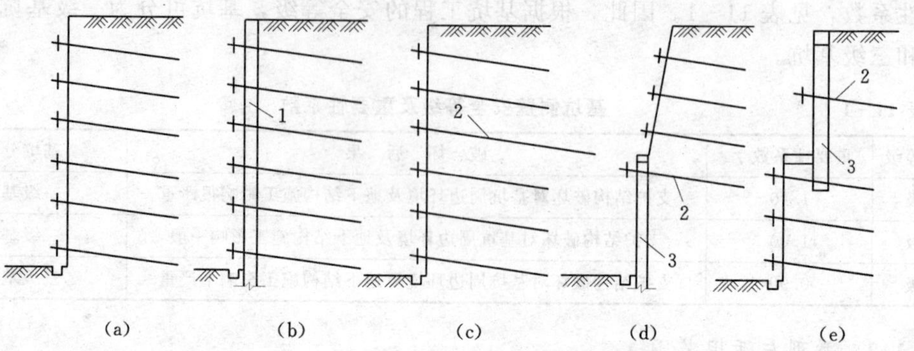

图 11-2　土钉墙支护的结构形式

(a) 土钉；(b) 土钉+微型桩；(c) 土钉+锚杆；(d) 土钉+灌柱桩+锚杆；(e) 土钉+灌柱桩+锚杆

1—微型桩；2—锚杆；3—灌注柱

3. 灌注桩桩排

作为基坑支护结构的灌注桩一般指钻、冲、人工挖孔桩。根据不同工程要求，可以选择密排形式，也可选择疏排形式；可能使用单排桩，也可能使用双排桩，可以采用悬壁式，也可采用桩—撑锚体系，如图 11-3 所示。如需防渗止水，则可采用深层搅拌桩、高压喷射注浆或化学注浆形式的止水帷幕，实际工程中也有采用联体人工挖孔桩来达到挡土和止水的目的。如果人工挖土桩作为主体结构的一部分或作为主体结构的外模板使用，在满足承载力及变形要求的前提下，排桩的基坑底面以上部分可采用变截面，使基坑内侧形成一个平面，如图 11-4 所示。

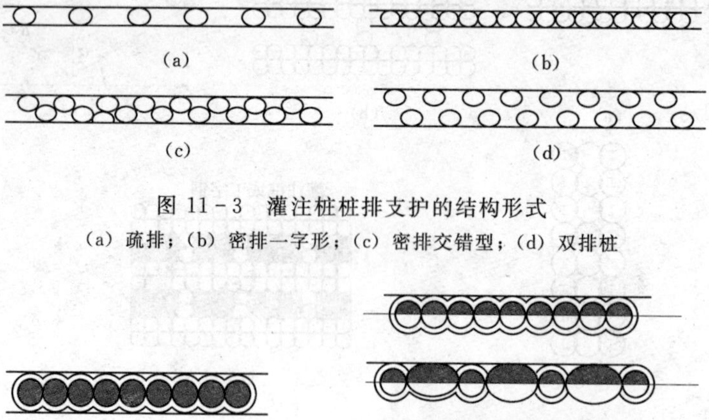

图 11-3　灌注桩桩排支护的结构形式

(a) 疏排；(b) 密排一字形；(c) 密排交错型；(d) 双排桩

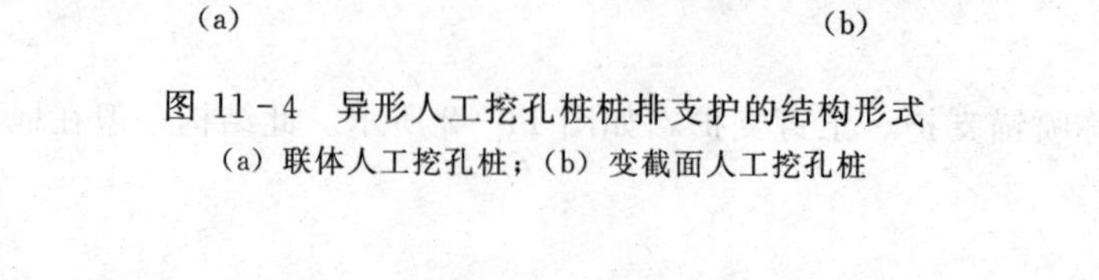

图 11-4　异形人工挖孔桩桩排支护的结构形式

(a) 联体人工挖孔桩；(b) 变截面人工挖孔桩

4. 钢板桩、“H”型（或“工”字形）钢桩或钢筋混凝土预制桩桩排

此类桩是通过锤击或冲击将成型桩体打入地下而形成挡土或挡土止水支护结构。对于“H”型钢桩（见图 11－5）或钢筋混凝土预制桩桩排，如果地下水位高或有上层滞水，则应采取降水或截水措施。钢筋混凝土预制桩可以是方桩，也可以是圆桩。钢板桩有“U”型、“Z”型和直腹型等，常用的是“U”型咬口式，如图 11－6 所示。

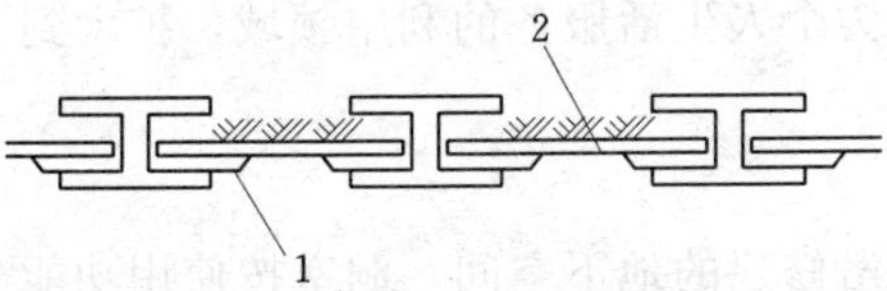

图 11－5　“H”型钢桩

1—楔子；2—挡板

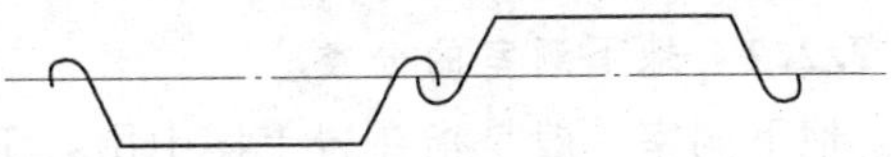

图 11－6　“U”型咬口式钢板桩

5. 地下连续墙

地下连续墙除在基坑开挖时起挡土隔水作用外，还可兼作地下室外墙，也可作为主体结构的承重墙。地下连续墙的优越性早已为世界公认，在大深度基坑和复杂的工程环境下，采用地下连续墙似乎是唯一经济可行的方法。根据工程需要，可以设计支撑或锚杆。近年来 SMW 工法地下连续墙也得到应用，显示了良好的性能和经济性。

6. 沉井沉箱

在遇到特殊结构物（如地铁的工作井、排水泵站、取水构筑物等）则多采用沉井沉箱。在建筑基坑中也有用沉箱的。

7. 闭合（或非闭合）挡土拱圈

根据基坑周边的场地条件可选择闭合挡土拱圈或非闭合挡土拱圈。闭合挡土拱圈用钢筋混凝土就地浇筑，且不需要深入至基坑地面以下，也不需要按基坑全深度配置。它只需在基坑深度范围内的部分高度内配置，并可分若干道施工，每道高 2m 左右，如图 11－7 所示。拱墙一般做成“Z”型，拱圈可由若干条不连续的二次曲线组成，也可是一个完整的椭圆形。拱圈结构一般不作为防水体系使用。这种结构的支护特点是拱圈上的土压力大部分由拱圈自身平衡。当基坑因局部场地限制不能采用闭合挡土拱圈时，可采用非闭合挡

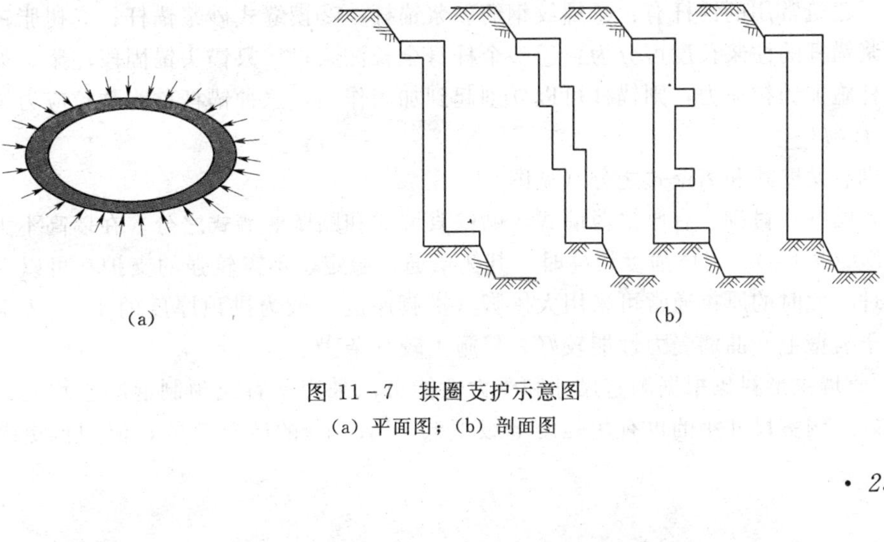

(a)　　(b)

图 11－7　拱圈支护示意图

(a) 平面图；(b) 剖面图

土拱圈，即一部分采用排桩或其他支护结构，而组成混合型支护体系。

该支护结构已在广州、珠海、深圳等地6～12m的深基坑中得到成功应用。

11.2.2 地下洞室

自从人类出现以来，地下洞室作为人类防御自然和外敌侵袭的防御设施而被利用。随着科学技术和人类文明的发展，这种利用也从应用自然洞室向开发人工洞室方向发展。到现在地下洞室应用的形态已千姿百态，远远超出为个人生活服务的利用领域，扩大到了商业、交通、人防等领域。

11.2.2.1 地下洞室的分类

地下洞室一般是指在岩土体中用人工方法开凿修建的地下空间，洞室按使用功能分有以下几种。

(1) 军事工程：如地下军事指挥所、人员或装备掩蔽所、重要地下通信设备及战备电站等。

(2) 地下交通工程：地下公路、铁路隧道或城市地铁、人行地道等。

(3) 城市基础设施和共同沟：城市地下自来水厂，地下污水处理厂及便于安装和检修、设置动力电缆、通信电缆、给排水管道的共同沟（煤气管道及有爆炸危险的管道应单独设置）。

(4) 地下采掘空间：各种矿体开掘后形成的洞穴。这类洞穴有些未被利用，或常被水、土淤填，也有用这类洞穴作为储藏核废料或其他物质等用途的。

(5) 地下工厂或车间：如地下水电站、地下精加工车间等。

(6) 地下仓库设备：地下油罐、粮仓、地下冷库等。

(7) 地下民用设施：地下商场、旅馆、地下游乐场、地下医院、地下住宅等。

11.2.2.2 地下洞室支护措施

当洞室开挖后，二次地应力大或洞室围岩破碎难以自稳（脆性崩落或塑性变形不收敛）时必须进行支护。支护结构有3种：①喷射混凝土；②锚杆；③钢筋混凝土衬砌。这3种支护结构可以单一采用或其中2种甚至采用3种联合支护，根据岩质的好坏和洞室情况（宽度、高度及使用要求）而定。

1. 锚杆支护

地下建筑常用的锚杆有：①螺纹钢筋砂浆锚杆；②楔缝式砂浆锚杆；③树脂锚杆。

砂浆锚杆的注浆长度可分为：①整个杆身全长注浆；②只锚头锚固段注浆。如果对埋入的锚杆施加预拉应力，则锚杆可以立刻起到加固作用，这种锚杆称为预拉应力锚杆。

2. 衬砌

衬砌有贴壁式和离壁式之分（见图11-8）。

(1) 贴壁式衬砌。有厚拱薄墙式、贴壁直墙式和贴壁曲墙式之分。在墙高不大、岩层产状平缓（$<10°$）、岩体强度较高时，其侧壁通常稳定、不需较强的支护，可以采用薄墙护壁处理。此时的厚拱通常可采用大拱脚（拱脚厚度一般为拱顶厚度的1.2～1.7倍）直接支承于岩壁上。曲墙受力性能较好，但施工较复杂。

1) 直墙拱形衬砌根据洞室尺寸和受力性能可以采用条石或预制混凝土块砌筑。岩层稳定性好、洞室尺寸小的也有用强度等级不低于MU10的砖砌筑的，但用得更多的是钢

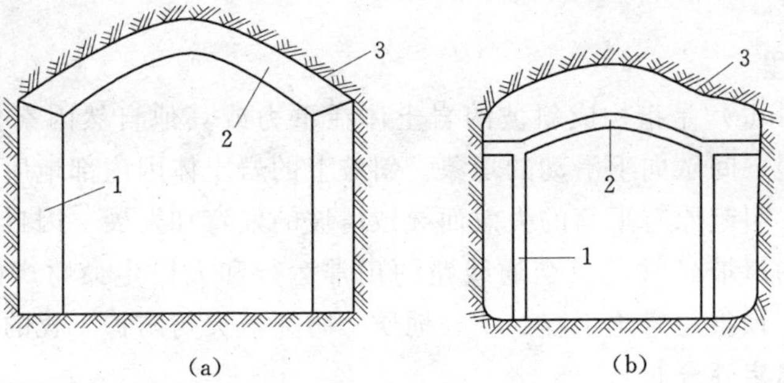

图 11-8　衬砌类型

(a) 贴壁式衬砌；(b) 离壁式衬砌

1—直墙；2—拱圈；3—岩体

筋混凝土。

2）衬砌拱圈可用割圆拱、抛物线拱或三心圆拱等。拱的矢高可由矢跨比求出，矢跨比通常采用 1/5～1/3。某些情况下可采用半圆拱即矢高比等于 1/2。当拱脚岩层较好，承受水平推力有保证时，拱的矢高比可用到 1/6 或更小。拱顶衬砌厚度根据计算确定，计算常采用试算法，先假定拱顶厚度约为净跨的 1/20～1/8，然后进行计算，出入较大时再重新假设进行计算。拱脚厚度一般取为拱顶厚度的 1.0～1.5 倍。

(2) 离壁式衬砌。通常用于岩体可自稳的某些区段，对于虽稳定但需防爆或防原子冲击波的洞体，仍以采用贴壁式衬砌为宜。

1）洞内防潮去湿、通风易于处理，岩壁的渗漏水可从衬砌外排走，在边墙和岩壁之间可形成自然排风通道。

2）由于边墙与岩壁间通常不用回填，可以减少回填工作量（拱顶一般还需回填或部分回填以减少岩石可能掉块的冲击荷载）。

3）边墙可采用预制砌块，拱顶可用滑模压注混凝土，施工速度较快。

4）对可能出现的塌方或渗漏水，易于检查处理。

(3) 喷锚支护。

1）喷射混凝土支护。受节理裂隙切割的岩体，在成洞以后的洞壁表面，可能因某块危石的旋转、错动或掉落，引起其他岩块发生连锁反应而相继掉落、滑动，故对一块成石的加固非常重要。所以有些洞室在开挖后，应先喷射一层混凝土以策安全，然后作 2～3 次喷射或加锚杆或衬砌。

2）喷射加钢筋网支护。混凝土喷层主要靠混凝土的抗拉强度和混凝土与岩壁的黏结力来支持危岩的重量。由于混凝土的抗拉强度和黏结力均较低，在岩层较破碎或危岩重量较大时，宜于初喷后挂钢筋网，再喷混凝土以形成较坚实的支护层。喷射混凝土用的普通硅酸盐水泥不得低于 C40，每次喷射最小设计厚度：拱部不小于 5cm，边墙不小于 3cm。

3）喷锚支护。喷锚支护应用比较广泛，除可以和衬砌组成复合式衬砌外，如无特殊要求也可单独使用。这里的特殊要求是指洞内需要表面光洁度等。在采用复合式衬砌的时候，有时也可用喷射支护使岩体达到基本稳定，在稍后或等待整个洞体贯通以后再施工表层的衬砌。

11.2.3 滑坡处理

滑坡（Landslide）是指构成斜坡的岩土体在重力或其他自然因素作用下沿一定的软弱面作整体、缓慢、间歇向下滑动的现象。斜坡上的岩土体因内部地质条件的变化和外部环境因素的作用，引起原有平衡的失效而导致滑坡的发育和发展。因自然地质活动和人类生产行为而诱发的滑坡经常危及交通线路的正常运行和人民生命财产的安全。滑坡的整治、防护、监测、预报是岩土工程、工程地质、防灾减灾与防护工程的重要内容。

11.2.3.1 滑坡稳定性分析

滑坡稳定性分析的目的是判断滑坡的稳定状态，为滑坡的整治提供稳定性分析资料。深入分析滑坡的成因，有助于正确进行滑坡稳定性分析并采取正确的工程措施。

（1）滑坡成因分析。滑坡的形成是诱发滑坡的外部环境和斜坡本身的内部条件共同作用的结果。滑坡形成的内部条件是滑坡发生的内因，外部环境是外因。一定的外部环境通过对斜坡的作用，破坏了先前稳定平衡，从而导致滑坡的产生。图 11-9 详细列举了滑坡产生的各种原因。

- 滑坡形成条件
  - 内部条件
    - 地层岩性，斜坡物质组成
    - 坡体结构
    - 斜坡边界条件，有效临空面
  - 外部条件
    - 地下水，地表水，降水，排水系统
    - 地震，爆破，振动
    - 不当开挖，加载
    - 其他（地应力，坡度，生物活动，相邻建筑）

图 11-9　滑坡产生的各种原因

（2）滑坡稳定性分析。滑坡的稳定性分析包括定性判断和定量计算。

定性判断可以从以下几方面进行：①根据滑坡的地貌形态判断滑坡的稳定性；②根据滑坡的工程地质类比来判断滑坡的稳定性；③根据滑动前的各种迹象判断滑坡的稳定性。

定量计算的主要工作是确定下滑力和抗滑强度，有以下几种方法进行定量分析计算：①常规土坡稳定计算方法；②极限（极值）分析方法；③数值计算方法。

11.2.3.2 滑坡的整治措施

对于滑坡地带的建筑，首先应考虑绕避原则。对于无法绕避的滑坡地区工程，经过技术经济比较，在经济合理及技术可能的情况下，即可对滑坡工程进行整治。滑坡整治可以从两个角度进行，一是直接整治滑坡，采取各种工程技术措施阻止滑坡的产生；二是采取工程技术措施，保护滑坡发生时可能受到危害的建（构）筑物和各种重要国防、交通、通信设施。

1. 滑坡整治的原则

滑坡整治应根据滑坡的性质、规模、被保护对象的重要性、工程技术可行性而遵循以下主要原则。

（1）以防为主，尽量避开。对于重要工程建设项目，应尽量避开。对于滑坡地带已建工程、难以绕避地区，应尽量避免破坏原有平衡，防止滑坡的产生。

(2) 对症下药，综合防治。不同类型的滑坡或不同地质环境中的滑坡，其形成条件和发育过程各不相同。深入研究分析滑坡产生的原因、类型、范围、地质特征、发展阶段后，才能对症下药，提出合理的治理方案。同时，对于大型滑坡或滑坡群地带，形成滑坡的原因是多方面的，应有针对性地采取措施，进行综合防治。

(3) 彻底根治，以绝后患。对于直接威胁生命财产和重要工程安全的滑坡，原则上要彻底根治，以绝后患，避免滑坡反复，重复整治而造成巨大浪费。对于大型滑坡或滑坡群，若一次性根治的投资过大，则应一次规划，分期实施治理，保证滑坡整治的连续性。对于突发性滑坡，采取应急措施，先行恢复正常生活和生产工作，待查明原因后再对症下药，彻底根治。

滑坡整治原则还包括：早下决心，及时处理；因地制宜，经济合理；方法简便，安全可靠。

2. 滑坡整治的途径

(1) 终止或减轻诱发滑坡的外部环境条件，如截流排水、卸荷减载、坡面防护。

(2) 改善边坡内部力学特征和物质结构，如土质改良。

(3) 设置抗滑工程直接阻止滑坡的发展，如抗滑桩、挡土墙、预应力锚固等。

3. 滑坡整治的具体措施

(1) 截流排水。截流排水主要是为了防止地表水、地下水以及冲刷侵袭。

对于滑坡体外的地表水，采取拦截旁引的方法阻止滑坡体外的地表水流向滑坡体内。对于滑坡体内的地表水，采取防渗汇流、快速排走的方法减轻该部分地表水对滑坡的作用。常用的拦截排水工程有以下几种。

1) 外围截水沟。外围截水沟应设置在滑坡体（滑坡周界外侧）或老滑体后缘裂缝 5m 以外，根据山坡的汇水面积、设计降雨量设置外围截水沟，如图 11-10 所示。如果坡面汇水面积、地表径流的流速、流量较大，则可设置多条、多级外围截水沟以满足排水需要。

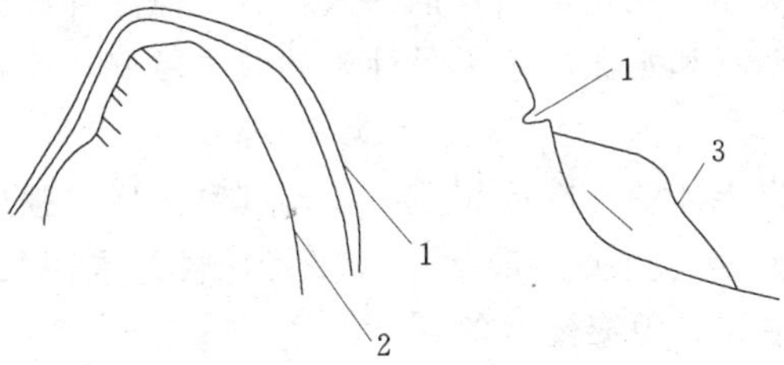

图 11-10　外围截水沟
1—外围截水沟；2—滑坡周界；3—滑坡体

2) 内部排水沟。对于滑坡体内的地表水，除充分利用自然沟谷排水外，还可设置内部排水沟，以加快地表水向滑坡体外排出。排水主沟方向应和滑坡主轴方向一致，应尽量避免横切滑动方向。支沟方向与主轴方向斜交 30°～45°，内部排水沟平面多呈树枝状，一般设置在呈槽型的纵向谷地中间。当排水沟跨越地表裂缝时，应采用迭置式的沟糟以防地表水下渗。

3) 坡面夯实防渗。为了防止地表水下渗，对表土松散易渗的土体，应夯填坑洼和裂缝，并整平夯实，使雨水能迅速从自然沟谷和排水沟汇集排走。在滑坡体表面应种植草皮减轻地表水对滑坡体的表面冲刷，必要时可设计护面。

4) 盲沟。对于滑坡体外的地表水，可设置截水盲沟旁引排走。对滑坡体内的地下水，可设置排水孔、排水隧洞、支撑盲沟、或以灌浆阻水方法拦截导引。

5）排水孔。对于深层地下水，可设置排水孔群以加速排泄。按钻孔布置形式，排水孔可以分为垂直排水孔、倾斜排水孔和放射状排水孔。排水隧洞主要用于其他排水措施不力的地带，可汇集不同层次和区域的地下水并集中排走。排水隧洞按其功能可分为体外截水隧洞和体内截水隧洞，并可与排水孔群联合设置以增强排水能力，设置相应检查井以便维修疏通。

(2) 卸荷减载。卸荷减载是通过恢复坡体达到阻滑的目的，具有施工简便、技术简单的特点。减重主要针对主滑部分，特别是滑体后缘。对于滑体前缘有阻滑作用的部分不能减重（在地形许可的情况下，应该加重反压增大抗滑能力）。

卸荷减载施工时应防止边坡开挖引起新的失稳，避免上方土体平衡被破坏。卸荷后的新开挖边坡应及时平整防渗。对阻滑部分进行加重反压前，应采取措施排水并清除地表杂草松土，避免反压土体滞水。

(3) 坡面防护。江河湖海对岸坡的冲刷侵袭引起滑坡的情况相当普遍，对沿河而行的交通线路的危害特别严重，尤以雨季期间水位上涨为最。因此，如何减轻防止冲刷浪击对边坡的危害尤显重要。常用的治理方法有砌石护坡、挡水墙、抛石护坡、丁坝工程等。

砌石护坡是选用抗风化和抗冲刷能力强的新鲜岩石作为浆砌片石贴在岸坡之上，以保护岸坡不被冲刷。护坡基础应置于基岩之上或深入河床冲刷线以下。砌体中应设置距离适当的泄水孔以排出岸坡内的地下水，避免砌体坍塌。

挡水墙可以起到防冲刷和抗滑动的作用。

丁字坝的作用是改变河流的方向，避免流水直接冲刷下游岸坡。

(4) 土质改良。滑坡的形成是坡体物质的抗滑能力不足以抵抗下滑趋势造成的。通过土质改良，增强滑动面岩土的物理力学性质，改善滑坡体内土体的结构，从而达到加大抗滑能力和减轻下滑状态的目的。目前，土质改良有两种途径：一种是加进某种材料以改变斜坡岩石土体成分，如直接拌和法和压力灌浆法；另一种是采用某种技术改变土的结构状态，如热处理（焙烧法）、电化学（电渗）等。

直接拌和是将固化材料如沥青、水泥、石灰和其他化学固化剂掺入斜坡土体并拌和压实，使土胶结以提高土的强度和抗水性。其中沥青和水泥用于无黏性土的效果较好，而石灰粉煤灰多用于黏性土的改良。

灌浆法是将胶结材料的浆液通过钻孔压入岩土体的孔隙或裂隙中，待其凝固后增强岩土体强度和抗水性。灌浆方法与灌浆压力的选择尤为重要。最常见的灌浆材料是水泥浆，其他高分子化学灌浆材料有水玻璃灌浆、丙凝灌浆、氰凝灌浆等。

(5) 支挡抗滑。支挡结构是整治滑坡最有效的措施之一，尤其广泛应用于山区交通线路工程中。按其形式和功用，支挡工程可分为抗滑桩、抗滑挡墙、锚固或预应力锚固结构。

抗滑桩是穿透滑体深入稳定滑床，利用锚固段桩身前后岩土体的弹性抗力平衡滑坡推力阻止滑动的一种桩柱。一般的抗滑桩整治工程都是由几根抗滑桩组成的桩群共同作用达到止滑的目的。抗滑桩工程对山坡破坏小，施工安全方便，省工省料。成孔形式多样，各种地形地质条件皆可适用。利用机械化施工，工期短。在机具难以展开的地方可以人工挖孔。

抗滑桩群可以布置成多种形式，如互相联结的桩排、互相间隔的桩排、下部间隔而顶部联结的桩排等。抗滑桩的选材、几何尺寸、布置形式、锚固深度的设计取决于滑坡的腿力大小和滑坡的特征，均需满足抗剪、抗弯、抗倾斜，防止土体从桩间或桩顶滑出等要求。

抗滑挡墙是借助挡墙本身重量产生的抗滑力来平衡滑体剩余下滑力的一种抗滑结构。按照建筑材料和结构形式可以分为：抗滑片石垛，抗滑竹（铁）笼，浆砌石抗滑挡墙，混凝土或钢筋混凝土抗滑挡墙，空心抗滑挡墙（明峒）和沉井式抗滑挡墙。

11.2.4 环境岩土工程

随着经济、工业的迅速发展，人们越来越意识到人类活动对环境产生的两个负面影响：环境污染和生态破坏。在科学领域中应运而生一门新兴学科——环境岩土工程学。

从环境岩土工程学的研究内涵来看，在对特殊土（黄土、盐渍土、红黏土、膨胀土、冻土）的研究基础上，需进一步开展垃圾土、污染土、海洋土及工业废料、废渣工程利用的研究。此外，受施工扰动土体的工程性质问题仍应成为研究的重点。废弃物处置设计中，要对垃圾土的取样方法、试验标准与方法、物理力学参数、甚至本构关系进行研究，而我们在这方面的研究是极为初步的。对垃圾土、污染土和各种废料处置等问题，国内外的学者也已意识到对污染运移机理研究的重要性，这方面相对垃圾填埋技术的发展而言，应该说投入的人力和研究成果的应用等还不能满足实际的需要。

11.2.4.1 环境岩土工程的研究内容与分类

环境岩土工程学是一门综合性交叉学科，它涉及岩土力学与岩土工程、卫生工程、环境工程、土壤学、土质学、水文地质、地球物理、地球化学、工程地质、采矿工程及农业工程学等学科。

环境岩土工程研究的内容可分为3类。

第一类称为环境工程。它主要是指用岩土工程的方法来抵御由于天灾引起的环境问题。例如：抗沙漠化、洪水、滑坡、泥石流、地震、海啸等。这些问题通常泛指为大环境问题。

第二类称为环境卫生工程。这一类主要是指用岩土工程的方法抵御由各种化学污染引起的环境问题。例如：城市各种废弃物的处理、污泥的处理等。

第三类是指由人类工程活动引起的一些环境问题。例如：在密集的建筑群中打桩时，由于挤土、振动、噪声等对周围居住环境的影响；深基坑开挖时，降水和边坡位移；地下隧道掘进时对地面建筑物的影响等。

其中第二类的环境卫生工程是环境岩土工程学的一个重要方面，其研究内容包括：污染的机理、最终处置的方法和设计以及环境监测等。

表11-2具体列出了环境岩土工程学研究的内容及分类。

11.2.4.2 固体废料填埋场

城市固体废弃物一般包括生产垃圾、商业垃圾和生活垃圾。随着经济发展和都市规模的扩大，城市固体废弃物的产量逐年增加。面对这些固体废弃物，为了减少对环境的危害和充分利用有限的土地资源，必须建立现代化的卫生填埋场，使城市固体废物达到无害化的最终归宿。卫生填埋，是处置固体废弃物的一种方法，其实质是将固体废物铺成一定厚

表 11-2　　　　环境岩土工程学研究的内容及分类

环境岩土工程学研究的内容	大环境问题	内成的	地震灾害； 火山灾害
		外成的	洪水灾害； 水土流失； 沙漠化； 盐碱化； 区域性滑坡
	小环境问题	生产活动引起的	采矿造成采空区坍塌； 尾矿淋滤污染； 工业有毒有害废弃物污染； 过量抽汲地下水引起地面的沉降 ……
		工程活动引起的	在密集建筑群中打桩造成挤土、振动、噪声等对周围居住环境的影响地下工程引起的地层移动

度的薄层，加以压实，并覆盖土壤。依靠规划、设计，严格施工和加强管理能严格防止城市固体废弃物对周围环境、大气和地下水源的再污染。

一个现代卫生填埋工程主要应由组合衬垫系统、淋洗液收集和排除系统、气体控制系统和封顶系统组成。

不同填埋单元之间的相互联系和填埋次序在填埋场设计中十分重要，根据这些单元如何组合，从几何外形来看，一般可将填埋场的形式分为 4 类。

(1) 面上堆填［见图 11-11 (a)］。填埋过程只有很小的开挖或不开挖，通常适用于比较平坦且地下水埋藏较浅的地区。

(2) 地上和地下堆填［见图 11-11 (b)］。填埋场由同时开挖的大单元双向布置组成，一旦两个相近单元填起来，它们之间的面积也可被填起来。通常用于比较平坦但地下水埋藏较深的地区。

(3) 谷地堆填［见图 11-11 (c)］。堆填的地区位于天然坡度之间，它可能包括少许

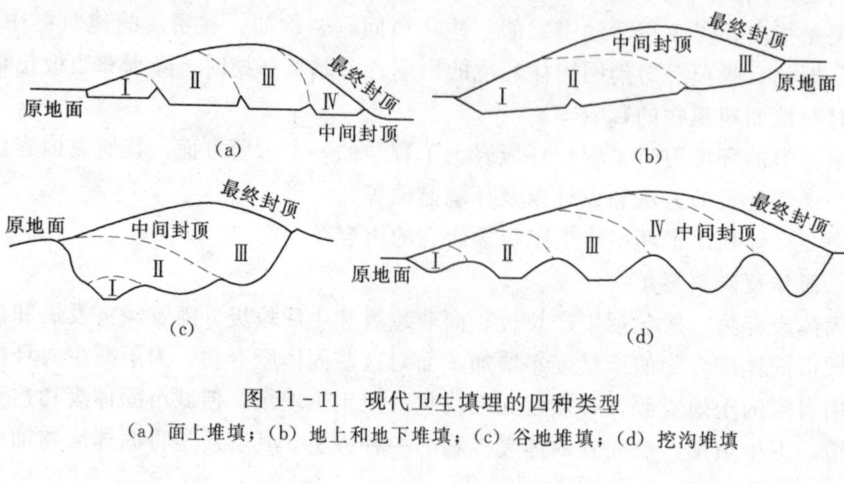

图 11-11　现代卫生填埋的四种类型

(a) 面上堆填；(b) 地上和地下堆填；(c) 谷地堆填；(d) 挖沟堆填

地下开挖。

(4) 挖沟堆填［见图11-11 (d)］。与地上和地下堆填相类似，但其填埋单元是狭窄的和平行的。通常仅用于比较小的废物沟。

目前，卫生填埋方法在发达国家应用非常广泛。工业发达国家在设计填埋场时，多采用多重屏障的概念，利用天然和人工屏障，尽量使所处置的废物与生态环境相隔离，不但注意淋洗液的末端处理，更强调首端控制，力求减少淋洗液量，提高废物的稳定性和填埋场的长期安全性，尽量降低填埋场操作和封闭后的费用。

我国自20世纪60年代以来，特别是近年来，固体废弃物填埋技术有了很大进步，固体废弃物的处置方法从简单的倾倒、分散的堆放向集中处置、卫生填埋方向发展。但总的看来，国内大部分已建的填埋场在理论和设计方面仍然欠缺，在高性能防渗和排水材料的开发方面与国外有较大差距，设计人员对填埋场设计缺乏足够的知识和经验，不仅使所设计的填埋场耗资大，而且直接影响其长期安全性能。

11.3 地下水位与岩土工程

几乎所有地质灾害问题、岩土工程问题均与水有关。近年来，人工抽汲地下水使城市地下水位下降导致的岩土工程问题引起了人们的广泛关注。另一方面，某些城市人工造水景观，导致部分区域地下水位上升，同样也会引起工程问题。因此，在从事工程建设时，应重视地下水位的变化。

11.3.1 地下水位上升引起的岩土工程问题

(1) 浅基础地基承载力降低。无论是砂性土还是黏性土地基，其承载能力都具有随地下水位上升而下降的趋势。由于黏性土具有黏聚力的内在作用，故相应承载力的下降率较小些，最大下降率在50%左右；而砂性土的最大下降率相对可达70%。

(2) 砂土地震液化加剧。地下水与砂土液化密切相关，没有水，也就没有所谓砂土的液化。经研究发现，随着地下水位上升，砂土抗地震液化能力随之减弱。

(3) 建筑物震陷加剧。首先，对饱和疏松的细粉砂地基土而言，在地震作用下因砂土液化，使得建在其上的建筑物产生附加沉降，即发生所谓的液化震陷。其次，对于大量的软弱黏性土而言，地下水位上升既促使其饱和，又扩大其饱和范围。因此，在地基设计中，必须考虑由地下水位上升引起的这些方面的削弱。

(4) 土壤沼泽化、盐渍化。当地下潜水位上升接近地表时，由于毛细作用而使地表土层过湿呈沼泽化，或者由于强烈的蒸发浓缩作用使盐分在上部岩土层中积聚形成盐渍土。这不仅改变了岩土原来的物理性质，而且改变了潜水的化学成分，矿化度增高，增强了岩土及地下水对建筑物的腐蚀性。

(5) 岩土体产生变形、滑移、崩塌失稳等不良地质现象。在河谷阶地、斜坡及岸边地带，地下潜水位或河水位上升时，岩土体浸润范围增大，浸润程度加剧，岩土被水饱和、软化，降低了抗剪强度。地表水位下降时，向坡外渗流，可能产生潜蚀作用及流沙、管涌等现象，破坏了岩土体的结构和强度；地下水的升降变化还可能增大动水压力。以上种种因素，促使岩土体产生变形、崩塌、滑移等。因此，在河谷、岸边、斜坡地带修建建筑物时，应特别重视地下水位的上升、下降变化对斜坡稳定性的影响。

(6) 冻胀作用的影响。在寒冷地区，地下潜水位升高，地基土中含水量亦增多。由于冻结作用，岩土中水分往往迁移并集中分布，形成冰夹层或冰锥等，使地基土产生冻胀、地面隆起、桩台隆胀等。冻结状态的岩土体具有较高的强度和较低的压缩性，但温度升高岩土解冻后，其抗压和抗剪强度大大降低。对于含水量很大的岩土体，融化后的黏聚力约为冻胀时 1/10，压缩性增大，可使地基产生融沉，易导致建筑物失稳开裂。

(7) 对建筑物的影响。当地下水位在基础底面以下压缩层范围内发生变化时，就能直接影响建筑物的稳定性。若水位在压缩层范围内上升，水浸湿、软化地基土，使其强度降低、压缩性增大，建筑物就可能产生较大的沉降变形。对于地下停车场等结构地下水位上升还可能使建筑物基础上浮，使建筑物失稳。

(8) 对湿陷性黄土、崩解性岩土、盐渍岩土的影响。当地下水位上升后，水与岩土相互作用，湿陷性黄土、崩解性岩土、盐渍岩土产生湿陷、崩解、软化，其岩土结构破坏，强度降低，压缩性增大。这些将导致岩土体产生不均匀沉降，引起其上部建筑物的倾斜、失稳开裂，地面或地下管道被拉断等现象，尤其对结构不稳定的湿陷性黄土更为严重。

(9) 膨胀性岩土产生胀缩变形。在膨胀性岩土地区，浅层地下水多为上层滞水或裂隙水，无统一的水位，且水位季节性变化显著。地下水位季节性升、降变化或岩土体中水分的增减变化，可促使膨胀性岩土产生不均匀的胀缩变形。当地下水位变化频繁或变化幅度大时，不仅岩土的膨胀收缩变形往复，而且胀缩幅度也大。地下水位的上升还能使坚硬岩土软化、水解、膨胀、抗剪强度与力学强度降低，产生滑坡（沿裂隙面）、地裂、坍塌等不良地质现象，导致自身强度的降低和消失，引起建筑物的破坏。因此，对膨胀性岩土的地基进行评价时，应特别注意对场区水文地质条件的分析，预测在自然及人类活动下水文地质条件的变化趋势。

11.3.2 地下水位下降引起的岩土工程问题

地下水位下降往往会引起地表塌陷、地面沉降、海水入侵、地裂缝的产生和复活以及地下水源枯竭、水质恶化等一系列不良地质问题，并将对建筑物产生不良的影响。

(1) 地表塌陷。塌陷是地下水动力条件改变的产物。水位降深与塌陷有密切的关系。当降深保持在基岩面以上且较稳定时，不易产生塌陷；水位降深小，地表塌陷坑的数量少，规模小；降深增大，水动力条件急剧改变，水对土体的潜蚀能力增强，地表塌陷坑的数量增多，规模增大。

(2) 地面沉降。由于地下水不断被抽汲，导致地下水位下降，引起了区域性地面沉降。国内外地面沉降的实例表明，抽汲地下水使地层压密是导致地面沉降的普遍的和主要的原因。国内有些地区，由于大量抽汲地下水，已先后出现了严重的地面沉降。如 1921～1965 年间，上海地区的最大沉降量已达 2.63m，20 世纪 70 年代初到 80 年代初 10 年时间内，太原市最大地面沉降已达 1.232m。地下水位不断降低而引发的地面沉降，越来越成为一个亟待解决的环境岩土工程问题。

(3) 海（咸）水入侵。近海地区的潜水或承压水层往往与海水相连，在天然状态下，陆地的地下淡水向海洋排泄，含水层保持较高的水头，淡水与海水保持某种动平衡，因而陆地淡水含水层能阻止海水的入侵。如果大量开采陆地地下淡水，引起大面积地下水位下降，可导致海水向地下水开采层入侵，使淡水水质变坏，并加强水的腐蚀性。

(4) 地裂缝的复活与产生。近年来，我国不仅在西安、关中盆地发现地裂缝，而且在山西、河南、江苏、山东等地也发现地裂缝。据分析，地下水位大面积、大幅度下降是发生地裂缝的重要诱因之一。

(5) 地下水源枯竭，水质恶化。盲目开采地下水，当开采量大于补给量时，地下水资源就会逐渐减少，以致枯竭，造成泉水断流，井水枯干，地下水中有害离子量增多，矿化度增高。

(6) 对建筑物的影响。当地下水位在基础底面以下压缩层范围内发生变化时，若水位在压缩层范围内下降，将导致岩土的自重应力增加，可能引起地基基础的附加沉降。如果土质不均匀或地下水位突然下降，也可能使建筑物发生变形、破坏。

本章小结

岩土工程从工作内容来分分为：岩土工程勘察、岩土工程设计、岩土工程工程施工、岩土工程检测和岩土工程管理等；以工程类型划分为岩土地基工程、岩土边坡工程、岩土洞室工程、岩土支护工程和岩土环境工程等。

我国注册岩土工程师考试分两阶段进行，第一阶段是基础考试，目的是测试考生是否基本掌握进入岩土工程实践所必须具备的基础及专业理论知识；第二阶段是专业考试，目的是测试考生是否已具备按照国家法律、法规及技术规范进行岩土工程的勘察、设计和施工的能力和解决实践问题的能力。

基坑支护类型分为：水泥土挡墙、土钉墙、灌注桩桩排、钢板桩、“H”型（或“工”字型）钢桩或钢筋混凝土预制桩桩排、地下连续墙、沉井沉箱、闭合（或非闭合）挡土拱圈。

地下洞室一般是指在岩土体中用人工方法开凿修建的地下空间。洞室支护结构有：①喷射混凝土；②锚杆；③钢筋混凝土衬砌。

滑坡是指构成斜坡的岩土体在重力或其他自然因素作用下沿一定的软弱面作整体、缓慢、间歇向下滑动的现象。滑坡整治遵循主要原则：①以防为主，尽量避开；②对症下药，综合防治；③彻底根治，以绝后患。滑坡整治原则还包括：早下决心，及时处理；因地制宜，经济合理；方法简便，安全可靠。

应注意地下水位变化引起的岩土工程问题。

复习思考题

1. 什么是岩土工程？它包括哪些主要内容？
2. 基坑工程的支护类型有哪些？
3. 地下洞室的支护措施有哪些？
4. 滑坡的诱因有哪些？滑坡防治的原则有哪些？
5. 地下水位升、降会引起哪些岩土工程问题？

第12章 土工试验

试验一 密度试验

1. 目的要求

测定黏性土在天然状态下单位体积的质量，以便了解土的疏密程度和干湿状态。

2. 试验方法

一般黏性土，宜采用环刀法。

易破碎、难以切削的土，可采用蜡封法。

对于砂土与砂砾土，可用现场的灌砂法或灌水法。

3. 仪器设备

环刀：内径 61.8mm 和 79.8mm，高 20mm。

天平：称量 500g，感量 0.1g。也可用称量 200g，感量 0.01g 的天平。

附加设备：切土刀，钢丝锯，凡士林等。

4. 操作步骤

1）在环刀内壁涂一薄层凡士林，刃口向下放在土样上。

2）环刀取土：将环刀垂直下压，边压边削，直至土样上端伸出环刀为止。将环刀两端余土削去修平（严禁在土面上反复涂抹），然后擦净环刀外壁。

3）将取好土样的环刀放在天平上称量，记下环刀与湿土的总质量 m_2，精确至 0.1g。

5. 数据记录与计算

1）数据记录。

密度试验记录（环刀法）

班级________ 组别________ 姓名________ 日期________

试验日期	土样编号	环刀号码	环刀+土质量	环刀质量	土质量	环刀容积	密度
			g			cm^3	g/cm^3
			(1)	(2)	(3)	(4)	(5)
					(1) — (2)		$\frac{(3)}{(4)}$
平行差________ g/cm^3				平均密度=________ g/cm^3			

2）计算土的密度。按下式计算

$$\rho=\frac{m}{V}=\frac{m_2-m_1}{V}$$

式中　m_2——环刀与湿土的总质量，g；

m_1——环刀质量，g；

V——环刀体积，cm^3。

要求：密度试验应进行2次平行测定，两次测定的差值不得大于0.02g/cm^3，取两次试验结果的平均值。

试验二　土的含水量试验

土的含水量是土在105～110℃下烘干至恒量时所失去的水的质量和干土质量的百分比值。土在天然状态下的含水量为土的天然含水量。

1. 目的要求

测定土的含水量。

2. 试验方法适用范围

烘干法：室内试验的标准方法，一般黏性土都可以采用。

酒精燃烧法：适用于快速简易测定细粒土的含水量。

比重法：适用于砂类土。

3. 仪器设备

烘箱：采用电热烘箱；应能控制温度为105～110℃。

天平：称量200g，分度值0.01g。

其他：干燥器，称量盒。

4. 试验操作步骤

1）取代表性试样，黏性土为15～30g，砂土、有机质土为50g，放入质量为m_0的称量盒内，立即盖上盒盖，称湿土加盒总质量m_1，精确至0.01g。

2）打开盒盖，将试样和盒放入烘箱，在温度105～110℃的恒温下烘干。烘干时间与土的类别及取土数量有关。黏性土不得少于8h；砂土不得少于6h；对含有机质超过10%的土，应将温度控制在65～70℃的恒温下烘至恒量。

3）将烘干后的试样和盒取出，盖好盒盖放入干燥器内冷却至室温，称干土加盒质量为m_2，精确至0.01g。

5. 数据记录与计算

1）本试验记录格式。

含水量试验记录表

班级________　组别________　姓名________　日期________

试样编号	土样说明	盒号	盒质量(g)	盒加湿土质量(g)	盒加干土质量(g)	水的质量(g)	干土质量(g)	含水量(%)	平均含水量(%)
			(1)	(2)	(3)	(4)=(2)-(3)	(5)=(3)-(1)	(6)=(4)/(5)	(7)

2）计算含水量。

$$\omega=\frac{m_\omega}{m_s}=\frac{m_1-m_2}{m_2-m_0}\times100\%$$

要求：(1) 干土质量计算至 0.1%。

(2) 本试验需进行 2 次平行测定，取其算术平均值，允许平行差值应符合下表规定。

含水量（%）	小于 10	10～40	大于 40
允许平行差值（%）	0.5	1.0	2.0

试验三 土的液塑限联合测定仪法试验

1. 目的要求

细粒土由于含水量不同，分别处于流动状态，可塑状态、半固体状态和固体状态。液限是细粒土呈可塑状态的上限含水量，塑限是细粒土呈可塑状态的下限含水量。本试验是测定细粒土的液限和塑限含水量，用作计算土的塑性指标和液性指数，以划分土的工程类别和确定土的状态。

2. 试验方法

采用液塑限联合测定仪法。

3. 仪器设备

液塑限联合测定仪、调土刀、0.5mm 孔径分析筛、凡士林、纯水、恒温烘箱、天平、铝盒、干燥器、铅丝篮等。

4. 试验步骤

(1) 本试验宜采用天然含水量试样，当土样不均匀时，采用风干试样，当试样中含有粒径大于 0.5mm 的土粒和杂物时，应过 0.5mm 筛。

(2) 当采用天然含水量土样时，取代表性土样 250g；采用风干试样时，0.5mm 筛下的代表性土样 200g，将试样放在橡皮板上用纯水将土样调成均匀膏状，放入调土皿，浸润过夜。

(3) 将制备的试样充分调拌均匀，填入试样杯中，填样时不应留有空隙，较干的试样应充分搓揉，密实地填入试样杯中，填满后刮平表面。

(4) 将试样杯放在联合测定仪的升降座上，在圆锥上抹一薄层凡士林，接通电源，使电磁铁吸住圆锥。

(5) 调节零点，将屏幕上的标尺调在零位，调整升降座、使圆锥尖接触试样表面，指示灯亮时圆锥在自重下沉入试样，经 5s 后测读圆锥下沉深度（显示在屏幕上），取出试样杯，挖去锥尖入土处可能被凡士林污染的土，取锥体附近的试样不少于 10g，放入称量盒内，测定含水量。

(6) 将全部试样再加水或吹干并调匀，重复本条 3～5 款的步骤分别测定第二点、第三点试样的圆锥下沉深度及相应的含水量。液塑限联合测定应不少于三点。（注：圆锥入土深度宜为 3～4mm，7～9mm，15～17mm。）

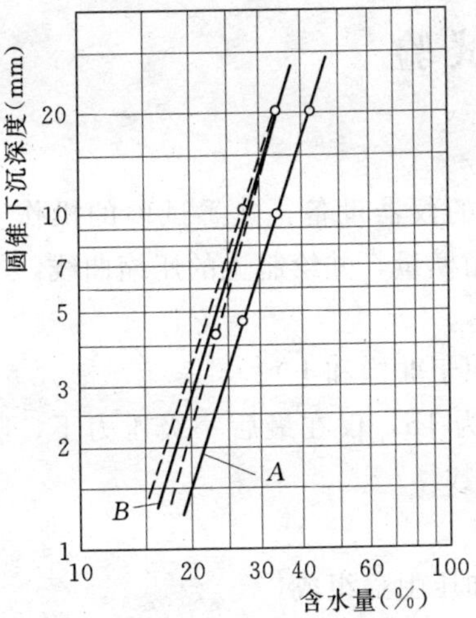

图 12-1　圆锥下沉深度与含水量关系

(7) 以含水量为横坐标，圆锥下沉深度为纵坐标在双对数坐标纸上绘制关系曲线，如图 12-1 所示。三点应在一直线上如图中 A 线。当三点不在一直线上时，通过高含水量的点和其余两点连成二条直线，在下沉为 2mm 处查得相应的两个含水量，当两个含水量的差值小于 2%时，应以两点含水量的平均值与高含水量的点连一直线如图 12-1 中 B 线，当两个含水量的差值不小于 2%时，应重做试验。

(8) 在含水量与圆锥下沉深度的关系图上查得圆锥下沉深度为 17mm 所对应的含水量为液限，查得下沉深度为 10mm 所对应的含水量为 10mm 液限，查得下沉深度为 2mm 所对应的含水量为塑限，取值以百分数表示，准确至 0.1%。

(9) 塑性指数计算

$$I_P=\omega_L-\omega_P$$

式中　I_P——塑性指数；

ω_L——液限，%；

ω_P——塑限，%。

液性指数计算

$$I_L=\frac{\omega-\omega_P}{I_P}$$

式中　I_L——液性指数，计算至 0.01。

5. 数据记录与计算

液塑限联合试验记录表

班级________　组别________　姓名________　日期________

试样编号						
圆锥下沉深度（mm）						
盒号						
盒质量（g）						
盒+湿土质量（g）						
盒+干土质量（g）						
湿土质量（g）						
干土质量（g）						
水的质量（g）						
含 水 量（%）						
平均含水量（%）						
液限 W_L（%）						
塑限 W_P（%）						
塑性指数 I_P						
液性指数 I_L						
土的分类						

试验四 土的压缩试验

1. 目的要求

掌握土的压缩试验基本原理和试验方法，了解试验的仪器设备，熟悉试验的操作步骤，掌握压缩试验成果的整理方法，计算压缩系数、压缩模量，并绘制土的压缩曲线。

2. 试验方法

适用于饱和的黏质土（当只进行压缩试验时，允许用于非饱和土）。

快速固结试验：规定试样在各级压力下的固结时间为1h，仅在最后一级压力下，除测记1h的量表读数外，还应测读达压缩稳定时的量表读数。

3. 仪器设备

(1) 固结容器：由环刀、护环、透水板、水槽以及加压上盖组成。

1) 环刀：内径为61.8mm和79.8mm，高度为20mm，环刀应具有一定的刚度，内壁应保持较高的光洁度，宜涂一薄层硅酯或聚四氟乙烯。

2) 透水板：氧化铝或不受腐蚀的金属材料制成，其渗透系应大于试样的渗透系数。用固定式容器时，顶部透水板直径应小于环刀内径0.2～0.5mm；用浮环式容器时上下端透水板直径相等，均应小于环刀内径。

(2) 加压设备：应能垂直地在瞬间施加各级规定的压力，且没有冲击力。

(3) 变形量测设备：量程10mm，最小分度值为0.01mm的百分表或准确度为全量程0.2%的位移传感器。

4. 试验步骤

(1) 根据工程需要，切取原状土试样或制备给定密度与含水量的扰动土样。

(2) 在固结容器内放置护环、透水板和薄滤纸，将带有环刀的试样，小心装入护环内，然后在试样上放薄滤纸、透水板和加压盖板，置于加压框架下，对准加压框架的正中，安装量表。

(3) 施加1kPa的预压压力，使试样与仪器上下各部分之间接触良好，然后调整量表，使指针读数为零。

(4) 确定需要施加的各级压力。加压等级一般为12.5kPa、25.0kPa、50.0kPa、100kPa、200kPa、400kPa、800kPa、1600kPa、3200kPa。第一级压力大小应视土的软硬程度而定，宜为12.5kPa、25kPa或50.00kPa（一般采用50.00kPa为第一级荷载）。

(5) 如系饱和试样，则在施加第一级压力后，立即向水槽中注水至满。如系非饱和试样，须用湿棉纱围住加压盖板四周，避免水分蒸发。

(6) 需要测定沉降速率、固结系数时，施加每一级压力后可按下列时间测记读数：6s、15s、1min、2min15s、4min、6min15s、9min、12min15s、16min、20min15s、25min、30min15s、36min、42min15s、49min、64min、…、24h，直至稳定。测记稳定读数后，再施加第二级压力。依次逐级加压至试验结束。

(7) 试验结束后，迅速拆除仪器部件，取出带环刀的试样（如系饱和试样，则用干滤纸吸去试样两端表面上的水，取出试样，测定试验后的含水量）。

5. 计算与制图

(1) 按下式计算试样的初始孔隙比 e_0。

$$e_0=\frac{\rho_\omega G_s(1+0.01\omega_0)}{\rho_0}-1$$

式中 ρ_0——试样初始密度，g/cm^3；

ω_0——试样的初始含水量，%。

(2) 按下式计算各级压力下固结稳定后的孔隙比 e_i。

$$e_i=e_0-(1+e_0)\frac{\Delta h_i}{h_0}$$

式中 Δh_i——某级压力下试样高度变化，即总变形量减去仪器变形量，cm；

h_0——试样初始高度，cm。

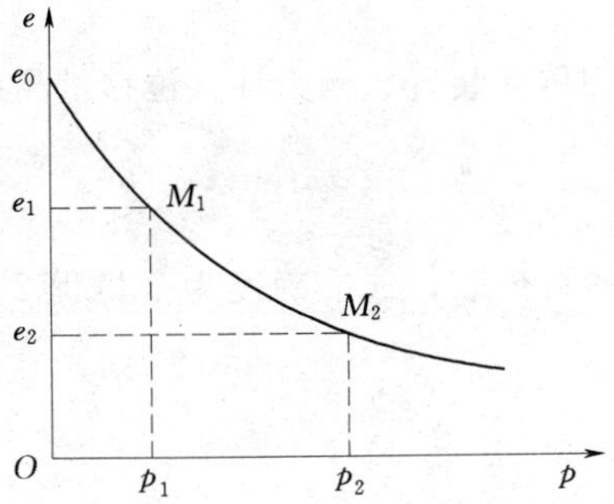

图 12-2 e—p 压缩曲线

(3) 绘制 e—p 的关系曲线。

以孔隙比 e 为纵坐标，压力 p 为横坐标，将试验成果点在图 12-2 上，连成一条光滑曲线。

(4) 按下式计算某一级压力范围内的压缩系数 a（MPa^{-1}）。

$$a=\frac{e_1-e_2}{p_2-p_1}$$

(5) 某一级压力范围内的压缩模量 E_s（MPa）应按下式计算。

$$E_s=\frac{1+e_0}{a}$$

(6) 要求：用压缩系数判断土的压缩性。

6. 本试验记录格式

压 缩 试 验 记 录 表

试验者：班级________ 组别________ 姓名________ 日期________

压力 时间及读数 时间										
	时间	变形读数	时间	变形读数	时间	变形读数	时间	变形读数	时间	变形读数
总变形量（mm）										

试验五 直接剪切试验

直接剪切试验是测定土体强度的一种常用方法。通常是从地基中某个位置取出土样，制成几个试样，用几个不同的垂直压力作用于试样上，然后施加剪切力，测得剪应力与位移的关系曲线，从曲线上找出试样的极限剪应力作为该垂直压力下的抗剪强度。通过几个试样的抗剪强度确定强度包线，求出抗剪强度参数。本试验可测定黏性土和砂性土的抗剪强度参数。直接剪切试验分为快剪、固结快剪、慢剪 3 种试验方法。

(1) 快剪试验是在试样施加垂直压力后，立即施加水平剪切力。

(2) 固结快剪试验是在试样上施加垂直压力，待排水固结稳定后，施加水平剪切力。

(3) 慢剪试验是在试样上施加垂直压力和水平剪切力的过程中均应使试验排水固结。

1. 仪器设备

常用的直接剪切仪分为应变控制式和应力控制式两种。应变控制式是控制试样产生一定位移，测定其相应的水平剪应力；应力控制式是对试样产生一定水平剪应力，测定其相应的位移。应变控制式的优点是能较精确地测定剪应力和剪切位移上的峰值和最后值，且操作方便，因此，一般常采用应变控制式直剪仪。

应变控制式直剪仪：由剪切盒、垂直加压设备、剪切传动装置、测力计、位移量测系统组成。

环刀：内径 61.8mm，高度 20mm。

位移量测设备：量程为 10mm、分度值为 0.01mm 的百分表，或准确度为全量程 2% 的传感器。

2. 试验步骤

(1) 慢剪试验。

1) 原状土试样制备与试样饱和：试样制备与固结试验制样方法基本相同。每组试样不得少于 4 个，当试样需要饱和时，应根据土的性质采取不同饱和方法。砂土可直接在仪器中浸水饱和；较易透水的黏性土采用毛细管饱和法较为方便；不易透水的黏性土采用真空饱和法。

2) 对准剪切容器上下盒，插入固定销，在下盒内放透水板和滤纸，将带有试样的环刀刃口向上，对准剪切盒口，在试样上放滤纸和透水板，将试样小心地推入剪切盒内。

注：透水板和滤纸的湿度接近试样的湿度。

3) 移动传动装置：使上盒前端钢珠刚好与测力计接触，依次放上传压板、加压框架、安装垂直位移和水平位移量测装置、并调至零位或测记初读数。

4) 根据工程实际和土的软硬程度施加各级垂直压力，对松软试样垂直压力应分级施加，以防土样挤出。施加压力后，向盒内注水，当试样为非饱和试样时，应在加压板周围包以湿棉纱。

5) 施加垂直压力后，每 1h 测读垂直变形一次。直至试样固结变形稳定。变形稳定标准为每小时不大于 0.005mm。

6) 拔去固定销，以小于 0.02mm/min 的剪切速度进行剪切，试样每产生剪切位移 0.2～0.4mm 测记测力计和位移读数，直至测力计读数出现峰值，应继续剪切至剪切位移为 4mm 时停机，记下破坏值，当剪切过程中测力计读数无峰值时，应剪切至剪切位移为 6mm 时停机。

7) 剪切结束后，吸去盒内积水，卸去剪力和垂直压力，移动压力框架，取出试样，测定其含水量。

（2）固结快剪试验。

1）试样制备，安装和固结与慢剪试验步骤相同。本试验方法适用于渗透系数小于 10^{-6}cm/s 的土。

2）固结快剪试验的剪切速率为 0.8mm/min，使试样在几分钟内剪坏，其步骤与慢剪试验相同。

（3）快剪试验。

1）本试验方法适用于渗透系数小于 10^{-6}cm/s 的土。试样制备、安装与慢剪试验相同，在安装时应以硬塑料薄膜代替滤纸或用不透水板。

2）施加垂直压力，拔去固定销钉，立即以 0.8mm/min 的剪切速率进行剪切，使试样在几分钟内剪坏。

3. 计算与制图

（1）剪应力计算。

$$\tau = KR$$

式中 τ——试样所受的剪应力；

R——量力环读数，0.01mm；

K——量力环系数，kPa/0.01mm。

（2）试验记录表格。

直接剪切试验表

土样编号____________ 班级____________

试验方法____________ 试验者____________

试验日期____________ 量力环系数____________

单位：kPa/0.01mm

仪器编号	(1)	(1)				
量力环号码	(2)	(2)				
垂直压应力（kPa）	(3)	(3)				
量力环初读数（0.01mm）	(4)	(4)				
量力环终读数（0.01mm）	(5)	(5)				
量力环读数差（0.01mm）	(6)	(4) — (5)				
抗剪强度（kPa）	(7)	(6) ×量力环系数				

（3）试验报告。

1）以剪应力 τ 为纵坐标，剪切位移 $\Delta\lambda$ 为横坐标，绘制剪应力与剪切位移关系曲线如图 12-3，取曲线上剪应力的峰值为抗剪强度，无峰值时，取剪切位移 4mm 所对应的剪应力为抗剪强度。

2）以抗剪强度 τ 为纵坐标，垂直压力 σ 为横坐标，绘制抗剪强度与垂直压力关系曲线如图 12-4，直线的倾角为摩擦角，直线在纵坐标上的截距为黏聚力。

3）确定土的抗剪强度指标 c、φ。

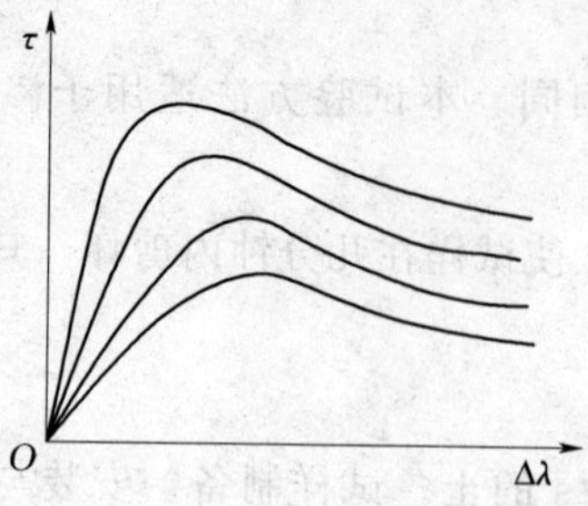

图 12-3　剪应力与剪切位移关系

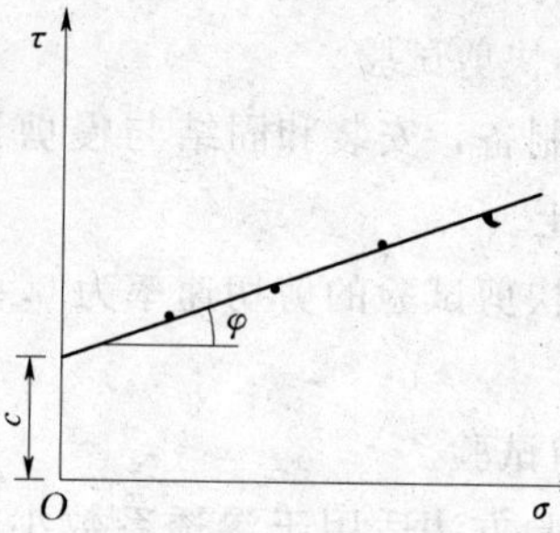

图 12-4　抗剪强度包线

参 考 文 献

[1] 中国建筑科学研究院 . GB 50007—2002 建筑地基基础设计规范 . 北京：中国建筑工业出版社，2002.

[2] 中华人民共和国建设部 . GB 50021—2001 岩土工程勘察规范 . 北京：中国建筑工业出版社，2002.

[3] 中华人民共和国建设部 . GB 50202—2002 建筑地基基础工程施工质量验收规范 . 北京：中国计划出版社，2002 .

[4] 中华人民共和国水利部 . GB/T 50123—1999 土工试验方法标准 . 北京：中国计划出版社，1999.

[5] 中国建筑科学研究院 . GB 50010—2002 混凝土结构设计规范 . 北京：中国建筑工业出版社，2002.

[6] 重庆市设计院 . GB 50330—2002 建筑边坡工程技术规范 . 北京：中国建筑工业出版社，2002.

[7] 建设部综合勘察研究设计院 . GB 50021—2001 岩土工程勘察规范 . 北京：中国建筑工业出版社，2002.

[8] 中国建筑科学研究院 . JGJ 79—2002 建筑地基处理技术规范 . 北京：中国建筑工业出版社，2002.

[9] 中国建筑科学研究院 . JGJ 94—2008 建筑桩基础技术规范 . 北京：中国建筑工业出版社，2008.

[10] 中国建筑科学研究院 . JGJ 106—2003 建筑基桩检测技术规范 . 北京：中国建筑工业出版社，2003.

[11] 赵明华 . 土力学与基础工程 . 武汉：武汉理工大学出版社，2003.

[12] 丁梧秀 . 地基与基础 . 郑州：郑州大学出版社，2006.

[13] 肖昭然 . 土力学 . 郑州：郑州大学出版社，2007.

[14] 工程地质手册编委会 . 工程地质手册 . 4 版 . 北京：中国建筑工业出版社，2007.

[15] 陈书申，陈晓平 . 土力学与地基基础 . 2 版 . 武汉：武汉理工大学出版社，2003.

[16] 高金川，杜广印 . 岩土工程勘察与评价 . 武汉：中国地质大学出版社，2003.

[17] 王杰 . 土力学与基础工程 . 北京：中国建筑工业出版社，2003.

[18] 董建国，沈锡英，钟才根 . 土力学与地基基础 . 上海：同济大学出版社，2005.

[19] 刘晓立 . 土力学与地基基础 . 3 版 . 北京：科学出版社，2005.

[20] 陈希哲 . 土力学地基基础 . 北京：清华大学出版社，1997.

[21] 顾晓鲁，钱鸿缙，刘惠珊，汪时敏 . 地基与基础 . 3 版 . 北京：中国建筑工业出版社，2003.

[22] 王钊 . 基础工程原理 . 武汉：武汉大学出版社，2001.

[23] 赵明华，李刚，曹喜仁，刘齐建 . 土力学地基与基础疑难释义 . 2 版 . 北京：中国建筑工业出版社，2003.

[24] 孙维东 . 土力学与地基基础 . 北京：机械工业出版社，2004.

[25] 何世玲 . 地基与基础工程 . 武汉：武汉理工大学出版社，2002.

[26] 周汉荣，赵明华 . 土力学地基与基础 . 北京：中国建筑工业出版社，1997.

[27] 周景星，王洪瑾，虞石民，等 . 基础工程 . 北京：清华大学工业出版社，1996.

[28] 刘兴录 . 注册岩土工程师执业资格考试 300 问 . 北京：中国环境科学出版社，2004.

[29] 钱家欢，殷宗泽 . 土工原理与计算 . 北京：中国水利水电出版社，1996.

[30] 钱家欢．土力学．2 版．南京：河海大学出版社，2001.
[31] 中国土木工程学会．注册岩土工程师专业考试复习教程．2 版．北京：中国建筑工业出版社，2003.
[32] 陈兰云．土力学及地基基础．北京：机械工业出版社，2001.
[33] 赵明华．基础工程．北京：高等教育出版社，2002.
[34] 高大钊．土力学与基础工程．北京：中国建筑工业出版社，2004.
[35] 华南理工大学等．地基及基础．北京：中国建筑工业出版社，1991.
[36] 张力霆．土力学与地基基础．北京：高等教育出版社，2002.
[37] 沈克仁．地基与基础．北京：中国建筑工业出版社，1995.
[38] 吴湘兴．土力学地基与基础．武汉：武汉大学出版社，1995.
[39] 洪毓康．土质学与土力学．2 版．北京：人民交通出版社，1993.
[40] 杨进良．土力学．2 版．北京．中国水利水电出版社，2000.
[41] 孟祥波．土质学与土力学．2 版．北京：人民交通出版社，2005.
[42] 张季容，朱向荣．简明建筑基础计算与设计手册．北京：中国建筑工业出版社，1997.
[43] 牛晓荣，应芬芳．建筑结构构造设计手册．北京：中国建筑工业出版社，1995.
[44] 江正荣．地基与基础施工手册．北京：中国建筑工业出版社，1997.
[45] 金向鲁．地基基础实用设计施工手册．北京：中国建筑工业出版社，1995.
[46] 叶书麟．地基处理．北京：中国建筑工业出版社，1988.
[47] 殷永安．土力学及基础工程．北京：中央广播电视大学出版社，1986.
[48] 周健，刘文白，贾敏才．环境岩土工程．北京：人民交通大学出版社，2004.
[49] 缪林昌，刘松玉．环境岩土工程学概论．北京：中国建材工业出版社，2005.
[50] 蒋国盛，李红民，管典志，等．基坑工程．武汉：中国地质大学出版社，2000.
[51] 方云，林彤，谭松林．土力学．武汉：中国地质大学出版社，2003.
[52] 关宝树，杨其新．地下工程概论．成都：西南交通大学出版社，2001.
[53] 汤康民．岩土工程．武汉：武汉工业大学出版社，2001.
[54] 李镜培，楼晓明，叶观宝．浅基础、深基础与地基处理．北京：人民交通大学出版社，2005.
[55] 李广信．岩土工程 20 讲．北京：人民交通出版社，2007.
[56] 高大钊．土力学与岩土工程师．北京：人民交通出版社，2008.